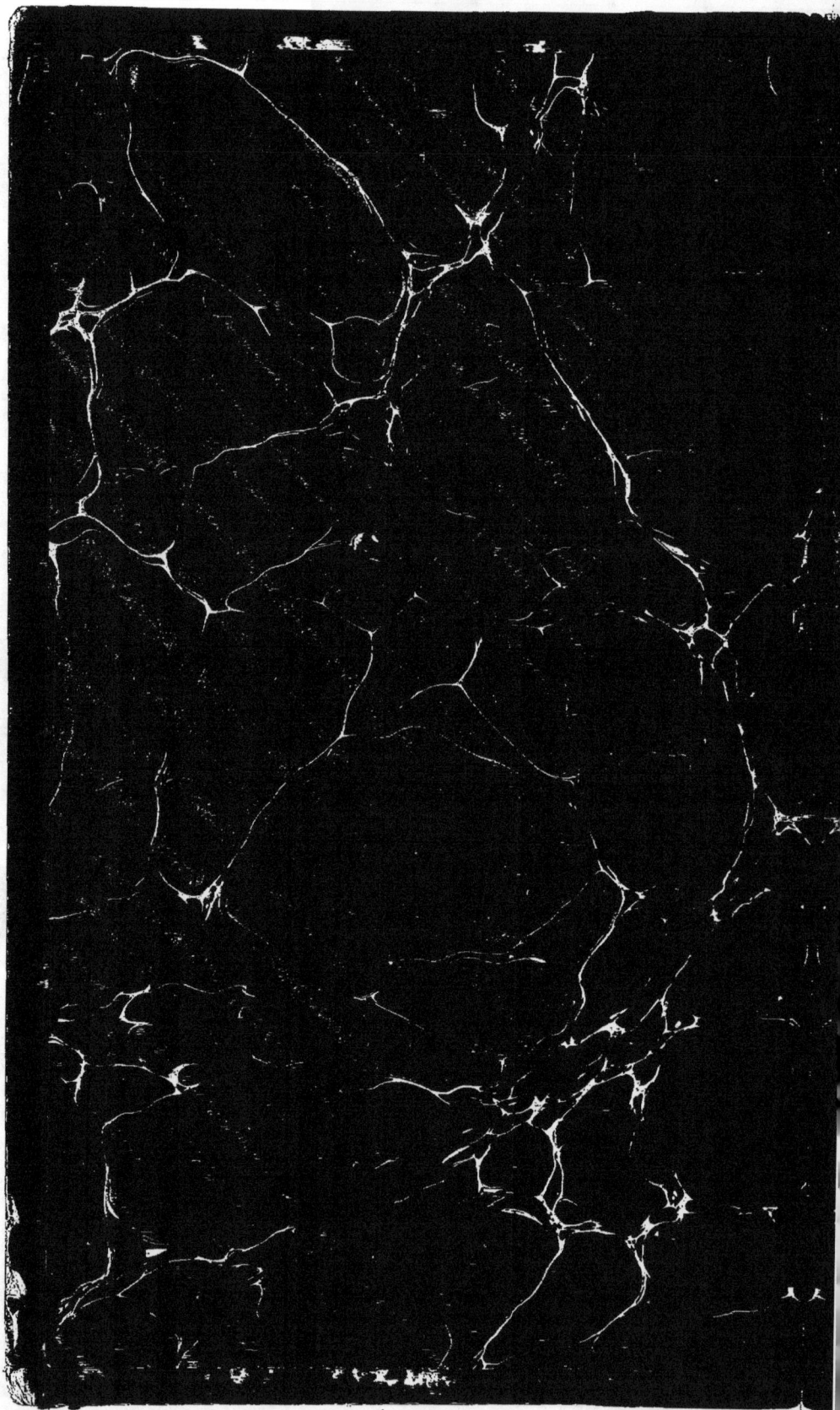

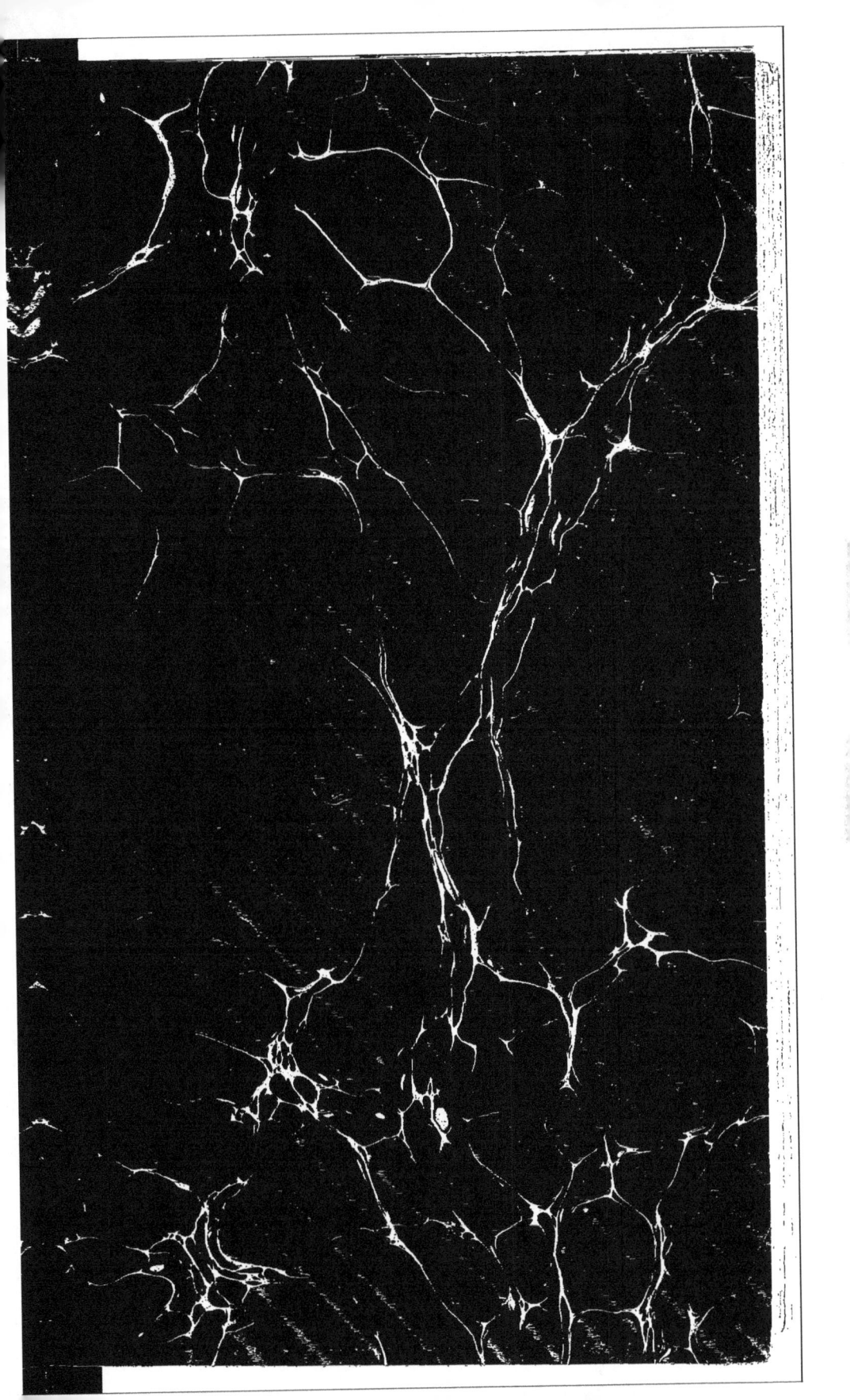

30505

ASTRONOMIE POPULAIRE

TOME DEUXIÈME

IMPRIMERIE J. CLAYE
RUE SAINT-BENOIT 7

LABOR

PARIS

ASTRONOMIE POPULAIRE

PAR

FRANÇOIS ARAGO

DEUXIÈME ÉDITION

MISE AU COURANT DES PROGRÈS DE LA SCIENCE

PAR M. J.-A. BARRAL

TOME DEUXIÈME

ŒUVRE POSTHUME

PARIS

LIBRAIRIE DES SCIENCES NATURELLES

THÉODORE MORGAND

5, RUE BONAPARTE

1865

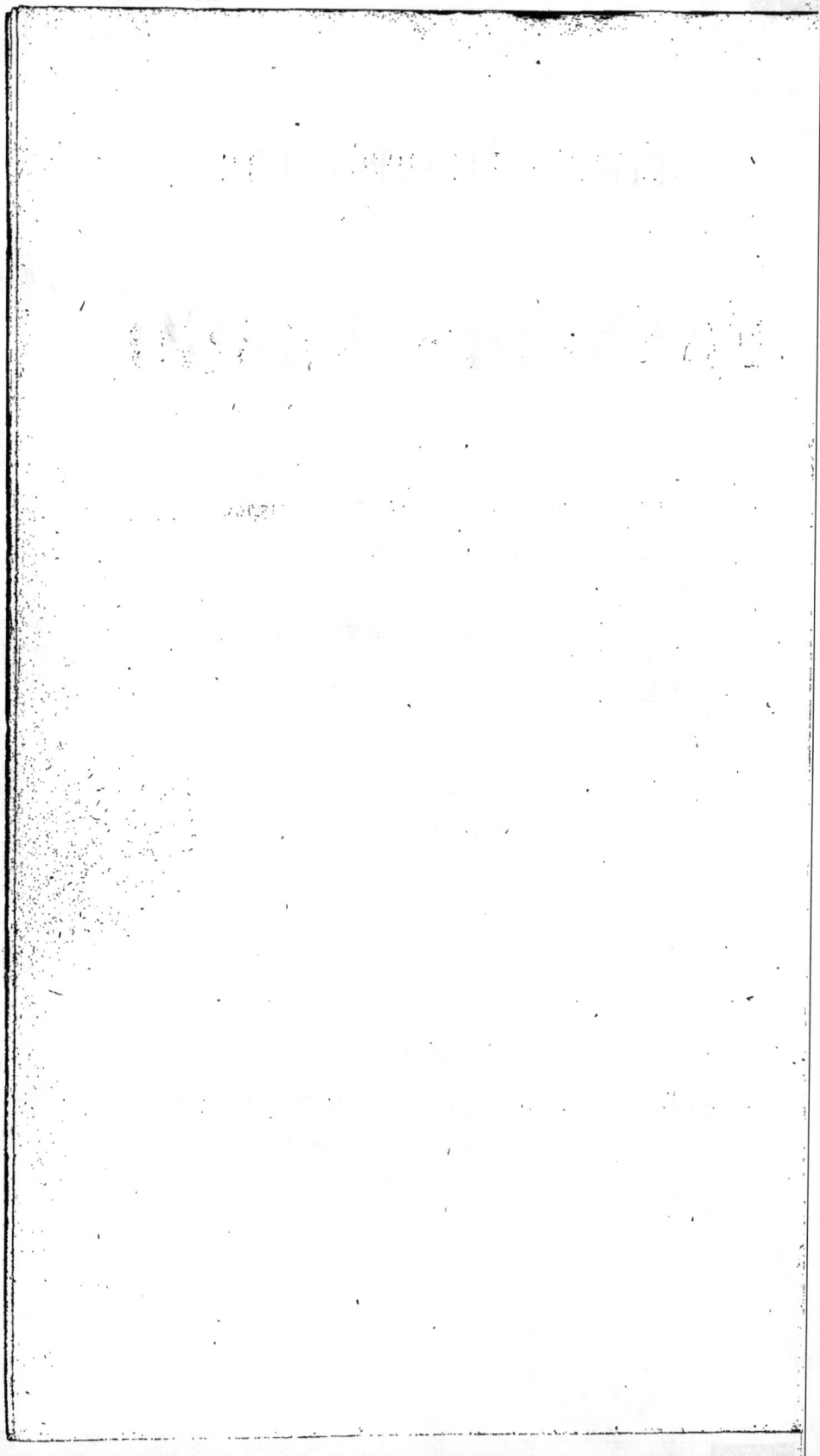

ASTRONOMIE POPULAIRE

LIVRE XII

VOIE LACTÉE

CHAPITRE PREMIER

ASPECT DE LA VOIE LACTÉE

On appelle Voie lactée une zone lumineuse blanchâtre que tout le monde a remarquée dans la sphère étoilée. Tout le monde sait aussi que cette zone fait le tour entier du firmament en passant par les constellations suivantes : Cassiopée, Persée, les Gémeaux, Orion, la Licorne, Argo, la Croix du Sud, le Centaure, Ophiuchus, le Serpent, l'Aigle, la Flèche, le Cygne, Céphée. La Voie lactée trace ainsi à peu près un des grands cercles de la sphère céleste, non toutefois sans avoir éprouvé une bifurcation aiguë d'où résulte l'arc secondaire qui, après être resté séparé de l'arc principal dans l'étendue d'environ 120°, depuis α du Centaure jusqu'au Cygne, se confond de nouveau avec lui. Elle présente en outre sur son trajet plusieurs autres ramifications.

Nous avons dit ailleurs (liv. VIII, chap. IV, t. I, p. 312)

que les Grecs nommaient la Voie lactée Galaxie ; les Chinois et les Arabes l'appellent le Fleuve céleste ; elle est le Chemin des âmes pour les Sauvages de l'Amérique septentrionale, et le chemin de Saint-Jacques de Compostelle pour nos paysans.

La largeur de la Voie lactée semble très-inégale. Dans quelques places elle n'excède pas 5° ; dans d'autres, cette largeur est de 10 et même de 16°. Ses deux branches, entre Ophiuchus et Antinoüs, s'étalent sur plus de 22° de la sphère céleste.

Mon ami Alexandre de Humboldt fait dans le tome III du *Cosmos*, la peinture suivante des diverses parties de la Voie lactée, en suivant l'ordre des ascensions droites ; il faut suivre cette description sur les deux cartes (fig. 100 et 101, t. I, p. 320 et 321) qui représentent les constellations des deux hémisphères célestes : « Elle passe, dit-il, entre γ et ε de Cassiopée, envoie au sud, vers ε de Persée, un rameau qui se perd près des Pléiades et des Hyades ; elle traverse, faible encore et peu brillante, les Chevreaux dans la main du Cocher, les pieds des Gémeaux, les cornes du Taureau, coupe l'écliptique vers le point solsticial d'été, couvre la massue d'Orion et traverse l'équateur vers le cou de la Licorne. A partir de ce point, son éclat augmente notablement. A l'arrière du Navire, elle émet un rameau vers le sud jusqu'à γ d'Argo, où ce rameau disparaît brusquement. La branche principale continue jusqu'à 33° degrés de déclinaison australe ; là elle s'étend en éventail sur 20° de large, puis elle s'interrompt encore et laisse un large espace vide, suivant la ligne qui joint γ et λ d'Argo. Elle reprend ensuite, non

la même largeur, mais elle va en se rétrécissant vers
les pieds de derrière du Centaure. Dans la Croix du Sud,
où elle atteint son minimum de largeur, elle n'a plus
que 3 ou 4°. Un peu plus loin, elle s'étend de nouveau
et se transforme en une masse plus brillante, où β du
Centaure, α et β de la Croix se trouvent compris, ainsi
qu'un espace obscur en forme de poire nommé Sac de
Charbon. C'est vers cette région remarquable, et un peu
au-dessous du Sac de Charbon, que la Voie lactée se
rapproche le plus du pôle austral.

« Elle se divise près de α du Centaure, et sa bifurcation se maintient jusque dans la constellation du Cygne.
D'abord, en partant de α du Centaure, on voit un rameau
étroit se diriger au nord et se perdre vers le Loup. Puis
une division se montre dans le Compas, près de γ de la
Règle. Le rameau septentrional présente des formes irrégulières jusque vers les pieds d'Ophiuchus ; là il s'évanouit tout à fait. Le rameau méridional devient alors la
branche principale, traverse l'Autel et la queue du Scorpion, en se dirigeant vers l'arc du Sagittaire, et coupe
l'écliptique par 276° de longitude. On le reconnaît plus
loin courant à travers l'Aigle, la Flèche et le Renard jusqu'au Cygne, mais sous une forme accidentée, interrom-
pue çà et là. En cet endroit commence une région entièrement irrégulière ; on y voit entre ε, α et γ du Cygne,
une large place obscure que sir John Herschell compare
au Sac de Charbon de la Croix du Sud, et qui forme une
espèce de centre d'où divergent trois courants partiels.
Le plus brillant est facile à suivre, si on remonte par
delà β du Cygne et vers l'Aigle ; mais il ne se réunit

point avec le rameau mentionné plus haut, lequel s'étend jusqu'au pied d'Ophiuchus. Une autre partie de la Voie lactée s'étend en outre à partir de la tête de Céphée, c'est-à-dire près de Cassiopée, point de départ de toute cette description, et se dirige vers la Petite Ourse ou le pôle nord. »

CHAPITRE II

OPINIONS DES ANCIENS SUR LA VOIE LACTÉE

La Voie lactée avait vivement excité l'attention des anciens philosophes. Manilius décrit fort au long, dans son poëme, les constellations qu'elle traverse. Il fait aussi connaître la plupart des explications qu'on avait données d'un si imposant phénomène. Ces fruits de l'imagination grecque, d'autres idées analogues qu'il serait possible de recueillir dans d'autres écrivains de l'antiquité, ne mériteraient pas aujourd'hui l'honneur d'un examen sérieux. Qu'importe à la science, je dirai presque qu'importe à son histoire, qu'Aristote ait dit de la Voie lactée : « qu'elle est un météore lumineux situé dans la moyenne région ? » Quelqu'un désire-t-il savoir qu'on a été jusqu'à chercher l'origine de cette ceinture immense et blanchâtre, dans les gouttes de lait qu'Hercule enfant laissa tomber du sein de Junon [1], dans la trace embrasée que dut laisser le char de Phaéton, ou dans quelque astre sorti jadis subitement de sa place ordinaire et lancé à travers l'espace ? Doit-on

---

1. Lorsque le grand Condé se mit à l'usage du lait pour toute nourriture, un poëte du temps s'empressa d'énumérer en vers latins les propriétés vraies ou imaginaires de la précieuse liqueur. Fon-

rappeler qu'OEnopidès et Métrodore croyaient que la Voie lactée est la route que le Soleil abandonna jadis en se rapprochant de sa course zodiacale actuelle, route limite où l'astre séjourna assez de temps pour y laisser des marques ineffaçables de son passage ? Depuis que les comètes ont brisé sans retour les sphères solides auxquelles les anciens attribuaient un si grand rôle dans le mécanisme de l'univers, on ne fait également aucune attention à un passage souvent cité de Macrobe ; au passage dans lequel cet auteur rapporte que Théophraste regardait la Voie lactée comme la ligne de soudure des deux hémisphères qui, suivant lui, composaient la voûte céleste. La bizarrerie, l'absurdité de ces conceptions est une raison de plus d'insister sur ce qu'une pensée de Démocrite, reproduite et éclaircie par Manilius, offre de subtil, d'ingénieux, de difficile à trouver. Suivant ces philosophes, si la Voie lactée brille d'un vif éclat, c'est que les étoiles y sont trop pressées, vu leur prodigieuse distance, pour qu'on puisse les discerner une à une ; c'est que les images de tant d'astres fortement condensés se confondent.

tenelle traduisit la pièce du P. Commire. Je rapporterai les vers relatifs à la Voie lactée :

> Voyez ces astres dont à peine
> Il parvient jusqu'à nous une faible lueur :
> C'est là ce même lait qui tomba par malheur
> De la bouche du fils d'Alcmène ;
> Et comme il eût été perdu,
> Jupiter ménagea ces précieuses gouttes :
> En astres il les changea toutes,
> Et du chemin de lait voilà ce qu'on a su.

CHAPITRE III

EXPLICATION DE LA VOIE LACTÉE PAR LES MODERNES

Dès qu'il eut dirigé vers le ciel une de ses premières lunettes, Galilée découvrit des multitudes de nouvelles étoiles. La sixième grandeur cessa d'être la dernière limite de la visibilité. Le baudrier et l'épée d'Orion, où les astronomes grecs et arabes n'étaient parvenus à compter que 8 de ces astres, en laissèrent voir plus de 80. Les Pléiades en offrirent 36 au lieu des 6 à 7 des anciens. La Voie lactée présenta des étoiles distinctes, là où l'on n'avait jamais aperçu auparavant que des lueurs confuses. Aussi Galilée ressuscita-t-il l'explication de Démocrite, mais en l'appuyant d'observations précises, en la faisant sortir, jusqu'à un certain point, du domaine des simples conjectures; depuis lors cette explication a été presque généralement adoptée.

L'explication de Démocrite, de Manilius, laissait entièrement à l'écart des circonstances non moins dignes de l'attention des astronomes que pouvaient l'être l'éclat et la blancheur de la Voie lactée : je veux parler de la forme du phénomène, de sa continuité, de la coïncidence presque parfaite de sa principale branche avec un des grands cercles de la sphère céleste. Une si singulière coïncidence, une si étonnante continuité, ne sauraient être l'effet du hasard ; ce sont là deux choses qui ne peuvent manquer d'avoir des causes physiques. Aussi fixèrent-elles l'attention de Kepler, ce génie immortel dont on trouve

l'empreinte dans toutes les parties de l'astronomie. Dans
son *Epitome*, publié de 1618 à 1620, on aperçoit cette
proposition remarquable : « La place où est situé le Soleil
est près de l'anneau stellaire qui forme la Voie lactée.
Cette position est indiquée par la circonstance que la
Voie lactée présente à peu près l'aspect d'un grand cercle,
et que l'intensité en est sensiblement la même dans toutes
ses parties. »

Si l'on s'étonnait de me voir placer si haut la conception de Kepler, je dirais qu'à la même époque Gassendi
s'expliquait en ces termes sur le phénomène de la Voie
lactée : « Que si quelqu'un désire de savoir pourquoi
cet amas de petites étoiles est plutôt disposé en cercle
qu'autrement,... qu'il consulte l'auteur des étoiles, cet
être souverain qui les a faites et disposées comme il lui
a plu et qui seul connaît son ouvrage. » (*Abrégé de la
philosophie de Gassendi*, par Bernier, t. IV, 2ᵉ édition,
p. 315.)

Les idées de Kepler furent longtemps après développées et étendues par trois penseurs, Wright de Durham, Kant de Kœnigsberg, et le géomètre Lambert de
Mulhouse. Peu de mots suffiront pour montrer que ces
trois noms ne méritent pas l'oubli dans lequel on a l'habitude de les laisser.

Le savant de Durham repoussait toute idée de disper-
sion fortuite et confuse des étoiles, comme inconciliable
avec l'aspect de la Voie lactée ; cet aspect le conduisait,
au contraire, « à admettre une disposition systématique
autour d'un plan fondamental (*ground plan*). »

Kant, qui connaissait par extraits les travaux de

Wright[1], complète son idée. Il fait l'observation que le plan près duquel les étoiles sont groupées doit passer nécessairement par la Terre ou par le Soleil. « En admettant, ajoute-t-il, que ces astres soient plus rapprochés du plan en question que des autres régions de l'espace, notre œil, en plongeant dans la plaine étoilée, croira apercevoir sur le contour de la voûte apparente du firmament l'ensemble des étoiles voisines du plan ; elles y dessineront une zone qui se distinguera du reste du ciel par une plus grande intensité éclairante. Cette zone lumineuse s'étendra dans un grand cercle, puisque l'œil de l'observateur est supposé dans le plan même de la couche d'étoiles ; ces étoiles enfin, étant très–petites et très-nombreuses, ne se distingueront pas les unes des autres; elles donneront lieu à une lueur confuse, uniformément blanchâtre ; en d'autres termes, à une Voie lactée. »

Kant aperçut bien que, dans son hypothèse, les apparences du ciel étoilé devaient, jusqu'à un certain point, offrir quelque chose de graduel. Aussi ajouta-t-il : « les régions non comprises dans la trace blanchâtre de la Voie lactée sont d'autant plus riches en étoiles, qu'elles se rapprochent davantage du milieu même de la trace ; la plus grande partie des 2,000 étoiles que l'œil nu discerne dans le firmament est renfermée dans une zone peu large, dont la Voie lactée occupe le milieu. »

Kant condensait ses idées dans le moindre nombre de

1. Il existe trois ouvrages de Wright ; après plusieurs recherches, j'étais enfin parvenu à me les procurer ; mais par suite d'une confusion, ils ont été se loger dans la Bibliothèque de Poulkoya avant que j'eusse pu les lire et les analyser.

mots possible, quand il appelait la Voie lactée *le Monde des Mondes.*

On trouve aussi une explication de la Voie lactée dans les *Lettres cosmologiques* publiées à Leipzig en 1761. Lambert arrive, par la contemplation du ciel, aux conclusions suivantes : « Le système des étoiles n'est point sphérique; ces astres, au contraire, sont répartis à peu près uniformément entre deux plans prodigieusement étendus en tous sens, et comparativement très-rapprochés l'un de l'autre; notre Soleil occupe une région peu éloignée du centre de l'immense couche d'étoiles. » C'est presque exactement l'ensemble des hypothèses adoptées par Kant dans son *Histoire du Ciel*, et primitivement indiquées par Kepler dans son *Epitome.* Comment est-il arrivé que six ans après la publication de cet ouvrage, Lambert n'ait fait aucune mention des vues qui y sont développées? Comment, vingt-neuf ans plus tard, William Herschel, né en Allemagne, abordant les mêmes problèmes, ne trouva-t-il jamais sous sa plume ni le nom de Kepler ni celui du philosophe de Kœnigsberg ou du géomètre de Mulhouse? Ce sont des questions que je ne saurais résoudre.

CHAPITRE IV

JAUGEAGE DE LA VOIE LACTÉE

Nous avons reconnu que la zone brillante qui constitue la Voie lactée, pourrait n'avoir rien de réel. Il nous a semblé très-possible qu'elle ne fût qu'une apparence trompeuse, qu'un simple effet de projection. Il ne suffisait

donc pas de dénombrer les étoiles dans les seules régions
où elles semblaient le plus condensées : il fallait rechercher encore si, en s'écartant graduellement de ces régions,
leur nombre diminuait avec régularité ou sans aucune
règle. Un semblable travail semblait devoir exiger les
efforts réunis de plusieurs générations d'astronomes. William Herschel, cependant, l'exécuta seul et en peu d'années, autant du moins que la question de la Voie lactée
le demandait. La méthode qu'il suivit a acquis, par ses
résultats, une grande célébrité. Elle était d'ailleurs très-
simple et consistait, suivant l'expression pittoresque de
l'illustre auteur, à jauger les cieux (*gaging the heavens*).

Pour déterminer en étoiles les richesses comparatives
moyennes de deux régions quelconques du firmament,
l'observateur se servait d'un télescope dont le champ
embrassait un cercle de quinze minutes de diamètre. Vers
le milieu de la première de ces régions, il comptait successivement le nombre d'étoiles renfermées dans dix
champs contigus, ou du moins très-rapprochés. Il addi-
tionnait ces nombres et divisait la somme par dix. Le
quotient était la richesse moyenne de la région explorée.
La même opération, le même calcul numérique, lui don-
naient un résultat analogue pour la seconde région. Quand
ce dernier résultat était double, triple..., décuple du premier, il en déduisait légitimement la conséquence, qu'à
égalité d'étendue, l'une des régions contenait deux fois,
trois fois..., dix fois plus d'étoiles que l'autre ; qu'elle
offrait une condensation, une richesse double, triple...,
décuple.

Le tableau des jauges, des sondes du firmament qui

fait partie du Mémoire imprimé en 1785 dans le LXXVe volume des *Transactions philosophiques,* offre des régions où le nombre moyen d'étoiles qu'embrassait le champ du télescope d'Herschel n'était que de 5, de 4, de 3, de 2, de 1. On en trouve même au milieu desquelles il fallait au moins quatre champs successifs pour rencontrer trois étoiles. Ailleurs, au contraire, ces champs si restreints, ces aires circulaires de 15 minutes de diamètre, contenaient 300, 400, 500 et même 588 étoiles ! En dirigeant le télescope vers les régions les plus peuplées, l'œil appliqué à l'oculaire voyait, dans le court intervalle d'un quart d'heure, 116,000 étoiles ! Ces résultats numériques sont vraiment prodigieux. Le mot *prodigieux,* quant au nombre 116,000, ne semblera nullement exagéré à quiconque sait que les étoiles visibles à l'œil nu dont le ciel est parsemé pendant la totalité des nuits de l'année (liv. IX, chap. II, t. I, p. 352), s'élèvent en somme à environ 6,000, et que les anciens n'avaient pas poussé leurs recensements au delà de 1,026. Le mot paraîtra également naturel si on l'applique aux 400, aux 500, aux 600 étoiles qui se voyaient simultanément dans le télescope, pourvu qu'on remarque qu'avec un diamètre de 15 minutes le champ de l'instrument n'embrassait que le quart de la surface apparente du Soleil.

L'aspect général de la Voie lactée, sa forme, sa composition stellaire déduits des observations télescopiques, s'expliquent fort simplement en supposant avec Herschel que des millions d'étoiles à peu près également espacées entre elles forment une couche, une strate (*a stratum*), comprise entre deux surfaces presque planes, parallèles

et rapprochées, mais prolongées à d'immenses distances;
que la strate (ayant la forme générale d'une meule) est
très-mince, comparativement aux incalculables distances
jusqu'où s'étendent en tous sens les deux surfaces planes
qui la contiennent; que notre Soleil, que l'astre autour
duquel la Terre circule et dont elle ne s'écarte guère, est
une des étoiles de la strate; que notre place, enfin, est
peu éloignée du centre de ce groupe stellaire; que nous
en occupons à peu près le milieu, tant relativement à
l'épaisseur qu'à l'égard de toutes les autres dimensions.
Ces suppositions une fois admises, on comprendra aisément qu'un rayon visuel dirigé dans le sens des immenses
dimensions de la couche (*de la strate*), y rencontrera
partout une multitude d'étoiles, ou du moins, qu'il passera tellement dans leur voisinage, qu'elles paraîtront se
toucher; que dans le sens de l'épaisseur, au contraire, le
nombre des étoiles visibles sera comparativement plus
petit, et précisément dans le rapport de la demi-épais-
seur aux autres dimensions de la strate; que dans le passage des lignes visuelles coïncidant avec les grandes
dimensions aux directions transversales, il y aura à cet
égard un changement brusque; que les plus grandes
dimensions de la strate se trouveront ainsi accusées, ou
si l'on veut, dessinées sur le firmament par une condensation apparente d'étoiles, par un *maximum* de lumière
manifeste, par un aspect lacté; enfin, que le maximum
de lumière paraîtra être un grand cercle de la sphère
céleste, puisque la Terre peut être considérée comme le
centre de cette sphère, puisque la strate est un de ses
plans diamétraux et que tout plan diamétral d'une sphère,

tout plan passant par son centre la partage nécessairement en deux parties égales, ou, ce qui revient au
même, la coupe suivant un de ses grands cercles. L'arc
secondaire qui se détache de l'arc principal de la Voie
lactée, vers le Cygne, et le rejoint près de α du Centaure, révèle l'existence d'une couche, d'une strate d'é-
toiles formant avec la strate principale un petit angle, la
rencontrant près de la région que la Terre occupe et ne
se prolongeant pas au delà.

En résumé, si nous voyons beaucoup plus d'étoiles
dans certaines directions que dans d'autres; si les régions
à étoiles très-resserrées forment un des grands cercles
de la sphère; si l'arc principal est double dans une étendue d'environ 120°, c'est que nous sommes plongés dans
un groupe excessivement étendu et comparativement
très-mince, c'est que nous en occupons à fort peu près le
milieu; c'est qu'un second groupe de même forme rencontre le premier vers les régions où notre Soleil et conséquemment la Terre, se trouvent situés.

Supposons maintenant que les étoiles soient également
réparties, ou uniformément répandues dans toutes les
portions de la Voie lactée. Supposons de plus, que le
télescope dont on se sert ait une portée qui s'étende jusqu'aux dernières limites de la nébuleuse; les dimensions
linéaires de ce groupe se déduiront facilement des sondes
erscheliennes.

Le nombre des étoiles que le télescope embrasse dans
chaque direction est proportionnel au volume d'un cône
droit de 15′ d'ouverture, ayant son sommet à l'œil de
l'observateur et sa base à la limite extérieure de la nébu-

leuse. D'après un principe très-simple de géométrie, ce volume est proportionnel aux cubes des hauteurs respectives de ces cônes; les racines cubiques des nombres d'étoiles contenues dans les jauges seront proportionnelles aux distances qui séparent les limites extérieures de la nébuleuse du lieu où l'observation s'est faite. De là il résulte que, si on prend, par exemple, pour unité la distance de la Terre aux étoiles les plus voisines, on trouvera, lorsque le champ du télescope renfermera divers nombres d'étoiles, les distances correspondantes de la Terre aux limites de la Voie lactée par la table suivante :

Distances à la Terre des limites extrêmes de la Voie lactée.	Nombre d'étoiles renfermées dans le champ du télescope.
58	1
127	10
160	20
218	50
275	100
347	200
397	300
437	400
471	500
500	600

On voit par là, comment Herschel avait pu déterminer les dimensions de la Voie lactée dans les directions sur lesquelles les jauges avaient porté. Il avait ainsi trouvé, sans sortir du cadre des observations directes, que la Voie lactée se trouve cent fois plus étendue dans une direction que dans une autre; il avait pu ainsi donner une coupe, et même une figure sur trois dimensions, de la vaste nébuleuse dans laquelle le système solaire est englobé, de la nébuleuse où notre Soleil n'est qu'une insignifiante étoile, où la Terre est un imperceptible grain de poussière. Mais le calcul d'Herschel reposait sur l'hypothèse que le télescope employé atteignait les dernières étoiles comprises dans la nébuleuse, supposition dont l'inexactitude lui fut démontrée, lorsqu'il substitua au télescope de 6 mètres dont il s'était primitivement servi, le télescope de 12 mètres. Les premières dimensions données à notre nébuleuse, par l'illustre astronome de Slough, ne doivent donc être regardées que comme de premières approximations.

CHAPITRE V

LA VOIE LACTÉE SUBSISTERA-T-ELLE ÉTERNELLEMENT SOUS LA FORME QUE NOUS LUI VOYONS? NE COMMENCE-T-ELLE PAS A OFFRIR DES SYMPTÔMES DE DISLOCATION, DE DISSOLUTION?

William Herschel a clairement établi, par mille et mille observations, que la blancheur de la Voie lactée provient, en majeure partie, d'agglomérations d'étoiles trop petites, trop faibles pour être distinguées séparément. La matière diffuse, mêlée en certaines proportions aux étoiles, joue ici un rôle comme dans plusieurs nébuleuses résolubles; mais c'est un rôle évidemment secondaire.

Presque partout où des étoiles rapprochées entre elles se sont offertes à nos regards en dehors des limites apparentes de la Voie lactée, nous avons reconnu qu'elles tendent à se grouper autour de plusieurs centres; qu'elles semblent obéir, comme les divers corps de notre système

solaire, à une force attractive ; que cette force, enfin, a
déjà produit, dans certains groupes arrondis, des effets,
des concentrations très-considérables. Pourquoi les étoiles
de la grande nébuleuse dont nous faisons partie, auraient-
elles échappé plus que les autres à ce genre d'action? Si
jadis elles étaient uniformément distribuées, cet état a
dû se modifier et il se modifiera chaque jour davantage.
Les faits confirment ces conséquences du raisonnement.
Les étoiles, loin de paraître uniformément distribuées sur
toute l'étendue de la Voie lactée, ont offert à Herschel,
armé de ses télescopes, 157 groupes distincts, circon-
scrits, qui ont pris place dans le catalogue des nébuleuses,
sans compter 18 groupes analogues situés sur les limites,
sur les bords de cette même zone.

Celui qui, pendant une nuit obscure et bien sereine,
suit de l'œil la portion de Voie lactée comprise entre le
Sagittaire et Persée, y remarque 18 régions parfaitement
caractérisées par l'éclat spécial de leur lumière.

J'en désignerai ici quelques-unes :

Il existe une tache très-brillante sous la flèche du
Sagittaire ;

Il y en a une très-brillante dans l'Écu de Sobieski ;

On en voit une brillante au nord et un peu à l'occident
des trois étoiles de l'Aigle ;

On en aperçoit une faible et longue qui suit l'épaule
d'Ophiuchus ;

On en remarque trois brillantes près des étoiles α, β
et γ du Cygne ;

On en distingue trois vers Cassiopée et dans cette
constellation ;

Il y en a une très-brillante dans la garde de l'épée de Persée ;

Entre α et γ de Cassiopée, il existe une place très-obscure.

Aucune portion de la Voie lactée résoluble au télescope, n'a offert à Herschel des indices plus manifestes, et sur une plus grande échelle, du mouvement de concentration des étoiles, que l'espace qui sépare β et γ du Cygne. En jaugeant cet espace, suivant la méthode déjà décrite, sur une largeur d'environ 5°, Herschel a reconnu qu'on pourrait y compter 331,000 étoiles. Cet immense groupe offre déjà une sorte de division : 165,000 étoiles paraissent marcher d'un côté, et 165,000 de l'autre.

Tout justifie donc l'opinion de l'illustre astronome. Dans la suite des siècles, le pouvoir de concentration (*the clustering power*)· amènera inévitablement le fractionnement, la rupture, la dislocation de la Voie lactée.

CHAPITRE VI

VOIES LACTÉES DE DIVERS ORDRES — LEURS DISTANCES
A LA TERRE

Supposons que les étoiles de la nébuleuse, dont la profondeur est indiquée par le contour presque circulaire de la Voie lactée, soient, en masse, distantes les unes des autres, comme la plus voisine d'entre elles l'est du Soleil ou de la Terre. Dans cette supposition très-naturelle, les plus éloignées de ces étoiles seront 500 fois au moins plus distantes de nous que les plus voisines (chap. IV, p. 14). La lumière de ces dernières employant environ

3 ans à nous parvenir (liv. IX, t. I, p. 437), la lumière des plus éloignées ne nous arrivera qu'en 1,500 ans. Le double de ce nombre, ou 3,000 ans, sera le temps employé par un rayon lumineux pour aller d'une des limites de la nébuleuse à la limite opposée.

Les progrès de l'astronomie ont été arrêtés pendant des siècles, par un préjugé enté sur la vanité des hommes; ne tombons pas dans la même erreur à l'égard de notre nébuleuse; ne la supposons pas privilégiée, écartons de nous la pensée que le Soleil fasse nécessairement partie du plus grand groupe d'étoiles dont l'espace soit parsemé; admettons, au contraire, suivant l'idée grandiose de Lambert, que le ciel étoilé présente l'agglomération d'un bon nombre de voies lactées plus ou moins étendues et plus ou moins éloignées; cherchons ensuite à quelle distance une nébuleuse, ayant les dimensions de notre Voie lactée, devrait être transportée pour qu'elle sous-tendît un angle de 10′.

Pour qu'un objet sous-tende un angle de 10′, il faut qu'on en soit éloigné de 334 fois ses dimensions. La dimension longitudinale de la nébuleuse lactée est telle, que la lumière emploie au moins 3,000 ans à la traverser. A la distance de 334 fois cette dimension, la nébuleuse lactée serait vue de la Terre sous l'angle de 10′, et la lumière emploierait à nous en arriver 334 fois 3,000 ans, ou 1,002,000 années, un peu plus d'*un million d'années*.

Tel est probablement l'éloignement de plusieurs amas d'étoiles que nous voyons tout entiers dans le champ de nos télescopes.

LIVRE XIII

MOUVEMENTS PROPRES DES ÉTOILES ET TRANSLATION
DU SYSTÈME SOLAIRE

CHAPITRE PREMIER

MOUVEMENTS PROPRES DES ÉTOILES

Les étoiles s'appelaient jadis les *fixes*, d'après l'opinion généralement admise qu'elles restaient toujours dans les mêmes positions relatives. Pour ceux qui n'observaient le ciel qu'à l'œil nu, les constellations conservaient, en effet, perpétuellement les mêmes grandeurs et les mêmes formes. Quelques astronomes s'étaient fortifiés dans ces idées en notant sur les globes tracés d'après les plus anciens catalogues, diverses combinaisons de trois étoiles qui, situées exactement sur un grand cercle de la sphère, devaient sembler rangées en lignes droites, et ils s'assurèrent que de leur temps cette même disposition rectiligne existait. Riccioli citait dans son *Astronomia reformata* vingt-cinq de ces combinaisons ternaires formant des lignes droites ; par exemple : la Chèvre, le pied précédent du Cocher et Aldebaran ; Castor, Pollux et le cou de l'Hydre ; le bassin austral de la Balance, Arcturus et la moyenne de la queue de la Grande Ourse, etc. Mais ce n'étaient là que des approximations grossières. Il est maintenant établi que certaines étoiles ont un mouvement propre angulaire apparent appréciable, qu'elles ne gardent pas les mêmes positions les unes par rapport aux autres, qu'elles finiront à la longue par sortir des constellations où on les voit aujourd'hui, que la dénomination de fixes ne leur convient pas.

Je vais indiquer quelques-unes des étoiles dans lesquelles les mouvements propres annuels sont constatés avec le plus d'exactitude.

Nous rangeons ces étoiles dans le tableau suivant, d'après l'ordre de l'importance des mouvements propres annuels observés :

Noms des étoiles.	Grandeurs des étoiles.	Valeurs des mouvements propres.
La 2151ᵉ de la Poupe du Navire......	6ᵉ	7″.871
ε de l'Indien....................	6ᵉ à 7ᵉ	7 .740
La 1830ᵉ du catalogue des étoiles circompolaires de Groombridge, située sur la limite qui sépare les Chiens de chasse de la Grande Ourse..................	7ᵉ	6 .974
L'étoile double du Cygne, marquée la 61ᵉ............................	5ᵉ à 6ᵉ	5 .123
Étoile double δ de l'Éridan.........	5ᵉ à 4ᵉ	4 .080
μ de Cassiopée....................	4ᵉ	3 .740
α du Centaure....................	1ʳᵉ	3 .580
Arcturus.........................	1ʳᵉ	2 .250
Sirius............................	1ʳᵉ	1 .234
ι de la Grande Ourse...............	3ᵉ à 4ᵉ	0 .746
La Chèvre........................	1ʳᵉ	0 .461
Wéga............................	1ʳᵉ	0 .400
Aldebaran........................	1ʳᵉ	0 .485
La Polaire.......................	2ᵉ	0 .035

Il était assurément bien naturel de supposer que les mouvements propres seraient plus considérables dans les étoiles brillantes que dans les étoiles faibles. Cela s'est trouvé vrai dans beaucoup de cas ; mais, chose singulière, les plus forts mouvements propres connus appartiennent à des étoiles très-peu brillantes, et on peut dire qu'aucune étoile de première grandeur ne marche avec une vitesse comparable aux vitesses des étoiles de 6e et 7e grandeur qui se trouvent en tête du tableau précédent.

Les astronomes croyaient jusqu'à ces dernières années que le mouvement propre de chaque étoile s'exécutait dans le même sens ou en ligne droite, et avec une vitesse uniforme. On a récemment élevé des doutes sur la réalité de cette conception théorique, du moins en ce qui concerne Procyon et Sirius. En discutant les positions de ces étoiles correspondantes à des époques bien choisies, Bessel a cru trouver, quant à la vitesse du mouvement propre de ces deux astres et quant à leur direction, des irrégularités manifestes et qui l'ont conduit à supposer que l'une et l'autre de ces étoiles circulent à la manière des étoiles doubles autour de centres d'attraction obscurs situés dans leur voisinage. M. Struve, qui est aussi une autorité, a élevé des doutes sur les résultats obtenus par le directeur de l'Observatoire de Kœnigsberg. Des observations ultérieures décideront la question [1].

Si l'on calcule en lieues, d'après les distances à la Terre que nous avons données pour quelques étoiles (liv. IX, chap. XXXII, t. I, p. 436), les valeurs des mouvements propres de ces mêmes étoiles que nous venons d'exprimer en secondes de degré, on trouve :

---

1. Le compagnon de Sirius a été observé (voir t. I, p. 494), mais il n'est pas obscur. Sirius appartient à la classe des étoiles doubles.

J.-A. B.

Noms des étoiles.	Vitesses par seconde de temps.
	Lieues
Arcturus...................	21.34
61ᵉ du Cygne..............	17.90
La Chèvre.................	10.47
Sirius....................	9.89
ι de la Grande Ourse.......	6.75
α du Centaure.............	4.73
Wéga ou α de la Lyre......	1.83
La Polaire................	0.40

On voit ainsi que les corps que l'on avait cru pouvoir considérer, dans l'univers où tout s'agite, comme un exemple de la fixité, sont précisément ceux qui présentent les plus grandes vitesses dont on ait trouvé jusqu'ici la matière animée. Et encore doit-on remarquer que les nombres contenus dans le tableau précédent ne mesurent que des déplacements relatifs du Soleil et de chaque étoile, qu'ils ne représentent pas les valeurs absolues des mouvements propres des astres, si improprement appelés fixes, qu'ils n'expriment que les projections des vitesses stellaires sur une sphère factice, et que nous ne connaissons ni les directions ni les valeurs absolues de mouvements dont la rapidité étonne l'imagination.

CHAPITRE II

HISTORIQUE DE LA DÉCOUVERTE DES MOUVEMENTS PROPRES DES ÉTOILES

Halley est le premier qui ait soupçonné, en 1718, le mouvement propre d'Aldebaran, de Sirius et d'Arcturus. Les observations imparfaites de latitudes d'étoiles dues à Aristille et à Timocharis, à Hipparque et à Ptolémée, c'est-à-dire les seuls termes de comparaison alors possibles, ne pouvaient guère légitimer dans l'esprit du célèbre astronome anglais que de simples doutes.

Bientôt le résultat fut appuyé de toute l'autorité d'observations faites avec des lunettes. En comparant la latitude d'Arcturus obtenue à Cayenne en 1672 par Richer, à celles qui se déduisaient des travaux analogues exécutés à Paris jusqu'en 1738, Jacques Cassini trouva un déplacement de l'étoile qui semblait parfaitement certain.

Ce déplacement tenait-il à quelque oscillation inconnue de l'écliptique? Le doute semblait d'autant plus légitime, que les étoiles, à toutes les époques, avaient été rapportées à ce plan. Jacques Cassini trancha la difficulté d'une manière péremptoire : tandis qu'en 152 ans la latitude d'Arcturus avait changé de 5 minutes, η du Bouvier, situé dans son voisinage, n'avait pas bougé. Un déplacement du plan de comparaison aurait donné aux deux étoiles la même apparence de mouvement.

Cassini ajouta l'étude des variations en longitude à celle des variations en latitude, la seule dont Halley eût parlé. Les mouvements propres ne semblèrent pas moins évidents dans cette direction que dans l'autre. La constellation de l'Aigle en offrit un exemple frappant, mis en relief à la fois par Cassini et par l'historien de l'Académie. « Il y a une étoile dans l'Aigle (α), disait Fontenelle, qui, si toutes choses continuent leur cours, aura à son occident, après un grand nombre de siècles, une autre étoile qu'elle a présentement à son orient. »

Tobie Mayer, une des plus hautes notabilités du siècle dernier, prit aussi la question du mouvement propre des étoiles pour sujet de ses veilles laborieuses. En 1760, il présenta à la Société royale de Gœttingue un Mémoire contenant la comparaison des observations faites par lui-même en 1756, aux observations de Rœmer, plus anciennes d'un demi-siècle. Jusqu'à Mayer, les recher-ches, les calculs des astronomes n'avaient porté que sur quelques étoiles principales; dans le travail de Mayer, le nombre des comparaisons s'éleva à 80.

CHAPITRE III

CENTRE AUTOUR DUQUEL CIRCULENT LES ÉTOILES

Lambert admettait déjà, dans ses *Lettres cosmologiques* publiées en 1761, que les étoiles avaient des mouvements généraux de circulation dans des orbites immenses autour de centres inconnus. Ce mouvement de circulation était considéré par lui comme le seul moyen de donner au système étoilé un état dynamique parfaitement stable. Un astronome de beaucoup de mérite, M. Mædler, directeur de l'Observatoire de Dorpat, a cru pouvoir fixer la position du centre autour duquel presque toutes les étoiles visibles circuleraient; ce centre, suivant lui, serait dans les Pléiades. M. Mædler appuie sa conception sur la discussion d'un très-grand nombre d'obser-vations de mouvements propres, mais jusqu'à présent sa théorie n'a pas fait un grand nombre de prosélytes parmi les observateurs. Sir John Herschel, entre autres, l'a combattue en prétendant, un peu arbitrairement peut-être, que si le mouvement de circulation générale existe, il doit se faire parallèlement au plan de la Voie lactée.

CHAPITRE IV

RELATION ENTRE LE MOUVEMENT PROPRE DU SYSTÈME SOLAIRE
ET LES MOUVEMENTS DES ÉTOILES

Si le Soleil se déplace dans l'espace en entraînant avec lui le cortége de planètes qui circulent autour de son centre, et si la distance des étoiles à la Terre n'est pas infinie relativement à la quantité du mouvement annuel du Soleil, il en résultera, dans les positions des astres, des déplacements annuels qui devront être appelés déplacements parallactiques, qui seront liés, quant à leur direction et à leur grandeur, à la direction et à la grandeur du mouvement du Soleil; le mouvement de la Terre autour du Soleil peut, dans cette occurrence, être totalement négligé.

Les directions des mouvements propres observés dans les étoiles fixes étant très-diverses, ne peuvent évidemment se rattacher en totalité à l'explication que nous venons d'indiquer; ainsi, il est des étoiles qui éprouvent des déplacements propres, réels, complétement indépendants des déplacements parallactiques : c'est un premier fait parfaitement établi. En effet, toutes les directions du mouvement paraissant également possibles, chaque région du ciel semble, dans le cas de l'immobilité du Soleil, devoir offrir à la fois des étoiles en nombre à peu près égal, tendant au nord, au sud, à l'est, à l'ouest, etc. Mais plaçons, au milieu de ces astres mobiles dans tous les sens, un observateur également mobile; supposons qu'il marche constamment sur la même ligne.

Le mouvement de cet observateur fera naître dans les étoiles des déplacements de perspective parallactiques, dépendant de la grandeur qu'on assignera à ce mouvement et de sa direction. L'intervention de l'observateur mobile détruit l'uniformité, la régularité que le phénomène aurait présentées dans le firmament.

On voit donc que si le Soleil se déplace, il y aura des mouvements parallactiques, et qu'ils se combineront avec les mouvements réels. Dans certaines régions, ces premiers mouvements annuleront les seconds, et une étoile semblera immobile; ailleurs les deux effets concourront, et le mouvement observé dans l'étoile sera au contraire considérable. Ici, la compensation s'effectuera de manière à ne laisser à l'étoile qu'un mouvement assez différent de celui dont elle sera réellement douée.

Les mouvements des étoiles qui, dans l'hypothèse de l'immobilité du Soleil ou de la Terre, paraissaient devoir être également dirigés dans tous les sens, ne satisferont plus à cette condition. Si le Soleil se meut, le mouvement parallactique, en se combinant avec les mouvements réels, viendra troubler l'uniformité primitive et jeter, pour ainsi dire, son empreinte sur l'ensemble des mouvements apparents. Cette empreinte sera au maximum pour les étoiles dont le Soleil se rapproche ou dont il s'éloigne, et s'effacera graduellement dans les régions de plus en plus éloignées des premières angulairement.

On comprend, d'après l'ensemble de ces considérations, combien est délicate la recherche du sens dans lequel le Soleil se déplace.

En définitive, l'effet du mouvement propre du Soleil

doit être l'augmentation des dimensions de la constellation vers laquelle ce déplacement a lieu et la diminution de la constellation opposée[1].

Il est évident que dans cette recherche il ne faut opérer que par voie d'ensemble, qu'il faut négliger des exceptions qui doivent dépendre de mouvements propres, réels et extraordinaires, eu égard à leur grandeur.

CHAPITRE V

HISTORIQUE DE LA DÉCOUVERTE DU MOUVEMENT DE TRANSLATION DU SYSTÈME SOLAIRE

En rendant compte des observations de Cassini sur les mouvements propres des étoiles, Fontenelle disait déjà : « Toutes les fixes sont autant de soleils, centres, comme notre Soleil, chacun de son tourbillon, mais centres seulement à peu près, et qui peuvent se mouvoir autour d'un autre point central général. Le Soleil pourrait lui-même se mouvoir de cette façon. »

Le second nom que je dois tracer dans cet historique est celui de Bradley. Le grand observateur ne figurera ici que pour une conjecture, mais on la trouvera digne de son génie. A la fin de l'immortel Mémoire de 1748 sur la nutation, je lis le passage que je vais traduire : « Si l'on conçoit que notre système solaire change de place dans l'espace absolu, il sera possible qu'à la longue cela amène une variation apparente dans la distance angulaire des étoiles fixes. En ce cas, la position des étoiles voisines

---

1. C'est ce qui arrive pour la constellation d'Hercule, dont notre système solaire se rapproche, et la constellation du Grand Chien, son opposée, dont le système solaire s'éloigne.   J.-A. B.

étant plus affectée que celle des étoiles très-éloignées, leurs situations relatives pourront sembler plus altérées, quoique toutes les étoiles soient restées réellement immobiles. D'un autre côté, si notre système est en repos et si quelques étoiles sont réellement en mouvement, cela fera varier aussi les positions apparentes, d'autant plus que les mouvements seront plus rapides, plus convenablement dirigés pour être bien vus, et que la distance des étoiles à la Terre se trouvera moindre. Les changements de positions relatives des étoiles pouvant dépendre d'une si grande variété de causes, il faudra peut-être les observations de beaucoup de siècles avant qu'on arrive à en découvrir les lois. »

Dans son Mémoire sur les mouvements propres des étoiles, Tobie Mayer s'exprimait ainsi : « On peut expliquer quelques-uns des mouvements observés, soit en supposant ces étoiles mobiles elles-mêmes, soit en admettant que le Soleil change sans cesse de place avec les planètes qui circulent autour de lui. » Il n'oubliait pas non plus de dire que, dans cette dernière hypothèse, en regardant les déplacements des étoiles comme de purs effets de parallaxe, comme de simples conséquences du mouvement du Soleil dans l'espace, les constellations vers lesquelles ce mouvement serait dirigé augmenteraient graduellement de dimension, tandis que les constellations opposées diminueraient. « C'est ainsi, ajoutait le savant astronome, que, dans une forêt, les arbres à la rencontre desquels marche le promeneur lui semblent progressivement s'écarter les uns des autres, alors que les arbres situés à l'opposite paraissent au contraire se rapprocher. » Il est évident, au surplus, que Mayer n'entendait parler de l'explication du mouvement propre des étoiles fondée sur l'hypothèse du mouvement du Soleil, qu'à titre de simple possibilité, et qu'il n'y croyait pas.

A l'époque dont nous parlons, les connaissances déjà acquises sur la petitesse de la parallaxe annuelle, combinées avec certains calculs photométriques, prouvaient que le Soleil, transporté dans la région des étoiles, ne serait lui-même qu'une étoile par la dimension et par l'éclat. Les étoiles ayant des mouvements propres, il était assurément naturel d'attribuer un pareil mouvement au Soleil. Je trouve que Lambert croyait à l'existence de ce mouvement, témoin ce passage remarquable du système du monde, rédigé en 1770 par Mérian, d'après les idées de son ami : « Comme le déplacement apparent des étoiles dépend du mouvement du Soleil aussi bien que de leur mouvement propre, il y aura peut-être moyen de conclure de là vers quelle région du ciel notre Soleil prend sa course. »

En 1776, Lalande s'exprimait ainsi : « Le mouvement de rotation du Soleil a dû être produit par une impulsion qui n'était pas dirigée vers le centre de gravité de l'astre, mais une force ainsi dirigée n'engendre pas seulement un mouvement giratoire; un mouvement de translation est la conséquence tout aussi nécessaire de son action, en supposant que le Soleil, déjà condensé dans sa forme actuelle, reçût un choc qui lui imprima le mouvement de rotation. »

Tout ce que dit Lalande est de vérité rigoureuse. Il faut ajouter que la conception ne méritait ni les éloges qu'Herschel et autres astronomes lui accordèrent, ni la vive satisfaction que Lalande en éprouva. Jean Bernoulli n'avait-il pas, en effet, calculé à quelles distances des centres de la Terre, de la Lune, de Mars, supposés sphériques et homogènes, durent passer, à l'origine des choses, des forces d'impulsion, pour donner à ces astres les mouvements de translation et de rotation qu'on leur connaît?

CHAPITRE VI

DIRECTION DU MOUVEMENT DE TRANSLATION DU SYSTÈME SOLAIRE

La question du mouvement de translation qui emporte notre propre système solaire à travers les espaces célestes n'était arrivée qu'aux conjectures lorsque William Herschel s'en saisit pour la première fois au commencement de l'année 1783. Il déduisit du nombre très-restreint des mouvements propres connus à cette époque, la position du point du ciel vers lequel le Soleil se dirige avec son cortége de planètes; il trouva que notre système marche vers l'étoile λ de la constellation d'Hercule, ou, plus exactement, vers un point qui, en 1783, était situé par 257° d'ascension droite et par 25° de déclinaison boréale. Ce résultat ne pouvait être regardé que comme probable, puisqu'il reposait sur la supposition que les mouvements propres des étoiles étaient dirigés également dans tous les sens. Mais telle est la conséquence que l'on peut tirer des observations considérées dans leur ensemble. La constellation d'Hercule paraît grandir d'année en année, tandis que, dans le même temps, la constellation opposée va en diminuant.

Deux ans après le beau travail dû à Herschel, M. Prévot, se livrant aussi à cette recherche, trouva pour les coordonnées du point vers lequel le Soleil se dirigeait, un nombre qui différait à peine en déclinaison des résultats que nous venons d'indiquer, mais la différence en ascension droite s'élevait à 27°.

En employant dans la même recherche, au commencement de 1837, jusqu'à 390 étoiles douées de mouvements propres, le directeur de l'Observatoire de Bonn, M. Argelander, trouva, lui, pour les positions du point du ciel vers lequel le Soleil se dirige :

	Ascension droite.	Déclinaison boréale.
En 1792......	260° 46'.6	31° 17'.7
En 1800......	260° 50'.8	31° 17'.3

Le point que ces coordonnées désignent est peu éloigné d'une étoile de sixième grandeur, numérotée 143 dans la dix-septième heure du catalogue de Piazzi.

M. Luhndal, par des calculs fondés sur les mouvements propres de 147 étoiles, a obtenu, pour l'année 1790 :

Ascension droite.		Déclinaison boréale.
252° 53'	.	24° 26'

M. Otto Struve, d'après une discussion très-attentive des mouvements propres de 392 étoiles, a trouvé pour les mêmes coordonnées, à la date de 1790 :

Ascension droite.	Déclinaison boréale.
261° 12'	27° 36'

L'accord qui existe entre ces différentes déterminations,

obtenues par des méthodes diverses, semble donner à un mouvement propre du Soleil, dirigé vers la constellation d'Hercule, tous les caractères de la certitude. Cette conséquence ressort avec plus d'évidence encore des calculs de M. Galloway, insérés dans les *Transactions philosophiques* de 1847. En discutant les mouvements propres de 81 étoiles visibles principalement dans le ciel austral, et qui n'avaient pas été employées dans les recherches faites par William Herschel, puis par MM. Argelander et Otto Struve, cet astronome a trouvé que dans son mouvement propre, le Soleil se dirige vers un point du firmament qui, en 1790, avait pour coordonnées :

Ascension droite.	Déclinaison boréale.
260° 1′	34° 23′

Si l'on calcule, pour 1850, les coordonnées du point de la sphère céleste vers lequel le Soleil se dirige, on trouve :

	Ascension droite.	Déclinaison boréale.
D'après M. Argelander........	258° 23′.6	28° 45′.6
D'après M. Struve...........	261° 52′.6	37° 33′.0
D'après M. Galloway........	260° 33′.0	34° 20′.0
Moyennes..........	260° 19′.7	33° 32′.9

Mais la direction du mouvement progressif de notre système solaire étant déterminée avec certaine approximation, il reste à connaître la vitesse avec laquelle il a lieu. M. Struve a calculé qu'un observateur placé à la distance moyenne des étoiles de deuxième grandeur, verrait le Soleil se mouvoir avec une vitesse angulaire annuelle de $0''.34$, et M. Peters a trouvé qu'une parallaxe de $0''.209$ correspond à cette même distance stellaire. Il résulte de ces nombres que la vitesse absolue du Soleil, accompagné de son cortége de planètes et voyageant vers la constellation d'Hercule à travers l'espace, serait de 2 lieues par seconde.

CHAPITRE VII

DE LA CAUSE DES MOUVEMENTS PROPRES DES ÉTOILES

Herschel n'abandonnait aucun sujet de recherches sans l'avoir examiné sous toutes les faces, sans avoir porté ses investigations aussi loin que l'état des sciences à son époque le permettait. Il ne faut pas s'étonner qu'après s'être assuré que notre Soleil n'est pas immobile dans l'espace, Herschel ait désiré rattacher le mouvement de cet astre, déduit de l'ensemble des observations, à l'action attractive de quelque groupe stellaire.

Dès les premières lignes de calcul, la recherche semble devoir conduire à un résultat négatif. En effet, faisons de Sirius un astre égal au Soleil, supposons sa parallaxe annuelle d'une demi-seconde ; calculons ensuite de combien, par l'action de l'étoile, le Soleil se déplacera en un an. Ce déplacement sera si petit que, vu perpendiculairement, il ne sous-tendrait pas de Sirius un angle égal à la *cinq-cent-millionième partie d'une seconde*. Sirius cependant, vu de la Terre, se meut en un an de plus d'une seconde (chap. I, p. 20). L'action d'une seule étoile sur le Soleil est donc beaucoup trop faible pour expliquer les faits.

Des groupes d'étoiles ne pourraient-ils pas être suffisants pour rendre compte de la translation du système solaire ? En cherchant dans le ciel la solution de ce doute, Herschel tomba sur une petite tache blanche, découverte par Halley en 1714, entre ζ et η d'Hercule (chap. xi, t. i, p. 503, fig. 122), dans laquelle personne n'avait jamais aperçu une seule étoile, et où le télescope de 12 mètres en fit voir plus de 14,000 qui auraient pu être comptées.

A quelque distance de cette première agglomération se trouve une autre tache aperçue par Messier en 1781, et dans laquelle le grand télescope démontrait aussi l'existence d'une multitude d'étoiles excessivement rapprochées.

Il y a sans doute loin encore d'une trentaine de mille étoiles, à ce qu'il en faudrait pour produire dans notre système le mouvement reconnu. Aussi, quoique les deux groupes dont il vient d'être question soient précisément situés dans la partie du firmament vers laquelle notre soleil se dirige, Herschel se garda bien d'insister sur cette coïncidence. Pour ne point décourager, cependant, ceux qui voudraient tenter de rattacher les étoiles les unes aux autres, malgré les prodigieuses distances qui les séparent, il leur rappelait que certaines parties de la Voie lactée offrent, dans des espaces fort resserrés, des centaines de mille et même des millions de ces astres. Les régions où les deux branches de la Voie lactée vont se réunir, d'une part vers Céphée et Cassiopée, de l'autre vers le Scorpion et le Sagittaire, lui semblaient particulièrement pouvoir être des centres d'attraction puissants, et mériter toute l'attention des astronomes.

« L'attraction, disait Lambert dans ses *Lettres cosmologiques* (1761), étend son empire sur tout ce qui est matériel. Les étoiles elles-mêmes gravitent les unes vers les autres, et il doit inévitablement en résulter des déplacements. Là où la force d'attraction sera contre-balancée par une force centripète convenable, les étoiles parcourront sans cesse les mêmes courbes, et le système sera stable. »

Les idées cosmogoniques que ces paroles supposent, conduisent à admettre que le Soleil, centre, régulateur des mouvements planétaires, peut être assimilé à ce pauvre globe terrestre dont un illustre poëte, M. de Lamartine, a dit :

> Lorsque du Créateur la parole féconde
> Dans une heure fatale eut enfanté le monde
>   Des germes du chaos,
> De son œuvre imparfaite il détourna sa face,
> Et, d'un pied dédaigneux le lançant dans l'espace,
>   Rentra dans son repos.(1)

Lambert, quand il parlait de la difficulté du problème, admettait sans doute que les mouvements de rotation des corps célestes pouvaient ne pas avoir été engendrés d'un seul coup, par une impulsion unique et après la consolidation entière de ces corps. Peut-être même le célèbre géomètre de Mulhouse entrevoyait-il déjà quelque chose du système que Laplace a postérieurement développé touchant la condensation successive d'une matière diffuse rotative, condensation dont le dernier terme aurait été le Soleil actuel.

Voici, du reste, une manière frappante de montrer que si l'attraction établit entre tous les corps du monde physique des liaisons nécessaires, inévitables, ces liaisons

(1) *Gédim !*

deviennent d'une faiblesse extrême quand les distances
dépassent certaines limites. En supposant le Soleil et Sirius
de même masse, et éloignés l'un de l'autre à une telle
distance que le diamètre de l'orbite terrestre ne sous-
tendît, vu de Sirius, qu'une seule seconde, les deux astres
tomberaient l'un vers l'autre avec une si grande lenteur,
qu'il leur faudrait, d'après le calcul d'Herschel, plus de
33 millions d'années pour se réunir.

CHAPITRE VIII

PIEDS ET LUNETTES PARALLATIQUES — ÉQUATORIAL — AVANTAGES DES INSTRUMENTS PERFECTIONNÉS

Nous venons de reconnaître que les étoiles se déplacent annuellement de quantités angulaires très-petites.
Que l'on accumule les années, les siècles, et ces mouvements des étoiles acquerront des valeurs considérables.
Depuis vingt siècles, Arcturus et μ de Cassiopée se sont,
par exemple, déplacés l'un de deux fois et demie, l'autre
de trois fois et demie le diamètre du disque de la Lune,
comme l'a fait remarquer mon ami Alexandre de Humboldt. Il arrivera un jour où la Croix du Sud ne présentera plus sa forme caractéristique, car ses quatre étoiles
marchent en sens contraire et avec des vitesses inégales.
Mais pour calculer tous les changements qui doivent se
produire dans l'aspect de la sphère céleste, à cause de la
lenteur même de ces changements, si on ne veut pas
renvoyer à la postérité la plus reculée la solution de presque tous les problèmes d'astronomie stellaire, il est nécessaire d'avoir recours à des instruments d'une précision

extrême et qui offrent par conséquent des grossissements considérables, s'élevant de 3,000 à 4,000 fois, par exemple.

Mais avec un tel pouvoir amplificatif, le champ de la vision est très-borné. Si la lunette était immobile, un astre emporté par le mouvement diurne de la sphère céleste ne serait visible que pendant un très-petit nombre de secondes. Lorsqu'on doit employer de très-forts grossissements, comme cela est nécessaire pour une multitude de recherches astronomiques, il est donc indispensable que la lunette suive l'astre d'elle-même ; il faut qu'elle soit montée de manière que, dirigée à l'orient au moment du lever, elle pointe à l'occident au moment du coucher, et qu'à toutes les époques intermédiaires, cette lunette, sans avoir besoin d'être touchée, change de direction et de hauteur de telle sorte que l'astre occupe toujours à peu près la même partie du champ de la vision.

Pour arriver à ce résultat, il faut, conformément aux idées d'un ancien artiste français, Passemant, monter l'instrument d'une manière particulière ; il faut le faire tourner autour d'un axe parallèle à l'axe du monde, par l'intermédiaire d'un mouvement d'horlogerie ; il faut que ce mouvement, au lieu de s'opérer par saccades, à l'aide d'un échappement, ait lieu d'une manière continue et uniforme, à l'image du mouvement majestueux du ciel étoilé ; il faut que cet axe porte un cercle gradué parallèle à l'équateur et un autre cercle propre à donner les déclinaisons des astres observés.

Un tel instrument porte le nom d'appareil paralla-

tique[1] ; il est d'une construction délicate et difficile. Il
faut d'abord établir le pied parallatique lui-même (fig.
129), qui se compose de l'axe principal de rotation rendu
parallèle à l'axe du monde ; du second axe perpendiculaire au premier et autour duquel peut tourner le cercle
qui porte la lunette ; du mouvement d'horlogerie destiné
à faire faire un tour entier à la lunette autour de l'axe
principal dans un jour sidéral. Comme la lunette en tournant autour du second axe peut être amenée à faire tous
les angles imaginables avec l'axe principal parallèle à
l'axe du monde, on conçoit que, grâce à la rotation de
l'axe principal, la lunette pourra être dirigée successivement vers tous les astres du firmament et les suivre dans
leur mouvement diurne.

On donne le nom d'équatorial (fig. 130, p. 48) à une
lunette LL montée sur un axe autour duquel elle peut se
mouvoir parallèlement à un cercle AA, qui lui-même peut
tourner autour d'un axe parallèle à l'axe du monde, lorsque perpendiculairement à cet axe se trouve un second
cercle EE, qui alors est nécessairement parallèle à l'équateur céleste. Nous avons montré ailleurs (liv. VII, chap. IV,
t. I, p. 256 et suiv.) comment, à l'aide du cercle mural,
de la lunette méridienne et de la pendule sidérale, on
peut déterminer la déclinaison et l'ascension droite des
astres lors de leur passage par le méridien du lieu de
l'observation. Dans un certain nombre de cas, lorsqu'il

---

1. Et non pas *parallactique*, comme l'impriment la plupart des
traités d'astronomie, attendu que l'instrument en question sert, non
pas à prendre des parallaxes, mais à mesurer des arcs de parallèles
célestes.

L. GUIGUET del.   L. DUJARDIN sc.

Fig. 129. — Pied parallatique construit par M. Brunner pour le dôme rotatif de l'Observatoire de Paris. — A, horloge donnant le mouvement au cercle B qui fait tourner, autour d'un axe parallèle à l'axe du monde, le système CL dans un jour sidéral. — C, cercle servant à mettre la lunette dans la direction de l'astre à observer. — L, pièce de fonte sur laquelle on fixe la lunette à l'aide d'écrous.

s'agit, par exemple, d'un astre nouveau ou d'un astre
qu'on n'aperçoit que rarement et qui doit passer au méridien assez près du Soleil pour qu'une trop vive lumière
empêche de l'apercevoir, il faut pouvoir observer cet astre
à tout autre moment. On a alors recours à l'équatorial
qui permet de faire mouvoir la lunette LL dans un plan
méridien quelconque, à telle heure que ce soit. On pourra
ainsi comparer deux astres et obtenir avec la pendule
sidérale la différence de leurs ascensions droites; si l'ascension droite de l'un de ces astres est connue, on en
conclura facilement celle de l'autre. Comme l'axe optique
de la lunette pourra être successivement dirigé vers chacun des deux astres lors de leurs passages dans le plan
choisi, on aura aussi avec exactitude la différence de leurs
déclinaisons. Si l'on observe deux astres assez voisins
pour qu'ils puissent passer tous deux dans le champ de
la lunette sans qu'on ait besoin de la déplacer, on obtient
la différence des déclinaisons en faisant mouvoir à l'aide
d'une vis à tête graduée un fil transversal adapté au réti-
cule de la lunette, de manière à l'amener successivement
aux deux points où le fil méridien de la lunette a été tra-
versé par les deux astres. Le cercle EE de l'équatorial
doit, autant que possible, être monté sur un pied parallatique de façon qu'on puisse au besoin le faire mouvoir par
le mouvement d'horlogerie à l'aide d'un mécanisme C,
qui permette d'établir ou d'interrompre à volonté la liaison entre la lunette et son moteur.

L'Observatoire de Paris renfermait une collection complète d'instruments méridiens; ses cercles muraux, sa
lunette des passages, pouvaient rivaliser sans désavantage

avec ce que les étrangers ont produit de plus parfait. Malgré la parfaite exécution de l'équatorial de Gambey, représenté par la figure 130, il manquait à cet établissement un grand équatorial semblable aux magnifiques et immenses instruments que possèdent, depuis peu d'années, les observatoires de Washington, de Cambridge (États-Unis), de Cambridge (Angleterre), de Berlin, de Kœnigsberg, de Dorpat, de Poulkova. C'est à combler cette regrettable lacune qu'ont tendu les projets du gouvernement, libéralement sanctionnés par nos Assemblées législatives en 1846 et 1851.

La lunette de l'équatorial devant être dirigée vers tous les points du ciel situés au-dessus de l'horizon, il était indispensable que tout en restant constamment abritée, elle ne pût être cependant jamais gênée par les objets voisins. C'est ce but que nous avons cherché à atteindre en obtenant qu'on construisît le dôme rotatif (fig. 131, p. 49) dont la terrasse de l'Observatoire est aujourd'hui munie. Ce dôme est le plus grand qui existe; il a environ 13 mètres de diamètre; il porte des trappes mobiles d'un mètre de largeur, qui permettent de découvrir toutes les régions du ciel comprises entre l'horizon et le zénith. A l'aide d'une manivelle M qui fait tourner l'axe vertical N, muni d'un pignon denté O engrenant avec les dents adaptées à la base du toit, celui-ci tourne sur son centre avec facilité en roulant sur deux systèmes de galets P et Q, quoiqu'il entraîne avec lui l'immense plancher destiné à porter les observateurs. Pour suivre dans son mouvement diurne un astre que le pied parallatique permet à la lunette de ne pas quitter, il suffit de faire tourner le

toit de temps en temps pour que la trappe ouverte soit
toujours devant l'axe optique de la lunette. Nous ne
serons que les échos fidèles de tous les savants ou méca-
niciens étrangers qui ont visité l'Observatoire, en disant
que notre toit est un monument, un travail de serrurerie
qui fait le plus grand honneur à nos artistes.

Le toit mobile, le pied parallatique, n'auraient pas une
grande utilité s'ils ne devaient couvrir, supporter et entraîner des lunettes plus puissantes que celles dont l'Observatoire de Paris est actuellement pourvu.

La plus grande lunette connue est celle de Poulkova;
elle a 38 centimètres d'ouverture et elle a été exécutée
dans les célèbres ateliers de Munich. Eh bien, il y a justement à Paris une lunette dont l'ouverture est maintenant égale à celle de la lunette de Poulkova; une lunette
construite par un artiste français, Lerebours, et avec des
matières françaises; une lunette déjà éprouvée autant
qu'il était possible de le faire sur un pied ordinaire. Cette
lunette, il était convenable de l'acquérir pour empêcher
que les étrangers ne nous l'enlevassent, comme cela est
déjà arrivé pour trois lunettes de moindres dimensions.
C'est cette lunette que j'ai demandé qu'on plaçât sur le
beau pied parallatique de notre observatoire, sous sa
vaste et magnifique coupole, afin que, lorsqu'une comète
irait, en diminuant d'éclat, se perdre dans les profon-
deurs de l'espace, les observateurs français n'eussent
plus l'humiliation d'être obligés de cesser leurs recherches beaucoup plus tôt que des astronomes placés dans
des établissements qui, à d'autres égards, ne sauraient
rivaliser avec l'Observatoire de Paris. La lunette de

Lerebours est celle que je suppose montée sur le pied parallatique figuré sous le dôme rotatif de la figure 131.

Expliquons, maintenant, quel parti on doit tirer des nouvelles lunettes et des montures parallatiques.

Lorsque Galilée eut construit une lunette sur le modèle de celle que les jeux d'un enfant avaient fait découvrir à l'opticien de Middelbourg, et qu'il la dirigea sur le firmament, il y aperçut des objets situés par delà les limites de la vision naturelle : les phases de Vénus, les satellites de Jupiter, les montagnes de la Lune, les taches et le mouvement de rotation du Soleil, le nombre prodigieux d'étoiles que la Voie lactée renferme.

Cette lunette n'avait guère qu'un mètre de distance focale, 41 millimètres d'ouverture et grossissait les objets sept à huit fois, c'est-à-dire un tant soit peu plus que les lunettes communes d'opéra. L'œil perspicace de Galilée, armé d'un de ces instruments, dont le mode d'action était alors un mystère, reconnut que Saturne n'avait pas une forme sphéroïdale, mais sans pouvoir préciser la cause de ces irrégularités. La découverte de la figure véritable de cet astre a fait la réputation des savants qui ont pu les premiers l'examiner avec des lunettes plus puissantes que celle qu'employait l'illustre philosophe de Florence.

Il est dans le firmament des phénomènes qui sont, relativement aux lunettes actuelles, ce qu'étaient les irrégularités de forme de Saturne observées avec les très-médiocres instruments de Galilée. L'application de puissantes lunettes et de très-forts grossissements rendra évident ce qui n'est encore que problématique. Avec ces lunettes, lorsqu'elles seront attachées à un pied parallatique, on parviendra à déterminer par la méthode de l'observation de deux étoiles voisines (liv. ix, chap. xxxii, t. i, p. 432) les distances réelles à la Terre d'un nombre beaucoup plus considérable d'étoiles qu'aujourd'hui; nous saurons s'il en est plusieurs qui soient plus rapprochées que α du Centaure, la 61ᵉ du Cygne et α de la Lyre. Alors on pourra suivre les changements de forme de ces agglomérations de matière lumineuse que nous avons appelées des nébuleuses, et savoir si les dernières traces de concentration de ces matières brillantes sont des étoiles proprement dites, de véritables soleils (liv. xi, chap. xvi, t. i, p. 520). Alors on acquerra, sur la constitution physique des planètes et des satellites, des notions précises qui sont maintenant dans le domaine des conjectures. Alors on étudiera avec exactitude (liv. x, chap. xii, t. i, p. 466) les révolutions des étoiles doubles, ces soleils tournant les uns sur les autres, et l'on fournira aux géomètres les moyens de décider si la pesanteur qui régit les mouvements des planètes de notre système s'étend jusqu'aux dernières limites du monde visible (chap. vii, p. 34). Alors, enfin, on pourra suivre les comètes jusqu'à leur plus extrême éloignement, et tirer de leurs changements de volume ou de forme des conséquences précieuses sur l'état de l'éther dans les espaces célestes.

Si l'on songe qu'en matière de science l'imprévu forme toujours *la part du lion*, on comprendra combien il est désirable que le ciel soit exploré à l'aide d'instruments puissants et se prêtant à des mesures exactes. Les découvertes dont l'astronomie s'enrichira alors toucheront aux points les plus délicats de la philosophie naturelle.

LIVRE XIV

LE SOLEIL

CHAPITRE PREMIER

DU SYSTÈME SOLAIRE

Nous avons dit que le Soleil n'est qu'une étoile parmi les étoiles répandues dans l'espace, et dont le nombre nous échappe. Nous avons vu que cette étoile fait sans doute partie d'une nébuleuse qui crée pour nos yeux l'aspect trompeur de la Voie lactée. Déjà nous avons dû nous occuper du mouvement que l'astre radieux paraît effectuer chaque jour avec la sphère céleste entière autour de la Terre, et du second mouvement qu'il nous semble devoir effectuer de l'occident à l'orient le long d'un grand cercle que nous avons appelé l'écliptique (liv. VII, chap. IV, t. I, p. 256). Il s'agit maintenant de passer, en ce qui concerne le Soleil, de l'apparence à la réalité; il s'agit d'acquérir des notions approfondies et complètes sur cet astre qui est si peu de chose dans l'univers, et que nous avons cependant tant intérêt à connaître.

Le Soleil, le flambeau du monde, suivant l'expression de Copernic; le cœur de l'univers, d'après Théon, de Smyrne, n'est que le centre ou plutôt le foyer des mou-

vements de quelques astres obscurs, la principale source
de la chaleur et de la lumière dont jouissent ces astres.
L'ensemble du Soleil et de son cortége d'astres non lumineux par eux-mêmes, constitue ce que nous appelons le
système solaire.

Les astronomes ont l'habitude de désigner le Soleil par
le signe d'abréviation suivant ☉.

Le système solaire se compose aujourd'hui :

1° De 8 planètes principales qui, rangées d'après
l'ordre de leurs distances croissantes au Soleil, ont été
appelées : Mercure ☿, Vénus ♀, la Terre ♁, Mars ♂,
Jupiter ♃, Saturne ♄, Uranus ♅, Neptune ♆ ; les figures
dont nous avons fait suivre les noms de chaque planète
sont les signes par lesquels les astronomes ont coutume
de désigner ces astres ;

2° D'un nombre encore indéterminé de petites planètes, appelées aussi astéroïdes, et dont les distances
au Soleil sont comprises entre les distances de Mars et
de Jupiter ;

3° De 23 satellites de planètes : 1 pour la Terre
(la Lune figurée par le signe ☽), 4 pour Jupiter, 8 pour
Saturne, 8 pour Uranus, 2 pour Neptune ;

4° D'un nombre de comètes qui, chaque jour, pour
ainsi dire, devient plus considérable.

Les planètes circulent autour du Soleil, accompagnées
de leurs satellites. Quelques-unes des comètes connues
se meuvent aussi dans des orbites finies; d'autres, au
contraire, paraissent parcourir des courbes qui s'éloignent de plus en plus du corps central.

Étudier la constitution physique du Soleil et de tous

les corps qui constituent le système solaire, déterminer les mouvements de ces astres, leurs volumes, leurs masses, leurs distances au Soleil en chaque instant de l'éternité, tels sont les problèmes que les astronomes modernes sont parvenus à résoudre.

CHAPITRE II

MESURE DU DISQUE SOLAIRE — USAGES DES MICROMÈTRES ET DES HÉLIOMÈTRES

Le Soleil embrasse dans le ciel un espace d'environ un demi-degré en tout sens. Du bord supérieur au bord inférieur, du bord oriental au bord occidental, tous ses diamètres, enfin, mesurés de la Terre au même moment et alors que l'astre radieux est près du zénith, sous-tendent environ 30'.

Il faudrait donc 720 soleils tangents l'un à l'autre pour remplir le contour d'un grand cercle de la sphère céleste.

Nous avons vu déjà que la valeur du diamètre du disque solaire est loin d'être invariable avec le temps, qu'elle est plus grande en hiver qu'en été, qu'elle est au maximum quand la vitesse angulaire du mouvement propre apparent le long de l'écliptique est elle-même maximum (liv. VII, chap. VIII, t. I, p. 275). On comprend donc que nous ne devions citer qu'une valeur approximative, puisque cette valeur est différente pour tous les jours de l'année, quoique aux époques correspondantes de deux années différentes elle revienne à l'identité. Quels sont les moyens employés par les astronomes pour obtenir de tels résultats?

Ces moyens consistent dans l'emploi d'instruments propres à mesurer les diamètres des planètes, les élongations des satellites, les distances des étoiles doubles, et en général tous les angles très-petits, c'est-à-dire des micromètres dont nous avons déjà indiqué le principe (liv. III, chap. XVIII, t. I, p. 132). Ces instruments n'étaient pas encore connus au milieu du XVIIe siècle. A cette époque, Grimaldi et Riccioli évaluaient plutôt qu'ils ne mesuraient les angles que les planètes sous-tendent en comparant leurs images dans la lunette aux images de cercles de papier dont les dimensions étaient connues, et qui étaient placés à des distances déterminées. Huygens modifia cette méthode défectueuse; le procédé qu'il imagina, et dont il donna la description dans son *Systema Saturnium*, consistait à placer au foyer commun de l'objectif et de l'oculaire d'une lunette, une lame de cuivre triangulaire, mobile entre deux coulisses établies aux deux côtés opposés du tube. En faisant glisser la lame, on cherchait dans quelle partie elle couvrait exactement le diamètre de la planète observée; la largeur de la lame en ce point, comparée au diamètre de la pièce circulaire qui terminait le champ, et dont la valeur en minutes et secondes était déduite du temps du passage d'une étoile équatoriale, faisait connaître le diamètre cherché. Quelques astronomes substituèrent de longues fentes triangulaires à la languette pleine de Huygens; mais à peine est-il permis de regarder ce changement comme une amélioration.

Trois ans après la publication de l'ouvrage de ce célèbre géomètre, c'est-à-dire en 1662, le marquis de

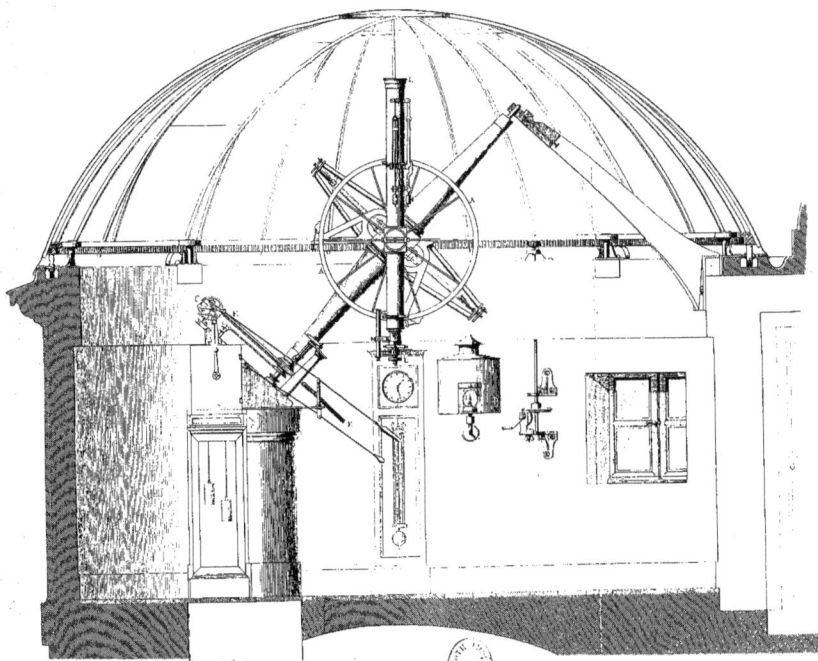

Echelle de o^m o1, pour 1 mèt.

Dessiné d'après nature et gravé par L. Cuyer

FIG 139. Equatorial de l'Observatoire de Paris

Coupe de l'Observatoire de ....

Malvasia donna dans ses *Éphémérides* la description d'un micromètre qui était composé de plusieurs fils d'argent déliés et perpendiculaires les uns aux autres. Par là, le champ de l'instrument se trouvait partagé en plusieurs espaces rectangulaires dont les dimensions en minutes et secondes étaient déterminées par le temps qu'une étoile connue employait à les parcourir. Cet appareil ne diffère de ceux qu'on adapte maintenant aux lunettes méridiennes et aux cercles muraux qu'en ce que les fils doivent y être très-rapprochés. Il ne paraît pas qu'à l'origine il ait obtenu beaucoup de crédit, sans doute à cause de la nécessité dans laquelle on se trouve, lorsque l'astre qu'on mesure n'est pas exactement compris entre deux fils, d'estimer la différence ; à en juger cependant par le parti que Mayer a tiré de cette méthode dans son beau travail sur la libration de la Lune, cette évaluation peut se faire assez exactement, surtout lorsque les repères consécutifs comprennent entre eux de petits angles.

En 1666, Auzout et Picard imaginèrent de substituer à la multitude de fils fixes dont se composait l'appareil que nous venons de décrire, deux fils dont l'un était attaché au corps de la lunette, tandis que l'autre pouvait se mouvoir parallèlement à lui-même à l'aide d'une vis. Ce changement capital a été généralement adopté, parce que le micromètre ainsi disposé se prête avec une facilité égale à la mesure de toutes sortes d'angles, et dispense l'observateur d'une estime plus désagréable encore par le doute qu'elle laisse toujours dans l'esprit que par les inexactitudes qu'elle peut entraîner. Du reste, l'emploi d'une vis comme moyen de mesure présentait des inconvénients graves, à l'époque d'Auzout et de Picard; le défaut de l'inégalité des pas de la vis exposait à des erreurs d'autant plus dangereuses, que l'observateur n'avait presque aucun moyen de les reconnaître ou de les corriger. Aussi, au lieu de se fier aux indications de l'index, Picard préférait-il, après chaque mesure, déterminer l'écart des deux fils, en transportant tout l'appareil sur une règle dont il observait les divisions à l'aide d'un bon microscope. Cet usage, quelque incommode qu'il fût, a prévalu assez longtemps parmi les astronomes.

Ce n'est que depuis quelques années qu'on a pu sans inconvénient se dispenser de toutes ces précautions; regarder les tours de la vis, dans quelque sens qu'on l'ait fait mouvoir, comme la mesure de l'intervalle des fils, et lire immédiatement la valeur du diamètre qu'on observe sur le cadran à grandes dimensions dont la tête de la vis est armée.

A mesure que la construction du micromètre se perfectionnait, les astronomes sentaient la nécessité de réduire la grosseur des deux repères entre lesquels l'astre devait être compris. Auzout et Picard, dès l'origine, avaient substitué des fils de cocon de soie aux lames et aux fils métalliques dont Huygens et Malvasia s'étaient servis; Gascoigne, d'après Townley, comprenait l'astre dont il voulait rechercher le diamètre entre deux pièces de métal dont les bords étaient très-aigus. Newton fit remarquer que les diamètres des planètes obtenus de cette manière étaient plus grands que les véritables, comme cela arrive pour toute ouverture pratiquée dans un objet obscur et se projetant sur un fond lumineux.

Hooke substitua des cheveux aux pièces de métal de Gascoigne.

Les fils faits en soie de cocon, en cheveux, etc., ont été remplacés plus tard par les diagonales des toiles d'araignée, auxquelles on a pu récemment préférer les fils plus déliés encore d'or ou de platine obtenus par l'ingénieux procédé dont Wollaston a donné la description, procédé qui consiste à détruire par un acide le fourreau d'argent dont le platine ou l'or ont été entourés pour ·pouvoir être passés extrêmement fins à la filière.

La Hire proposa, en 1707, d'employer dans la construction du micromètre ces filaments de verre flexibles, déliés et diaphanes, qui, de son temps, étaient un objet de commerce, et qui se forment si aisément à la lampe d'émailleur. M. Brewster a reproduit cette idée, il y a quelques années; mais aucune expérience, que je connaisse, n'a montré que ces fils aient quelques avantages sur ceux employés jusqu'à présent par les astronomes.

Telles sont les améliorations dont le micromètre ordinaire a été l'objet depuis son origine. Cet instrument a sur quelques-uns de ceux qui l'ont suivi l'avantage de fournir avec la même facilité la mesure de toutes sortes d'angles compris entre zéro et la valeur du champ de la lunette. Ses défauts assez nombreux sont de ne se prêter en astronomie qu'à la mesure des distances perpendiculaires à la direction du mouvement diurne; de nécessiter une fixité de la lunette qui ne s'obtient presque toujours qu'aux dépens du grossissement, et d'exiger un appareil propre à éclairer les fils. Cette dernière condition nuit à l'exactitude des mesures, et rend même ces mesures impossibles lorsque les astres qu'on observe sont peu lumineux. J'ai proposé de vaincre la difficulté de l'éclairage des fils en les rendant eux-mêmes plus ou moins lumineux à l'aide de l'électricité produite par une pile voltaïque; je suis convaincu qu'on arrivera à faire disparaître les inconvénients que cette application nouvelle a présentés dans les premiers essais.

Dans tous les micromètres à fils, il est très-difficile d'exprimer les effets de l'inflexion que la lumière peut éprouver dans le voisinage des fils; la moindre altération dans la situation et dans la quantité de la lumière qui éclaire le champ, change le zéro; il est rare de trouver des vis exemptes de ce que les artistes appellent des temps perdus, c'est-à-dire des vis dont les filets sont partout également espacés; la fixation du point zéro et de la valeur des parties de l'échelle est sujette à maintes difficultés. Pour toutes ces raisons, un bon instrument de ce genre doit avoir un prix très-élevé, et il ne peut être placé qu'en des mains très-habiles. On sentira combien un micromètre fondé sur d'autres principes, et qui serait exempt de la totalité, ou même seulement d'une partie des défauts que je viens de signaler, serait utile, et pourrait contribuer aux progrès de l'astronomie.

C'est à Bouguer que les observateurs doivent l'invention d'un micromètre fondé sur des principes tout nouveaux. Cet habile physicien imagina de placer à côté l'un de l'autre et à l'extrémité d'un seul tuyau deux objectifs de foyer égal et qui correspondaient à un même oculaire. Par là on obtient deux images qui peuvent s'apercevoir d'un même coup d'œil, et dont la distance est réglée par celle qui sépare les centres des deux objectifs. Cette distance étant variable à volonté, peut servir d'échelle de mesure, et la détermination de la valeur d'un angle perpendiculaire, parallèle ou oblique au mouvement diurne, se réduit à l'observation de la tangence des images que chaque objectif produit. Le propre de cet instrument est de ne pas exiger que la totalité des images à mesurer soit visible, de ne point limiter par conséquent les grossissements, et de permettre à l'observateur de transporter les deux segments tangents, à l'aide de manivelles, dans la partie du champ de la lunette où les objets se peignent avec le plus de netteté. Ce micromètre de Bouguer, auquel il donna le nom d'héliomètre[1], date de l'année 1748, et est antérieur de dix ans à la découverte des lunettes achromatiques (liv. III, chap. XI, t. I, p. 111). Si à cette époque il était déjà permis de regarder comme un défaut capital de l'héliomètre d'exiger dans sa composition l'emploi de deux lentilles simples de même foyer, ce défaut ne dut-il pas sembler plus grand lorsque les astronomes eurent senti la nécessité d'employer exclusivement dans leurs observations des objectifs composés. Mais ces difficultés disparaissent entièrement à l'aide d'un changement proposé par Dollond, et qui consiste à substituer les deux moitiés d'un même objectif aux objectifs entiers dont se servait Bouguer.

Les deux parties d'une même lentille agissent pour

1. De ὕλιος, soleil, et μέτρον, mesure.

donner la même image focale ; si on sépare ces deux parties, comme le représente la figure 132, chacune des

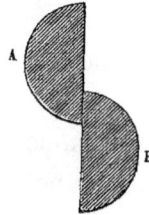

Fig. 132. — Moitiés d'objectifs employées dans les héliomètres.

deux moitiés fonctionnera de même que la lentille entière,
et on obtiendra deux images. Quand les deux demi-lentilles étaient juxtaposées, leurs deux images étaient superposées. En faisant glisser la moitié B sur la moitié A, on
laisse immobile l'image m produite par A, et on peut mesurer le chemin que parcourt la moitié B pour que l'image
n qu'elle fournit arrive exactement au contact de la première. Le chemin mesuré par une vis donne évidemment
la valeur de l'angle sous lequel on voit le diamètre apparent ab de l'astre (fig. 133) qu'il s'agit d'évaluer. Si,

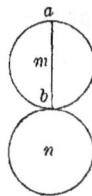

Fig. 133. — Évaluation par l'héliomètre de l'angle sous-tendu par le diamètre
apparent d'un astre.

une fois qu'on est arrivé au contact, on fait tourner la
demi-lentille, et si l'on amène l'image n successivement
en n', n'', n'''... de manière à lui faire toucher tous les

points de la circonférence de l'image m (fig. 134), on re-

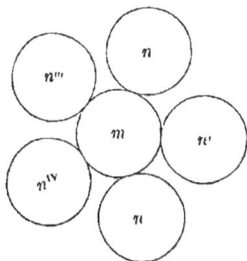

Fig. 134. — Observation par l'héliomètre de l'égalité de tous les diamètres
du Soleil.

connaît, par exemple, que le Soleil a le même diamètre
dans tous les sens. Il est bien entendu qu'on doit opérer
au même moment avec une lunette montée parallatiquement (liv. XIII, chap. VIII, p. 39).

On voit que l'instrument de Bouguer, par le perfectionnement que Dollond a imaginé, est devenu moitié moins
lourd et moins coûteux ; il pouvait en outre s'adapter facilement aux télescopes à réflexion. Ce changement fut
adopté d'autant plus aisément que les ateliers de l'habile
artiste à qui on le devait étaient alors en position de
fournir d'héliomètres et même de télescopes tous les observatoires publics ou particuliers de l'Europe. Aussi, à
peine rencontre-t-on maintenant un héliomètre à double
objectif complet.

L'héliomètre qui passe pour le plus parfait est celui
que Frauenhofer a construit pour l'observatoire de Kœnigsberg, et que représente la figure 135 (page 56),
d'après la description donnée par l'illustre directeur de
cet observatoire, M. Bessel. On aperçoit le long du corps
de la lunette deux tringles ab, cd, à l'aide desquelles

l'observateur, sans quitter l'oculaire, peut, soit faire tourner autour de l'axe de la lunette l'ensemble des deux

Fig. 135. — Héliomètre construit par Frauenhofer pour l'Observatoire de Kœnigsberg.

moitiés de l'objectif, soit donner le mouvement à la vis qui fait marcher la moitié mobile de l'objectif. Pour faci-

liter la recherche immédiate des astres, on emploie la
lunette auxiliaire ou le chercheur L, qu'on fait tourner
autour de la grande lunette à l'aide de la poignée M.
L'instrument est monté parallatiquement et on le met à
volonté en communication avec le mouvement d'horlogerie H pour suivre l'astre observé dans le mouvement
diurne de la sphère céleste.

L'héliomètre, auquel dès l'origine on attacha avec
raison une grande importance, n'a pas produit, il faut
en convenir, tout ce qu'on en attendait.

Bouguer s'en était à peine servi lorsqu'il en publia la
description; Lalande l'employa dans la suite pour déterminer le diamètre du Soleil; et son résultat est trouvé
plus exact qu'on n'aurait dû l'attendre et de l'imperfection de ses objectifs qui n'étaient pas achromatiques, et
du très-petit nombre d'observations qu'il exécuta. Short
publia dans les *Transactions* les résultats de quelques mesures du Soleil faites avec un héliomètre; depuis lors cet
instrument n'a guère plus été employé que dans l'observation des phases, pendant les éclipses de Lune ou de
Soleil. Dans la multitude d'observations de diamètres des
planètes que j'ai eu l'occasion de recueillir, à peine en
ai-je trouvé quatre ou cinq qui aient été faites avec cet
instrument, auquel les astronomes ont souvent préféré le
micromètre à fils ou des méthodes même plus imparfaites.
Cet abandon tient, ce me semble, à deux causes principales : l'une est la rareté des bons objectifs, l'autre les
défauts inhérents à la construction de ce genre de micromètre; la première de ces causes ne disparaîtra que
lorsque les pompeuses promesses des verriers sur la fabri-

cation du flint-glass, si souvent reproduites et si souvent démenties, auront donné quelque résultat; alors, et seulement alors, les artistes se résoudront à scier en deux un objectif bien régulier pour en construire un héliomètre, et l'astronome n'aura pas à craindre que les imperfections des images viennent masquer les petites quantités qu'il se propose de mesurer. Les défauts de parallaxe qu'on a remarqués dans l'usage de l'héliomètre, peuvent aussi être surmontés; mais les attentions minutieuses auxquelles l'observateur devra s'astreindre, pour arriver à ce but, me semblent peu propres à populariser l'instrument.

Ramsden donna en 1779, dans le recueil des *Transactions philosophiques*, la description de deux nouveaux micromètres dans lesquels les mesures s'obtenaient, comme dans celui dont nous venons de parler, par la tangence de deux images; l'un applicable seulement au télescope de Cassegrain (liv. IV, chap. I, t. I, p. 159), exige, de l'aveu même de l'inventeur, une perfection de travail dont peu d'artistes seraient capables; l'autre, qu'on pourrait appeler héliomètre oculaire, s'adapte avec une égale facilité aux lunettes et aux télescopes à réflexion. La théorie de ces instruments est très-simple, leur usage semble devoir être commode; l'habile artiste à qui nous les devons paraissait y attacher une grande importance, et était très-capable de les amener à leur dernier degré de perfection; ses ateliers étaient les plus renommés de l'Europe et cependant ses micromètres se sont si peu répandus qu'il serait peut-être impossible de trouver dans les nombreux recueils d'observations qui ont vu le jour, une seule mesure qui soit faite suivant sa méthode. L'expérience aurait-elle encore cette fois donné un démenti à la théorie? L'oubli dans lequel ces micromètres sont tombés tient-il à des causes indépendantes de leur mérite, c'est ce qu'il est impossible de décider *à priori.* Le peu d'essais que j'ai eu l'occasion de faire avec celui de ces deux instruments qui s'adapte aux lunettes, m'a convaincu que l'inflexion qu'éprouve la lumière dans le voisinage du plan suivant lequel se joignent les deux moitiés de l'oculaire, doit nuire singulièrement à l'exactitude des mesures.

J'ai interverti l'ordre des dates afin de présenter sous un même point de vue l'histoire de l'héliomètre et des instruments qui n'en sont que des modifications ; je vais passer maintenant aux micromètres prismatiques.

Rochon est incontestablement le premier auteur de cette classe d'instruments ; déjà en 1768 il avait proposé dans ses Mémoires, imprimés à Brest, d'étendre l'usage de l'instrument de Bouguer à de grands angles, en plaçant devant les objectifs des prismes achromatiques de verre. En 1778 il construisit, pour la mesure des petits angles, un micromètre formé de deux prismes achromatiques de cristal de roche, mobiles circulairement l'un sur l'autre ; ce micromètre se plaçait devant la lunette. Cet instrument, tout ingénieux qu'il était, avait l'inconvénient de donner presque toujours quatre images d'intensités très-inégales, d'astreindre l'observateur à des attentions pénibles pour distinguer celles qui devaient être tangentes, d'occasionner une grande perte de lumière, d'exiger, dans les prismes, de grandes dimensions et une perfection de travail qui les rendait très-dispendieux.

Rochon ne tarda pas à imaginer une nouvelle construction qui remédiait à une partie des imperfections
dont nous venons de parler et qui consistait à n'employer
qu'un seul prisme de cristal de roche, achromatisé avec
deux prismes de verre ordinaire, et à le faire mouvoir le
long de l'axe dans l'intérieur de la lunette ; par là on peut
mesurer avec précision tous les angles compris entre zéro
et celui qui exprime la double réfraction du prisme de
cristal, l'échelle de tous ces angles étant la distance focale
de la lunette. Ce nouveau micromètre fut reçu par les
astronomes avec un applaudissement général, et un petit
nombre d'expériences exactes semblèrent confirmer tout
ce que la théorie en avait fait espérer. Mais comme s'il
était de l'essence de cette espèce d'instruments de faire
naître des réclamations, ce qui était arrivé pour le micromètre à fils d'Auzout et pour l'héliomètre de Bouguer,
se reproduisit dans cette nouvelle circonstance ; Maskelyne, à qui l'exactitude de ses observations à Greenwich
avait fait une réputation justement méritée, produisit des
certificats de M. Aubert et de Dollond, d'où il résultait que
déjà vers la fin de 1776 il avait fait construire un micromètre à prisme isocèle de verre ordinaire assez semblable
pour le but et pour les moyens, à celui dont le physicien
français avait publié la description. L'abbé Boscowich
crut aussi avoir des droits à cette découverte et chercha
à les faire valoir ; l'Académie intervint dans la querelle ;
les journaux du temps publièrent de nombreux Mémoires
pour ou contre chaque compétiteur, tandis que personne
ne s'occupait du mérite de la découverte. Un trait remarquable de cette longue discussion, c'est que l'instrument

qui en a été l'objet n'a jamais servi, en sorte que ni Maskelyne ni Boscowich, qui étaient si intéressés à le faire, n'ont publié dans les nombreux recueils d'observations que les astronomes leur doivent, ni une mesure de planète ni même une seule observation de mire terrestre qui puisse permettre d'asseoir un jugement motivé sur le mérite pratique de l'instrument. Le micromètre à prisme de cristal de roche *c*, placé au delà de l'oculaire *ab*, mobile le long de l'axe de la lunette à l'aide de la crémaillère *d*, et dont personne n'a jamais contesté la propriété à Rochon (fig. 136), fut seul dès l'origine appliqué

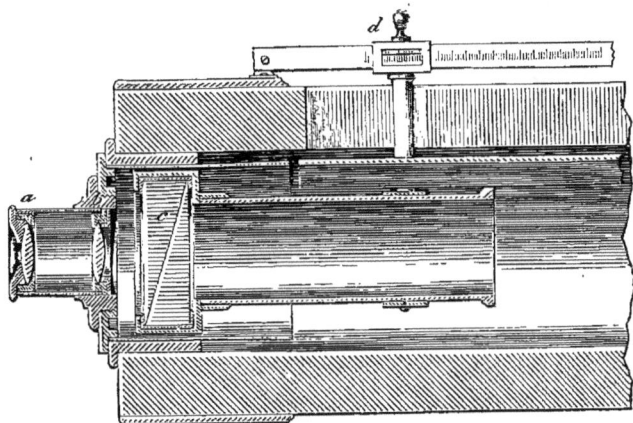

Fig. 136. — Micromètre de Rochon.

avec succès, soit par son inventeur, soit par Méchain, à la mesure de Mars, de Jupiter et de Saturne. Il est vrai que depuis lors la plupart des astronomes l'ont totalement abandonné.

Je n'aurais atteint que très-imparfaitement le but que je me suis proposé en écrivant ce chapitre, si j'oubliais de parler du micromètre à projection dont la première idée a été puisée, ce me semble, dans le procédé dont Hooke et Hauksbée se servaient pour mesurer le grossissement des télescopes. Dans ce micromètre, ou plutôt dans cette méthode dont Herschel a fait de nombreuses applications, surtout pour la mesure des angles très-petits, on découpe dans un diaphragme une ouverture circulaire derrière laquelle on place un petit miroir réfléchissant. L'image lumineuse qui se forme ainsi, sous-tend des angles progressivement croissants à mesure que le diaphragme se rapproche de l'observateur, et diminue de même lorsque le diaphragme s'éloigne ; une ou deux manivelles permettent de faire varier les distances et par conséquent les angles par degrés insensibles. Cela posé, tandis qu'on observe, avec l'un des deux yeux, la peinture amplifiée par le télescope de l'astre qu'on veut mesurer, on éloigne ou l'on rapproche le signal qu'on lui compare jusqu'au moment où son image, vue avec l'autre œil et sans le secours d'aucun verre grossissant, semble avoir la même étendue ; l'angle de cette dernière image est égal au quotient de ses dimensions réelles, divisées par sa distance à l'œil de l'observateur ; l'angle de l'image télescopique est agrandi, dans le rapport de l'unité au nombre qui exprime le grossissement du télescope ; de là résulte que l'angle cherché ou celui sous lequel cette dernière image se présente à l'œil nu est égal à l'angle déjà connu de la mire lumineuse divisé par le grossissement qu'on a employé.

On ne peut refuser à cette méthode d'être très-ingénieuse ; mais sans entrer dans une discussion approfondie des inconvénients auxquels elle est sujette, on peut remarquer qu'elle nécessite dans la monture de l'instrument des dispositions particulières. Lorsque la pièce à laquelle l'oculaire s'adapte a, comme dans les télescopes grégoriens (liv. III, chap. XXIV, t. I, p. 150), une largeur beaucoup plus grande que la distance des deux prunelles, il est à peu près impossible de trouver une place convenable pour le diaphragme et le réflecteur; car, à moins qu'ils ne soient assez éloignés, l'évaluation trigonométrique de l'image artificielle est sujette à erreur. D'autre part, si le diaphragme est trop loin, la vision à l'œil nu devient confuse, la comparaison des deux images se fait d'une manière imparfaite, et la longueur excessive des manivelles adaptées au disque mobile entraîne de telles difficultés, qu'à peine il est possible d'observer.

La rareté du micromètre à projection, ne m'a laissé qu'un seul moyen d'apprécier, abstraction faite des embarras dont je viens de parler, l'exactitude qu'on peut s'en promettre; ce moyen a été de comparer des mesures de planètes faites par Herschel lui-même avec son instrument, à des déterminations du même genre que j'avais obtenues par d'autres méthodes très-précises. S'il était prouvé que les erreurs très-grandes que j'ai découvertes ainsi, et que personne ne sera sûrement tenté d'attribuer à l'habile observateur que je viens de nommer, n'ont pas tenu en partie à la grande aberration de sphéricité dont il semble bien difficile que les grands miroirs soient exempts, je n'hésiterais pas à regarder le micromètre en question comme un instrument très-défectueux et dont l'usage doit être entièrement proscrit.

Je dois parler ici de deux modifications qu'Herschel a imaginées dans la construction des micromètres, et qui ont donné naissance au micromètre de position et au micromètre à lampe.

Supposons qu'une étoile soit arrivée au méridien, c'est-à-dire au point le plus élevé de sa course diurne. Par son centre concevons une horizontale. Cette ligne se confondra, dans une étendue bornée, avec le petit cercle parallèle à l'équateur que l'étoile décrit. La ligne droite menée du centre de l'étoile culminante à un astre voisin, forme avec l'horizontale un angle qu'on a appelé l'*angle de position* de cet astre. L'angle de position pourrait se déduire par le calcul, des différences d'ascension droite et de déclinaison des deux astres. Il est souvent plus exact et plus commode de le mesurer directement. Cette mesure est devenue facile à l'aide d'une modification essentielle qu'Herschel a fait subir au micromètre à fils ordinaire.

Le nouveau micromètre, comme l'ancien, se compose de deux fils, l'un fixe, l'autre mobile. Seulement le fil mobile, dans ses déplacements, ne reste plus parallèle à lui-même et au fil fixe : il ne peut recevoir qu'un mouvement de rotation. A l'aide de ce mouvement, l'observateur place à volonté le fil mobile sous toutes les inclinaisons possibles, relativement au fil fixe, depuis zéro jusqu'à 180°. La quantité dont le fil mobile a tourné, se lit sur un cercle extérieur gradué.

Veut-on avoir, au méridien, un angle de position ? Rien de plus simple : il faut, à l'aide des manivelles du télescope, maintenir la principale étoile, celle qui doit occuper le sommet de l'angle, à la croisée apparente des fils; il faut amener le fil mobile, le fil rotatif à passer en même temps par la seconde étoile; le cercle extérieur gradué, dont le mouvement de rotation est toujours égal, par construction, à celui de la plaque intérieure qui porte le fil mobile, donne immédiatement la valeur de l'angle cherché.

J'ai supposé l'un des astres au méridien et le fil fixe horizontal. L'observation de l'angle de position réussit de même hors du méridien, pourvu que le fil fixe, quelle que soit son inclinaison à l'horizon, coïncide avec l'arc du parallèle céleste passant par le point vers lequel le télescope est dirigé; or on peut employer un pied parallatique qui, sans empêcher de tourner à volonté le télescope vers toutes les régions de l'espace, donne de lui-même, au fil fixe du micromètre, la direction d'un parallèle céleste quelconque, dès que dans une seule position, par exemple dans la position méridienne d'une étoile haute ou basse, méridionale ou boréale, la coïncidence du fil en question avec l'arc du parallèle correspondant a existé. L'observation la plus simple sert d'ailleurs à mettre les choses dans cet état.

Le micromètre à fil tournant, le micromètre servant à la mesure des angles de position, a joué le plus grand rôle dans les travaux d'Herschel sur les satellites d'Uranus et sur les étoiles doubles. La première description que l'auteur en ait donnée se trouve dans les *Transactions philosophiques* de 1781.

L'idée, dont on a fait tant de bruit il y a quelques années, d'éclairer les fils des micromètres ordinaires par devant, c'est-à-dire par la partie de leurs contours qui est tournée du côté de l'oculaire, du côté de l'observateur, appartient, si je ne me trompe, à Herschel. C'est ainsi du moins que j'envisage une note d'un Mémoire *on the construction of the heavens* (*Trans. phil.* de 1785, page 263).

La mesure, à l'aide de très-forts grossissements, de l'intervalle angulaire qui sépare les centres des étoiles dont se composent les groupes binaires, conduisit Herschel à la construction d'un nouveau micromètre qu'il appela *micromètre à lampe* (*lamp micrometer*). L'ancien micromètre ne pouvait évidemment pas être employé dans ce genre d'observations, dès que, par l'hypothèse de la lentille oculaire, les fils acquéraient un diamètre supérieur au diamètre apparent des étoiles. Comment, en effet, savoir dans ce cas si l'on avait visé aux centres des deux astres comparés. Herschel désirait aussi se mettre à l'abri des légères inégalités et des temps perdus dont nous avons dit que les vis les plus soigneusement construites ne sont pas toujours exemptes. Il voulait enfin se soustraire à l'obligation d'éclairer artificiellement le champ de ses télescopes, obligation à peu près indispensable dans les micromètres à fils, et qui souvent aurait fait disparaître le très-faible satellite de l'étoile principale.

Pour atteindre ce but, Herschel imagina le *lamp-micrometer*. Il y a, dans cet instrument, deux petites lanternes fermées l'une et l'autre à l'aide de plaques de cuivre mince. Au centre de chaque plaque existe un trou d'aiguille correspondant à la mèche de la lampe. On se procure ainsi deux très-petits points brillants, qu'une combinaison convenable de manivelles, longues de 3

mètres, permet d'éloigner, de rapprocher entre eux, et
de placer dans toutes les inclinaisons possibles relativement à l'horizon.

Armé de cet appareil, quand Herschel voulait observer une étoile double, il regardait l'astre avec l'œil droit
par l'intermédiaire de son télescope newtonien; en même
temps l'œil gauche lui montrait à nu, c'est-à-dire en
dehors de l'instrument, c'est-à-dire sans grossissement
aucun, et sur le prolongement de la ligne apparente de
visée de l'autre œil, les deux points lumineux du micromètre. Ces deux systèmes d'objets se projetaient l'un sur
l'autre. Après quelques tâtonnements, après quelques
mouvements des manivelles, il était possible de faire
coïncider respectivement les deux points brillants artifi-
ciels avec les images télescopiques des deux parties de
l'étoile double. Cela établi, il ne restait plus qu'à mesurer
avec une règle divisée, la distance rectiligne des deux
trous d'aiguille. Cette distance était évidemment, sur un
rayon de trois mètres, la tangente de la distance angulaire amplifiée des deux étoiles. Divisant la valeur de
cette distance angulaire amplifiée, tirée des tables trigo-
nométriques, par le grossissement du télescope, on avait
la distance angulaire réelle des deux parties de l'étoile
double. L'instrument donnait également, pour l'heure de
l'observation, l'angle que la ligne menée d'une étoile à
l'autre formait avec la verticale ou avec l'horizon.

Chacun concevra que l'usage du micromètre à lampe
n'est pas borné à l'observation des étoiles doubles : il
peut être étendu avec la même facilité à la mesure des
diamètres apparents, réels ou factices, des planètes, des

satellites et des étoiles. Chacun aussi aura remarqué combien les opérations que l'emploi de cet instrument exige, ont d'analogie avec la manière de déterminer les grossissements des lunettes, dont les anciens observateurs, Galilée, par exemple, faisaient usage.

J'ai déjà eu plusieurs fois l'occasion de faire remarquer, dans ce chapitre, combien il y a loin, généralement, de l'exactitude qu'un instrument semble promettre à première vue, à l'exactitude qu'on obtient effectivement lorsqu'on le dirige vers le ciel. Je pourrais, d'après cette considération, me dispenser de parler de cette multitude de micromètres que M. Brewster a décrits d'une manière si minutieuse dans son traité sur de nouveaux instruments, publié en 1813, puisque aucun d'eux ne paraît avoir été soumis à l'épreuve de l'expérience. Ces instruments n'étant cependant pour la plupart que des modifications évidentes des micromètres dont j'ai déjà eu l'occasion de parler, pourront être appréciés par analogie ; je me livrerai d'autant plus volontiers à cet examen qu'il ne prendra que peu de lignes, et que j'aurai alors parcouru la série entière des micromètres exécutés ou même seulement décrits.

Le premier des instruments de M. Brewster, celui qu'il appela nouveau micromètre à fils, et auquel il attacha une grande importance puisqu'il a cherché à s'en assurer la propriété exclusive par un brevet d'invention, est formé comme le micromètre d'Auzout, de deux fils entre lesquels l'astre doit être compris ; mais dans ce dernier instrument, après avoir placé l'un des bords de la mire, qu'on mesure sur le fil fixe, on transporte, comme nous l'avons

déjà dit, le fil mobile parallèlement à lui-même, à l'aide
d'une vis, jusqu'à ce qu'il atteigne le bord opposé; dans
l'autre construction, les fils sont à une distance fixe, mais
en augmentant ou en diminuant le grossissement de la
lunette, les dimensions de l'image éprouvent des variations correspondantes qui permettent également de placer
les deux bords tangentiellement aux deux fils. La variation de grossissement s'obtient par le mouvement d'un
objectif mobile entre l'objectif principal et son foyer;
mais doit-on se flatter que par là l'image ne perdra rien
de sa netteté; qu'on ne se jettera pas dans des erreurs
plus grandes que celles qu'on voulait éviter? Ce micromètre exigeant deux excellents objectifs, ne sera-t-il pas
toujours d'un prix trop élevé pour qu'on puisse espérer
qu'il se répande? Quoi qu'il en soit, au demeurant, de ces
difficultés, il ne sera pas hors de propos de remarquer
que l'invention n'est rien moins que nouvelle, et que 106
ans avant la publication de l'ouvrage du Dr Brewster,
c'est-à-dire en 1707, La Hire avait inséré dans le *Recueil
de l'Académie des sciences*, la description d'un micromètre
qui de tout point est identique avec celui que le savant
anglais a reproduit. C'est donc à La Hire, ou si l'on veut
même à Rœmer, qui déjà auparavant s'était occupé du
même objet, qu'on doit la première idée des micromètres à grossissements variables.

Dans une lunette, le grossissement est une fonction
déterminée de la distance focale de l'objectif et de celle
des oculaires; il ne sera donc possible de le faire varier
qu'à l'aide d'une lentille additionnelle et mobile qui doit
nécessairement nuire à la netteté des images; dans un

télescope de Gregory ou de Cassegrain, l'expression du grossissement renferme comme indéterminée la distance du petit au grand miroir; en faisant varier cette distance, on obtiendra donc différentes valeurs du pouvoir amplificatif, et deux fils fixes pourront servir, comme dans une lunette, à la mesure de diamètres variables. Tel est le second des micromètres de M. Brewster. Cet instrument, ainsi que le précédent, ne se prête qu'à l'observation des diamètres perpendiculaires à la courbe du mouvement diurne de l'astre, et il exige que les fils puissent être placés dans cette direction, ce qui, à moins d'une monture parallatique, est toujours extrêmement incommode. Comme dans le micromètre ordinaire, la lumière peut éprouver dans le voisinage des fils une inflexion dont il est difficile d'évaluer les effets; et si nous ajoutons qu'ici comme dans les micromètres ordinaires il sera nécessaire d'éclairer artificiellement le champ, on verra que les nouvelles constructions ne remédient qu'aux erreurs qui, dans les anciens instruments, dépendaient des temps perdus de la vis.

Nous avons déjà parlé plus haut (p. 60) d'un micromètre qui est formé d'un prisme isocèle de verre, mobile entre l'objectif et son foyer; en remplaçant ce prisme par deux demi-lentilles dont les centres ne coïncideraient pas, et en leur conservant la même mobilité, on aura celle des inventions de M. Brewster, qu'il appelle le *nouveau micromètre objectif divisé;* mais il paraît impossible de regarder ceci comme une amélioration, car d'après la construction de cet instrument, il doit avoir à la fois les défauts du micromètre à prisme ordinaire, et les défauts qu'on a remarqués dans l'usage de l'héliomètre.

L'instrument que le même auteur appelle *micromètre à images lumineuses*, a pour objet spécial la détermination de la distance de deux points très-voisins ; les résultats curieux que semble promettre l'étude des mouvements des étoiles doubles, donne beaucoup d'importance à cette recherche ; mais à peine peut-on se persuader que M. Brewster ait espéré quelque exactitude du moyen qu'il propose, et qui consiste à étendre les peintures des points qu'on observe, soit en enfonçant, soit en retirant l'oculaire, jusqu'à ce que leurs bords se touchent. Pour peu qu'on ait dirigé une lunette vers le ciel, on sait, en effet, qu'aussitôt qu'on a dépassé le foyer avec l'oculaire, les images ont d'autant moins de netteté que les franges de différentes couleurs, qui tiennent aux défauts inévitables de l'achromatisme, acquièrent alors beaucoup de vivacité et de largeur. Je ne m'étendrai pas davantage sur cet instrument, dont les astronomes ne seront sûrement pas tentés de se servir, de même qu'ils se garderont bien de dépasser le foyer lorsqu'ils prendront des ascensions droites et des déclinaisons, et d'observer au lieu du centre de l'image distincte les deux bords de l'image déformée ou diffuse.

Quelques personnes demanderont peut-être comment, avec quelques-uns des instruments que je viens de critiquer et que je suppose si imparfaits, les astronomes ont cependant obtenu des résultats qui sont toujours cités comme des modèles d'exactitude. A cela je répondrai que s'il est vrai de dire, en général, que les distances angulaires relatives ont été mesurées d'une manière satisfai-

sante, il n'existe pas, d'un autre côté, une seule détermination absolue dont un astronome non prévenu voulût
répondre à 2″ près, et que pour le diamètre des planètes
en particulier, je pourrais citer des mesures récentes qui,
quoique faites par des astronomes également habiles et
avec d'excellentes lunettes, n'en diffèrent pas moins les
unes des autres de 4″ ou 5″, sans qu'il soit possible de
dire de quel côté se trouve la vérité.

En décrivant plus haut l'instrument d'Auzout (p. 49),
je n'ai pas parlé de celui que Tibérius Cavallo a donné
dans les *Transactions philosophiques* pour 1791, sous le
nom de nouveau micromètre en nacre de perle, parce que
je ne vois pas ce qu'on gagne à choisir un corps à peine
diaphane pour y tracer des divisions, de préférence aux
lames de verre dont se servait La Hire. M. Brewster
propose aussi dans son ouvrage un micromètre de nacre
de perle ; mais celui-ci n'est autre chose qu'un anneau
circulaire de cette substance partagé en 360° et placé
au foyer du dernier oculaire, afin qu'on puisse en voir
aisément les divisions ; on détermine d'abord la valeur
angulaire du diamètre de cette ouverture, soit par le passage d'une étoile, soit par un moyen équivalent, et lorsqu'on veut mesurer un intervalle quelconque, on cherche
quelle corde du même cercle il comprend. J'avoue que
je n'ai pu découvrir quels avantages cet instrument, ne
dût-on jamais l'appliquer qu'à des mires terrestres et
immobiles, pourrait avoir sur le micromètre ordinaire à
divisions fixes ; car, dans celui-ci, l'observation se fait
toujours au centre de la lunette, tandis que dans l'autre
la mire doit toujours être transportée au bord du champ.

En réunissant sous un même point de vue les remarques que nous avons eu l'occasion de faire dans ce chapitre, nous trouverons que dans le grand nombre de micromètres dont nous avons parlé, trois seulement, savoir le micromètre à fils d'Auzout, l'héliomètre de Bouguer et le micromètre à projection d'Herschel, ont été employés dans la mesure des astres ; le premier, avec lequel le pointé est très-difficile, ne peut servir d'ailleurs que pour les diamètres perpendiculaires à la direction du mouvement diurne ; le second ne donne pas constamment les mêmes résultats, quelque habile que soit l'astronome et quelque soin qu'on apporte dans les observations ; le troisième, dont l'usage est très-difficile, peut à peine être regardé comme un instrument, et ne paraît pas d'ailleurs exempt d'erreur.

Parmi les micromètres qui ont été soumis avant moi à l'épreuve de l'expérience, je n'ai pas placé celui de Rochon, parce que les mesures que cet habile physicien avait faites de Mars et de Saturne dès l'origine, n'ayant été répétées ni par lui ni par aucun astronome, n'étaient pas suffisantes pour montrer quelle exactitude on pouvait attendre de l'usage de cet instrument. Mais des épreuves nombreuses et de divers genres, réitérées pendant quatre années consécutives ; plus de 3,000 mesures de Jupiter, de son aplatissement, de la position des bandes ; de l'anneau de Saturne, de sa largeur, de son inclinaison à l'écliptique, et des deux diamètres de la planète ; de Mars et de son aplatissement ; de Vénus et du progrès de ses phases ; de disques noirs placés sur des fonds clairs ; de disques blancs placés sur des fonds obscurs ; de disques

planétaires lumineux découpés dans des réverbères paraboliques très-brillants, doivent selon moi tirer cet instrument de l'oubli dans lequel les astronomes l'ont laissé
sans motif.

Le long usage que j'ai fait du micromètre de Rochon
a rendu toutefois manifestes plusieurs inconvénients.
L'achromatisme du prisme ne peut être parfait pour les
deux images à la fois ; avec de très-forts grossissements,
ce défaut devient intolérable. D'autre part, quand le
prisme se trouve très-près de la lentille oculaire, pour la
détermination du zéro de l'échelle ou pour la mesure
des plus petits angles, les moindres imperfections du
cristal ou du travail des surfaces sont considérablement
grossies. Enfin, pour tout dire en deux mots, il est
fâcheux d'introduire dans la lunette une pièce qui en
altère inévitablement la bonté.

En apportant dans la détermination du zéro de l'échelle
et de la valeur de ses parties, quelques précautions que
Rochon avait négligées, parce que l'expérience seule
pouvait en faire sentir la nécessité, on obtient avec son
micromètre (fig. 136, p. 61) une grande exactitude dans
la mesure des petits angles. Cette exactitude me paraît tenir à deux causes principales : à l'extrême facilité
avec laquelle on établit le point de tangence entre deux
disques lumineux, et à la netteté des images. Dans le
micromètre dont je vais maintenant parler, on conserve le
même pointé, et l'on gagne ce me semble quelque chose
sous le rapport de la netteté.

Ce micromètre est le résultat de la réunion de deux
moyens d'observation particuliers qui jusqu'à présent

n'avaient été employés que séparément, savoir du changement de grossissement de la lunette combiné avec la double réfraction du cristal de roche. En conservant une certaine mobilité à l'une des lentilles dont se compose le double oculaire d'un télescope, on se procure le moyen de changer le grossissement, ou, ce qui revient au même, de faire varier à volonté les dimensions de l'image focale; si la lentille ne doit faire que des excursions peu étendues, elle pourra ne pas être achromatique, sans que la lunette perde rien de sa bonté. Cela posé, il est clair que pour amener l'image à avoir au foyer du dernier oculaire une grandeur déterminée, il faudra employer un grossissement d'autant plus considérable que l'objet sous-tendra un angle plus petit. Il n'est pas moins évident que le rapport des grossissements sera toujours égal à celui de ces angles, de sorte que si l'observateur pouvait conserver le souvenir des dimensions sous lesquelles une mire terrestre connue se présentait dans une position donnée de l'oculaire, il aurait la valeur de tout autre objet quelconque en parties de cette mire prise pour unité, en cherchant quel grossissement doit avoir la lunette pour que les dimensions apparentes de l'objet soient égales aux dimensions semblables de l'image primitive. Mais on conçoit, sans que je le dise, qu'une observation de ce genre ne pourra avoir d'exactitude qu'autant que l'astronome aura simultanément en vue l'objet qu'il veut mesurer et la mire de comparaison. En prenant pour mire deux fils fixes et placés au foyer du dernier oculaire, on aurait le micromètre de Rœmer et de La Hire, qui ne peut servir que pour les diamètres perpendiculaires au mouve-

ment diurne. En appliquant le même appareil à grossissement variable à l'héliomètre de Bouguer, on pourrait
placer les deux moitiés d'objectifs à une distance constante et mesurer toutes sortes de diamètres; mais les
défauts de parallaxe propres à cet instrument ne seraient
pas changés. Il est facile de voir que l'emploi de l'oculaire variable dont il s'agit ici n'apporterait non plus
aucune amélioration ni au micromètre à prisme de Maskelyne, ni au micromètre dioptrique de Ramsden, ni à
aucun des instruments semblables de M. Brewster.

Il n'y aurait pareillement aucune raison de remplacer
le mouvement rectiligne du prisme de cristal de roche
dans le micromètre de Rochon, par le changement de
pouvoir amplificatif; mais ce moyen deviendra très-com-
mode si on adopte la disposition que je vais décrire.

Cette disposition consiste à mesurer la dernière peinture
aérienne de l'objet qu'on observe, non pas, comme dans
tous les micromètres dont j'ai parlé jusqu'ici, par un mécanisme situé dans l'intérieur de la lunette ou devant
l'objectif, mais à l'aide d'un prisme achromatique de
cristal de roche dont la place est marquée entre la dernière lentille oculaire et l'œil, précisément dans le point
où l'on fixe le verre coloré qui, dans les observations du
Soleil, est destiné à affaiblir la trop grande vivacité de
sa lumière. Ce prisme oculaire donnera deux images qui
seront séparées, superposées en partie ou tangentes, suivant que la peinture amplifiée de l'objet qu'on observera
sous-tendra un angle plus petit, un angle plus grand ou
un angle de même valeur que l'angle de la double réfraction du cristal; or, la disposition des verres de l'oculaire

permettant de faire varier par degrés le pouvoir amplificatif de la lunette, il sera toujours possible de satisfaire à
cette dernière condition, et cela d'autant mieux que l'observation de la tangence de deux images se fait avec une
grande exactitude.

Un oculaire ordinaire, formé de deux lentilles a et b,
dont l'une b est mobile à l'aide d'une crémaillère d, et
un prisme c achromatique très-petit et par conséquent
très-mince, de cristal de roche, sont donc les seules pièces
dont le nouvel instrument se compose (fig. 137). Pour

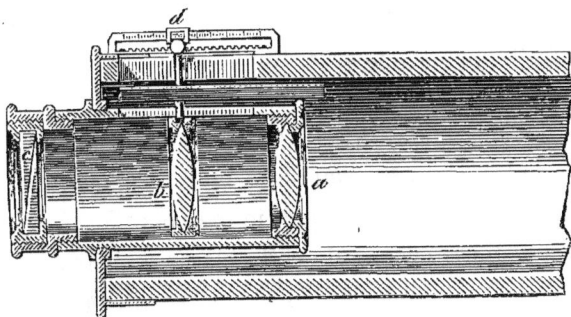

Fig. 137. — Micromètre oculaire à grossissement variable de M. Arago.

avoir avec cet instrument la mesure d'une ligne quelconque dans quelque sens qu'elle soit placée relativement
à la direction du mouvement diurne, il suffit de diviser
l'angle invariable de la double réfraction dans le cristal
par le grossissement auquel on s'était arrêté lorsque les
deux images étaient tangentes, grossissement qui, pour
chaque position de la lentille intermédiaire, a dû être
déterminé par une expérience à part.

Tant d'astronomes et d'artistes habiles se sont occupés
du perfectionnement des moyens d'observation; tant d'in-

struments ont été exécutés ou décrits, surtout depuis un certain nombre d'années, qu'il semble à peine possible d'imaginer en ce genre une combinaison nouvelle, qui diffère essentiellement des combinaisons qui déjà ont été mises en pratique. Aussi depuis longtemps tous les perfectionnements, tous les changements qu'on a apportés dans la construction des nombreuses espèces d'instruments auxquelles, suivant les cas, l'astronome est forcé d'avoir recours, sont-ils, pour ainsi dire, de pure main-d'œuvre, ce qui au reste ne doit rien ôter de l'importance qu'on leur accorde, et qu'ils méritent effectivement. Cette assertion, dont la justesse sera sentie par tous ceux à qui l'histoire de l'astronomie est familière, et qui est surtout vraie lorsqu'il s'agit de micromètres, m'imposait l'obligation de faire précéder la description du micromètre que j'ai présenté au Bureau des Longitudes le 19 octobre 1814, d'un aperçu dans lequel je me suis efforcé de renfermer l'histoire exacte de cette classe d'instruments.

Dans mon micromètre oculaire à grossissement variable, la tangence des deux images s'obtient en faisant varier le grossissement de la lunette à l'aide d'un changement dans la distance des deux lentilles de l'oculaire composé. Ce changement de distance n'est pas sans inconvénient ; il faut après chaque altération dans la position des deux lentilles se remettre au foyer. Ajoutons que pour avoir le meilleur effet possible de l'oculaire double, il est nécessaire que les deux lentilles dont il se compose soient à une distance déterminée ; qu'en deçà et au delà de cette limite, les images perdent un peu de leur netteté ; qu'enfin ce procédé micrométrique est sans applica-

tion possible, quand on veut faire usage d'oculaires simples et de très-forts grossissements.

Dans la disposition définitive que j'ai adoptée, toutes
les difficultés s'évanouissent. Le prisme est toujours en
dehors ; ses défauts ne sont jamais amplifiés. Le grossissement est invariable ; les plus courts oculaires simples,
les oculaires biconcaves, trop négligés aujourd'hui, peuvent être employés. Des prismes un peu plus larges que
la pupille, formant une série continue et se succédant,
depuis les plus petits écartements des rayons ordinaires
et extraordinaires jusqu'aux plus grands, se succédant
par des variations de 30 secondes et même de 15 seulement, sont fixés par séries de sept, dans les ouvertures
de pièces de cuivre, dans des *fiches* susceptibles de se
mouvoir le long d'une rainure pratiquée sur la pièce
(fig. 138) qui sert à adapter tout le système au porte-

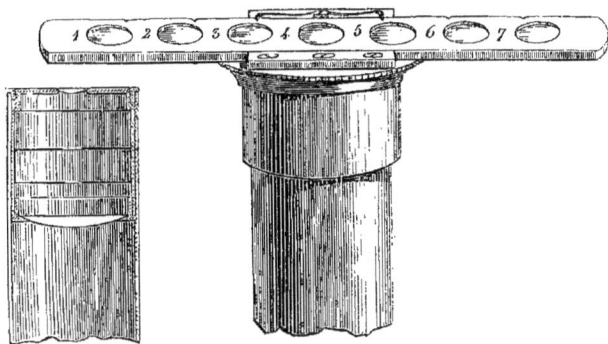

Fig. 138. — Micromètre oculaire à grossissement constant de M. Arago.

oculaire d'une lunette ou d'un télescope quelconque.
L'astronome n'a plus, en faisant passer la fiche devant
ses yeux, qu'à chercher quel est le prisme qui lui donne

deux images tangentes de l'objet qu'il observe ; il divise ensuite l'angle séparatif de ce prisme par le grossissement de la lunette. Quelquefois, un des prismes n'ayant pas assez séparé les images, le suivant les séparera trop. On n'aura donc que deux limites pour le diamètre cherché : ce sera leur moyenne qu'il faudra adopter. Voyons à combien se montera l'incertitude.

Avec des prismes se succédant par quinzaines de secondes, et avec un grossissement de 200, chaque mesure ne différera de celle que le prisme précédent aurait donnée, que de $\frac{15''}{200}$ ou de sept centièmes de seconde ; l'incertitude de la moyenne n'irait guère qu'à quatre centièmes de seconde, quantité entièrement négligeable.

Cette forme de micromètre oculaire à double réfraction était déjà employée depuis quelques années à l'Observatoire de Paris, lorsque j'en ai communiqué la description à l'Académie des sciences en 1847. Je ne dois pas oublier de rendre justice à l'habileté vraiment remarquable qu'un de nos meilleurs constructeurs d'instruments d'optique, M. Soleil, a déployée dans l'exécution de la longue suite de prismes, en quelque sorte microscopiques, qui sont incrustés dans les fiches du micromètre. L'habileté devait être ici et elle a été effectivement accompagnée d'une grande modération dans les prix.

Pour ceux qui trouveraient longs et minutieux les détails dans lesquels je suis entré, je dirai avec Fontenelle que ce qui n'est dans l'astronomie que de pratique et de détail se trouve être cependant d'une extrême importance. La manière d'observer, qui n'est que le fondement de la science, est elle-même une grande science.

CHAPITRE III

TACHES, FACULES, FORME SPHÉRIQUE DU SOLEIL ET SON MOUVE-
MENT DE ROTATION — ÉQUATEUR SOLAIRE

Le Soleil, observé à l'œil nu et même avec des lunettes,
se présente sous la forme d'un disque circulaire plat.
Mais, comme un corps lumineux sphérique, vu à
l'immense distance qui nous sépare du Soleil, aurait
exactement cette même forme apparente, il nous reste à
chercher, dans les observations astronomiques, des phénomènes d'où l'on puisse déduire si le Soleil est un corps
rond sphérique ou si, au contraire, il doit être assimilé
à une surface plane circulaire. Voici comment cette question a été résolue.

En examinant attentivement le Soleil, en se servant de
verres colorés qui affaiblissent sa lumière de manière que
l'œil n'en puisse pas être offensé, on aperçoit quelquefois
sur la surface de l'astre des taches noires, irrégulières et
plus ou moins étendues. Ces taches font leur apparition
au bord oriental du Soleil; elles s'avancent graduellement
vers le centre du disque circulaire apparent, l'atteignent
au bout de sept jours environ à partir du moment de leur
première apparition sur le bord oriental, le dépassent et
vont disparaître au bord occidental, après un nouvel
intervalle d'environ sept jours. Elles sont invisibles pendant un certain nombre de jours (quatorze environ),
puis elles se montrent de nouveau sur le bord oriental,
dans les points de leur apparition antérieure, et continuent leur course comme la première fois.

Supposons que les observations aient porté sur une tache qui, à l'instant de son passage par le centre du Soleil, était à peu près circulaire. Au moment où la tache s'était montrée au bord oriental de l'astre, loin d'être circulaire elle avait la forme d'un filet très-allongé, dont la dimension longitudinale ne différait pas ou différait à peine du diamètre de la tache à l'époque de son passage par le centre.

A partir du moment de son apparition et jusqu'à l'instant où la tache, devenue centrale, aura des dimensions égales dans tous les sens, le filet noir allongé deviendra graduellement de plus en plus large. Après le passage par le centre du Soleil, le diamètre transversal de la tache diminuera graduellement, comme il avait d'abord augmenté ; enfin, au moment où la tache atteindra le bord occidental, elle sera réduite à un filet presque rectiligne, comme à l'époque de son apparition au bord oriental.

Si on examine la quantité dont une tache se déplace en vingt-quatre heures, pendant son trajet apparent sur le disque du Soleil, on trouvera que cette quantité est petite lorsque la tache est près du bord oriental, qu'elle augmente à mesure que la tache se rapproche du centre, qu'au centre elle est à son maximum, qu'ensuite elle diminue, suivant une loi pareille à celle de ses augmentations, de manière à devenir très-petite lorsque la tache est arrivée près du bord occidental du Soleil.

En marquant sur un cercle représentant le disque solaire, les positions successives du centre d'une tache, on trouve qu'en général l'ensemble de ces positions est contenu dans une demi-ellipse très-allongée ; que pendant six mois de l'année la convexité de l'ellipse est tournée vers la partie supérieure du Soleil, et que pendant les six mois suivants cette convexité se trouve dirigée vers la partie inférieure du même astre ; qu'enfin, à deux époques intermédiaires, les taches paraissent décrire des lignes droites.

Tous ces phénomènes peuvent s'expliquer si on suppose que les taches sont adhérentes au Soleil, et si l'on admet que cet astre est doué d'un mouvement de rotation sur lui-même, autour d'un axe peu différent d'une perpendiculaire au plan de l'écliptique. On se convaincra de la vérité de mon assertion en collant un papier noir de peu d'étendue sur la surface d'une sphère mobile, et en faisant tourner cette sphère uniformément autour de celui de ses axes qui est à peu près perpendiculaire au rayon visuel joignant l'œil de l'observateur et le centre de la sphère. Il est évident, quant aux dimensions transversales de la tache, qu'elles devront sembler d'autant plus petites qu'elles seront vues plus obliquement, que la tache sera plus près du bord de l'astre ; d'un autre côté, le mouvement diurne de la tache, supposé uniforme, paraîtra d'autant plus grand que l'arc parcouru se présentera à l'œil de l'observateur sous une direction plus voisine de la perpendiculaire, ou que cet arc aura une position plus centrale.

Nous devons faire remarquer que les phénomènes seraient absolument les mêmes, si des corps opaques, d'une très-mince épaisseur, tournaient uniformément autour du Soleil, à peu de distance de sa surface, et de manière à rester toujours perpendiculaires à la ligne menée du centre de l'astre au centre de cette espèce de disque opaque.

Peu de temps après la découverte des taches, les partisans des théories d'Aristote crurent pouvoir concilier ces théories avec les faits à l'aide de la supposition précédente. Il est clair, en effet, que dès le moment où ces corps opaques, en vertu de leurs mouvements, se projetteraient hors du disque du Soleil, ils deviendraient invisibles dans l'océan de lumière réfléchie par les couches atmosphériques terrestres dont l'astre radieux est entouré.

Heureusement, indépendamment des taches noires dont nous venons de parler, on aperçoit quelquefois sur le disque solaire des taches d'une nature tout opposée, qu'on a appelées des *facules* [1], et dont la lumière est supérieure à celle de la généralité de la surface de l'astre. On ne pourrait donc pas dire de ces taches que lorsqu'elles se projetteraient au delà des limites du disque, elles deviendraient invisibles. Or, ces facules présentent exactement les mêmes phénomènes que les taches noires quant aux inégalités de vitesse qu'elles éprouvent en traversant le disque solaire d'un bord à l'autre. Ainsi il demeure établi irrévocablement que le Soleil est doué d'un mouvement de rotation sur son centre. Ce mouvement, dirigé de l'orient à l'occident, n'est que la continuation du mouvement qui, sur l'hémisphère invisible, est dirigé de l'occident à l'orient.

Le temps qui s'écoule entre deux apparitions consécutives d'une tache au bord oriental du Soleil, ou entre deux disparitions successives d'une tache au bord occidental, ou encore, si l'on veut, l'intervalle de temps qui s'écoule

1. Le mot latin *facula* signifie flambeau.

entre deux passages consécutifs d'une tache par le centre
du disque apparent, est d'environ 27$_j$.5.

Au premier aspect on est disposé à regarder ce temps
comme égal à celui de la rotation réelle du Soleil, mais
avec un peu de réflexion on voit que ce serait là une
erreur.

En effet, soient T la Terre, C le centre du Soleil, ABD
sa circonférence (fig. 139). Le Soleil paraît animé d'un

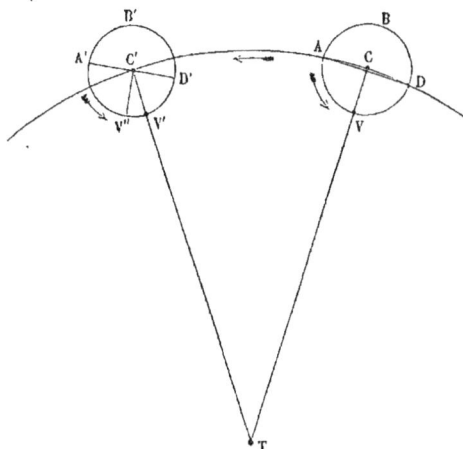

Fig. 139. — Détermination de la durée de la rotation du Soleil.

mouvement de translation elliptique autour de la Terre,
de droite à gauche. Une tache s'est montrée une première fois dans la direction TVC aboutissant au centre.
Après environ 27 jours 1/2 la tache se présentera de
nouveau, suivant la direction TV'C' d'un rayon joignant
l'observateur et le centre du Soleil; cet astre se sera ainsi
avancé dans son orbite jusqu'en C'. Mais le mouvement
circulatoire avait eu lieu en entier lorsque le diamètre

AD était parvenu en A′D′ dans une position parallèle à
AD. Le rayon TV′C′ qui, dans la nouvelle position du
Soleil, doit marquer le centre apparent du disque, rencontre donc la surface matérielle de l'astre en un point
V′, plus occidental que le point V, actuellement V″, dans
dans lequel le rayon visuel avait rencontré cette même
surface 27 jours 1/2 auparavant. Donc le temps de la
révolution réelle sera inférieur au temps de la révolution
apparente du temps dont la tache aura eu besoin pour
parcourir sur la surface solaire l'arc V″V′. Ce temps est
égal à environ deux jours. En le retranchant des 27 jours
1/2, durée de la révolution apparente, on aura 25 jours 1/2
pour le temps que la tache a employé à revenir au même
point que dans la première observation, c'est-à-dire pour
la durée de la rotation réelle du Soleil.

Ce temps nécessaire pour parcourir l'arc V″V′, et que
nous venons d'évaluer à deux jours, s'obtient par un calcul
très-simple. En effet, chaque rotation apparente du Soleil
ayant lieu en 27^j.5, il y a par année de 365.25638 jours
solaires moyens un nombre de rotations apparentes égal à
$\frac{365.25638}{27.5}$ ou 13.282.

L'observateur est dans le cas d'un voyageur qui ferait
le tour de la Terre en sens contraire du mouvement
diurne, et qui au point de départ aurait fait un tour de
moins que le globe lui-même. Il y a donc 14.282 rotations réelles dans l'année sidérale, une de plus que de
rotations apparentes; la durée de chaque rotation réelle
est en conséquence de $\frac{365.25638}{14.282}$ ou 25^j.5. On voit que la
différence à 27^j.5 est bien d'environ 2 jours solaires.

Les résultats obtenus par divers observateurs pour la

durée de la rotation réelle du Soleil sont un peu différents les uns des autres; cela tient à ce que, les taches se déformant, l'astronome n'a pas toujours visé au même point, ou bien encore à ce que, outre le mouvement de révolution générale qui les entraîne, les taches sont assujetties à un petit déplacement propre, tantôt dans un sens, tantôt dans le sens contraire, analogue au mouvement propre des nuages terrestres[1].

Le plan passant par le centre du Soleil et perpendiculaire à l'axe autour duquel cet astre fait sa révolution sur lui-même, s'appelle *l'équateur solaire*. Il est incliné sur le plan de l'écliptique d'environ 7°. La trace de cet équateur passe par deux points diamétralement opposés et distants de l'équinoxe de printemps de 75° et de 255°.

CHAPITRE IV

PARTICULARITÉS RELATIVES AUX TACHES DU SOLEIL

Les taches à l'aide desquelles on a déterminé la rotation du Soleil sur son axe, ne se montrent pas indistinctement à toutes les distances de l'équateur solaire; elles font plus généralement leurs apparitions dans une zone comprise entre 35° de déclinaison boréale et 35° de déclinaison australe comptés à partir de l'équateur du Soleil. M. Capocci rapporte cependant qu'il a vu une petite tache se former en avril 1826, à 46° de déclinaison australe.

Les taches ont des dimensions très-dissemblables. On

1. D'après les recherches de M. Carrington, qui a recueilli 5,290 positions des taches du Soleil et en a donné de nombreux dessins, leur vitesse angulaire diurne diminue à partir de l'équateur solaire; il y aurait 2 jours de rotation solaire de plus pour les taches situées à 50 degrés de latitude héliocentrique. J.-A. B.

a observé des taches noires qui occupaient sur la surface du Soleil une étendue linéaire égale à 167″ ; comme le diamètre de la Terre, vu à la même distance, ne sous-tendrait qu'un angle de 17″.2, on voit que les taches en question avaient un diamètre réel environ dix fois plus considérable que celui de la Terre.

Les taches solaires ont peu de permanence ; on en a remarqué cependant qui sont restées visibles pendant cinq à six révolutions consécutives, c'est-à-dire pendant cinq à six mois. On en cite d'autres qui ont disparu tout à coup pendant leur passage du bord oriental au bord occidental du Soleil.

Il est remarquable que les facules se montrent près des taches noires, qu'elles annoncent en quelque sorte leurs apparitions prochaines. Le contour extérieur d'une tache noire est toujours net, bien défini.

Tout autour d'une tache noire, quand elle a de grandes dimensions, existe presque toujours une zone étendue d'une teinte moins sombre, dont les contours sont nette-ment terminés comme ceux de la tache noire ; cette zone porte aujourd'hui le nom de *pénombre*. La pénombre est notablement plus lumineuse que la tache noire, mais notablement moins brillante que le reste du Soleil; son éclat est presque uniforme, excepté dans les parties qui touchent au *noyau* noir, où l'on remarque sous ce rapport une augmentation sensible.

Supposons qu'à l'époque du passage d'une tache noire par le centre du Soleil la pénombre qui l'entoure ait été également étendue dans tous les sens, eh bien, chose sin-gulière, au moment où la tache s'est montrée sur le bord oriental, la pénombre était moins étendue du côté du centre que vers le bord. On observera la même chose à l'époque de la disparition au bord occidental, vers lequel la pénombre sera plus grande. Ces résultats sont contraires à ce qu'on aurait dû prévoir d'après les lois de la perspective, qui veulent qu'un objet paraisse d'autant plus rétréci qu'il est vu plus obliquement. Qui ne comprend, en effet, que la portion de pénombre la plus voisine du bord se voit sous un angle plus aigu, et qu'ainsi elle devrait paraître moins étendue que la portion comprise entre le noyau noir et le centre du disque? Puisque c'est l'inverse qu'on observe presque généralement, il faut en conclure que ce qui produit la pénombre n'est pas à la surface lumineuse du Soleil, mais existe à une certaine profondeur au-dessous de cette surface [1].

Le Soleil examiné attentivement et avec un grossissement suffisant, ne paraît pas avoir un éclat uniforme; il est couvert de rugosités que l'on peut assimiler à celles que présente la peau d'une orange, il ressemble au pointillé dont est formé le fond de certaines gravures. Ces irrégularités dans l'éclat du Soleil ne sont pas circonscrites, comme les taches noires proprement dites, dans une zone d'une largeur limitée au nord et au midi de l'équateur solaire; elles s'observent dans toutes les parties de la surface, même dans celles qui avoisinent les pôles de rotation. Les innombrables rides lumineuses dont la surface

1. Cette conclusion est rendue évidente par une expérience facile à répéter, qu'a faite le premier M. de La Rue, et qui consiste à regarder dans un stéréoscope deux images photographiques d'une même tache prises à deux jours d'intervalle; on voit alors les taches solaires se présenter comme des cavités.　　　J.-A. B.

du Soleil est sans cesse sillonnée, ont été appelées des *lucules* [1].

Les figures 140 à 155 (p. 96 et 97) donnent des représentations exactes de taches solaires dessinées dans les *Nouvelles astronomiques* de Schumacher, avec leurs diverses particularités, par M. Pastorff, de l'Observatoire de Bucholz, près de Francfort-sur-Oder, et par M. Capocci, de l'Observatoire de Capo di Monte à Naples.

La figure 140 donne l'aspect remarquable présenté par le Soleil le 24 mai 1828, à 10 heures 1/2 du matin ; il y avait une tache principale ayant 100″ de longueur et 60″ de largeur, et en outre quatre autres taches ayant respectivement 66″, 38″, 66″ et 46″ de long, et 10″, 20″, 26″ et 42″ de large. Toutes les taches alors observées ont été partagées par M. Pastorff, en quatre groupes A, B, C et D, qui sont dessinées avec un fort grossissement dans les figures 141, 142, 143 et 144.

Vingt-sept jours plus tard, le 21 juin, à 9 heures 1/2 du matin, le Soleil présentait l'aspect que montre la figure 145.

Les quatre groupes de taches A, B, C et D, sont de même dessinés avec un fort grossissement dans les figures 146, 147, 148 et 149, qui montrent les déformations considérables qu'une seule révolution solaire a apportées dans le phénomène.

Les figures 150 et 151, 152 et 153, 154 et 155, qui représentent des taches observées le 27 septembre, le 2 et le 6 octobre 1826, à la fois à Francfort et à

1. Du latin *lucere*, envoyer de la lumière.

Naples, donnent une idée des diversités d'aspect que le noyau, la pénombre, les facules et les lucules peuvent offrir au même moment à deux observateurs qui sont placés dans des lieux très-éloignés et qui se servent d'instruments différents.

CHAPITRE V

THÉORIE DE LA CONSTITUTION PHYSIQUE DU SOLEIL

Tous les phénomènes dont nous avons parlé s'expliquent d'une manière satisfaisante, si l'on admet que le Soleil est (fig. 156, 157 et 158) un corps obscur S en-

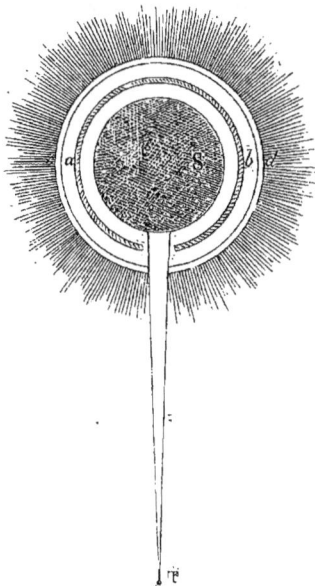

Fig. 156. — Formation d'une tache noire sans pénombre.

touré à une certaine distance d'une atmosphère ab, qui

peut être comparée à l'atmosphère terrestre lorsque celle-
ci est le siége d'une couche continue de nuages opaques
et réfléchissants. Si on place de plus, au-dessus de cette
première couche, une seconde atmosphère lumineuse *cd*,
qui prendra le nom de *photosphère*, cette photosphère,
plus ou moins éloignée de l'atmosphère nuageuse intérieure, détermine par son contour les limites visibles de
l'astre. Suivant cette hypothèse il y a des taches noires
sur le Soleil toutes les fois qu'il se forme dans les deux
atmosphères concentriques des ouvertures ou éclaircies
correspondantes, qui permettent de voir à nu le noyau
obscur de l'astre.

Considérons une tache dans une position centrale, et
supposons que l'ouverture qui s'est formée dans la photosphère ait des dimensions inférieures à celles de l'atmosphère réfléchissante intermédiaire (fig. 156, p. 91);
alors on ne verra à travers les deux ouvertures que le corps
obscur du Soleil; la tache noire n'aura pas de pénombre.

Supposons, au contraire, que l'ouverture dans la photosphère soit plus large (fig. 157), que l'ouverture correspondante de la sphère nuageuse, dans ce cas l'œil
découvrira non-seulement le noyau central du Soleil, mais
encore autour de ce noyau une partie de l'atmosphère
non lumineuse dont il est entouré; cette atmosphère ne
sera aperçue que par la réflexion de la lumière de la
photosphère qui s'est dirigée de l'extérieur à l'intérieur.

La cause, quelle qu'elle puisse être, qui détermine
l'écartement dans la matière dont se compose l'atmosphère réfléchissante, semble devoir occasionner une
accumulation de cette matière tout près des bords de

l'ouverture ; or, une accumulation de matière doit avoir pour conséquence une augmentation dans la réflexion des rayons lumineux. On voit que par là on rendrait assez bien compte de l'augmentation de clarté de la pénombre dans le voisinage du noyau obscur qu'elle entoure, c'est-à-dire des facules.

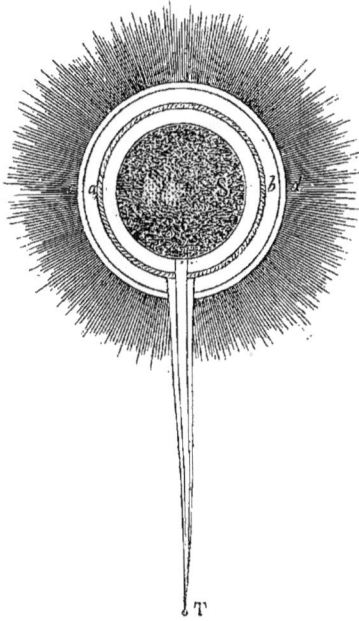

Fig. 157. — Formation d'une tache avec noyau et pénombre.

La supposition qu'il n'existerait d'ouverture acciden-telle que dans la photosphère (fig. 158, p. 94) servirait à expliquer les taches sans noyaux, les taches seulement formées de pénombre.

On peut se demander si le Soleil se termine brusque-ment aux limites extérieures de sa photosphère. Cette question n'a pu être résolue qu'à l'aide de l'observation

des éclipses totales de Soleil, car la lumière, réfléchie par
notre atmosphère, empêche dans toute autre circonstance d'apercevoir des traces de cette troisième atmosphère. Nous devons. donc renvoyer l'examen de cette
question au livre où nous parlerons des éclipses solaires
totales. Disons toutefois, dès ce moment, que l'existence

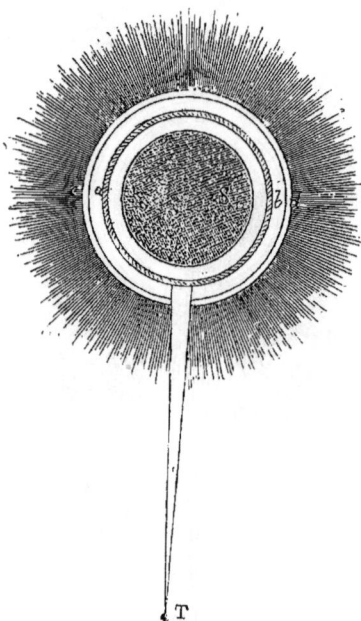

Fig. 158. — Formation d'une tache sans noyau

de cette troisième atmosphère sera établie par des observations démonstratives, en sorte qu'en définitive on sera
obligé d'admettre que le Soleil est formé d'un noyau
obscur enveloppé d'une atmosphère réfléchissante et
quelque peu opaque, à laquelle succède une atmosphère
lumineuse ou photosphère, enfouie elle-même à une certaine distance d'une atmosphère diaphane.

CHAPITRE VI

EXAMEN DE LA THÉORIE DES TACHES D'APRÈS LES PHÉNOMÈNES DE POLARISATION

Il était désirable, pour donner à la théorie que je viens d'exposer le cachet de la certitude, qu'on parvînt à déterminer par des observations directes la nature de la matière incandescente du Soleil. C'est à quoi je suis arrivé, je crois, à l'aide des phénomènes de polarisation que je vais rapporter.

Personne n'ignore aujourd'hui que les physiciens sont parvenus à distinguer deux espèces de lumière, la lumière naturelle et la lumière polarisée. Un rayon de la première de ces deux lumières jouit des mêmes propriétés sur tous les points de son contour ; il n'en est pas ainsi de la lumière polarisée. Les différents côtés de ses rayons n'ont pas les mêmes propriétés ; ces dissemblances se manifestent dans une foule de phénomènes dont je ne mentionnerai ici que quelques-uns.

Tout faisceau lumineux qui rencontre une face quelconque, naturelle ou artificielle, d'un cristal diaphane de carbonate de chaux, nommé *spath* d'Islande, s'y dédouble en deux parties dont l'une reçoit le nom de faisceau ordinaire et l'autre s'appelle faisceau extraordinaire. Ces deux faisceaux sont contenus dans un seul et même plan perpendiculaire à la face d'entrée du cristal ; c'est ce plan qui détermine dans quel sens le rayon extraordinaire se dirige ; le rayon ordinaire reste dans le plan de la réfraction ordinaire (liv. III, chap. IV, t. I, p. 87.)

Ces prémisses posées, je supposerai, pour fixer les idées, qu'un cristal d'Islande (fig. 159) ait sa section

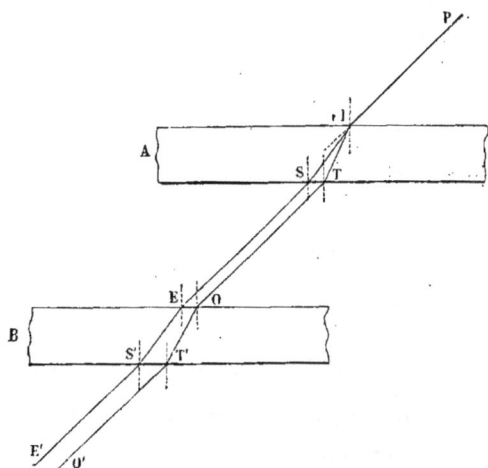

Fig. 159. — Passage successif de la lumière à travers deux cristaux de spath d'Islande ayant leurs sections principales parallèles.

principale dirigée du *nord au midi*. Au-dessous, et à quelque distance que ce soit, je place un autre cristal B orienté de même, c'est-à-dire de manière que la section principale soit aussi contenue dans le méridien. Voyons ce qui arrivera si un faisceau de lumière tombe perpendiculairement sur la face du cristal A, et traverse tout le système. De ce cristal A il sort deux faisceaux TO, SE; mais ceux-ci, traversant le second cristal B, n'ont plus la propriété de se bifurquer dans les positions que j'ai données aux deux cristaux; seulement le faisceau ordinaire TO donne un faisceau ordinaire T′O′, et le faisceau extraordinaire SE fournit un faisceau extraordinaire S′E′. Ainsi, en traversant le cristal supérieur, les rayons lumineux ont changé de nature; ils ont perdu un de leurs

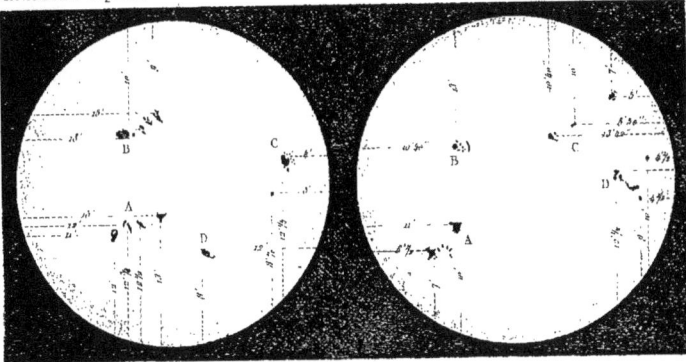

FIG 140. Aspect du Soleil le 24 mai 1828

FIG 145. Aspect du Soleil le 21 Juin 1828

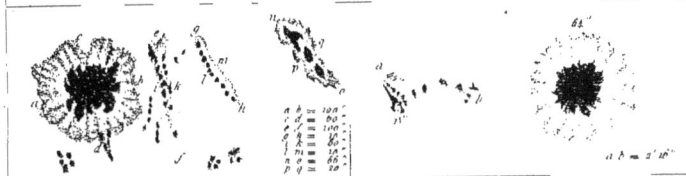

FIG 141. Taches du groupe A

FIG 146. Taches du groupe A

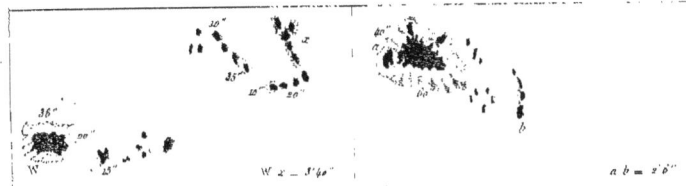

FIG 142. Taches du groupe B

FIG 147. Taches du groupe B

FIG 143. Taches du groupe C

FIG 148. Taches du groupe C

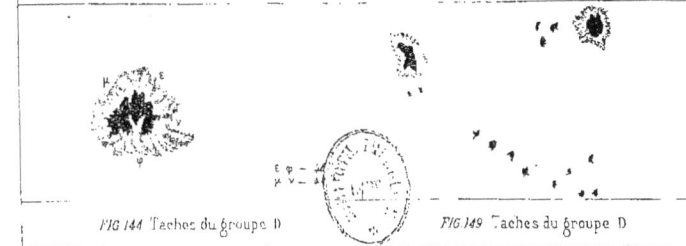

FIG 144. Taches du groupe D

FIG 149. Taches du groupe D

Imp. A. Delatre, r. S. Jacques 171. Paris.

Quiquet fils, del et sc.

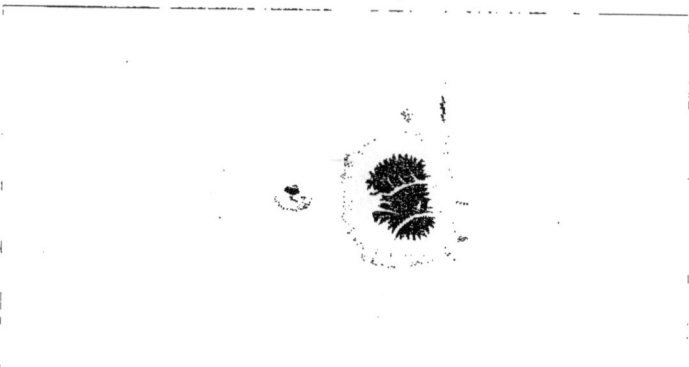

FIG 150 _ Aspect des taches solaires observées à Naples par M' Capocci le 27 Septembre 1826

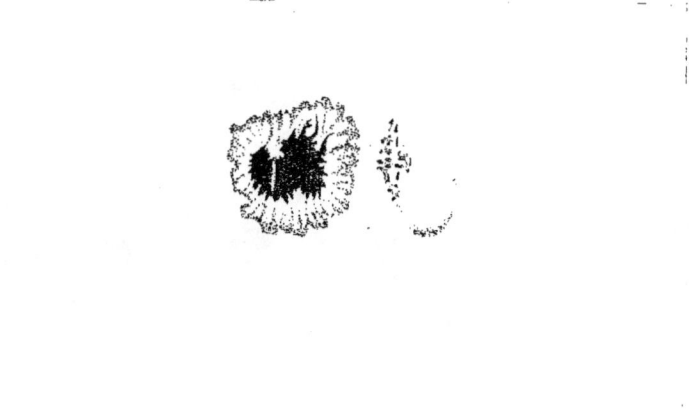

FIG 152 Aspect des taches solaires observées à Naples par M' Capocci le 2 Octobre 1826

FIG 154 Aspect des taches solaires observées à Naples par M' Capocci le 6 Octobre 1826

Imp. A. Delsine et S. Jacques, 172, Paris

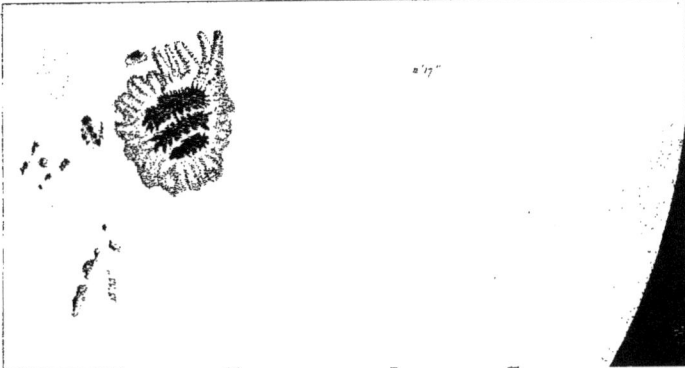

FIG.151. Aspect des taches solaires observées à Francfort-sur-Oder, par Mr Pastorff, le 27 Septembre 1826

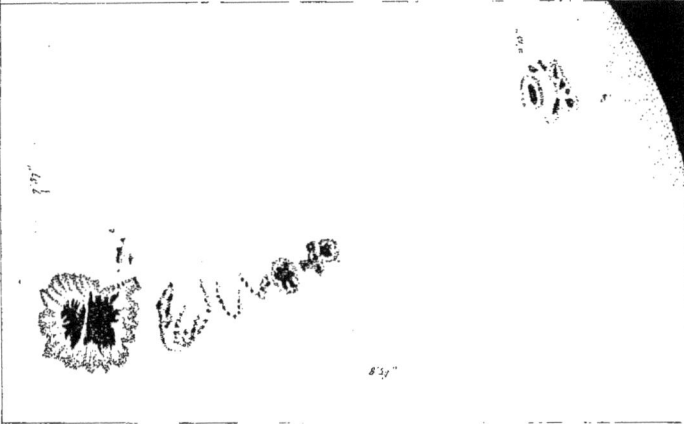

FIG.153. Aspect des taches solaires observées à Francfort-sur-Oder, par Mr Pastorff, le 2 Octobre 1826

FIG.155. Aspect des taches solaires observées à Francfort-sur-Oder, par Mr Pastorff le 6 Octobre 1826

Guignet fils del. et Sc.

anciens caractères spécifiques : celui d'éprouver constamment la double réfraction en traversant le cristal de spath d'Islande.

Si la section principale du second cristal, au lieu d'être dirigée du nord au midi, comme je l'ai d'abord supposé, s'étend de *l'est à l'ouest*, le rayon qui était ordinaire dans le cristal supérieur devient extraordinaire dans l'autre, et réciproquement (fig. 160).

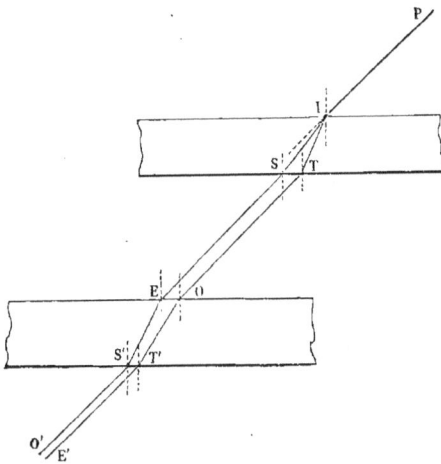

Fig. 160. — Passage successif de la lumière à travers deux cristaux de spath d'Islande ayant leurs sections principales perpendiculaires.

Qu'y a-t-il de différent, en réalité, entre deux expériences qui donnent des résultats si dissemblables? Une circonstance fort simple et de bien peu d'importance au premier aspect; c'est que d'abord la section principale du second cristal coupait les rayons provenant du premier par leurs côtés nord et sud, et qu'ensuite elle les a coupés dans les côtés est et ouest.

A. — II.   7

Il faut donc que dans chacun de ces rayons les côtés nord et sud diffèrent en quelque sorte des côtés est et ouest ; de plus, les côtés *nord-sud* du rayon ordinaire doivent avoir précisément les mêmes propriétés que les côtés *est-ouest* du rayon extraordinaire ; en sorte que si ce dernier rayon faisait un quart de tour sur lui-même, il serait impossible de le distinguer de l'autre. Après son passage à travers le premier cristal, la lumière a donc des propriétés différentes sur ses différents côtés, ce que nous exprimons en disant qu'elle est polarisée. La réfraction simple, la réflexion elle-même de la lumière la polarisent plus ou moins complétement selon les angles que fait le faisceau lumineux avec la surface qu'il vient frapper pour se réfléchir ou pour y pénétrer en se réfractant.

Avant d'aller plus loin, remarquons ce qu'il y a d'*étrange* dans des expériences qui ont amené légitimement les physiciens à parler des divers côtés d'un rayon de lumière, à distinguer ces côtés les uns des autres ; le mot *étrange*, dont je viens de me servir, ne semblera empreint d'aucune exagération à ceux qui songeront que des milliards de milliards de ces rayons peuvent passer simultanément dans le trou d'une aiguille sans se troubler les uns les autres.

La lumière polarisée a permis d'enrichir la science de plusieurs moyens d'investigation dont les astronomes ont déjà tiré un parti avantageux, entre autres de la lunette polariscope.

Voici quel est le principe d'une semblable lunette, tel que je l'ai donné dans un Mémoire lu à l'Académie des sciences le 11 août 1811.

Je me suis déjà servi précédemment de la propriété qu'ont certaines substances cristallines de jouir de la double réfraction pour arriver à mesurer les grossissements des lunettes (liv. III, chap. xv, t. I, p. 124); ici je vais faire un usage non moins utile de cette même propriété.

En examinant par un temps serein, dans le courant de 1811, une lame mince d'un minéral nommé *mica* [1] ou talc de Moscovie, et dont la composition chimique est assez variable [2], à l'aide d'un cristal de spath d'Islande, j'ai reconnu que les deux images qui se projetaient sur l'atmosphère n'étaient pas teintes des mêmes couleurs; l'une d'elles était jaune verdâtre, la seconde rouge pourpre, tandis que la partie où les deux images se confondaient était de la couleur du mica vu à l'œil nu. Je vis en même temps qu'un léger changement dans l'inclinaison de la lame par rapport à la direction des rayons qui la traversent, fait varier les couleurs des deux images; si, en laissant cette inclinaison constante et le cristal de spath dans la même position, on se contente de faire tourner la lame de mica dans son propre plan, on trouve quatre positions à angle droit où les deux images obtenues par la double réfraction sont du même éclat et parfaitement blanches. En laissant la lame immobile, et en faisant tourner le cristal de spath, on voit de même chaque image acquérir successivement

---

1. De *micare*, briller, reluire.

2. Le mica contient de la silice, de l'alumine, de la magnésie, de la potasse, du peroxyde de fer, de l'eau; et les proportions de ces éléments varient le plus souvent d'un échantillon à l'autre.

diverses couleurs et passer par le blanc après chaque
quart de révolution. Appelons, avec quelques physiciens
couleurs complémentaires celles qui, réunies, forment du
blanc, nous trouverons que pour toutes les positions du
cristal de spath d'Islande et de la lame de mica, et
quelle que soit la couleur d'un des faisceaux, le faisceau
ordinaire présentera toujours la teinte complémentaire
du faisceau extraordinaire. Alors, si la lame de mica est
partout de même épaisseur on doit conclure, et c'est ce
que l'on trouve, que dans les points où les deux images
ne sont pas séparées par la double réfraction du cristal
de spath, le mélange des deux couleurs des deux images
forme du blanc.

La lame de mica placée à l'extrémité d'un tube noirci
pour servir d'objectif, et le cristal biréfringent de spath
d'Islande agencé à l'autre extrémité du même tube pour
servir d'oculaire, constituent ma lunette polariscope.

En regardant un ciel serein avec cette lunette, j'ai
reconnu que les couleurs des images qui se projetaient
sur l'azur céleste varient d'intensité, et avec l'heure
du jour, et avec la position, par rapport au Soleil, de la
partie de l'atmosphère qui envoie des rayons sur la lame
de mica. J'ai également remarqué que, par un temps
entièrement couvert, les deux images ne présentent pas
les moindres traces de coloration.

Je me suis assuré, également en 1811, que la propriété
de donner par la double réfraction des images colorées,
dans les conditions où je me suis placé, n'appartient pas
uniquement à des lames minces de mica, mais encore à
d'autres corps, et spécialement à du cristal de roche ou

quartz qui lui n'a pas besoin d'être réduit en lame très-mince pour produire le phénomène.

Il y a avantage à remplacer la lame de mica par une lame de cristal de roche plus épaisse; c'est ainsi qu'on doit construire ma lunette polariscope (fig. 161), d'un

Fig. 161. — Coupe de la lunette polariscope de M. Arago.

diamètre de 25 millimètres et d'une longueur de 25 centimètres. L'objectif *b* est formé par une plaque de cristal de roche à faces planes et parallèles taillées perpendiculairement aux arêtes du prisme hexaédrique qui constitue la forme de ce minéral; cette plaque a une épaisseur d'environ 12 millimètres. L'oculaire *a* est un cristal de spath d'Islande d'une épaisseur d'environ 15 millimètres. Dans ces conditions les deux images données par le pouvoir biréfringent de l'oculaire *a* sont séparées l'une de l'autre d'environ 1 millimètre.

Si vous regardez directement le Soleil avec une de ces lunettes, vous verrez deux images de même intensité et de même nuance, deux images blanches. Supposons maintenant que les rayons du Soleil aient été préalablement polarisés, qu'on vise, non pas directement à cet astre, mais par exemple à son image réfléchie sur de l'eau ou sur un miroir de verre. La lunette ne donne plus alors deux images semblables et blanches; elles sont teintes, au contraire, des plus vives couleurs sans que la forme apparente de l'astre ait reçu aucune altération. Si l'une des images est rouge, l'autre sera verte; si la première est jaune, la seconde offrira la teinte violette, et ainsi de suite, les deux teintes étant toujours ce qu'on appelle complémentaires ou susceptibles par leur mélange de former du blanc. Quel que soit le procédé à l'aide duquel on ait polarisé la lumière directe, les couleurs se montrent exactement de même dans les deux images fournies par la lunette polariscope.

Remarquons, comme conséquence de ce qui précède, que la lunette polariscope donne un moyen très-simple, et d'une évidence manifeste, de distinguer la lumière naturelle de la lumière polarisée.

Il faut conclure, par exemple, des expériences que je cite plus haut sur les phénomènes que présente notre atmosphère observée à l'aide de ma lunette, que par un temps entièrement couvert, les deux images n'offrant pas les moindres traces de coloration, les rayons lumineux que l'atmosphère nous envoie ressemblent parfaitement à la lumière naturelle. Par un temps serein, au contraire, ces rayons, dans chaque direction, sont plus ou moins fortement polarisés suivant la position du Soleil.

On a cru pendant longtemps que la lumière, émanant de tout corps incandescent, arrive à l'œil à l'état de lumière naturelle, lorsque dans le trajet elle n'a été ni partiellement réfléchie ni fortement réfractée; mais c'était là une erreur. J'ai reconnu que la lumière qui émane, sous un angle suffisamment petit, de la surface d'un corps solide ou d'un corps liquide incandescent, lors même que cette surface n'est pas complétement polie, offre des traces évidentes de polarisation, en sorte que pénétrant dans la lunette polariscope elle se décompose en deux faisceaux colorés.

La lumière qui émane d'une substance gazeuse enflammée, d'une substance semblable à celle qui éclaire aujourd'hui nos rues, nos magasins, est toujours au contraire à l'état naturel, quel qu'ait été son angle d'émission.

Le procédé mis en usage pour décider si la substance qui rend le Soleil visible est solide, liquide ou gazeuse, ne sera plus qu'une application très-simple des remarques qui précèdent.

Les rayons qui nous font voir les bords du disque solaire sont évidemment sortis de la surface incandescente, sous un très-petit angle. Les bords des deux images, vus directement, que fournit la lunette polariscope paraissent-ils colorés, la lumière de ces bords provient d'un corps liquide, car toute supposition qui ferait de la surface extérieure du Soleil un corps solide est écartée définitivement par l'observation du rapide changement de forme des taches, des facules et du pointillé. Les bords des deux images ont-ils conservé dans la lunette une blancheur naturelle, ils sont néanmoins gazeux.

Les corps incandescents dont on a étudié, avec un polariscope, la lumière émise sous différents angles sont les suivants : *solides*, le fer forgé, le platine ; *liquides*, la fonte de fer et le verre en fusion. D'après ces expériences, vous avez le droit d'affirmer, dira-t-on, que le Soleil n'est ni de la fonte fondue ni du verre en fusion. Mais qui vous autorise à généraliser? Voici ma réponse : suivant les seules explications qu'on ait données de la polarisation anormale que présentent les rayons émis

sous des angles aigus, tout doit se passer de même, sauf
la quantité, quel que soit le liquide, pourvu que la surface d'émergence ait un pouvoir réfléchissant sensible.
Il n'y a que dans le cas où le corps incandescent est, quant
à sa densité, analogue à un gaz, que les phénomènes de
polarisation et de coloration disparaissent.

En observant directement le Soleil un jour quelconque
de l'année, à l'aide de grandes lunettes polariscopes, on
n'a aperçu aucune trace de coloration sur les bords des
deux images. Donc la substance enflammée qui dessine
le contour du Soleil est gazeuse. Nous pouvons généraliser la conclusion, puisque les divers points de la surface
du Soleil, par l'effet du mouvement de rotation, viennent
chacun à leur tour se placer sur le bord.

Cette expérience fait sortir du domaine des simples
hypothèses ce que nous avons dit sur la nature gazeuse
de la photosphère solaire.

Si la matière de la photosphère solaire était liquide,
si les rayons émanés de son bord étaient polarisés, on
verrait non-seulement des couleurs sur chacune des deux
images fournies par la lunette polariscope, mais elles
seraient différentes dans les divers points du contour. Le
point le plus élevé sur l'une des images est-il rouge, le
point diamétralement opposé sur cette même image sera
rouge aussi; mais les deux extrémités du diamètre horizontal offriront l'une et l'autre une teinte verte, etc. Si
donc l'on parvenait à réunir en un point unique les rayons
émanés de toutes les parties du disque du Soleil, même
après leur décomposition dans la lunette polariscope, le
mélange serait blanc.

CHAPITRE VII

EXPLICATION DES FACULES ET DES LUCULES

La constitution du Soleil, telle que je viens de l'établir dans le chapitre précédent, peut également servir à expliquer comment il existe à la surface de l'astre des taches non pas noires, mais lumineuses, les unes appelées *facules*, les autres nommées *lucules*.

Je pourrai, chose singulière, faire remonter la découverte d'une des principales causes des facules et des lucules à une visite administrative dans un magasin de nouveautés, situé sur un des boulevards de Paris : « J'ai à me plaindre de la compagnie du gaz, disait le propriétaire de l'établissement ; elle devrait diriger sur mes marchandises la partie la plus large de cette flamme à papillon, et souvent, par la négligence de ses employés, c'est par la tranche qu'on les éclaire. — Êtes-vous bien sûr, répondis-je, que dans cette position la flamme éclaire moins que dans la première ? » Le doute ayant paru mal fondé, je dirai même ayant paru absurde à la plupart des assistants, nous nous livrâmes à des expériences exactes, et il fut constaté qu'une flamme verse sur un objet une égale quantité de lumière quand elle l'éclaire par la tranche et lorsqu'elle se présente à lui par sa plus large surface.

De là résultait rigoureusement la conséquence qu'une surface gazeuse incandescente et d'une étendue déterminée, est plus lumineuse si on la voit obliquement que sous l'incidence perpendiculaire. Par conséquent, si la

surface solaire offre des ondulations, comme notre atmosphère lorsqu'elle se couvre de nuages pommelés, elle
doit paraître comparativement faible dans les parties de
ces ondulations qui se présentent perpendiculairement à
l'observateur, et plus brillante dans les parties inclinées;
toute cavité conique doit nous sembler une lucule. Il n'est
donc plus nécessaire, pour rendre compte des apparences,
de supposer qu'il existe sur le Soleil des milliers de foyers
plus incandescents que le reste du disque, ou des milliers
de points se distinguant des régions voisines par une plus
grande accumulation de la matière lumineuse.

CHAPITRE VIII

QUELS ONT ÉTÉ LES PREMIERS OBSERVATEURS DES TACHES SOLAIRES?

La découverte des taches solaires a renversé de fond
en comble un des principes fondamentaux de l'astronomie
péripatéticienne, savoir le principe de l'incorruptibilité
des cieux. Je pense donc qu'on sera désireux de connaître
le premier astronome qui a constaté, par des observations non équivoques, l'existence de ces taches. D'après
une opinion généralement convenue, surtout en Italie,
cet astronome serait Galilée; mais je crois que c'est là
une erreur. Je donne, avec grand détail, tous les arguments qui me paraissent contraires aux prétentions des
admirateurs passionnés de l'illustre philosophe de Florence dans la Notice que je consacre ailleurs à Galilée [1].

1. Voir tome IIIe des *Œuvres et des Notices biographiques.*

Ce qui va suivre n'est qu'un très-court abrégé de ce travail.

Kepler donnait aux premières observations de taches une date fort ancienne, en se fondant sur deux vers de Virgile. Dans le premier vers, le poëte dit [1] :

Ille ubi nascentem maculis variaverit ortum.
Quand le Soleil levant se montrera parsemé de taches.

Veut-on, ajoutait Kepler, ne voir dans ces paroles qu'une allusion à des nuages, j'opposerai à l'interprétation cet autre vers :

Sin maculæ incipient rutilo immiscerier igni.
Si aux taches vient se joindre la couleur de feu.

Dans les *Annales de la Chine* du Père Mailla, on lit qu'en l'an 321 de notre ère il y avait sur le Soleil des taches qui s'apercevaient à la simple vue.

En arrivant au Pérou les Espagnols reconnurent, suivant Joseph Acosta, que les Naturels avaient remarqué les taches solaires avant que leur existence eût été constatée en Europe.

Plusieurs historiens de Charlemagne rapportent qu'en l'année 807 une forte tache noire se montra sur le Soleil pendant huit jours consécutifs. On supposa que cette tache était Mercure, sans réfléchir que d'après les mouvements connus de cette planète, il était complétement impossible qu'elle se projetât huit jours de suite sur le Soleil.

Ce n'est pas de la durée mais de la grandeur appa-

1. *Géorgiques*, liv. I, vers 432 et 454.

rente que nous argumenterons pour prouver que de prétendues observations de passages de Mercure sur le Soleil,
faites par Averrhoès, par Scaliger, par Kepler lui-même,
le 28 mai 1607, n'étaient autre chose que des observations de taches solaires. Mercure, dans sa conjonction
inférieure, Mercure, quand il se projette sur le Soleil, ne
sous-tend guère qu'un angle de 12 secondes ; or, un objet
rond de 12″, se projetât-il sur le Soleil, n'est pas visible
à l'œil nu. En 1761, c'est tout ce qu'on pouvait faire
d'entrevoir ainsi le disque obscur de Vénus avec son
diamètre de 58″. Encore, faut-il ajouter, plusieurs astronomes restèrent persuadés que les contemplateurs sans
lunettes de la grosse planète avaient plus fait usage de
leur imagination que de leurs yeux. Ils se fondaient particulièrement sur les inutiles tentatives de Gassendi pour
apercevoir sans télescope, entre autres fois le 10 septembre 1621, une tache dont le diamètre mesuré au
micromètre était de une minute et un tiers.

Les contemporains de Charlemagne, Averrhoès, Scaliger, Kepler, virent des taches solaires sans s'en douter.
Ils n'ont donc aucun droit à la découverte de ce phénomène. En prenant à la lettre les assertions du père Mailla
et de Joseph Acosta, les titres des Chinois et des Péru-
viens seraient de meilleur aloi. Au surplus, s'il est vrai
que parmi ces peuples quelques individus doués d'une
vue privilégiée ou mettant à profit des circonstances
atmosphériques assez rares, vinrent à bout de regarder
le Soleil sans être éblouis, et d'y apercevoir les taches,
on peut affirmer qu'ils n'en tirèrent aucune conséquence
utile.

Parmi les modernes la découverte des taches du Soleil a donné lieu à un débat ardent et confus. Si ce débat n'a pas conduit à des conséquences décisives et admises généralement, c'est qu'on n'est jamais parti d'une base commune et solide ; c'est qu'au lieu de combattre pour les droits imprescriptibles de la vérité, chacun a cherché, plus ou moins, à faire prévaloir les intérêts d'amour-propre de tel ou tel pays. Il n'y a qu'une manière rationnelle et juste d'écrire l'histoire des sciences : c'est de s'appuyer exclusivement, comme je vais le faire, sur des publications ayant date certaine ; hors de là tout est confusion et obscurité.

Le premier ouvrage ou Mémoire imprimé que l'on connaisse sur les taches du Soleil, est intitulé : *Joh. Fabricii Phrysii, de Maculis in Sole observatis et apparentê earum cum Sole conversione Narratio*, *et Dubitatio de modo eductionis specierum visibilium. Wittebergæ*, 1611, in-4°. L'épître dédicatoire porte la date du 13 juin 1611.

Les lettres pseudonymes de Scheiner, les lettres du prétendu Apelle à Velser, un des magistrats d'Augsbourg, n'ont été imprimées qu'en janvier 1612. Scheiner fait, il est vrai, remonter vaguement ses premières observations des taches solaires, aux mois d'avril ou de mai 1611, mais aucune attestation précise n'est produite à l'appui de cette assertion. J'ajouterai que, suivant Scheiner lui-même, l'apparition des taches, au commencement de 1611, fixa peu son attention, et qu'il ne s'en occupa sérieusement qu'en octobre 1611. A cette dernière date, il cherchait encore à s'assurer que les taches qu'il apercevait ne provenaient pas de défauts dans les verres qui lui servaient à regarder l'astre radieux; que pouvaient donc être les prétendues observations de mai?

La première publication de Galilée sur les taches solaires, *Epistola ad Velserum de maculis solaribus*, est de 1612; l'ouvrage intitulé : *Storia e dimostrazioni intorno alle macchie solari et loro accidenti; Roma;* est du 13 janvier 1613.

Par les dates des publications, c'est donc à Jean Fabricius que revient incontestablement l'honneur de la découverte des taches noires du Soleil.

Si c'est à tort qu'on a attribué à Galilée l'honneur d'avoir découvert les taches noires solaires, on doit reconnaître que ce grand philosophe est le premier qui signala l'existence des facules et qui ait tiré parti de ces phénomènes de lumière pour prouver, contre les explications des derniers péripatéticiens, que les apparitions des taches noires n'étaient pas le résultat du passage, sur le disque du Soleil, de certains satellites obscurs qui auraient circulé autour de cet astre.

La zone, dont le noyau des grandes taches paraît toujours entouré, cette zone, notablement plus lumineuse que le noyau, notablement moins brillante que le reste du Soleil, qu'on appelle *la pénombre*, a été découverte par Scheiner.

C'est aussi au jésuite d'Ingolstadt qu'on doit d'avoir remarqué que le Soleil est couvert d'un pôle à l'autre, soit de points lumineux et obscurs très-petits, soit de rides vives et sombres, extrêmement déliées, entre-croisées sous toutes sortes de directions ; ces taches, qu'il nomma des lucules, font que la surface de l'astre paraît pointillée.

Les observations du Père jésuite, longtemps suivies avec le plus grand soin, montrèrent que les taches proprement dites ne se forment que dans une zone étroite au nord et au midi de l'équateur solaire. Cette zone, Scheiner l'appelle la *zone royale*.

Les taches noires sont parfaitement terminées ; cette observation de Scheiner n'a pas été contredite.

CHAPITRE IX

HISTORIQUE DE LA DÉCOUVERTE DU MOUVEMENT DE ROTATION
DU SOLEIL

Le premier qui ait soupçonné le mouvement de rotation du Soleil, paraît être Jordano Bruno, savant napolitain, auteur d'un traité sur l'univers publié en 1591. Sur ce point, le génie de Kepler devança aussi l'observation. La science, enfin, s'enrichit définitivement de ce nouveau fait, par le Mémoire que Jean Fabricius publia en juin 1611. Si, à toute rigueur, un débat peut s'élever sur la question de savoir à qui revient l'honneur de la découverte des taches solaires, il n'en saurait être de même de la conséquence importante à laquelle cette découverte conduisit. La constatation du mouvement de rotation du Soleil appartient, sans aucun doute, à l'astronome hollandais. Il y a ici antériorité évidente en sa faveur, non-seulement par la date de la publication, mais encore par celle de la conception. L'ouvrage de Fabricius renferme ce passage : « Nous imaginâmes de recevoir les rayons du Soleil par un petit trou, dans une chambre obscure, et sur un papier blanc, et nous y vîmes très-bien cette tache (la tache que Fabricius avait aperçue en visant directement au Soleil) en forme de nuage allongé. Le mauvais temps nous empêcha de continuer ces observations pendant trois jours. Au bout de ce temps-là nous vîmes la tache qui s'était avancée obliquement vers l'occident. Nous en aperçûmes une autre plus petite vers le bord du Soleil qui, dans l'espace de peu de jours, parvint jusqu'au milieu ; enfin il en survint une troisième ; la première disparut d'abord, et les autres quelques jours après. Je flottais entre l'espérance et la crainte de ne pas les revoir ; mais dix jours après, la première reparut à l'orient. Je compris alors qu'elle faisait une révolution ; et depuis le commencement de l'année je me suis confirmé dans cette idée, et j'ai fait voir ces taches à d'autres, qui en sont persuadés comme moi. Cependant, j'avais un doute qui m'empêcha d'abord d'écrire à ce sujet, et qui me faisait même repentir du temps que j'avais employé à ces observations. Je voyais que ces taches ne conservaient pas entre elles les mêmes distances ; qu'elles changeaient de forme et de vitesse ; mais j'eus d'autant plus de plaisir lorsque j'en eus senti la raison. Comme il est vraisemblable, par ces observations, que ces taches sont sur le corps même du Soleil, qui est sphérique et solide, elles doivent devenir plus petites et ralentir leur mouvement lorsqu'elles arrivent sur les bords du Soleil. » (Traduction de Lalande.)

Il serait impossible de rien trouver, même dans les

déclarations tardives des amis, des admirateurs les plus
passionnés de Galilée, qui, en présence de ce qu'on vient
de dire, pût constituer à ce savant illustre une apparence
de droit à la découverte du mouvement de rotation du
Soleil.

L'observation des taches a conduit à la connaissance
du mouvement de rotation du Soleil. C'est la découverte
de Fabricius. Il restait à déterminer, avec exactitude, la
durée de cette rotation et la position de l'axe autour duquel elle s'opère. Ces deux problèmes, ce n'est pas Galilée
qui les a résolus. Galilée n'a jamais assigné la durée
apparente ou réelle de la rotation du Soleil que d'une
manière vague. La durée apparente, il la fixait à près
d'un mois (*nello spazio quasi d'un mese*. Dialogues).
Elle est de 27 jours 1/2. L'axe de rotation, Galilée le
supposa longtemps perpendiculaire au plan de l'écliptique. C'est seulement dans les dialogues qu'il parla de
l'inclinaison, mais sans en indiquer même approximativement la valeur. Il ne dit rien, absolument rien, de la
direction de la trace de l'équateur du Soleil sur le plan de
l'écliptique, de la position des nœuds, c'est-à-dire des
points de rencontre de la circonférence de l'équateur
solaire avec l'écliptique. D'ailleurs, les Dialogues ne
parurent qu'en 1632, deux ans après la publication de
l'ouvrage de Scheiner, de cette volumineuse *Rosa ursina*
(juin 1630), où le temps de la rotation apparente est
indiqué entre 26 et 27 jours (les astronomes modernes
ont trouvé 27^j. 5); où le pôle de rotation du Soleil est
placé à environ 7° du pôle de l'écliptique (on adopte
aujourd'hui 7° 9'); où l'indication de l'époque de l'année

dans laquelle les pôles de rotation sont sur les bords du
disque, conduit à la position des nœuds de l'équateur
solaire.

Il n'est presque pas d'astronome qui, une fois au
moins dans sa vie, n'ait cherché par des observations
directes à déterminer les éléments de la rotation du Soleil.
Je pourrais donc consigner ici un grand nombre de résultats touchant le temps de la rotation de l'astre prodigieux
qui maîtrise toutes les planètes de notre système, et la
position de l'axe autour duquel cette révolution s'opère.
Mais je me contenterai de donner ceux des résultats qu'a
obtenus M. Laugier, dans un travail très-élaboré, présenté à l'Académie des sciences. M. Laugier a établi,
par des observations qui me paraissent à l'abri de toutes
objections sérieuses, que les taches solaires éprouvent
chacune un déplacement particulier, outre le mouvement
général qui les entraîne autour de l'astre. De là il résulte
que les temps de la rotation réelle déterminés par l'observation de diverses taches doivent être dissemblables.

La moindre valeur déduite par M. Laugier de l'observation de vingt-neuf taches distinctes, est de 24^j. 28. Le
maximum obtenu dans les mêmes circonstances s'élève à
26^j. 23. L'ensemble des observations donne pour la
rotation du Soleil, 25^j. 34.

Ce n'est pas seulement par les dissemblances sur le
temps de la révolution du Soleil que M. Laugier a établi
le déplacement propre des taches, il a déterminé l'arc de
distance de diverses taches évaluées en degrés d'un grand
cercle du Soleil, et a trouvé cet arc de distance très-
variable. Ainsi, le 24 mai 1840, deux taches se trou-

vaient à 78° 30′ de distance angulaire ; le **27**, cette distance n'était plus que de 73° 20′. En attribuant ce changement de 5° 10′ au déplacement d'une seule des deux taches, l'auteur trouve que la vitesse propre de cette tache était de 111 mètres par seconde.

Il résulte aussi de l'excellent travail de M. Laugier, cette circonstance singulière que l'ensemble des taches situées dans un même hémisphère éprouve sur la surface du Soleil des changements dans le même sens, alors même que ces variations s'opèrent en sens contraire dans l'hémisphère opposé.

D'après les observations de M. Laugier, l'inclinaison moyenne de l'équateur solaire par rapport au plan de l'écliptique est de 7° 9′.

D'après le même astronome, l'angle formé, en 1840, par la trace de l'équateur solaire dans le plan de l'écliptique avec la ligne des équinoxes, était de 75° 8′.

M. Henri Schwabe, de Dessau, qui, parmi les astronomes modernes, s'est occupé avec tant de suite et de constance de l'observation des taches solaires, a trouvé, pour le temps de la révolution de l'astre, les limites extrêmes suivantes : $25^j.07$ et $25^j.75$.

CHAPITRE X

DU NOMBRE, DE LA GRANDEUR ET DU CHANGEMENT DE FORME
DES TACHES SOLAIRES

Abulfarage assure que dans la neuvième année de Justinien le Second, qu'en l'an 535 de notre ère, la lumière du Soleil commença à éprouver une diminution d'intensité qui dura ensuite durant quatorze mois. Sans qu'aucune observation directe légitime l'hypothèse, les modernes ont attribué cet affaiblissement à une multitude de taches dont la surface de l'astre se couvrit à cette époque.

Cette hypothèse, cependant, semble presque commandée par les circonstances du second événement que rapporte le même historien. En 626, dit Abulfarage, sous l'empereur Héraclius, la moitié du corps du Soleil s'obscurcit, et cela dura du mois d'octobre jusqu'au mois de juin suivant.

Le Jésuite Scheiner expliquait par des taches l'éclipse totale du Soleil qui arriva au moment de la mort de Jésus-Christ. L'obscurité fut complète sur toute la Terre, et elle dura environ trois heures. Il n'en fallait pas davantage pour rayer cette éclipse du nombre de celles qui, dans le cours des siècles, ont dépendu de causes naturelles. En effet, une éclipse, quand l'interposition de la Lune la produit, ne peut être totale que le long d'une zone de terre fort étroite, et même sur cette zone l'obscurité ne dure qu'un très-petit nombre de minutes.

On avait déjà fait remarquer qu'à la mort de Jésus-Christ, la Lune se trouvait voisine de son plein ; or, quand la Lune éclipse le Soleil, elle est nécessairement nouvelle. L'éclipse de la Passion fut donc l'effet d'un miracle.

Ce raisonnement ne manquait pas de force ; mais il suffisait d'une erreur de date pour tout ramener aux causes naturelles. Aucune erreur de date, au contraire, ne pourrait expliquer la généralité de l'éclipse et la durée qui lui a été attribuée.

En recourant à des taches qui, suivant l'ordre régu-
ier des mouvements célestes, ne pourraient soit envahir,
soit quitter un hémisphère entier du Soleil que dans un
intervalle de quatorze jours environ, Scheiner n'entendait
pas, comme de raison, enlever au phénomène son caractère miraculeux. Il croyait seulement substituer un miracle
facile à un miracle difficile. Une aussi singulière idée ne
mérite certainement pas d'être discutée sérieusement.

Les 19, 20 et 21 août 1612, au lever du Soleil, Galilée
et ses amis virent vers le centre du disque, et à l'œil
nu, c'est-à-dire, à cause de sa visibilité sans le secours
le grossissement, une tache obscure d'une minute au
moins de diamètre. Beaucoup d'autres taches ne s'apercevaient alors qu'à l'aide de la lunette.

Le 20 juillet 1643, Hévélius remarqua une traînée
le taches et de facules qui embrassait environ le tiers du
diamètre du Soleil.

Derham dit, sans citer ses autorités, qu'il n'y eut pas
de tache de 1660 à 1671 et de 1676 à 1684. (*Trans.*,
vol. XXVII, 1711, page 275.)

Suivant les *Mémoires de l'Académie des sciences*, aucune
tache ne se montra depuis 1695 jusqu'en 1700.

De 1700 à 1710, il y en eut beaucoup.

En 1710 on n'en vit qu'une.

En 1711 et 1712, on n'en aperçut point.

En 1713 il en parut une seule.

Dans l'année 1716, on aperçut 21 groupes de taches.

Du 30 août au 3 septembre, il y avait dans l'hémisphère tourné vers la Terre huit groupes distincts visibles
à la fois (*Académie des sciences*, 1716.)

En 1717, 1718, 1719 et 1720, on observa plus de taches encore qu'en 1716. La plus grosse qu'on ait vue dans cet intervalle, avait un diamètre égal à la 60ᵉ partie de celui du Soleil. Son diamètre réel était donc double de celui de la Terre. En 1719, les astronomes croyaient, tant il y avait de taches, qu'elles formaient une sorte de ceinture équatoriale du Soleil.

Le 15 mars 1758, Mayer mesura une tache dont le diamètre était égal à $1/20^e$ du diamètre du Soleil, ou à $1'\ 30''$ (plus de cinq fois le diamètre de la Terre vu du Soleil).

En février 1759, il y eut sur le Soleil une tache que Messier vit à l'œil nu.

En octobre 1759, Messier compta sur le Soleil 25 taches entourées de pénombre. (*Connaissance des temps* pour 1810.)

Le 15 avril 1764, d'Arquier et ses compatriotes de Toulouse aperçurent une grosse tache sur le Soleil, sans le secours de lunettes, en garantissant seulement leurs yeux avec des verres enfumés.

Méchain et Herschel observèrent, en 1779, une tache visible à l'œil nu. Elle était divisée en deux parties. La plus grande sous-tendait un angle de $1'\ 8''$. (*Trans.*, 1795, p. 49.)

En juillet 1780, Méchain vit encore une tache sans le secours de lunettes.

En 1792, Herschel aperçut deux taches à l'œil nu. (*Ibid.*, p. 54.)

Dans l'ouvrage de Schrœter, publié en 1789, cet observateur parle d'une tache qui, d'après ses mesures, couvrait sur le Soleil une étendue superficielle 16 fois plus grande que celle de la Terre. Elle sous-tendait donc un angle de 4' 35''. Le même astronome rapporte l'observation de 68 taches qu'on voyait simultanément. Une autre fois ce nombre s'éleva jusqu'à 81.

Le 20 avril 1801, Herschel vit sur le Soleil plus de 50 taches noires. Un grand nombre d'entre elles étaient entourées de pénombres.

Le 23 avril, on en aperçut près de **50,**

Le 24 — on en compta 50,

Le 27 — 39,

Le 29 — . . . . . . 24. (*Trans.* de 1801, p. 359.)

Le 9 novembre 1802, au moment du passage de Mercure sur le Soleil, Herschel aperçut sur le disque jusqu'à 40 taches noires.

M. Henri Schwabe a donné le tableau suivant pour représenter les résultats des 26 années d'observation des taches et des groupes de taches qui ont paru sur le Soleil depuis le commencement de 1826 jusqu'à la fin de 1851. Chaque groupe de taches n'est compté qu'une seule fois dans une même rotation du Soleil.

· Pour les personnes qui ne sont pas au courant des définitions mathématiques, je dirai, afin qu'elles comprennent sans peine la signification du tableau des taches solaires qu'on appelle un *maximum* une quantité plus grande que les quantités qui la suivent ou qui la précèdent immédiatement, et de même qu'on appelle un *minimum* une quantité plus petite que les quantités qui l'avoisinent. Ainsi le nombre de 225 taches correspondant à 1828 est maximum par rapport au nombre de

taches des années voisines, quoiqu'il soit plus petit que
les nombres 272, 282, 257, 238 placés plus loin et qui
avoisinent d'autres maxima.

Années où ont été faites les observations.	Nombre de jours d'observation dans l'année.	Nombre de groupes de taches observés dans l'année.	Époques de maxima et de minima des groupes de taches.	Nombre de jours dans l'année où l'on n'a pas constaté de taches.
1826	277	118		22
27	273	161		2
28	282	225	*maximum*	0
29	244	199		0
30	217	190		1
31	239	149		3
32	270	84		49
33	267	33	*minimum*	139
34	273	51		120
35	244	173		18
36	200	272		0
37	168	333	*maximum*	0
38	202	282		0
39	205	162		0
40	263	152		3
41	283	102		15
42	307	68		64
43	324	34	*minimum*	149
44	320	52		111
45	332	114		29
46	314	157		1
47	276	257		0
48	278	330	*maximum*	0
49	285	238		0
50	308	186		2
51	308	151		0

Moyennes des 26 années : 268 jours d'observation par
an, 164 groupes constatés dans l'année.

Il paraît résulter des observations de M. Schwabe, que
les apparitions de groupes de taches sont sujettes à une
certaine périodicité; qu'après s'être accru pendant cinq

a six ans le nombre décroît ensuite par degrés pendant un laps de temps à peu près égal. Conséquemment l'intervalle compris entre deux maxima ou deux minima consécutifs, serait de dix à douze ans [1]. Le nombre de jours pendant lesquels le Soleil se montre dépourvu de taches est nul, suivant l'observation de M. Schwabe, dans les années voisines de celles des maxima, tandis qu'il s'élève à plus de cent vers les époques des minima.

CHAPITRE XI

SUR LES MOYENS DE FACILITER L'OBSERVATION
DES TACHES SOLAIRES

Hariot, au commencement du xviie siècle, d'après ce que le docteur Robertson a rapporté de ses manuscrits, ne connaissait aucune méthode propre à affaiblir artificiellement l'image télescopique du Soleil. On lit, en effet, sur toutes les pages où les taches sont dessinées : « Brouillard;... brouillard épais;... images d'une épaisseur nouvelle;... le Soleil était un peu trop brillant. »

Fabricius n'avait d'abord trouvé qu'un seul moyen d'observer le Soleil avec une lunette : c'était d'attendre qu'il fût très-près de l'horizon. « J'avertis, disait-il, ceux qui voudraient faire de pareilles observations de commencer à recevoir la lumière d'une petite portion du Soleil, afin que l'œil s'y accoutume peu à peu et puisse supporter la lumière du disque tout entier. »

1. D'après les observations de M. Carrington, la distribution des taches éprouve un changement marqué à l'époque des *minima;* d'après celles de M. Dawes, les taches ont une tendance visible à former des groupes allongés dans le sens des parallèles qu'ils décrivent.   J.-A. B.

Plus tard, Fabricius et son père imaginèrent « de re-cevoir les rayons du Soleil par un petit trou, dans une chambre obscure, sur un papier blanc, et ils y virent très-bien une certaine tache en forme de nuage allongé. »

Galilée aussi n'observait directement les taches solaires que près de l'horizon. « La tache du 5 avril 1612, dit-il, se voyait *nel tramontar del Sole,* au coucher du Soleil ;... le 26 du même mois, *nel tramontar del Sole,* commença à se montrer, etc. »

A ces observations directes très-assujettissantes, très-pénibles, Galilée substitua des observations dont la pré-cision ne serait pas aujourd'hui suffisante, mais qui ne faisaient courir aucun danger à la vue. Ces dernières observations il les faisait, soit suivant le procédé imaginé par un de ses disciples, Castelli, en projetant sur un papier les rayons solaires sortant de l'oculaire de la lunette, soit par une autre méthode dans laquelle, à cause de sa simplicité, Galilée voyait la *cortesia della natura ;* je veux dire à l'aide de la chambre obscure sans objectif, de la chambre obscure dans laquelle la lumière ne pénètre que par un très-petit trou. A cet égard, comme on doit le remarquer, l'illustre astronome avait été précédé par Fabricius.

Avant l'invention des lunettes, avant la découverte des taches, les astronomes avaient déjà imaginé divers moyens d'observer le Soleil sans être complétement aveuglés. Les uns visaient à l'image de l'astre renvoyée par l'eau ou par tout autre miroir peu réfléchissant ; les autres regardaient à travers un trou d'épingle percé dans une carte. Apian nous apprend dans l'*Astronomicum cæsareum* imprimé en 1540, que de son temps quelques personnes faisaient usage de diverses combinaisons de verres colorés collés ensemble par les bords. Il est vraiment extraordinaire qu'une méthode si simple ait tant tardé à devenir générale, et particulièrement qu'après l'invention des lunettes un astronome tel que Galilée n'y ait pas eu recours. Les verres colorés auraient probablement préservé cet homme illustre des maux d'yeux dont il souffrit si souvent, et de la cécité complète qui affligea ses dernières années.

La première application des verres colorés aux lunettes est due, je crois, à Scheiner. Dans sa lettre à Velser du 12 novembre 1611, nous lisons qu'aux époques de la journée où le Soleil, à cause de sa grande hauteur, ne pouvait pas être regardé impunément, il couvrait l'objectif avec un verre vert plan. Dans un ouvrage de 1612, *De maculis in Sole*, etc., Scheiner recommandait des verres couleur d'azur et disait que les marins bataves, quand ils prenaient hauteur (à l'œil nu, sans lunettes), se servaient de verres colorés pour affaiblir le Soleil. Le verre coloré de Scheiner se plaçait devant l'objectif. Il devait donc être assez grand; il fallait de plus qu'il fût d'une matière très-pure, bien poli et à faces parallèles; sans ces conditions la régularité des images télescopiques aurait été fortement altérée. Serait-ce là ce qui empêcha Galilée d'adopter la méthode? Mais alors pourquoi ne plaça-t-il pas, comme on le fait aujourd'hui, le verre coloré en dehors de la lunette, entre l'œil et l'oculaire. Dans cette position le verre obscurcissant peut n'avoir que quelques millimètres de diamètre. Il n'est nullement

nécessaire qu'il soit très-pur, à faces exactement parall-
lèles et d'un poli en quelque sorte mathématique. Le plus
ancien ouvrage à ma connaissance, où il soit fait mention
d'un verre coloré interposé entre l'œil et l'oculaire de la
lunette est de 1620 ; il est intitulé : *Barbonia Sidera*, etc.,
par Jean Tarde, chanoine de la cathédrale de Sarla.

L'œil ne pouvant endurer la vive lumière de l'image
solaire qui se forme au foyer d'une lunette ou d'un télescope, tous les astronomes regardent aujourd'hui cette
image focale à travers un verre coloré en rouge ou en
vert, et qui communique sa teinte aux rayons lumineux.

Ainsi l'astre radieux ne se voit pas dans son état naturel. Le choix des verres colorés dont il faut se servir
pour atténuer l'intensité des images télescopiques du
Soleil, a une grande importance. Il en est de même de la
position qu'on assigne à ces verres affaiblissants. Puisque
divers astronomes voués à l'étude de la constitution physique du Soleil, sont devenus aveugles, faute d'avoir
donné à cette branche importante de l'art d'observer
une attention suffisante, je dois résumer ici quelques-uns
des résultats auxquels est arrivé William Herschel en
soumettant la question à des expériences développées et
à une étude approfondie.

Les verres rouges, lors même qu'ils ont affaibli la
lumière solaire de manière qu'on puisse aisément la
supporter, transmettent une grande quantité de rayons
calorifiques dont l'œil de l'observateur souffre beaucoup.

Les verres verts interceptent la majeure partie de la
chaleur ; mais, à moins d'une épaisseur démesurée, ils
laissent à la lumière une intensité blessante.

Le faisceau de lumière qui sort de l'oculaire d'une lunette étant très-condensé, communique au verre coloré qu'il traverse, une chaleur locale très-intense; de là des dilatations brusques, le craquement du verre, la destruction de son poli. On évite ces effets en établissant le verre coloré entre l'oculaire et l'objectif, dans une place où le faisceau lumineux n'a pas encore subi l'extrême condensation dont il vient d'être fait mention. William Herschel rapporte que cet artifice lui a très-bien réussi. Il doit avoir, ce me semble, un très-grave inconvénient : celui d'altérer la netteté de l'image (car les verres colorés sont rarement exempts de stries), et de soumettre ensuite les altérations au grossissement des oculaires. Dans la place usuelle de verre coloré, quand ce verre est en dehors des oculaires, les défauts dont il peut être la cause ne sont point grossis; l'image focale conserve toute la pureté que le télescope comporte; elle n'est pas plus déformée que si on la regardait à travers le verre à l'œil nu.

William Herschel a proposé de substituer au verre coloré, le liquide qu'on obtient en faisant passer de l'encre étendue d'eau à travers un filtre de papier. Ce liquide laisse au Soleil sa teinte blanc de neige : les inégalités, ou, si on le préfère, les accidents de lumière dont la surface de cet astre est parsemée, se voient alors beaucoup mieux. J'ajouterai que la teinte blanche doit aussi permettre d'étudier dans toute leur extension les phénomènes dépendant de la force dispersive de l'atmosphère.

Il est une circonstance importante qu'Herschel dit avoir constatée. Suivant cet observateur, le liquide en

question absorbe la majeure partie des rayons calorifiques qui sont mêlés à la lumière solaire. L'œil appliqué
à l'oculaire se trouve ainsi soustrait à une cause d'inflam-
mation qui a été fatale à plus d'un astronome.

L'encre filtrée qu'Herschel substituait au verre coloré,
était contenue dans un petit récipient terminé par deux
glaces planes, polies et à faces parallèles. Le tout se plaçait un peu en avant de l'oculaire, de telle sorte que les
rayons arrivaient à l'image focale déjà affaiblis.

Le moyen de perfectionner les observations solaires
proposé par Herschel, malgré tout l'avantage que l'auteur semblait s'en promettre, n'est pas devenu usuel.

CHAPITRE XII

RAPIDITÉ DES CHANGEMENTS A LA SURFACE DU SOLEIL

Scheiner remarquait déjà que le mouvement de la pénombre vers le noyau produit quelquefois des variations
de formes sensibles dans des temps très-courts.

Gâlilée parle aussi avec étonnement de la rapidité
avec laquelle les taches solaires naissent, se transforment
et disparaissent.

Derham vit des changements s'opérer pendant qu'il
avait l'œil à la lunette. Entre autres fois, le 29 octobre 1706, une tache noire se montra et disparut à plusieurs reprises au centre d'une brillante facule.

Francis Wollaston dit dans un Mémoire de 1774,
qu'en regardant le Soleil il a vu fortuitement une
tache se briser. Les apparences, ajoute-t-il, furent sem-

blables à ce qui arrive lorsque, après avoir lancé une
plaque de glace sur la surface d'un étang gelé, les divers
fragments en lesquels la plaque se partage glissent dans
toutes sortes de directions.

Herschel et d'autres astronomes ont vu des changements d'une rapidité, d'une étendue extraordinaire dans
les facules allongées. Les observations assidues de ces
objets semblent destinées à jeter un grand jour sur la
constitution physique du Soleil.

CHAPITRE XIII

DU NOYAU

Fabricius dit que la tache qui lui révéla le mouvement
de rotation du Soleil était un objet noirâtre, plus rare et
plus pâle d'un côté.

Galilée parle simplement de l'extrême irrégularité des
taches, des grands changements de forme qu'elles subissent du jour au lendemain, de leurs nuances plus ou
moins sombres.

Trompés par la faiblesse des premières lunettes et par
la difficulté d'observer le Soleil sans verres grossissants,
Fabricius et Galilée ne virent nettement, à ce qu'il paraît,
qu'une des deux parties constituantes des grandes taches.
Leur attention se porta exclusivement sur la région centrale ou la plus noire, sur ce qu'on a appelé le noyau.

Quand le noyau d'une tache diminue et disparaît,
c'est ordinairement, suivant Scheiner, par un empiète-
ment irrégulier de la pénombre.

Ce mouvement de la pénombre vers le noyau amène

souvent la séparation de celui-ci en plusieurs noyaux
distincts.

Le noyau s'évanouit avant la pénombre. Cet apho-
risme de Scheiner est confirmé par beaucoup d'observations d'Hévélius et de Derham.

Herschel décrit le même phénomène en ces termes :

« Un noyau qui se rétrécit et va disparaître, se divise
souvent en plusieurs noyaux distincts. Dans ce moment la
matière lumineuse du Soleil paraît s'étendre comme un
pont sur la cavité de la tache. »

Les grandes taches à noyaux noirs sont ordinairement
entourées de facules à de si grandes distances, qu'on peut,
à l'aide de l'apparition de ces taches lumineuses au bord
oriental du Soleil, prédire quelquefois plusieurs jours
d'avance l'arrivée des taches obscures.

Le contour extérieur d'un noyau est toujours net, bien
défini. Cette ancienne observation de Scheiner n'a pas
été contredite.

D'après Herschel, avant l'apparition d'un grand noyau,
on aperçoit ordinairement à la place où il va se former,
un très-petit point noir (un *pore*), qui s'élargit peu à
peu, et non pas plusieurs points à la fois. On dirait,
ajoute l'illustre observateur, que la matière lumineuse
solaire est graduellement écartée dans tous les sens, par
un courant ascendant dirigé vers ce premier point noir,
germe de la tache.

Herschel affirme que les noyaux paraissent plus noirs
près des bords du Soleil que dans le voisinage du centre.
Après avoir scrupuleusement interrogé mes souvenirs,
j'oserai mettre en question l'exactitude de cette opinion.

Les noyaux voisins semblent avoir une certaine tendance à se réunir. Ils grandissent ordinairement jusqu'au
moment où leur réunion s'est opérée.

Galilée prouvait que les noyaux n'ont aucune saillie
au-dessus de la surface solaire, à l'aide d'une observation
qui mérite d'être rapportée. Il avait remarqué que l'intervalle lumineux compris entre deux taches équatoriales,
quelque petit qu'il soit au moment où ces taches atteignent le centre du disque, subsiste encore près du limbe,
tandis que si leur hauteur était sensible, elles se projetteraient alors l'une sur l'autre et ne paraîtraient former
qu'une tache unique.

Les grandes taches paraissent faire quelquefois des
échancrures noires au bord du Soleil. On cite à ce sujet
une observation de La Hire, de 1703 ; une observation
de Cassini, de 1719. Herschel a remarqué la même apparence le 3 décembre 1800.

CHAPITRE XIV

DE LA PÉNOMBRE

Tout autour du noyau, quand il a de grandes dimensions, existe presque toujours une zone étendue d'une
teinte moins sombre, qui, comme nous l'avons dit, se
nomme aujourd'hui la pénombre.

La pénombre se distingue du reste de la surface apparente du Soleil, par un brusque changement d'éclat, par
un contour nettement dessiné.

Notablement plus lumineuse que le noyau, notablement

moins brillante que le reste du Soleil, la pénombre doit
être considérée comme une découverte de Scheiner.

Scheiner n'a jamais vu une pénombre offrant sur son
contour extérieur des angles aigus. Cet astronome eut
tort de croire qu'une chose qui ne s'était point offerte
à ses recherches ne pouvait pas exister. Je trouve, en
effet, dans les observations d'Herschel, la figure d'une
tache solaire dont le noyau, le 18 février 1801, à $7^h 44^m$,
avait une sorte de doigt très-saillant et très-aigu qui se
reproduisait dans la pénombre; $2^h 11^m$ après, au lieu de
deux doigts, ou mieux de deux griffes, on en voyait six
qui se correspondaient également. La cause, quelle qu'en
fût la nature, qui modifiait la forme du noyau, agissait
donc de la même manière sur la pénombre.

Scheiner croyait qu'il n'y a point de noyau sans pénombre. Hévélius était du même avis.

Cette règle manque d'exactitude. Le 27 février 1800,
Herschel a vu deux grandes taches autour desquelles il
n'y avait pas de pénombre. Quant aux petites taches,
elles n'en ont presque jamais.

S'il fallait encore prouver qu'il existe quelquefois de
larges pénombres sans noyau central, je citerais deux
observations de William Herschel : une du 7 février 1800,
l'autre du 12 février suivant.

La partie de la pénombre adhérente au noyau noir est
sensiblement moins obscure que la portion voisine du
contour extérieur. Cette remarque de J.-D. Cassini est
très-digne d'attention. Schrœter a été également frappé
de ce phénomène.

Me voici arrivé à la belle découverte que fit Alexandre

Wilson, pendant qu'il suivait attentivement la grande tache qui se montra en novembre 1769. Voici en quoi consiste cette découverte.

J'ai déjà dit (chap. IV, p. 88) que près du centre du Soleil, la pénombre, parfaitement terminée, entoure le noyau et est à peu près également large dans tous les sens; mais que, lorsque la tache s'avance vers le bord occidental de l'astre, le côté de la pénombre situé entre le noyau et le centre du Soleil, paraît se contracter considérablement, avant que les autres parties de cette même pénombre aient changé de dimension d'une manière sensible.

Quand la tache est parvenue à 24″ du bord, la pénombre n'existe plus du côté du centre. Une portion du noyau a aussi évidemment disparu du même côté. (*Trans.*, vol. LXIV, p. 7.)

Remarquons de nouveau que si nous plaçons la pénombre à la surface du Soleil, et que si nous admettons qu'elle soit une portion même de cette surface partiellement éteinte, les phénomènes observés par Wilson seront entièrement inexplicables. Dans cette hypothèse, en effet, la région de la pénombre qui serait vue le plus obliquement devrait se montrer plus rétrécie et disparaître la première; c'est précisément le contraire qui a lieu. La partie de la pénombre voisine du bord du Soleil, reste encore visible quand la partie comprise entre le noyau et le centre s'est déjà totalement effacée.

Wilson rend un compte exact, un compte géométrique de sa très-curieuse remarque, en supposant que les taches solaires sont de grandes excavations dans la matière lumineuse du Soleil. Les noyaux, d'après cette supposition, deviennent les fonds des cavités ; les talus forment les pénombres ; les portions de pénombre voisines du centre doivent alors nécessairement se rétrécir et disparaître les premières par un effet de perspective, comme chacun s'en assurera en faisant convenablement une figure telle que celle que nous donnons ici (fig. 162),

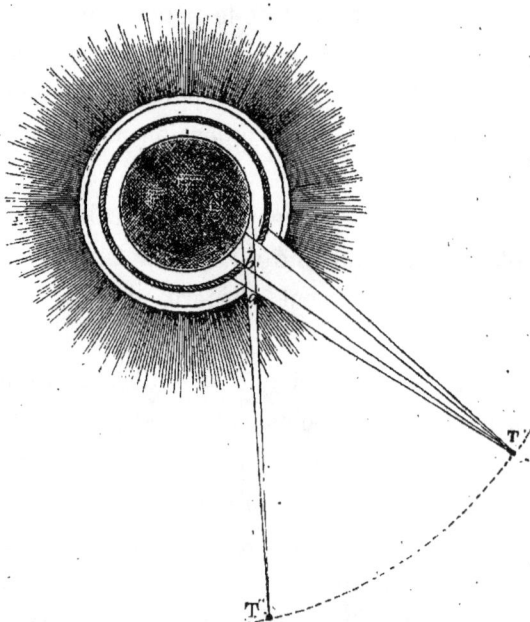

Fig. 162. — Disparition d'une partie de la pénombre avant le noyau.

où l'on voit que la pénombre *ab* visible en T′, cesse d'être visible pour un observateur placé en T, par rapport au Soleil.

Telle serait même la loi mathématique du phénomène que, d'après l'observation de la place où la pénombre s'évanouirait, on arriverait aisément à calculer l'abaissement du noyau par rapport à la surface solaire. C'est ainsi qu'en décembre 1769, Wilson trouvait pour cet abaissement, dans une belle tache alors visible, une quantité égale au rayon de la Terre. Lalande et Francis Wollaston croyaient que pour renverser le système de Wilson, il suffisait d'une remarque. Suivant eux, dans ce système, l'absence de pénombre du côté du centre du Soleil, quand la tache s'approche du bord, devrait s'observer constamment; cependant il arrive que la pénombre semble à peu près également large des deux côtés opposés du noyau. Cette difficulté n'est pas insurmontable. On peut concevoir des talus disposés de manière que l'égalité des pénombres s'observe là où d'ordinaire une d'elles disparaît. Quand une tache isolée est près du centre du disque solaire, la pénombre en général s'étend tout autour du noyau; mais il n'en est pas de même des cas où deux taches sont voisines. Alors, ou la pénombre manque dans l'intervalle qui sépare les deux taches, ou elle y est, pour l'une et l'autre tache, notablement rétrécie. Ajoutons que, dans cette théorie, il ne se forme de taches avec noyau et pénombre qu'autant que l'atmosphère réfléchissante et quelque peu opaque, ainsi que la photosphère, s'écartent inégalement pour laisser voir à nu le corps obscur de l'astre et une partie de l'atmosphère réfléchissante [1].

1. M. Faye a proposé une nouvelle théorie qui consiste à supposer la photosphère solaire composée d'une masse gazeuse dans laquelle seraient en suspension des particules solides. Des courants ascendants et descendants agiteraient constamment cette masse, et les pouvoirs émersifs différents des particules gazeuses et des particules solides produiraient les différences d'intensité lumineuse auxquelles seraient dues les taches et les facules. J.-A. B.

CHAPITRE XV

DES FACULES

Les noyaux noirs, les pénombres, ne sont pas les seules taches que les observateurs aient remarquées. Galilée disait, dans sa troisième lettre à Velser, en date du 1er décembre 1612 : « Quelquefois on voit à la surface du Soleil diverses petites places plus lumineuses que le reste. »

La découverte de ces taches lumineuses, que nous avons appelées des facules, mit un terme aux difficultés que les plus ardents péripatéticiens avaient élevées contre la rotation du Soleil. Une tache plus lumineuse que l'ensemble de la surface de l'astre, se mouvant comme les taches sombres, invisible au delà du limbe, ne laissait aucune place à l'hypothèse longtemps soutenue pour les taches noires, que les phénomènes observés dépendaient de corps étrangers au Soleil et venant successivement en éclipser certaines parties dans leur mouvement de circulation.

Huygens ne croyait pas aux facules : « Je doute fort, disait-il (voyez son ouvrage intitulé *Cosmotheoros*), qu'il y ait dans le Soleil quelque chose de plus lumineux que le Soleil même. Quand je consulte les observations les plus exactes qui aient été faites à ce sujet, je trouve que si l'on remarque de temps en temps des points plus clairs, plus brillants que le reste du globe, c'est près des taches noires; or doit-on être surpris que le voisinage de l'obscurité fasse paraître certaines parties plus éclatantes qu'elles ne le sont réellement. »

Ainsi les facules n'auraient rien de réel ; elles seraient un effet de contraste. Cette opinion entraînerait la conséquence que jamais des facules ne se montreraient isolément : les observations la démentent. Cette même opinion n'exigerait pas moins impérieusement que chaque facule formât, autour de chaque tache, une sorte d'auréole lumineuse : ceci n'est pas moins contraire aux faits les plus constants, les plus avérés.

« Les facules, dit J.-D. Cassini, se montrent ordinairement à la place que les taches occupaient auparavant. On dirait que le Soleil reste plus épuré dans les endroits où des taches se sont formées. »

Cet illustre astronome ajoute : « On voit quelquefois une tache se transformer en facule et redevenir tache ensuite. »

Les grandes facules, celles qui ont été les plus apparentes près des bords du Soleil, disparaissent ordinairement quand le mouvement de rotation de l'astre les a amenées au centre du disque. Cette observation très-ancienne a été confirmée par Herschel.

CHAPITRE XVI

DES LUCULES

Galilée se borna, quant aux facules, à la simple affirmation que je viens de rappeler dans le chapitre précédent. Scheiner étendit beaucoup la découverte, ou plutôt il en fit une nouvelle tout aussi importante. Comme l'astronome de Florence, le jésuite d'Ingolstadt vit quel-

quefois des taches d'une certaine étendue se détacher çà
et là en clair sur le Soleil, mais il établit en outre que la
surface entière de l'astre était constamment couverte, soit
de points lumineux et de points obscurs très-petits, soit
de rides vives et sombres extrêmement déliées, entre-
croisées sous toutes sortes de directions.

Ce sont ces innombrables rides lumineuses dont la surface du Soleil est sans cesse sillonnée, de l'orient à l'occident et d'un pôle de rotation à l'autre, que nous avons
appelées des lucules.

En 1774, à une époque où les anciennes observations
de Scheiner sur les lucules étaient presque totalement
oubliées, Francis Wollaston disait : « Le Soleil est pointillé généralement, peut-être toujours. C'est près du bord
surtout que cette constitution devient très-apparente. »

En 1795, Herschel écrivait : « Le Soleil me semble
irrégulier comme la peau d'une orange. »

Les rides obscures qui longent les rides lumineuses
(*corrugations*), examinées avec de très-forts grossissements, ont offert à l'habile astronome de Slough de très-
petites taches tout aussi noires que les petits noyaux
proprement dits.

Le pointillé du Soleil, les petits sillons lumineux s'aper-
çoivent beaucoup mieux quand on se sert d'une lunette
ou d'un télescope à larges ouvertures et d'un verre coloré
très-foncé, qu'en employant des instruments à ouvertures
réduites et un verre coloré faible. Ceci revient à dire
que l'affaiblissement de la lumière par l'absorption d'un
verre coloré, est moins nuisible, dans ce genre particulier
d'observations, à la netteté de la vision, que l'affaiblisse-

ment provenant d'une diminution de l'ouverture du télescope.

J'ai souvent reconnu la vérité de cette remarque d'Herschel. Je dirai même qu'il me semble facile de l'expliquer.

L'image d'une étoile ou de tout autre point lumineux très-petit, paraît entourée dans une lunette ou télescope à ouverture réduite, d'une série nombreuse d'anneaux. Les images des lucules doivent donc être dans ce même cas. Or, les anneaux, en se confondant, en empiétant les uns sur les autres, ne peuvent manquer de donner un éclat uniforme à des·régions où, sans cela, des points lumineux détachés se seraient fait remarquer.

CHAPITRE XVII

RÉGIONS OÙ APPARAISSENT LES TACHES PROPREMENT DITES

Galilée donnait le 29e degré de déclinaison, nord et sud, compté à partir de l'équateur solaire, comme la limite au delà de laquelle aucune tache n'apparaissait.

Scheiner portait ces déclinaisons limites à 30°. L'amplitude de la zone royale était donc de 60°. La zone royale, pour le laborieux jésuite, c'était la région solaire où toutes les taches naissent.

Les taches s'écartent quelquefois assez notablement des limites fixées par Scheiner et par Galilée. En juillet 1777, Messier observait une tache noire dont la déclinaison boréale s'élevait à 34 degrés 1/2; en juillet 1780, une belle tache du même genre avait, d'après les observations concordantes de Méchain, 40 degrés 1/2 de déclinaison boréale.

Cassini et Maraldi croyaient qu'il se forme beaucoup plus de taches dans l'hémisphère méridional du Soleil que dans l'hémisphère septentrional. En 1707, ils ne se ressouvenaient d'avoir vu dans l'hémisphère septentrional qu'une seule tache (celle du mois d'avril 1705).

En consultant les Mémoires qui ont été publiés postérieurement à 1707, je n'aperçois aucune prépondérance des taches méridionales sur les taches septentrionales.

J.-D. Cassini crut reconnaître que les taches des mois de mai et juin 1688, occupaient exactement sur le Soleil les places dans lesquelles des taches plus anciennes s'étaient déjà montrées. Il poussa même l'assimilation jusqu'à rechercher ces taches parmi celles que Scheiner et Hévélius avaient observées. Les temps de la rotation de l'astre auquel il arriva ainsi lui paraissaient confirmer la conjecture.

Lalande reprit cette recherche en 1778. Voici quelles furent ses conclusions :

« Il y a des taches fort considérables qui reparaissent aux mêmes points physiques du disque solaire, tandis que d'autres, également remarquables, paraissent en des points différents. »

On voit des lucules, des rides lumineuses par toutes les déclinaisons, jusque dans le voisinage des pôles de rotation du Soleil. Le 26 novembre 1794, Herschel écrivait dans son journal d'observations :

« Le Soleil paraît bigarré, pointillé dans toute son étendue, c'est-à-dire aux pôles comme à l'équateur. Les petits points inégalement lumineux se voyaient mieux, cependant, au centre que près des bords. »

C'est tout le contraire pour les grandes facules. Quant aux petites, la remarque d'Herschel est en opposition directe avec une observation de Francis Wollaston.

Herschel croyait qu'un des hémisphères du Soleil est, par sa constitution physique, moins propre à émettre de la chaleur et de la lumière que l'hémisphère opposé, en sorte qu'à de très-grandes distances cet astre pourrait offrir tous les phénomènes que les étoiles périodiques régulières présentent, vues de la Terre; mais Herschel n'a pas dit sur quelles observations cette conjecture est appuyée.

CHAPITRE XVIII

EXAMEN DES DIVERSES EXPLICATIONS QU'ON A ESSAYÉ DE DONNER DU NOYAU, DES TACHES ET DE LEUR PÉNOMBRE

Suivant La Hire, le Soleil est une masse fluide dans laquelle nagent des corps obscurs. Ordinairement ces corps sont entièrement plongés, quelquefois ils viennent à la surface; le fluide extérieur, en tournant autour du centre de l'astre, les entraîne avec lui.

Les corps obscurs, disait l'académicien de Paris, arrêtent les molécules de même nature qui flottent à la surface du Soleil; voilà comment les parties voisines des taches paraissent toujours plus claires que le reste de l'astre; c'est pour cela aussi qu'aux points où les taches disparaissent, après s'être enfoncées, on doit voir des facules.

Dans ce système, que serait la pénombre? pourquoi les facules se verraient-elles tout autour des taches? d'où viendraient les facules sans taches? de quoi dépendrait la plus grande visibilité de ces taches lumineuses quand elles sont près du bord du Soleil?

En rendant compte de l'explication de La Hire, Fontenelle échappait aux enfoncements et surgissements successifs, à ces mouvements mystérieux des corps obscurs, à l'aide d'une remarque que nous retrouverons bientôt sous un autre nom. Au lieu de corps flottants, Fontenelle prenait un noyau solide et noir, partie intégrante du globe : « Ce sera la même chose, ajoutait-il, si l'on veut que ce liquide ait un mouvement par lequel tantôt il couvre entièrement la grande masse solide, tantôt il la laisse plus ou moins découverte. »

Voici une explication que je me garderais bien de rappeler, si son auteur, Gascoigne, n'était pas un astronome de grande réputation, celui-là même auquel les Anglais attribuent l'invention du micromètre.

Gascoigne suppose qu'il y a autour du Soleil un grand nombre de corps presque diaphanes, qui circulent dans des cercles de diamètres différents, mais dont aucun ne s'éloigne cependant de la surface solaire de plus du dixième du rayon de l'astre. Les vitesses de ces divers corps doivent être inégales et d'autant plus grandes que leurs orbites ont de moindres dimensions. De tels corps sont alors fort souvent en conjonction, et c'est la conjonction qui fait apparaître une tache ; un seul corps n'affaiblit pas suffisamment la lumière pour que l'œil puisse rien voir de sombre sur le Soleil, tandis que deux, trois où un plus grand nombre de ces corps superposés doivent produire toutes les nuances d'obscurité offertes aux observateurs par les taches solaires. (*Trans. philos.*, t. XXVII.)

Crabtree, qui a combattu cette ridicule opinion dans une lettre adressée à Gascoigne lui-même, fait remarquer que, suivant cette hypothèse, les taches changeraient continuellement de forme, comme change une volée d'oiseaux, et qu'elles auraient les vitesses les plus inégales.

Derham imaginait que les taches solaires sont toujours les effets de quelques éruptions volcaniques. Les fumées, les scories projetées constituaient, suivant lui, la tache noire. L'apparition plus tardive des flammes et des laves incandescentes donnait naissance aux facules. Mais ce système est renversé d'un seul mot : les facules se montrent souvent avant les taches noires.

Francis Wollaston doit être classé aussi parmi ceux qui ont regardé les taches comme des cratères de volcans. Cet astronome ajoutait au système de ses prédécesseurs cette condition, que les cratères se trouvaient élevés, qu'ils étaient situés sur des sommités de montagnes.

Maupertuis croyait-il vraiment donner une théorie des taches solaires, en disant : « Ce sont des corps qui nagent dans un fluide (incandescent), qui en paraissent comme les écumes, ou qui s'y consument. » D'où viennent ces corps? pourquoi sont-ils entourés de pénombres? pourquoi existe-t-il des rapports de position entre eux et les facules? etc. : de tout cela pas un seul mot.

Lalande, développant un aperçu de Fontenelle, admit que la matière lumineuse dont le Soleil est entouré, éprouve un flux et un reflux. Par suite de cette marée,

d'énormes rochers pourraient de temps en temps poindre
à la surface du liquide. Dans ce système, les portions ro-
cheuses situées au-dessus de la matière incandescente,
constitueraient les noyaux des taches ; les parties abais-
sées au-dessous du niveau général formeraient les pénombres. Mais qui ne voit que ces pénombres ne seraient
pas alors bien terminées, que leurs régions les plus
sombres devraient toucher les noyaux? Cette conséquence,
d'après les témoignages de Cassini et de La Hire, est
contraire aux observations. Si d'autres objections semblaient nécessaires, je demanderais comment il arrive que
les noyaux se divisent. Le système de Lalande ne peut pas
supporter un examen sérieux, surtout en présence de cette
observation due à Galilée, et qui montre que les taches
noires ne font pas saillie au-dessus de la photosphère.
Galilée a remarqué en effet que l'intervalle lumineux
compris entre deux taches équatoriales, quelque petit qu'il
soit au moment où ces taches atteignent le centre du disque, subsiste encore près des bords, tandis que si leur
hauteur était sensible, elles se projetteraient alors l'une
sur l'autre et ne paraîtraient former qu'une tache unique.

EXPÉRIENCES SPECTRALES SUR LE SOLEIL.

Arago a montré (liv. III, chap. VI, t. I, p. 108) comment un
faisceau de lumière blanche se *disperse* en traversant un prisme,
de manière à donner une série de rayons colorés en rouge, orangé,
jaune, vert, bleu, indigo et violet, dont l'ensemble constitue ce
qu'on appelle le *spectre* du faisceau primitif. Frauenhofer a découvert que le spectre émané du Soleil est divisé par un grand nombre
de stries ou de raies obscures perpendiculaires à sa longueur.
En 1860, MM. Bunsen et Kirchhoff ont reconnu que les métaux et
leurs composés placés au sein d'une flamme qui, comme le gaz

d'éclairage, donne un prisme sans raies, produisent chacun des raies brillantes spéciales. De là la possibilité d'indiquer par l'examen des raies la nature des corps d'où provient la lumière dispersée par un prisme.

Les raies brillantes sont obscures lorsque derrière la flamme on place une lumière plus intense, par exemple la lumière électrique; mais la position des raies spéciales de chaque métal ne varie pas lorsque ces raies de colorées deviennent noires. On en a conclu qu'on peut, d'après l'observation des stries d'un spectre, découvrir la nature des corps renfermés dans la source lumineuse, et M. Kirchhoff a ainsi reconnu dans le Soleil la présence des métaux suivants : sodium, calcium, baryum, magnésium, fer, chrome, nickel, cuivre, zinc, strontium, cadmium, cobalt. Mais on a été au delà de ce que permet l'examen exact des faits en prétendant qu'il en résulte que la photosphère solaire est liquide et que les raies proviennent de l'atmosphère diaphane qui l'entoure. Cette induction, contraire à celle tirée de l'expérience d'Arago sur la non-polarisation des flammes, laquelle consiste en ce que la photosphère solaire ne peut être ni solide ni liquide, ne saurait se soutenir. Il faut seulement dire, comme Arago, que la lumière solaire est naturelle et en conséquence émane d'une photosphère gazeuse dans laquelle peuvent nager des particules métalliques.   J.-A. B.

CHAPITRE XIX

DÉVELOPPEMENTS SUCCESSIFS DE LA THÉORIE RELATIVE
A LA CONSTITUTION PHYSIQUE DU SOLEIL

Les anciens ne nous ont rien laissé de plausible, ni même de raisonnable, sur la constitution physique du Soleil. Toutes leurs disputes paraissent avoir roulé sur cette question : le Soleil est-il un feu pur ou un feu grossier, un feu qui se maintienne de lui-même ou un feu ayant besoin d'aliment, un feu éternel ou un feu susceptible de s'éteindre? S'il fallait s'en rapporter aveuglément à Plutarque, Anaximandre, né à Milet 610 ans avant J.-C., disciple de Thalès et un des chefs de la secte ionienne, aurait soutenu que le Soleil est un chariot rem-

pli d'un feu très-vif qui s'échappe par une ouverture circulaire. Diogène Laërce se contente d'attribuer à Anaximandre l'opinion que le Soleil est un feu pur. Anaxagore,
né 500 ans avant J.-C., regardait le Soleil, dit encore
Plutarque, comme une pierre enflammée; comme un fer
chaud, selon Diogène Laërce. Cette assimilation du feu
solaire aux feux terrestres était, dans les temps reculés,
une idée extraordinaire. Xénophon, en effet, crut pouvoir
la tourner en dérision. Zénon, le fondateur de la secte
stoïque, composait le Soleil d'un feu pur plus grand que
la Terre. On prête à Épicure, au philosophe qui rendit si
célèbre le système des atomes, l'opinion que le Soleil
s'allumait le matin et s'éteignait le soir dans les eaux de
l'Océan. Selon Plutarque, les idées d'Épicure auraient été
un peu moins étranges : il faisait du Soleil une masse
terrestre, percée à jour comme les pierres ponces, et en
état d'incandescence. Mais pourquoi percée à jour? On
ne saurait comprendre une telle assimilation.

La découverte des lunettes, celle des taches qui en fut
la conséquence, ont conduit à des théories plus substan-
tielles. Après avoir remarqué combien les taches changent
rapidement de figure, Galilée fut amené à supposer qu'il
existe autour du Soleil un fluide subtil, élastique. Les
taches, à cause de leur imparfaite obscurité, furent assi-
milées à nos nuages nageant dans ce fluide : « Si la
Terre, dit l'illustre philosophe, était lumineuse par elle-
même, et qu'on l'examinât de loin, elle offrirait les mêmes
apparences que le Soleil. Suivant que telle ou telle région
se trouverait derrière un nuage, on apercevrait des taches
tantôt dans une portion du disque apparent, tantôt dans

une portion différente ; la plus ou moins grande opacité du nuage amènerait un affaiblissement de la lumière terrestre. A certaines époques il y aurait peu de taches ; ensuite on pourrait en voir beaucoup ; ici elles s'étendraient, ailleurs elles se rétréciraient ; ces taches participeraient au mouvement de rotation de la Terre, en supposant que notre globe ne fût pas fixe ; et comme elles auraient une profondeur très-petite comparativement à leur largeur, dès qu'elles s'approcheraient du limbe, leur diamètre s'amoindrirait notablement. » Scheiner entoura le Soleil d'un océan de feu, ayant ses mouvements tumultueux, ses abîmes, ses écueils, ses brisants. Hévélius y ajouta une atmosphère sujette à des générations, à des corruptions semblables à celles que l'atmosphère terrestre nous offre. Huyghens ne vit que deux suppositions possibles touchant la nature de la portion incandescente du Soleil ; elle ne pouvait être, selon lui, que solide ou liquide. Il se montre d'ailleurs très-disposé à admettre que le Soleil est liquide. (*Cosmotheoros,* traduction française de 1718.)

Jusqu'à présent je n'ai eu à citer que des explications vagues. Les théoriciens ne semblaient pas avoir songé à tous les détails du phénomène. Comment apparaît-il quelquefois des taches noires à la surface du Soleil, telle était presque l'unique question qu'ils se fussent proposé de résoudre. Nous trouverons maintenant des vues plus complètes : les pénombres, les facules de tous les genres ne seront plus mises en oubli ; elles prendront une place dans les spéculations des astronomes. Parmi ces spéculations, celles d'Alexandre Wilson occuperont le premier rang par leur date, et j'ajoute aussi par leur nouveauté.

En 1774, l'ingénieux observateur de Glasgow prouva, à l'aide d'observations dont on a vu plus haut l'analyse (chap. xiv, p. 131), que les taches sont des excavations au fond desquelles se trouve la partie appelée le noyau. Dès ce moment il admit que le Soleil est composé de deux matières de nature très-différente. La masse de l'astre devint pour lui un corps solide non lumineux et noir. Cette grande masse était recouverte d'une légère couche d'une substance enflammée, dont l'astre devait tirer toutes ses propriétés éclairantes et vivifiantes. Les taches apparaissaient lorsqu'un fluide élastique, élaboré dans la masse obscure du Soleil, s'élevait à travers la masse lumineuse, l'écartait, la refoulait, et laissait voir à nu une portion du globe obscur intérieur. Les talus de l'excavation constituaient la pénombre. Après avoir vainement essayé d'expliquer les divers phénomènes des taches en faisant fluide l'enveloppe lumineuse, l'auteur découragé déclara s'être abandonné quelquefois à l'idée que cette enveloppe éclairante ressemble par sa consistance à un brouillard épais. Il put présenter alors des vues assez satisfaisantes sur la disparition, par empiétement, des noyaux, sur la persistance de la pénombre après cette disparition, etc. Il avoua, avec une franchise bien rare, ne rien savoir touchant la nature des facules. En outre, on ne voit pas pourquoi, les talus de la cavité constituant la pénombre, celle-ci est plus claire près du noyau que partout ailleurs.

Un volume publié à Berlin, en 1776, par la Société des amis de l'investigation de la nature, renferme un Mémoire de Bode où les idées de Wilson se trouvent reproduites avec quelques variations importantes. L'astronome allemand fait du Soleil un corps obscur comme notre Terre, solide en partie, en partie couvert de liquides, parsemé de montagnes, sillonné de vallées, enfin enveloppé d'une atmosphère de vapeurs et d'une atmosphère lumineuse. La première atmosphère empêche la seconde (l'atmosphère lumineuse) d'aller toucher le corps solide du Soleil.

Lorsqu'une agitation quelconque, ajoute Bode, occasionne un déchirement dans l'atmosphère lumineuse, nous apercevons le noyau solide de l'astre, toujours très-obscur par rapport à la vive clarté qui l'entoure, mais plus ou moins sombre cependant, suivant que la portion ainsi découverte est une vaste mer, une vallée resserrée ou une plaine unie et sablonneuse.

La nébulosité qui environne souvent les taches, poursuit l'astronome de Berlin, provient de ce que l'atmosphère lumineuse n'est entièrement déchirée que vers le milieu. A partir de ce point milieu et jusqu'à une certaine distance, l'atmosphère lumineuse est seulement réduite d'épaisseur. La nébulosité peut donc exister seule, ou continuer à paraître après la disparition de la tache noire.

L'auteur trouve l'explication des facules en donnant à l'enveloppe lumineuse du Soleil une forme irrégulière, plus ou moins élevée en certains endroits, plus ou moins déprimée dans d'autres. Les vagues de la mer, dit-il, si apparentes quand on les voit du rivage, seraient peu visibles pour qui les observerait d'un point situé verticalement au-dessus d'elles. Telle est aussi la raison qui fait que les facules disparaissent ordinairement en allant du bord au centre.

Je m'arrête : il serait certainement superflu de reproduire ici les considérations que Bode a longuement développées sur le bonheur dont jouissent les habitants du
Soleil, perpétuellement éclairés par leur atmosphère
lumineuse, perpétuellement échauffés par les rayons
calorifiques provenant des combinaisons de cette même
atmosphère et de l'atmosphère grossière qui la supporte;
admirant le spectacle de la création à travers les ouvertures que nous prenons de la Terre pour un amas de
scories noirâtres, etc., etc.

Pendant les vingt dernières années du xviiie siècle, peu
d'astronomes s'occupèrent, soit d'une manière suivie,
soit passagèrement, de la constitution physique du Soleil,
sans en revenir à l'idée que la lumière émane d'une
atmosphère incandescente.

Dans un Mémoire de Michell, portant la date de 1783,
je trouve, par exemple, ce passage très-explicite : « La
clarté excessive et universelle de la surface solaire, provient probablement d'une atmosphère lumineuse dans
toutes ses parties et douée aussi d'une certaine transparence. Il résulte de cette constitution que l'œil reçoit des
rayons provenant d'une grande profondeur. »

J'ajoute que Schrœter publiait à Erfurt, en 1789, un
ouvrage où chacun peut lire : « On ne saurait douter que
le Soleil n'ait une atmosphère dans laquelle s'opèrent des
condensations fortuites, qui nous paraissent des nuages
obscurs. »

En poursuivant ainsi le cours des siècles, on arrive à
William Herschel, et l'on trouve des idées de plus en
plus plausibles sur la constitution de notre astre radieux.

Dans son Mémoire de 1795, le grand astronome déclare être convaincu que la substance par l'intermédiaire de laquelle le Soleil brille, ne saurait être ni un liquide, ni un fluide élastique. « Sans cela, dit-il, les cavités des taches et les ondulations de la surface pointillée seraient bientôt remplies. »

Cette substance, à laquelle le Soleil doit sa vive lumière, doit donc être analogue à nos nuages, et flotter dans l'atmosphère transparente de l'astre.

Les taches naissent, comme dans les idées de Wilson et de Bode, lorsqu'une cause quelconque ayant entr'ouvert l'enveloppe nuageuse et lumineuse du Soleil, on voit par l'ouverture le corps obscur intérieur; de même qu'un observateur situé dans la Lune pourrait apercevoir la partie solide de la Terre, par les éclaircies de notre atmosphère, par les interstices que les nuages laissent entre eux.

Herschel plaçait entre le corps solide du Soleil et la couche extérieure de nuages phosphoriques, une couche atmosphérique plus compacte, beaucoup moins lumineuse, ou qui même ne brillait que par réflexion. La naissance d'une tache exigeait donc qu'il se formât des ouvertures correspondantes dans les deux atmosphères superposées. Les grandeurs relatives de ces ouvertures laissaient-elles apercevoir seulement le corps obscur du Soleil, c'était un noyau sans pénombre. L'œil découvrait-il en outre une certaine étendue de l'atmosphère intérieure, de l'atmosphère réfléchissante, le noyau se montrait entouré d'une pénombre ayant à peu près une nuance uniforme, quelle que fût son étendue. Enfin, n'y avait-il d'ouverture que dans l'atmosphère lumineuse, on se trouvait dans le cas d'une pénombre sans noyau.

Herschel reconnaissait que les deux atmosphères devaient avoir des mouvements tout à fait indépendants. Il ne pouvait pas toutefois s'être jamais prononcé d'une manière catégorique, définitive, sur la question de savoir si elles sont en contact immédiat, ou si un certain intervalle les sépare.

Après avoir déduit des observations solaires les conséquences qui paraissent naturellement en découler, Herschel, faisant un pas de plus, a cherché hypothétiquement les causes physiques qui président à la naissance et à la transformation des taches.

Suivant le grand astronome, un fluide élastique d'une nature inconnue se forme incessamment à la surface du corps obscur du Soleil et s'élève dans les hautes régions de son atmosphère, à cause de sa faible pesanteur spécifique. Quand ce gaz est peu abondant, il engendre de petites ouvertures dans la couche supérieure des nuages lumineux : ce sont *les pores*.

Le gaz, en arrivant dans la région des nuages lumineux, est brûlé ou se combine avec d'autres gaz. La lumière résultant de cette action chimique n'est pas également vive partout : de là *les rides*.

Les nuages lumineux ne se touchent pas parfaitement; les interstices qu'ils laissent entre eux permettent de voir les nuages intérieurs à l'aide de la réflexion qui s'opère à leur surface. Cette réflexion de la lumière étant comparativement faible, le Soleil doit paraître peu lumineux dans la région où elle a lieu. Le mélange de cette faible lumière réfléchie et de la vive lumière émise par les parties élevées des rides, doit donner au Soleil une apparence pointillée, tant qu'on n'emploie pas un très-fort grossissement.

Un courant ascendant de gaz, plus fort que les courants générateurs des simples pores, donne naissance à de larges ouvertures. Si les nuages lumineux ne cèdent pas immédiatement à l'impulsion de la force qui tend à les séparer, ils s'accumulent près de l'ouverture, et il en résulte des facules longues ou allongées.

Les courants ascendants les plus intenses diviseront, sur une grande étendue, l'enveloppe continue que forment les nuages inférieurs ; ils divergeront en continuant à s'élever entre les deux couches et opéreront dans l'atmosphère lumineuse une éclaircie plus étendue encore. Dans le voisinage de cette éclaircie, certaines parties du courant ascendant iront fournir un nouvel aliment à la combustion. De tout cela résulteront des noyaux, des pénombres et des facules.

William Herschel paraît disposé à croire que la cause inconnue qui rend la photosphère lumineuse, est analogue à celle qui semble embraser les régions de notre atmosphère situées au nord en temps d'aurores boréales. l y aurait ainsi, sur toute la surface du Soleil, une auore boréale permanente.

On voit, dans cet exposé, par quelles circonstances la théorie d'Herschel a modifié les idées antérieures de Wilson, de Bode, de Michell.

Il me sera peut-être permis de citer, à la fin de cet aperçu historique, les expériences de polarisation et de

rayonnement des flammes (chap. VI, p. 101), qui me
paraissent avoir ajouté de grandes probabilités à celles
qui résultaient déjà de l'examen impartial des faits.

CHAPITRE XX

LES NOYAUX DES TACHES SOLAIRES SONT-ILS AUSSI NOIRS QU'ILS LE PARAISSENT

Rien de plus important, pour arriver à des connaissances précises sur la constitution physique du Soleil,
que de rechercher si les noyaux des taches sont aussi
sombres, aussi obscurs qu'ils le paraissent. Galilée et
Herschel ont l'un et l'autre abordé ce problème. Je vais
faire connaître leurs solutions en les accompagnant de
diverses objections qui ne me paraissent pas sans quelque
force.

Voici comment s'exprimait Galilée en 1612 :

« J'estime que les taches vues dans le Soleil, sont non-
seulement moins obscures que les taches sombres que l'on
découvre sur le disque lunaire, mais qu'elles sont non
moins brillantes que les parties les plus brillantes de la
Lune au moment où le Soleil l'illumine le plus directement. La raison qui me porte à penser ainsi est la suivante : Vénus, dans son apparition du soir, bien qu'elle
brille d'un si grand éclat, ne s'aperçoit pas, à moins
d'être éloignée du Soleil de plusieurs degrés, et cela
aurait lieu encore plus si les deux astres étaient tous deux
à une grande hauteur sur l'horizon. La raison en est que
les parties de l'air qui avoisinent le Soleil ne sont pas
moins resplendissantes que Vénus elle-même, d'où l'on

peut conclure que si nous pouvions placer la Lune à côté
du Soleil, toute brillante de la lumière même qu'elle a
dans son plein, elle serait complétement invisible, comme
se trouvant placée dans un champ non moins éclairé
et resplendissant que sa propre surface. Lorsque nous
regardons le Soleil avec la lunette, n'oublions pas que
son disque nous paraît plus éclatant que l'espace qui l'entoure. En outre, comparons le noir des taches solaires,
d'une part avec la lumière elle-même du Soleil, de l'autre
avec l'obscurité ambiante, et nous trouverons, par l'une
et l'autre comparaison, que les taches ne sont pas plus
obscures que le champ circonvoisin. Si donc l'obscurité
des taches solaires n'est pas plus grande que celle du
champ qui environne le Soleil ; si, de plus, la Lune dans
toute sa splendeur reste invisible au milieu de l'éclat de
ce même champ, il en résulte la conséquence nécessaire
que les taches du Soleil ne sont aucunement moins claires
que les parties les plus brillantes de la Lune, quoique,
par cela seul qu'elles se trouvent placées sur le disque
extrêmement éclatant du disque solaire, elles se montrent
à nous sombres et noires. Si elles ne le cèdent pas en
éclat aux parties les plus lumineuses de la Lune, que
seront-elles donc en comparaison des taches les plus
obscures de cet astre ? »

Reprenons ce passage ligne à ligne :

La lumière des régions de notre atmosphère qui paraissent en contact avec le Soleil, efface celle de Vénus ; cela
démontre, dit Galilée, que son intensité n'est pas inférieure à l'intensité de la lumière que la planète envoie
vers la Terre.

L'observation, en la supposant exacte, prouverait beaucoup plus que Galilée ne dit.

Il est établi expérimentalement que l'œil le moins exercé saisit sans difficulté une augmentation de lumière de $\frac{1}{30^e}$; lorsque l'une des lumières est animée d'une certaine vitesse par rapport à l'autre, l'œil perçoit même des différences de $\frac{1}{64^e}$ (liv. v, chap. iv, t. i, p. 192). Sur les points où, dans les environs du Soleil, Vénus ajouterait par sa présence $\frac{1}{30^e}$ à la lumière atmosphérique plus voisine de la Terre, l'observateur verrait une tache lumineuse de la forme et de la grandeur de la planète. Le raisonnement qu'on a lu dans le passage guillemeté conduirait donc à cette conséquence bien autrement précise que celle dont Galilée se contenta : le noyau des taches solaires, malgré sa noirceur apparente, est 30 fois au moins plus lumineux que Vénus.

Pour que la disparition de Vénus près du Soleil autorisât le raisonnement de Galilée et l'application que j'en ai faite à des données photométriques plus exactes, il serait indispensable que l'observateur de cette disparition se fût soustrait à l'influence éblouissante de la somme de tous les rayonnements latéraux ; qu'il n'eût laissé bien strictement entrer dans son œil, ou tomber sur l'objectif de sa lunette, que la lumière provenant d'une partie très-circonscrite d'atmosphère située dans la direction de la planète. Mais, il faut le dire, quand on a pris ces précautions, Vénus ne disparaît pas, même très-près du Soleil.

Je ne dirai rien de la comparaison que Galilée a faite entre l'obscurité d'une petite tache noire se projetant en entier sur le Soleil, et l'obscurité de la portion du champ

de la lunette entourant, loin de la tache, le disque solaire.
A quoi bon insister, en effet, sur la difficulté d'une semblable comparaison, quand je puis dire : en annonçant
que les taches solaires ne sont pas, ne paraissent pas
plus obscures que le champ atmosphérique circonvoisin, Galilée, chose étonnante, proclamait un fait de
vérité nécessaire, un fait qui n'avait nullement besoin
d'être prouvé, un fait qui n'exigeait pas la moindre observation. Mes assertions ont d'autant plus besoin d'être
justifiées, que Galilée n'est pas le seul qui soit tombé dans
une pareille méprise.

Entre le Soleil et l'observateur, très-près de celui-ci,
existe l'atmosphère terrestre. L'atmosphère terrestre a
une hauteur très-bornée, et elle réfléchit vers la Terre
une portion notable de la lumière solaire. Tout le monde
a pu remarquer que cette lumière secondaire, que cette
lumière atmosphérique réfléchie, augmente avec rapidité
à mesure qu'on se rapproche du limbe du Soleil. Nul
doute que l'augmentation ne doive se continuer dans la
portion d'atmosphère qui est exactement interposée entre
le Soleil et l'observateur, dans la portion qui se projette
sur le corps même de l'astre.

Quand nous regardons le Soleil à l'œil nu ou avec une
lunette, quels sont les rayons qui concourent à la formation de l'image? D'une part, la lumière émanant directement du Soleil; de l'autre, la lumière réfléchie vers nous
par la portion d'atmosphère comprise entre les lignes
visuelles menées de la place que nous occupons à tous
les points du contour circulaire de l'astre. Ces deux genres
de lumière sont intimement mêlés, et la réfraction dans

les humeurs de l'œil ou à travers les verres de la lunette, ne saurait les séparer. Aussi une tache, fût-elle
complétement obscure, ne semblera pas telle; son image
sombre se trouvera recouverte, se trouvera éclaircie par
l'image de la portion correspondante et très-brillante de
l'atmosphère interposée. Supposons une tache ronde et
d'une minute de diamètre; elle sera au moins aussi lumineuse que le paraîtrait une ouverture d'une minute faite
dans un diaphragme noir, situé au delà des limites de
notre atmosphère, et qui se projetterait sur les régions
très-voisines du Soleil.

En résumé, tous les noyaux des taches, quelque noirs
qu'ils paraissent sur le Soleil, éblouiraient par leur très-
vive lumière ceux qui les verraient séparément. J'ai
réussi, j'espère, à rendre cela évident sans avoir eu besoin
d'invoquer aucune expérience, aucune observation. Il n'en
sera plus ainsi quand on voudra décider si le noyau n'est
pour rien dans la lumière qui semble en provenir, si la
lumière atmosphérique suffit à tout; alors des expériences
minutieuses, très-délicates, seront indispensables.

Un littérateur de mes amis, à qui je lisais cette discussion pour avoir son avis, ayant éprouvé quelque difficulté
à bien saisir l'ensemble des considérations sur lesquelles
je me suis appuyé, j'ai cherché s'il ne serait pas possible
d'arriver au même but par une voie plus simple, ou du
moins plus à la portée des personnes étrangères aux
études scientifiques. Voici comment il me semble qu'on
pourrait raisonner :

Tout le monde sait que le champ d'une lunette tournée vers le ciel paraît complétement et uniformément

éclairé ; la lumière qu'on aperçoit alors est l'image de la portion d'atmosphère sur laquelle cette lunette se dirige ; l'objet étant indéfini, l'image est indéfinie aussi et doit s'étendre jusqu'aux limites mêmes du champ.

De jour, l'atmosphère jette donc inévitablement un rideau, un voile lumineux dans toute l'étendue du champ d'une lunette, quelle que soit la région du ciel qu'on veuille explorer. La région renferme-t-elle un astre éloigné, l'image télescopique de cet astre ira se dessiner sur l'image télescopique indéfinie de l'atmosphère ; elle sera recouverte du voile lumineux. Les deux lumières, celles de l'astre et du voile étant confondues, les régions brillantes de l'image de l'astre paraîtront plus vives qu'elles ne le sont réellement ; les régions sombres se seront éclaircies, les taches tout à fait obscures sembleront émettre une lumière égale à celle de l'image atmosphérique. Ce que je viens de dire d'un astre quelconque doit être appliqué au Soleil. Personne, en effet, ne peut douter que la partie de l'atmosphère qui se projette exactement sur le disque solaire, n'ait son image dans la lunette tout aussi bien que les parties qui semblent entourer le limbe.

CHAPITRE XXI

LUMIÈRE DES ÉTOILES COMPARÉE A LA LUMIÈRE DU SOLEIL

Les difficultés qu'on rencontre dans la comparaison de la lumière des étoiles à celle du Soleil tiennent en grande partie à l'énorme différence qui existe entre les deux lumières.

Pour que le lecteur comprenne les explications que nous allons donner, nous le prions de se rappeler que l'intensité de la lumière émise par un corps dans tous les sens, varie en raison inverse du carré des distances, c'est-à-dire paraît 4 fois, 9 fois, 16 fois,... plus petite, quand on l'éloigne d'une distance 2, 3, 4... fois plus grande.

Le premier observateur qui, à ma connaissance, ait entrepris de déterminer le rapport qui existe entre la lumière du Soleil et la lumière d'une étoile est Huygens.

Voici, d'après le *Cosmotheoros*, comment ce grand géomètre opéra.

Dans la vue de diminuer le diamètre du Soleil de manière qu'il n'envoyât pas à l'œil plus de lumière que ne le fait Sirius, Huygens boucha avec une lame très-mince l'une des deux extrémités d'un tube de 4 mètres de long. Il fit au milieu de cette lame un trou dont le diamètre n'excédait pas les 188 millièmes d'un millimètre. Il tourna le tuyau vers le Soleil, du côté où était la petite lame, et ayant appliqué l'œil à l'autre extrémité, il vit une portion circulaire du Soleil dont le diamètre était au diamètre total de cet astre dans le rapport de 1 à 182. Huygens trouva cette petite partie beaucoup plus éclatante que Sirius ne nous le paraît pendant la nuit.

Voyant qu'il fallait encore diminuer le diamètre du Soleil, il eut recours à l'emploi d'un petit verre ; mais cette partie de l'expérience n'est pas décrite avec une précision suffisante. Voici les propres termes de la traduction du *Cosmotheoros* :

« Je mettais devant la lame trouée un petit verre très-fin, d'un diamètre à peu près égal à celui du petit trou, et dont j'avais auparavant fait usage dans mes microscopes. C'est dans cet état que regardant le Soleil, et m'étant couvert la tête de tous côtés de crainte que la lumière du jour n'amenât quelques troubles dans l'observation, son éclat ne me paraissait pas moindre que celui de Sirius. Ayant ensuite établi mon calcul suivant les lois et les règles de la dioptrique, le diamètre du Soleil devenait le 152e de cette 182e petite partie, ce qui donne $\frac{1}{27,664}$. Ayant donc diminué le Soleil jusqu'à ce point (ou l'ayant reculé, car l'un et l'autre produisent le même effet), il lui reste encore assez de lumière pour ne le pas céder à Sirius et pour n'être pas moins éclatant que lui. Or, le Soleil transporté à 27,664 fois sa distance actuelle, éclairerait la Terre $(27,664)^2$ moins que dans la première position, ou 765,296,896. Il faudrait donc 765 millions d'étoiles égales à Sirius pour donner une lumière égale à celle du Soleil. »

Voici maintenant les calculs dont s'est servi Michell pour arriver à la même évaluation, et le résultat qu'il a obtenu.

Nous admettrons que Saturne, à ses moyennes distances au Soleil, nous envoie autant de lumière que la plupart des étoiles de première grandeur, même quand son anneau, se présentant par sa tranche, ne se voit pas de la Terre.

Or, la distance de Saturne au Soleil est égale à environ 2,082 rayons solaires ; donc sur l'orbe de Saturne, la lumière du Soleil sera moins vive qu'à la surface de ce dernier astre, dans le rapport de $(2082)^2$ à 1^2 ou dans le rapport de 4,334,724 à 1. Ainsi chaque élément superficiel de la planète serait plus de 4 millions de fois moins vif que chaque élément superficiel du Soleil, alors même que la matière de Saturne réfléchirait la totalité de la lumière incidente.

Pour savoir dans quel rapport deux sphères également lumineuses, mais placées à des distances différentes, éclairent un objet éloigné, il suffit de comparer les surfaces apparentes des grands cercles suivant lesquelles, vues de l'objet, se présentent ces sphères. Quand les deux distances sont égales, la chose est évidente d'elle-même ; mais elle le deviendra aussi pour des distances dissemblables, si l'on remarque que, d'après un principe bien connu de photométrie, sur un objet qui s'éloigne, l'espace qui embrasse une minute carrée, par exemple, demeure toujours également lumineux, en sorte que l'éclairement total sera exactement proportionnel au nombre de minutes carrées qu'embrasse la surface apparente.

Cela posé, le diamètre apparent de Saturne, quand cette planète est en opposition, c'est-à-dire située au delà de la Terre par rapport au Soleil, étant au plus la 105ᵉ partie de celui du Soleil, ces deux astres, si on les supposait également lumineux, nous éclaireraient dans le rapport de 1 à $(105)^2$ ou dans celui de 1 à 11,025 ; multipliant ce rapport par celui de 1 à 4,324,724, qui exprime, comme on vient de le voir, celui des intensités comparatives de la surface de Saturne et du Soleil, nous trouvons que ces deux astres nous éclairent dans le rapport de 1 à 48,000,000,000.

Le carré de 220,000 étant à peu près 48,000,000,000,

c'est à 220,000 fois sa distance actuelle que le Soleil devrait être transporté pour qu'il nous éclairât comme le fait Saturne, pour qu'il devînt une étoile de première grandeur. A cette distance, le diamètre de l'orbite terrestre vu du Soleil ne serait pas de 2″.

Nous avons supposé dans le calcul précédent que Saturne réfléchit la totalité de la lumière solaire qui vient frapper sa surface. Si, comme tout porte à le croire, il n'en réfléchit que le quart ou le sixième, nous aurons à multiplier la distance déjà obtenue, par 2 ou par 2 1/2, pour avoir celle où le Soleil serait une étoile de première grandeur. Ainsi il faudrait le transporter à 440,000 ou 550,000 fois la distance actuelle. A cet éloignement, sa parallaxe annuelle ne s'élèverait pas à 1″ de degré.

Si la matière de Saturne et celle de Jupiter réfléchissent les mêmes proportions de la lumière incidente, on trouvera que les clartés que ces deux planètes répandent sur la Terre quand elles sont en opposition, sont entre elles comme 22 est à 1. Si Jupiter réfléchissait toute la lumière qui le frappe, le Soleil devrait être 46,000 fois plus loin qu'il ne l'est, pour paraître tout juste aussi lumineux que lui.

Il est clair, d'après ces calculs de John Michell, insérés dans les *Transactions philosophiques* de 1767, que dans la supposition que les étoiles sont des soleils, on peut conserver l'espoir de déterminer un jour leur parallaxe; il n'en saurait être de même de leurs diamètres angulaires, car ils ne doivent guère s'élever, au plus, qu'à 1/50e de seconde (liv. IX, chap. VII, t. I, p. 371).

Suivant Lambert, le Soleil, transporté à 425,000 fois

sa distance de la Terre, est plus lumineux qu'une étoile
de première grandeur, telle que Saturne sans son anneau.

L'éclat du Soleil, par conséquent, est à celui d'une
étoile de première grandeur, comme 108,000 millions
est à 1.

Dans son calcul Lambert a supposé (car le résultat
précédent est purement théorique) que la matière de
Saturne réfléchit la septième partie de la lumière incidente.

On trouve dans les *Transactions philosophiques*, année
1829, des expériences de Wollaston qui conduisent à une
évaluation du rapport de la lumière du Soleil à la lumière
de Sirius. Les observations furent faites par la méthode
de l'égalité des ombres, en prenant pour intermédiaire la
lumière d'une chandelle. Le résultat définitif fut que la
lumière du Soleil est 200,000 millions de fois celle de
Sirius.

Il n'y a rien dans tous ces résultats, ni dans ceux de
parallaxe annuelle, qui soit contraire à l'opinion suivant
laquelle les étoiles ne seraient que des soleils fort éloignés. Cette opinion avait, du reste, été adoptée par les
anciens astronomes.

Héraclide et quelques autres philosophes de l'école
d'Alexandrie enseignaient, selon Plutarque, « que chaque
étoile était un monde existant dans l'immensité des cieux,
et avait autour de soi une terre, des planètes et un espace
céleste. »

Kepler, dans son *Epitome*, s'exprime en ces termes
sur l'analogie qui peut exister entre le Soleil et les
étoiles :

« Il est possible que le Soleil ne soit autre chose qu'une
étoile fixe, plus brillante à nos yeux par sa proximité seulement, et que les autres étoiles soient également des
soleils entourés de mondes planétaires. »

CHAPITRE XXII

NATURE DE LA SURFACE INCANDESCENTE DES ÉTOILES

En observant attentivement la surface du Soleil, nous
y avons aperçu des changements rapides et très-considérables, qui paraissaient entraîner la conséquence que dans
cet astre tous les phénomènes d'incandescence se passent
dans une substance gazeuse; nous sommes arrivés à ce
résultat d'une manière plus évidente encore par des phénomènes de polarisation. Mais ces deux moyens d'investigation nous manquent totalement à l'égard de la généralité des étoiles. Le premier n'est applicable que là où
le disque est sensible, et l'on sait que les étoiles n'ont pas
de diamètres appréciables, que dans les meilleures lunettes elles se présentent sous la forme d'un amas très-
resserré et plus ou moins confus de lumière. La seconde
méthode offre des impossibilités résultant aussi de la
superposition apparente des rayons partis des différents
points des disques des étoiles.

Rappelons-nous que si la surface incandescente du
Soleil était liquide, nous aurions vu avec la lunette polariscope des couleurs sur les bords des deux images. Si le
point le plus élevé sur l'une des images était rouge, le
point diamétralement opposé sur cette même image serait

rouge aussi. Mais les deux extrémités du diamètre horizontal offriraient l'une et l'autre une teinte verte ou complémentaire du rouge. Si donc l'on parvenait à réunir en
un point unique les rayons émanés de toutes les parties
du limbe du Soleil, après leur décomposition dans la lunette polariscope, le mélange formerait du blanc, même
en admettant que la lumière émanerait d'un liquide incandescent.

Il paraît donc qu'il faut renoncer à appliquer à des
astres sans dimensions sensibles le procédé qui nous a si
bien conduits au but quand il s'agissait du Soleil; il est
cependant quelques-uns de ces astres qui se prêtent à ces
moyens de recherches : je veux parler des étoiles changeantes. Examinons d'abord ceux de ces astres qui, à
certaines époques, disparaissent totalement; les seules
explications qu'on ait pu donner de leurs variations
d'intensité consistent à faire deux hypothèses. Dans la
première, l'astre n'est pas lumineux sur tous les points
de sa surface, et il éprouve un mouvement de rotation
sur lui-même. Cela étant admis, l'étoile est brillante
quand sa partie lumineuse est tournée du côté de la
Terre, et disparaît lorsque la partie obscure arrive à la
même position.

Dans l'autre hypothèse, un satellite opaque et non
lumineux par lui-même, circulant autour de l'étoile,
l'éclipserait périodiquement.

En raisonnant suivant l'une ou l'autre de ces deux suppositions, la lumière qui nous éclaire quelque temps avant
la disparition totale de l'astre, n'est pas partie de tous
les points du contour; il ne peut donc plus être question

de la neutralisation complète des teintes dont nous parlions tout à l'heure. Si une étoile changeante, examinée avec la lunette polariscope, reste blanche dans toutes ses phases, on peut assurer que sa partie extérieure ou incandescente n'est pas liquide, et que la lumière émane d'une substance analogue à nos nuages ou à nos gaz enflammés. Or, tel est le résultat des observations qu'on 'a pu faire jusqu'ici et qu'il sera très-utile de multiplier. Ce même moyen d'investigation exige plus de soin, mais réussit également lorsqu'on l'applique aux étoiles qui n'éprouvent qu'une variation partielle dans leur éclat.

La conséquence à laquelle les observations des étoiles variables nous conduisent et que nous pouvons, je crois, généraliser sans scrupule, peut être énoncée en ces termes : La constitution physique des photosphères des millions d'étoiles dont le firmament est parsemé, est identique à la constitution physique de la photosphère solaire [1].

CHAPITRE XXIII

INTENSITÉ LUMINEUSE COMPARATIVE DES DIVERSES RÉGIONS DU DISQUE SOLAIRE

Les opinions sur la question de savoir si les bords et le centre du Soleil sont également lumineux, ont beaucoup varié; mais telle est la difficulté du sujet qu'après deux siècles et demi d'observations assidues et de mesures, on n'est pas encore tombé d'accord.

---

1. L'analyse spectrale de la lumière des étoiles vérifie cette identité de constitution en faisant seulement apparaître quelques variations explicables par la présence de métaux différents dans les diverses étoiles.   J.-A. B.

Galiléc, dans une lettre au prince Cesi (t. vi, p. 198 de l'excellente édition des *OEuvres* de l'illustre astronome publiée par M. Alberi de Florence), s'exprime ainsi : « L'image du Soleil projetée sur un carton à l'aide de la lunette paraît également lumineuse dans tous ses points. Je crois le fait incontestable. »

Huygens croyait le Soleil liquide et tirait cette conséquence de l'égale intensité de la lumière de cet astre sur tous les points du disque.

Bouguer paraît être le premier expérimentateur qui se soit prononcé sur la question. Après avoir dit que, dans une lunette qui grossit beaucoup, l'image du Soleil paraît « comme une surface plane dont l'éclat est, pour ainsi dire, le même partout ; » il ajoute que ce jugement peut être une illusion provenant de ce qu'en comparant le bord au centre, l'œil passe successivement sur des parties dont l'intensité varie par degrés insensibles. Il explique alors, mais d'une manière très-imparfaite, comment il a paré à cet inconvénient en faisant usage de l'héliomètre, instrument dont l'invention lui appartient (chap. ii, p. 52).

Je soupçonne que l'artifice employé pour cela par Bouguer, consistait à isoler, par des écrans placés au foyer et convenablement découpés, deux parties d'égale étendue prises l'une sur le centre de la première image héliométrique, l'autre près du bord de la seconde. Il constata ainsi, dans trois ou quatre épreuves faites à différents jours, que l'ouverture correspondant au centre d'une image était plus brillante que l'ouverture correspondant au bord de l'autre. En diminuant l'ouverture de l'objectif qui fournissait l'image du centre, jusqu'à ce que cette image lui parût égale à l'autre, il arriva à cette proportion : l'intensité de la portion centrale du Soleil est à l'intensité d'une portion située aux trois quarts du rayon, à partir du centre, comme 48 est à 35. L'auteur avoue qu'il aurait dû répéter ces observations un plus grand nombre de fois; « mais, dit-il, il est toujours certain que le Soleil est moins lumineux dans les endroits de son disque qui sont plus éloignés du centre. »

Lambert a adopté, dans sa *Photométrie*, une opinion directement opposée à celle de Bouguer. Au commencement du chapitre II (n° 73), il dit en termes formels : « La surface du Soleil nous présente partout le même éclat; il n'y a personne qui ne convienne de ce fait. »

MM. Airy et John Herschel, au contraire, admettent, avec Bouguer, que le bord du Soleil est moins lumineux que le centre.

Voici ce que dit sir John Herschel dans la 2ᵉ édition de son *Traité d'astronomie* (n° 395, page 234).

« Lorsqu'on regarde le disque entier du Soleil avec un télescope d'un grossissement assez modéré pour permettre cette observation, et à travers un verre noir qui laisse voir le disque tout à l'aise, il est tout à fait évident que les bords du disque sont beaucoup moins lumineux que le centre. On s'assure que ce n'est point là le résultat d'une illusion, en projetant l'image du Soleil sur une feuille de papier blanc qu'on a le soin de placer bien exactement au foyer; alors on observe la même apparence. »

William Herschel composa, avec du velours, du papier blanc faiblement illuminé, et du papier pareil, mais très-fortement éclairé, un ensemble qui lui paraissait la représentation assez exacte, en forme et en intensité, d'une belle tache solaire. Le velours était le noyau; le papier brillant figurait les parties lumineuses de la surface du Soleil; le papier que très-peu de rayons frappaient donnait l'éclat intermédiaire de la pénombre. Herschel tira de son expérience les conclusions suivantes :

Si l'intensité de la lumière solaire est. . . 1000

L'intensité de la pénombre sera. 469

Et celle du noyau. 7

Il serait très-intéressant de vérifier cet aperçu de William Herschel par des expériences photométriques exactes. Ces expériences présentent des difficultés d'exécution fort grandes, qui cependant ne semblent pas insurmontables.

Il faut, dans les observations photométriques, se garantir avec soin des illusions; il est important, toutes les fois qu'on le peut, de substituer des mesures à de simples appréciations. Je ne citerai qu'un exemple des erreurs auxquelles on s'expose lorsqu'on procède autrement. La totalité de l'atmosphère est envahie par des nuages uniformes et gris, une couche de neige couvre la terre : il n'est personne qui, dans cette circonstance, hésite à déclarer que la neige est beaucoup plus brillante que le ciel; eh bien, si l'on substitue une mesure à un jugement vague, on trouve que le contraire est la réalité.

Ne pourrait-on pas dans le cas actuel appliquer directement le photomètre à la comparaison du bord et du centre de l'image solaire projetée sur l'écran de papier? En théorie, la chose paraît aisée; mais, en réalité, l'exiguïté de l'image solaire, l'extrême rapprochement du bord et du centre de cette image font naître de grandes difficultés. Je suis cependant parvenu à les tourner, à l'aide d'un artifice fort simple qui aurait dû se présenter plus tôt à mon esprit. Il consiste à produire deux images du Soleil, aussi distantes qu'on le voudra, avec les deux moitiés de l'objectif unique qui compose l'héliomètre de Bouguer modifié par Dollond. Je puis ainsi emprunter au centre d'une des images la lumière qui doit être réfléchie par la plaque centrale de mon photomètre, et au bord de l'autre image la lumière qui doit parvenir à l'œil par transmission.

Laplace, dans la *Mécanique céleste*, a complétement admis les déterminations de Bouguer, qui donnent, pour les intensités comparatives du centre et d'un point situé aux trois quarts du rayon, les nombres 48 et 35, d'où il résulte entre les intensités du centre et du bord une différence au moins égale à celle des nombres 48 et 30; c'est en partant de ces données que Laplace a calculé l'extinction de la lumière dans l'atmosphère solaire.

Dans un Mémoire spécial qu'on trouvera dans la collection de mes œuvres, j'ai donné sans peine la preuve que ces longs et difficiles calculs reposent sur des faits complétement erronés, et qu'ils doivent être recommencés sur de nouvelles bases. Ce n'est pas ici le lieu d'entrer dans le détail des expériences que j'ai exécutées à ce sujet, et d'où j'ai conclu qu'il y a une différence d'intensité entre le bord et le centre égale à $\frac{1}{40e}$, c'est-à-dire que la lumière du bord étant 40, celle du centre est 41.

Deux physiciens très-distingués, MM. Fizeau et Fou—

cault, en recevant, à ma prière, sur des plaques daguer-
riennes l'impression très-rapide du disque du Soleil, ont
vérifié par la photographie les résultats auxquels je suis
arrivé par la photométrie. La figure 163 (p. 176) représente fidèlement l'image photographique du Soleil qu'ils
obtinrent en 1845; cette image très-remarquable montre
parfaitement le léger excès d'intensité lumineuse du centre
sur les bords. MM. Fizeau et Foucault ont en outre eu le
bonheur de saisir les images des deux groupes de taches
qu'on aperçoit dans la figure avec tous leurs détails.

CHAPITRE XXIV

INTENSITÉ DE LA LUMIÈRE ATMOSPHÉRIQUE DANS LE VOISINAGE DU SOLEIL

La détermination de l'intensité de la lumière atmosphérique dans le voisinage du Soleil, n'a pas, je crois, été
tentée jusqu'ici; cependant elle se rattache à des questions
d'astronomie très-importantes. Des observateurs privilé-
giés prétendent avoir vu Mercure et Vénus en même temps
que le Soleil dans le champ d'une lunette. La réalité de
ces observations a été contestée sur de vagues aperçus;
on ne connaîtra ce qu'il est possible de faire à cet égard,
ce qu'on peut tenter avec quelques chances de succès,
qu'alors qu'on aura exécuté, avec une certaine exactitude, des observations comparatives de l'intensité de la
lumière de ces planètes et de celle de l'atmosphère à travers laquelle on doit les regarder.

J'ai donc cru faire une chose utile en essayant de déterminer avec une certaine précision l'intensité de la lumière

atmosphérique dans le voisinage du Soleil, c'est-à-dire l'éclat que l'atmosphère répandrait sur la Terre dans un lieu donné, si l'on parvenait à y anéantir l'éclat direct du Soleil. J'ai trouvé (voir mes Mémoires sur la photométrie) que la surface du ciel, dans une direction tangentielle au Soleil, a un éclat qui équivaut à $\frac{1}{500e}$ de celui de l'astre radieux. Cette intensité reste à peu près constante dans une étendue angulaire égale au diamètre du Soleil, comptée à partir du bord.

CHAPITRE XXV

INTENSITÉ ABSOLUE DE LA LUMIÈRE SOLAIRE COMPARÉE AUX LUMIÈRES TERRESTRES

Lorsqu'on place la flamme d'une bougie de telle manière qu'elle se projette sur les régions atmosphériques les plus voisines du disque circulaire du Soleil, elle disparaît totalement et l'on ne voit plus que la mèche sous la forme d'une tache noire. Cet effet est encore plus marqué, comme de raison, quand la flamme se projette sur le disque même de l'astre. De là on peut tirer la conséquence que la lumière de cette flamme est moins vive que celle d'une portion correspondante du Soleil, que celle d'une portion correspondante de l'atmosphère environnante, et même qu'elle ne forme pas la trentième partie de cette dernière. Or, l'intensité de la lumière atmosphérique étant la cinq-centième partie de celle du Soleil dans le voisinage de cet astre, on voit que l'intensité de la flamme d'une bougie n'est que $\frac{1}{30e} \times \frac{1}{500e}$, ou la quinze-millième partie de celle du Soleil.

La lumière la plus vive que les hommes soient parvenus à produire est celle nommée *lumière électrique*, qu'on engendre à l'aide de la pile, cette magnifique invention de Volta.

Il n'y a rien d'exagéré à dire que la lumière électrique est comparable à la lumière solaire, car, si l'on projette sur le disque du Soleil la lumière qu'on obtient en rendant incandescents deux charbons mis en communication avec les deux pôles d'une pile, on ne parvient point du tout au résultat que donne une bougie ou même une lampe Carcel; la lumière électrique ne s'efface pas devant celle du Soleil. Selon l'énergie de la pile employée, on trouve que la lumière électrique varie de la cinquième partie au quart de celle du Soleil, ou, en d'autres termes, qu'elle équivaut à celle répandue par un nombre de bougies variable entre 3000 et 3750.

Ajoutons qu'une lampe Carcel éclaire comme 7 bougies, et que la lumière d'un bec de gaz est égale à celle de 9 bougies.

Le lecteur voudra bien remarquer que nous ne parlons que de l'éclat du Soleil à la surface de la Terre, et non pas de l'intensité absolue de la lumière de cet astre près de sa surface.

CHAPITRE XXVI

TEMPÉRATURE DES DIVERS POINTS DU DISQUE SOLAIRE

En faisant tomber isolément les divers points de l'image solaire produite par une lunette, sur un thermomètre particulier, fondé sur l'électricité que produit la chaleur,

le père Secchi, directeur de l'Observatoire romain, a
constaté que ces divers points ne sont pas exactement à
la même température. Cet ingénieux observateur a trouvé
de plus que les rayons provenant du centre du disque
sont ceux qui produisent le plus de chaleur, et qu'à partir
de là la chaleur va en diminuant vers les deux bords.

Le père Secchi a constaté en outre que, à parité de
distance au centre, les régions polaires de l'astre ne sont
pas aussi chaudes que les régions équatoriales, et que
même les deux hémisphères séparés par l'équateur n'ont
pas exactement la même température. Il résulte des observations directes de l'astronome romain que les taches, à
l'inverse de ce que supposait Herschel, produisent une
diminution de température dans tous les points du Soleil
voisins de celui où elles se montrent, et que les facules,
chose extraordinaire, n'augmentent pas d'une manière
appréciable la température des points où elles ont fait
leur apparition.

Nous avons vu que l'apparition des taches proprement
dites n'a lieu qu'entre des limites assez étroites au nord
et au midi de l'équateur solaire. Il serait intéressant de
savoir si les hémisphères du Soleil séparés par des courbes
méridiennes de cet astre, passant par les deux pôles, sont
également aptes à la formation des taches. Herschel
soupçonnait qu'un des hémisphères du Soleil est, par sa
constitution physique, moins propre à émettre de la chaleur et de la lumière que l'hémisphère opposé, mais
Herschel n'a pas dit sur quelles observations cette conjecture était appuyée.

Je citerai à cette occasion des recherches d'un tout

autre genre, aboutissant à un résultat analogue : ce sont celles de M. Buys Ballot, de l'observatoire d'Utrecht, qui croit avoir constaté d'après des observations ther-mométriques faites à Harlem, à Zwanenbourg et à Dantzig pendant un grand nombre d'années, qu'à chaque période d'environ $27^j.7$ il y a dans ces localités une petite éléva-tion de température, tandis qu'aux époques intermé-diaires on observe un abaissement.

Ce fait, en le supposant bien constaté, s'expliquerait simplement en supposant que la chaleur n'est pas uni-formément distribuée sur tout le contour du Soleil, qu'un hémisphère est plus chaud que l'hémisphère opposé, et que lorsque le premier fait face à la Terre, la chaleur que nous éprouvons doit être à son maximum.

CHAPITRE XXVII

DE L'INFLUENCE DES TACHES SOLAIRES SUR LES TEMPÉRATURES TERRESTRES

L'idée que les taches solaires doivent avoir une influence sensible sur les températures terrestres, se pré-senta de très-bonne heure à l'esprit des physiciens. Déjà, en 1614, Batista Baliani écrivait à Galilée que, dans son opinion, le froid ne pouvait manquer de devenir plus rigoureux quand le nombre des taches augmentait (Nelli, page 337). Cette opinion ne mériterait pas même d'être examinée, si les taches étaient constamment très-petites et très-peu nombreuses; si l'espace qu'elles occupent formait toujours une portion aliquote insignifiante de la surface totale du Soleil, ou plutôt de la surface de

l'hémisphère tourné vers la Terre. Mais nous avons vu
(chap. x, p. 115 et suiv.) combien les taches sont parfois nombreuses et étendues, combien aussi elles sont
rares à certaines époques. Le problème peut donc être
posé sérieusement. Les anciens historiens et chroniqueurs,
en citant des jours, des mois, des années, pendant lesquels le Soleil n'était pas dans son état normal, semblaient
parler d'un phénomène inexplicable ; ce phénomène peut
être attribué à des apparitions extraordinaires de taches,
et l'opinion que ces taches exercent une influence sur les
circonstances météorologiques terrestres doit être prise
en sérieuse considération.

Des idées dont il a été déjà question sur les circonstances physiques qui doivent amener un déchirement de
l'atmosphère solaire, conduisirent William Herschel à
supposer que les taches noires sont plutôt le signe d'une
abondante émission de lumière et de chaleur que d'un
affaiblissement de ces deux genres de rayonnement.
Comme d'habitude, le grand astronome mit sa conjecture
en présence des faits propres à l'étayer ou à la renverser.
Les observations météorologiques manquant, il prit, faute
de mieux, le prix du blé en Angleterre comme un indice
de la grandeur des températures annuelles. J'ai dit faute
de mieux, car Herschel ne se dissimulait pas que le prix
du blé pouvait avoir été modifié par des causes indépendantes de la température ou qui ne s'y rattachaient que
d'une manière fort indirecte. La question exigeait donc
un nouvel examen.

Je suis, pour ma part, tellement éloigné de m'associer
aux quolibets dont la table d'Herschel a été l'objet, que

je la reproduirai ici. Les lecteurs décideront ensuite eux-
mêmes, si les nombres qu'ils auront sous les yeux indi-
quent avec une probabilité suffisante, comme le croyait
l'astronome de Slough, que les récoltes sont d'autant meilleures que le Soleil a plus de taches.

	Prix moyen de l'hectolitre de blé. fr.
De 1550 à 1670, on ne voit qu'une ou deux taches..	21.50
1676 à 1684, point de taches.................	20.60
1685 à 1691, taches......................	15.90
1691 à 1694, taches......................	13.75
1695 à 1700, point de taches.................	27.06
1701 à 1709, taches......................	21.05
1710 à 1713, deux taches seulement...........	24.48
1714 à 1717, taches......................	20.19

L'opinion de William Herschel est en contradiction
avec les résultats directs obtenus par le père Secchi, qui
a trouvé que les taches du Soleil produisaient un refroi-
dissement sur sa surface. Il était donc important d'examiner de nouveau avec attention les mouvements des
températures terrestres.

M. Gautier de Genève a discuté les observations météorologiques faites dans un grand nombre de lieux, en vue
de savoir si la température de ces lieux a varié partout
dans le même sens avec l'apparition des taches solaires.
Voici les résultats de cette recherche (*Annales de chimie
et de physique*, t. XII, p. 57, 1844).

A Paris, selon M. Gautier, la température moyenne
des années ayant présenté peu de taches, surpasse celle
des années où l'on a observé beaucoup de taches de
0°.64 ; à Genève, de 0°.33.

Quelques stations ont donné jusqu'à des différences de

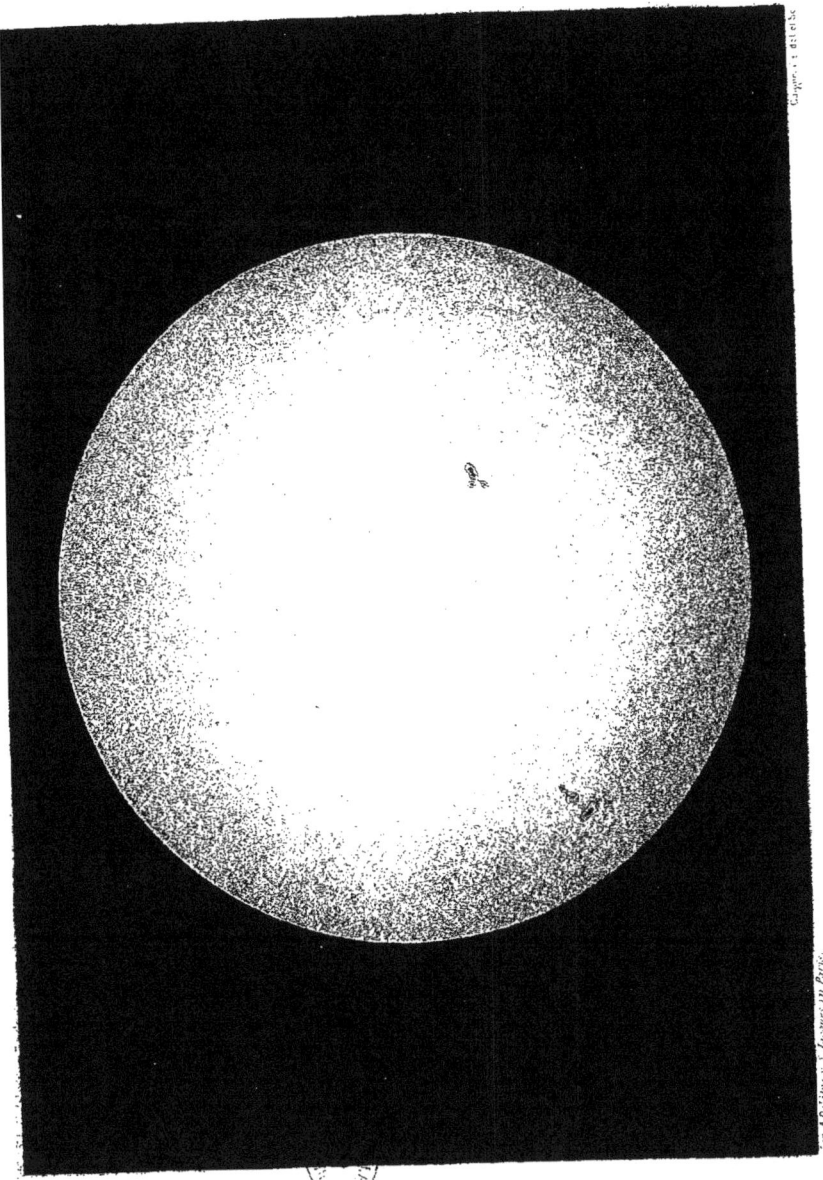

Fig. X. — Image photographique du Soleil obtenue en un soixantième de seconde le 2 Avril 1845, à 9 h 43 m par MM. Fizeau et Foucault.

1°.2 dans le même sens. D'autres lieux ont conduit à des différences en sens contraire.

M. Rodolphe Wolf, directeur de l'observatoire de Berne, a écrit récemment à l'Académie des sciences de Paris, qu'en consultant une ancienne chronique zurichoise qui s'étend du xie siècle à 1800, il a reconnu que conformément aux vues d'Herschel les années où les taches solaires sont signalées comme plus nombreuses se sont montrées aussi en général plus sèches et plus fertiles que les autres; que les années marquées par de rares apparitions de taches paraissent avoir été plus humides et plus orageuses.

Les résultats obtenus par les divers physiciens ou astronomes sont, comme on voit, assez contradictoires pour qu'il y ait intérêt, eu égard surtout à l'importance de la question, à la soumettre à un nouvel examen. La Table des taches solaires comptées annuellement par M. Schwabe, de 1826 à 1851, présente maintenant les éléments de comparaison qui manquaient jusqu'alors; aussi ai-je prié M. Barral de faire un résumé des observations météorologiques, recueillies en France pendant les 26 années correspondantes aux recherches de l'astronome de Dessau, et de compléter ainsi les recherches de M. Gautier de Genève, s'arrêtant à 1844 et s'étendant sur un trop petit nombre d'années.

Seul parmi les astronomes après Herschel, j'ai commencé dès 1816, à examiner dans les *Annales de chimie et de physique*, quelles relations pouvaient exister entre les taches solaires et les divers phénomènes météorologiques qui se passent à la surface de notre globe. M. Barral a achevé de remplir les cadres que j'avais projetés, et on trouvera ce travail dans la Notice que je consacre à la météorologie dans mes Notices scientifiques. Ici il n'est possible d'indiquer que la conclusion générale à laquelle ce travail a conduit.

En ce qui concerne le prix moyen de l'hectolitre de froment en France, l'opinion contraire à celle émise par Herschel se trouve établie par le rapprochement de la Table des taches solaires de M. Schwabe avec le tableau officiel des prix moyens annuels du blé. Ainsi, on voit par le tableau suivant que les prix minima du blé correspondent aux périodes des apparitions de taches les moins fréquentes, contrairement à ce que pensait Herschel.

Numéros des groupes d'années.	Années.	Nombre de groupes de taches observées dans l'année.	Prix moyen de l'hectolitre de froment.
			fr.
	1826	118	15.85
	1827	161	18.21
I.	1828	225 *max*........	22.03
	1829	199	22.59 *max.*
	1830	190	22.39
	1831	149	22.10
	1832	84	21.85
II.	1833	33 *min*........	15.62
	1834	51	15.25 *min.*
	1835	173	15.25
	1836	272	17.32
	1837	333 *max*........	18.53
III.	1838	282	19.51
	1839	162	22.14 *max.*
	1840	152	21.84
	1841	102	18.54 *min.*
	1842	68	19.55
V.	1843	34 *min*.........	20.46 *max.*
	1844	52	19.75 *min.*
	1845	114	19.75

Numéros des groupes d'années.	Années.	Nombre de groupes de taches observées dans l'année.	Prix moyen de l'hectolitre de froment.
			fr.
	1846	157	24.05
	1847	257	29.01 *max.*
V.	1848	330 *max*	16.65
	1849	238	15.37 '
	1850	186	14.32
	1851	151	14.48

Il y a plus, c'est que si l'on partage les 26 années où ont été faites les observations en cinq groupes distincts, comme le montre le tableau précédent, on trouve que le prix moyen correspondant aux groupes I, III, V, des nombres maxima de taches est 19 fr. 69, tandis que le prix moyen du blé pour les groupes d'années II et IV, qui correspondent aux minima d'apparitions des taches, est seulement de 18 fr. 81.

À Paris, sur les 26 années d'observations, la température moyenne des groupes d'années où il y a eu beaucoup de taches a été inférieure de 0°.31 à celle des groupes d'années où on a compté peu de taches.

Chose remarquable, l'écart entre les maxima et les minima moyens de température a été plus grand dans les années où il y a eu beaucoup de taches que dans les années où les taches ont été moins nombreuses.

Enfin, à Paris, pendant la même période de 1826 à 1851, les groupes d'années où les taches ont été plus nombreuses, où le pain a été plus cher, où la température moyenne a été plus faible, ont été celles où il est tombé plus de pluie (592^{mill}.13) ; il n'y a eu qu'une hauteur de pluie moyenne de 565^{mill}.140 pendant les groupes d'années où on a compté moins de taches, où le pain a été moins cher, où la température moyenne a été plus élevée.

Mais, en ces matières, il faut se garder de généraliser avant d'avoir un très-grand nombre d'observations. En donnant les détails qui précèdent, nous avons eu surtout pour but d'appeler l'attention sur des questions importantes, en mettant en garde contre des conclusions hasardées.

CHAPITRE XXVIII

CONNEXION SUPPOSÉE ENTRE LES TACHES SOLAIRES ET LES MOUVEMENTS DE L'AIGUILLE AIMANTÉE

M. Lamont, directeur de l'Observatoire de Munich, en discutant les observations de la variation diurne de l'aiguille aimantée, a trouvé que l'amplitude de ces variations, tantôt plus grande, tantôt plus petite, était assujettie à une période décennale.

Divers observateurs, et entre autres le père Secchi, ont remarqué que les époques des maxima et des minima de ces variations coïncidaient avec les époques où, d'après les observations de M. Schwabe, on avait remarqué sur le Soleil un maximum et un minimum dans le nombre de taches.

Le nombre considérable d'observations de la variation diurne de l'aiguille aimantée de déclinaison que j'ai faites à Paris, de 1820 à 1835, et dont j'ai confié le dépouillement à M. Barral [1], confirme cette vue théorique, comme le montrent les chiffres suivants :

1. Voir t. IV des Œuvres, t. 1er des Notices scientifiques, p. 500.

Années.	Groupes de taches observées.	Variation diurne moyenne annuelle de la déclinaison.
1826	 118	.... 9' 45".77
1827	 161	.... 11 19 .38
1828	...... 225 *max*.......	11 23 .31
1829	 199	.... 14 44 .26 *max.*
1830	 190	.... 12 7 .91
1831	 149	.... 12 13 .68

D'après cette coïncidence, on peut se croire autorisé à penser que les taches solaires exercent une influence sur les variations diurnes de l'aiguille aimantée, l'augmentation du nombre des taches donnant toujours une augmentation dans l'amplitude de la variation.

Si la coïncidence des périodes des deux phénomènes n'a pas été seulement fortuite, ce que des observations ultérieures décideront, ce sera là une belle découverte dont l'influence sur les progrès de la physique terrestre pourra être considérable ; mais attendons avant de nous prononcer définitivement.

CHAPITRE XXIX

LE SOLEIL EST-IL HABITÉ ?

Si l'on me posait simplement cette question : le Soleil est-il habité ? je répondrais que je n'en sais rien. Mais qu'on me demande si le Soleil peut être habité par des êtres organisés d'une manière analogue à ceux qui peuplent notre globe, et je n'hésiterai pas à faire une réponse affirmative. L'existence dans le Soleil d'un noyau central obscur enveloppé d'une atmosphère opaque, loin de laquelle se trouve seulement l'atmosphère lumineuse, ne s'oppose nullement, en effet, à une telle conception.

Herschel croyait que le Soleil est habité. Suivant lui,
si la profondeur de l'atmosphère solaire dans laquelle
s'opère la réaction chimique lumineuse s'élève à un million de lieues, il n'est pas nécessaire qu'en chaque point
l'éclat surpasse celui d'une aurore boréale ordinaire. Les
arguments sur lesquels le grand astronome se fonde pour
prouver en tout cas que le noyau solaire peut ne pas être
très-chaud malgré l'incandescence de l'atmosphère, ne
sont ni les seuls ni les meilleurs qu'on pourrait invoquer.
L'observation directe faite par le père Secchi de l'abaissement de température qu'éprouvent les points du disque
solaire où apparaissent les taches, est à cet égard plus
importante que tous les raisonnements.

Le docteur Elliot avait soutenu, dès l'année 1787, que
la lumière du Soleil provenait de ce qu'il appelait une
aurore dense et universelle. Il pensait encore, avec d'anciens philosophes, que cet astre pouvait être habité.
Lorsque le docteur fut traduit aux assises de Old Bailey
pour avoir tué miss Boydell, ses amis, le docteur Sim-
mons entre autres, soutinrent qu'il était fou et crurent
le prouver surabondamment en montrant les écrits où les
opinions que nous venons de rapporter se trouvaient développées. Les conceptions d'un fou sont aujourd'hui presque généralement adoptées. L'anecdote me paraît mériter
de figurer dans l'histoire des sciences. Je l'emprunte à
l'article *Astronomie* du docteur Brewster, inséré dans
l'*Encyclopédie d'Édimbourg*.

LIVRE XV

CHAPITRE PREMIER

APPARENCE DU PHÉNOMÈNE

La lumière zodiacale est un phénomène qui, dans nos climats, s'aperçoit dans certaines saisons après le coucher du Soleil, et avant son lever.

Cette lumière a la forme d'une ellipse ou d'un fuseau très-allongé, qui s'étend le long du zodiaque. Le 6 octobre 1684, Fatio de Duillier vit que la pointe du fuseau semblait être formée par deux lignes droites inclinées l'une sur l'autre de 26°.

Les dimensions de la lumière zodiacale sont variables, ou du moins on ne s'est pas toujours accordé sur leur valeur angulaire ; on trouve, pour le grand axe, des nombres qui varient entre 40 et plus de 100 degrés. Ce nombre de 100 degrés est la détermination obtenue par Cassini le 4 février 1687, et postérieurement par Mairan. Quant au petit axe de la base correspondante au Soleil, les valeurs qu'on en a données sont comprises entre 8 et 30 degrés. Ajoutons qu'Euler croyait que la matière qui produit cette clarté pourrait ne pas s'appuyer sur le Soleil, mais qu'elle l'entourait, au contraire, à une certaine distance en forme d'anneau comme fait l'anneau de Saturne pour cette planète. Mais l'éclat de la lumière solaire, comparé à celui de la lumière zodiacale, ne permettra probablement jamais de vérifier expérimentalement cette conjecture.

La lumière zodiacale suit dans son mouvement diurne les constellations auxquelles elle correspond : elle se lève et se couche avec elles. En comparant les observations d'un mois à celles du mois suivant, on reconnaît qu'elle est douée d'un mouvement propre dirigé, comme celui du Soleil, de l'occident à l'orient.

La lumière crépusculaire suffit pour faire disparaître la lueur zodiacale; «on la chercherait donc vainement, dit Cassini, dans les temps de l'année où le crépuscule est long, quand les signes zodiacaux, par un effet de l'obliquité de la sphère, rampent pour ainsi dire le long de l'horizon, et quand la Lune brille. » La lumière zodiacale, suivant ce grand astronome, peut être comparée, quant à la transparence et la couleur, à la queue d'une comète. Cette clarté n'empêche pas, en effet, d'apercevoir les plus petites étoiles sur lesquelles elle se projette. Cassini crut y remarquer des pétillements momentanés. Mairan, qui fit la même observation, ne donne son résultat qu'avec beaucoup de circonspection.

Si la lumière zodiacale s'étend circulairement autour de l'équateur solaire, elle doit se voir seulement par son épaisseur, lorsque la Terre est dans le plan de cet équateur, c'est-à-dire en juin et en décembre. Les époques les plus favorables à son observation sont les mois de mars ou de septembre; alors, dans la supposition que nous venons de faire, la lumière zodiacale se présentera sous la forme d'une ellipse très-allongée.

Il est évident que c'est dans les régions équinoxiales, où la lumière zodiacale s'élève presque perpendiculairement à l'horizon, que les observations de ce phénomène doivent être faciles et exactes.

Mon illustre ami, Alexandre de Humboldt, décrit dans son *Cosmos* l'effet que produit la lumière zodiacale sur le voyageur curieux d'observer les brillants phénomènes de la voûte céleste, et qui quitte nos climats pour aller visiter les régions tropicales. « L'intensité lumineuse, beaucoup plus grande, dit-il, que la lumière zodiacale présente en Espagne, sur les côtes de Valence et dans les plaines de la Nouvelle-Castille, m'avait engagé déjà, avant que je quittasse l'Europe, à l'observer assidûment. L'éclat de cette lumière, je pourrais dire de cette illumination, augmenta encore d'une manière surprenante à mesure que je m'approchai de l'équateur, sur le continent américain ou sur la mer du Sud. A travers l'atmosphère toujours sèche et transparente de Cumana, dans les prairies ou *Llanos* de Caracas, sur les plateaux de Quito, et sur les lacs du Mexique, particulièrement à des hauteurs de 2,500 à 4,000 mètres, où je pouvais séjourner plus longtemps, je vis la lumière zodiacale surpasser quelquefois en éclat les plus belles parties de la Voie lactée, comprises entre la proue du Navire et le Sagittaire, ou, pour citer des régions du ciel visibles dans notre hémisphère, entre l'Aigle et le Cygne. »

En général, dans nos climats, suivant les observations de Cassini, la lumière zodiacale paraît mieux terminée

sur son bord méridional que du côté opposé. D'après
le même astronome, elle serait moins vive et moins étendue le matin que le soir. On devrait aussi admettre que
d'ordinaire l'écliptique ne la partage pas longitudinale-
ment en deux parties parfaitement égales, et qu'elle a
plus de largeur au nord qu'au midi. Ce dernier résultat
est confirmé par les observations de Fatio de Duillier,
faites à Genève en 1685 et 1686.

Ce qu'il y a de bien avéré, d'après l'ensemble des
observations faites à Paris et à Genève, c'est que l'intensité de la lumière zodiacale n'est pas toujours la même,
qu'elle varie considérablement d'une année à l'autre, et
même dans un petit nombre de jours. La diaphanéité
plus ou moins grande de l'atmosphère ne semblerait pouvoir expliquer qu'une partie de l'effet enregistré par des
astronomes habiles.

CHAPITRE II

DÉCOUVERTE DE LA LUMIÈRE ZODIACALE

On attribue généralement à Childrey la découverte,
ou, si l'on veut, la première observation que l'on ait faite
de la lumière zodiacale. Cet auteur dit, dans son *Histoire
naturelle d'Angleterre*, publiée vers 1659, « qu'il a aperçu
pendant plusieurs années consécutives, dans le mois de
février, quand le crépuscule a quitté l'horizon, un chemin fort aisé à remarquer, qui se darde du crépuscule
droit vers les Pléiades, et qui semble les toucher. »

D'autres auteurs, parmi lesquels je citerai Mairan,
prétendent que ce genre de lumière était déjà visible dans

l'antiquité. « Nicéphore, dit l'auteur du *Traité de l'Aurore boréale*, rapporte qu'après la prise de Rome par Alaric, il y eut une grande éclipse pendant laquelle on vit dans le ciel une lumière qui avait la forme d'un cône. L'historien grec traite d'ignorants ceux qui prétendirent que cette lumière était une queue de comète. »

Il est remarquable que pendant les éclipses totales de Soleil, observées par les modernes, on n'ait jamais vu aucune trace de lumière zodiacale, du moins avec sa forme en fer de lance. Le phénomène me semble pouvoir être expliqué très-simplement. On a remarqué que dans le printemps et l'automne, la lumière zodiacale ne devient guère perceptible qu'au moment où la nuit est assez sombre pour qu'on aperçoive à l'œil nu les étoiles de troisième et quatrième grandeur. Or, la couronne lumineuse dont la Lune est entourée pendant les éclipses totales de Soleil, jette dans l'atmosphère assez de clarté pour qu'on ne voie pas dans les environs des deux astres les étoiles de l'ordre de grandeur que je viens de citer. J'ai toute raison de penser que les rapprochements qui précèdent, empruntés à la photométrie, sont exacts. Toujours est-il que, dans mon hypothèse, l'absence de la lumière zodiacale proprement dite pendant les éclipses totales de Soleil n'aurait rien que de très-naturel.

CHAPITRE III

SUR LES EXPLICATIONS DE LA LUMIÈRE ZODIACALE

Les premières recherches vraiment scientifiques, faites sur cette espèce de lumière, datent du mois de mars

1683 ; elles sont dues à J.-D. Cassini. Ce grand astronome croyait que la lueur zodiacale n'existait pas, ou que du moins elle était excessivement faible en 1665. Voici ses preuves :

« J'observai, dit-il, en février et mars de cette année une comète très-faible où devait se trouver cette lumière; cependant mes journaux n'en font aucune mention. »

Mais il me paraît prudent d'accorder à l'assertion de l'illustre observateur, la confiance seulement que l'on doit avoir en toute matière dans les preuves négatives.

J.-D. Cassini soupçonnait de plus que la lumière zodiacale a les mêmes vicissitudes que les taches solaires; il admettait que le Soleil peut lancer dans le plan de son équateur, et jusqu'au delà de l'orbite de Vénus, une matière un peu grossière susceptible de réfléchir les rayons lumineux, et que c'était là l'origine de cette lueur.

D'autres astronomes ont supposé que la lumière zodiacale faisait connaître les dernières limites de l'atmosphère solaire dans le plan de l'équateur de cet astre. Mais il se présente contre cette hypothèse une difficulté insurmontable, empruntée à la mécanique, dont je vais donner une idée qui sera plus complétement appréciée quand nous aurons expliqué la cause qui maintient les mouvements planétaires. Les atmosphères de tous les corps célestes acquièrent à la longue, par l'effet du frottement de leurs diverses couches superposées, un mouvement de rotation commun et égal à celui du corps central qu'elles enveloppent. Pour le Soleil, la durée de cette rotation se monterait à 25 jours 1/2. Tel serait le temps de la révolution de la matière qui nous fait voir la lueur zodiacale jusque dans ses parties les plus éloignées du Soleil ; mais il est facile de reconnaître, par le calcul, que cette matière atteint l'orbite de la Terre lorsqu'elle sous-tend un angle de 90°. La force centrifuge qui résulterait d'un pareil mouvement aux limites de la lumière zodiacale, ne saurait être compensée par l'action attractive du Soleil, puisque sur Vénus et sur la Terre, où cette compensation existe, les temps des révolutions autour du Soleil sont respectivement de 225 et de 365 jours. La matière zodiacale se dissiperait donc très-promptement dans l'espace.

Les appendices connus sous le nom de queues, et qui accompagnent presque toujours les comètes, ne sont liés à ces astres que par une force attractive très-faible ; on peut donc admettre qu'au moment de leur passage au périhélie, la matière qui les compose se détache du corps proprement dit de la comète par l'action du Soleil, et finit par circuler définitivement autour de lui. Telle serait, d'après divers théoriciens, l'origine de la matière qui nous fait voir la lumière zodiacale, cette matière pouvant être lumineuse par elle-même ou nous réfléchir seulement les rayons du Soleil. Mais dans cette supposition, on aurait le droit de demander comment la matière des queues se serait exclusivement concentrée autour de l'équateur solaire, car les orbites des comètes, et conséquemment les orbites primitives de leurs queues, font toutes sortes d'angles avec cet équateur.

Euler a donné dans les *Mémoires de l'Académie de Berlin*, t. II (1748), une théorie qui comprend à la fois l'explication des queues des comètes, des aurores boréales et de la lumière zodiacale. Suivant lui l'atmosphère solaire

a pris une extension prodigieuse dans les parties correspondantes aux régions équatoriales de cet astre. Cette
extension doit avoir été le résultat d'une impulsion des
rayons solaires sur les molécules subtiles qui étaient
contenues dans l'atmosphère primitive, impulsion dont
l'effet diminuait la pesanteur naturelle de ces molécules
vers le Soleil.

Il est vraiment étrange qu'un partisan décidé du système des ondes, qu'un adversaire ardent de la théorie
newtonienne de l'émission, ait prétendu faire jouer un si
grand rôle à l'impulsion des rayons solaires.

Les expériences que cite l'auteur sur les mouvements
qu'éprouvent les molécules d'un corps placé au foyer
d'un miroir ou d'un verre ardent, ne prouvent évidemment pas l'existence d'une telle impulsion.

Quelques personnes se sont imaginé que la lumière
zodiacale est l'effet de la réfraction de la lumière solaire
dans l'atmosphère terrestre (Young, t. 1, p. 502). Mais
si cela était, pourquoi cette lumière s'élèverait-elle dans
une direction oblique par rapport à l'horizon? Pourquoi
semblerait-elle toujours placée dans le plan de l'équateur
solaire?

Laplace a supposé que la matière zodiacale se compose des parties les plus subtiles de la nébuleuse primitive
qui, par ses condensations, d'après les idées cosmogoniques du grand géomètre, a donné naissance au Soleil et
aux diverses planètes dont se compose notre système.
Ces molécules ne s'étant pas unies à l'atmosphère solaire
continuent, dit l'auteur de la *Mécanique céleste*, à circuler
aux distances où elles étaient primordialement, avec des

vitesses inconnues non déductibles de la vitesse de l'atmosphère proprement dite. Ainsi, suivant Laplace, la lumière zodiacale serait formée de molécules indépendantes les unes des autres et circulant autour du Soleil avec des vitesses appropriées à leur distance à l'astre central et à sa force attractive.

Un savant italien a donné, il y a quelques années, une explication de la lumière zodiacale dont on peut, ce me semble, présenter une idée suffisante en très-peu de paroles. Il suppose que le Soleil, dans son mouvement de translation dans l'espace, en vertu de ce déplacement propre si minutieusement étudié par les modernes, a pénétré dans une nébuleuse qu'il maintiendrait désormais autour de son centre à l'aide de sa puissance d'attraction. L'auteur se sert de cette hypothèse pour rendre compte de l'apparition récente de la lumière zodiacale, car il croit que ce phénomène n'existait pas avant le commencement du XVIᵉ siècle. Mais nous avons vu quels doutes doivent s'élever sur l'époque où cette lueur s'est montrée; à quoi nous ajouterons qu'on ne devinerait pas pourquoi la nébuleuse, à laquelle on fait jouer un si grand rôle, n'aurait point été visible avant l'instant où le Soleil commença à pénétrer vers sa partie centrale. Cette remarque suffit, je pense, pour réduire au néant l'explication que je viens de signaler du mystérieux phénomène.

Nous avons vu tout à l'heure (p. 189) que la clarté zodiacale s'étend jusqu'à l'orbite de la Terre et la dépasse même dans certains cas très-sensiblement; la matière qui produit cette lumière ou sur laquelle celle du Soleil se réfléchit doit donc quelquefois se mêler à l'atmosphère

terrestre. Telle est, suivant Mairan, la cause des aurores
boréales; le savant académicien a cru qu'il ajouterait
beaucoup à la probabilité de sa conjecture, en établissant
sur la discussion du petit nombre d'observations dont il
pouvait disposer, qu'il existait une liaison intime entre les
fréquentes apparitions des aurores boréales et les longueurs inusitées de la lumière zodiacale. Mais cette dernière lumière a été trop rarement observée par les astronomes et les météorologistes, pour que la concordance
indiquée par Mairan doive être considérée comme un fait
parfaitement certain.

CHAPITRE IV

SUR LES COULEURS DE LA LUMIÈRE ZODIACALE

Nous avons dit précédemment que Cassini croyait avoir
remarqué une identité complète d'intensité et de couleur
entre la lumière zodiacale et celle des queues des comètes.
Les extraits suivants, empruntés à mon journal d'observations, montrent que l'assimilation manque d'exactitude
à plusieurs égards. J'ajouterai que mes appréciations
des couleurs comparatives de la lumière zodiacale et de la
queue d'une comète, sont parfaitement conformes à celles
qui résultent des observations simultanées de mes collaborateurs : MM. Laugier, Mauvais, Eugène Bouvard,
Faye, Goujon.

Le 19 mars 1843, à 8^h du soir, la lumière zodiacale
s'étendait jusqu'aux Pléiades, elle avait donc de 57 à
58° de hauteur; son axe était dirigé vers ζ de Persée.

Le 27 mars, la lumière zodiacale s'étendait jusqu'aux

Pléiades, un tant soit peu à gauche de ces étoiles. Les jours précédents, la pointe de la colonne lumineuse était évidemment un peu plus boréale.

La lumière zodiacale était d'une teinte évidemment rougeâtre, comparée à la lumière de la queue de la comète que l'on apercevait alors. En 1707, Derham avait fait la même remarque.

En regardant la lumière zodiacale et la queue de la comète par des fentes, on a vu clairement que la queue était moins brillante que la lumière zodiacale prise dans sa région moyenne.

Jusque-là, l'intensité de la lumière zodiacale nous avait semblé assez faible, mais le 27 mars son éclat nous parut remarquable et inusité.

Le 28 mars, la pointe de la colonne formée par la lumière zodiacale semblait quelquefois se diriger vers les Pléiades et quelquefois à gauche de ces étoiles.

La lumière zodiacale nous a paru sujette à des changements brusques d'intensité. Y a-t-il là une illusion dépendante d'un changement dans la diaphanéité de l'atmosphère? De pareilles intermittences ne se remarquaient pas dans la queue de la lumière de la comète.

A la hauteur angulaire de 7° à 8°, à 8ʰ du soir, temps moyen, la largeur de la lumière zodiacale était égale à 15°.

Le lendemain 29 mars, la pointe de la lumière zodiacale paraissait dépasser un peu les Pléiades; à 8ʰ du soir, temps moyen, la largeur totale de la lumière, à 7° de hauteur, était de 17°. Le phénomène avait l'aspect que représente la figure 164 (p. 194).

Le 28 mars, la lumière zodiacale était jaunâtre, comparativement à la lumière de la Voie lactée et à la lumière de la queue de la comète.

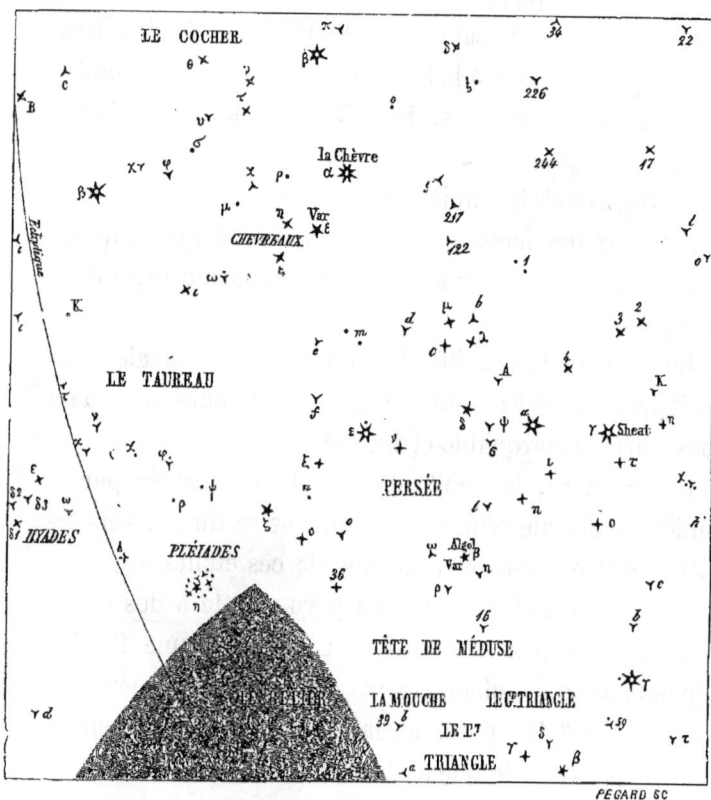

Fig. 164. — Aspect de la lumière zodiacale à Paris, le 29 mars 1843, à 8 heures du soir[1].

Le 29 mars, la teinte de la lumière zodiacale était rouge, tirant sur le jaune, comparativement à la queue de la comète.

Ni moi, ni mes collaborateurs, nous ne parvînmes à

1. S est le point où le Soleil s'est couché.

saisir aucune trace de polarisation le 19 mars 1843, soit dans la lumière zodiacale, soit dans la lumière de la queue de la comète placée en son voisinage. On s'est servi, dans ce genre de recherches, de polariscopes procédant simplement par variation d'intensité, c'est-à-dire n'ayant pas pour objectif une lame mince de mica ou une plaque de cristal de roche, comme de polariscopes procédant par phénomènes de coloration (liv. xiv, chap. vi, p. 101).

Les mêmes observations, répétées le 29 mars, ont encore donné un résultat négatif.

Pour espérer voir des phénomènes de coloration avec mes polariscopes, il eût été indispensable d'accroître l'intensité de la lumière zodiacale qui se peignait sur la rétine. Ce résultat aurait été sans doute obtenu en augmentant considérablement, comme cela est possible, par l'action de la belladone, l'ouverture de la pupille de l'œil de l'observateur, mais je ne crus pas devoir soumettre à cette épreuve un organe dans lequel je commençais à soupçonner quelques traces d'affaiblissement.

La lumière zodiacale, quoiqu'elle soit observée avec soin depuis deux siècles environ, offre encore aux cosmologues, comme on voit, un problème qui n'a pas été résolu d'une manière complète. Mon ami Alexandre de Humboldt a vu souvent dans les régions tropicales de l'Amérique du Sud, des intermittences d'intensité brusques et rapides, des ondulations qui traversaient la pyramide lumineuse. Des variations supposées dans la constitution de notre atmosphère ne sauraient suffire à rendre compte des changements que subissent la configuration et l'intensité de la lumière zodiacale. Ces brillants phénomènes doivent attirer d'une manière toute particulière l'attention des savants qui voyagent, ou mieux encore qui séjournent dans le Nouveau Monde.

LIVRE XVI

CHAPITRE PREMIER

DÉFINITIONS

Planète, d'après l'étymologie du mot [1], veut dire astre errant.

Les anciens ont voulu par ce nom définir les astres qui se meuvent sur la sphère céleste par rapport aux étoiles fixes, c'est-à-dire les astres qui n'appartiennent pas à une constellation déterminée, mais qui passent successivement dans plusieurs constellations. A ce compte, le Soleil, la Lune, satellite de la Terre, les satellites des autres planètes et les comètes seraient aussi des planètes. Cette confusion a été faite pour le Soleil et la Lune par quelques astronomes anciens.

Pour les modernes, les planètes sont des corps présentant des disques à peu près circulaires qui reçoivent leur lumière du Soleil, et qui circulent autour de cet astre central dans des orbites elliptiques.

Nous avons déjà dit qu'on distingue (livre XIV, chap. I, p. 46) les planètes principales, qui sont au nombre de huit, et les petites planètes, ou astéroïdes, dont le

---

1. Du grec πλανήτης.

nombre croît presque chaque jour. Un livre spécial sera consacré à chacune des planètes principales, et un autre livre à l'ensemble des petites planètes. Ici nous nous occuperons des lois générales des planètes, et nous aurons surtout en vue les planètes principales.

Les grandes planètes sont partagées en supérieures et en inférieures.

Les planètes *inférieures* sont celles dont les distances angulaires au Soleil, vues de la Terre, restent toujours comprises entre des limites fixes : ce sont Mercure et Vénus.

Les planètes *supérieures* sont celles dont les distances angulaires au Soleil, vues de la Terre, peuvent acquérir toutes les valeurs, de manière à venir se placer de temps à autre en des points diamétralement opposés au Soleil. Ce sont Mars, Jupiter, Saturne, Uranus et Neptune.

On dit aussi planètes *intéricures* pour désigner les premières, et planètes *extérieures* pour indiquer les dernières, parce que, lorsqu'on considère les phénomènes du système solaire dans leur réalité et non pas dans leurs apparences, les orbites de Mercure et de Vénus sont comprises dans l'orbite de la Terre, tandis que Mars, les petites planètes, Jupiter, Saturne, Uranus et Neptune circulent en dehors de l'orbite décrite par la Terre autour du Soleil.

Enfin, en suivant la classification adoptée dans son *Cosmos* par mon ami Alexandre de Humboldt, on peut faire trois groupes de toutes les planètes en regardant comme zone de séparation les petites planètes comprises entre Mars et Jupiter.

Alors on a d'abord le groupe des planètes intérieures (Mercure, Vénus, la Terre, Mars) qui sont de grandeur moyenne, relativement assez denses, peu aplaties, et, à l'exception de la Terre, dépourvues de satellites.

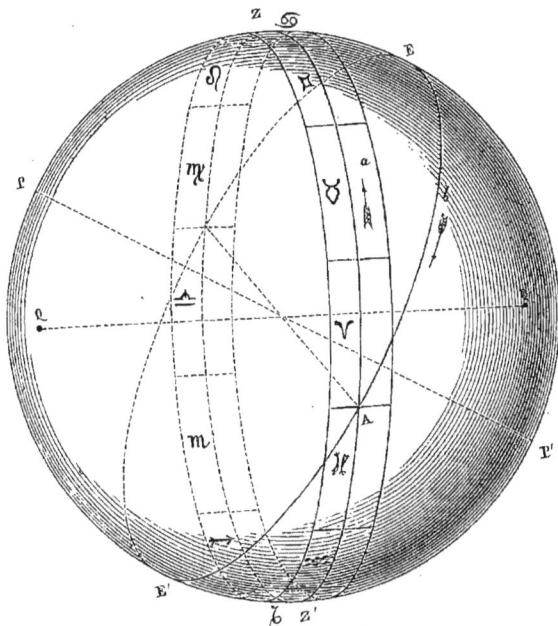

Fig. 165. — Zone zodiacale [1].

Vient ensuite le groupe intermédiaire des astéroïdes, qui ont des orbites singulièrement entrelacées et souvent très-fortement inclinées sur l'écliptique.

Le dernier groupe des quatre planètes extérieures (Jupiter, Saturne, Uranus et Neptune) comprises entre

1. EE', équateur; ZZ'', écliptique; PP', axe du monde; QQ', axe de l'écliptique; A, équinoxe du printemps. — Flèche a, sens du mouvement propre du Soleil sur l'écliptique; flèche b, sens du mouvement de rotation diurne.

la zone des astéroïdes et les extrémités encore inconnues du domaine solaire, contient des astres aux dimensions beaucoup plus grandes, moins denses, plus aplatis, et accompagnés de nombreux satellites.

Les planètes principales ne s'écartent pas beaucoup de l'écliptique, et, quand on considère leurs mouvements apparents vus de la Terre, supposée au centre de la sphère céleste, leurs distances à l'écliptique ne dépassent jamais 8°. En conséquence, si l'on imagine une zone de 16° de large enveloppant la sphère le long de l'écliptique, et s'étendant de part et d'autre de ce cercle à une distance de 8°, les planètes paraissent rester toujours dans son intérieur. C'est cette zone (fig. 165, p. 199) que les anciens appelaient le zodiaque, et qui est divisée en douze parties égales correspondant chacune à chacun des douze signes du zodiaque (liv. VIII, chap. VII, t. I, p. 328).

CHAPITRE II

DE LA DÉCOUVERTE DES PLANÈTES

« Parmi les sept corps célestes qui, dit M. de Humboldt, en raison des changements continuels apportés dans leurs distances relatives, ont été, dès la plus haute antiquité, distingués des étoiles scintillantes et conservant leur place et leurs distances (*orbis inerrans*), cinq seulement, Mercure, Vénus, Mars, Jupiter et Saturne, offrent l'apparence d'étoiles (*quinque stellæ errantes*). Le Soleil et la Lune furent toujours mis à part, en raison de la grandeur de leurs disques, et par suite de l'importance qui leur

était attribuée dans les conceptions mythologiques. Ainsi,
d'après Diodore de Sicile [1], les Chaldéens ne connais-
saient que cinq planètes, et Platon, dans le seul passage
du *Timée* où il soit question de ces corps errants, dit en
termes exprès : « Autour de la Terre, qui repose au centre
du monde, se meuvent la Lune, le Soleil et cinq autres
astres auxquels on donne le nom de planètes; cela fait en
tout sept mouvements circulaires [2]. » Dans la structure du
ciel imaginée jadis par Pythagore et décrite par Philolaüs, parmi les dix sphères célestes qui font leur révolution autour du feu central ou foyer du monde (ἑστία),
immédiatement au-dessous du ciel des étoiles fixes, sont
nommées les cinq planètes [3], suivies du Soleil, de la Lune,
de la Terre et de l'antipode de la Terre (ἀντίχθων). Ptolémée lui-même ne parle jamais que de cinq planètes.
Les sept planètes distribuées par Julius Firmicus entre
les Génies ou *Décans* [4], telles qu'on peut les voir dans le
zodiaque de Bianchini, qui date vraisemblablement du
IIIe siècle de notre ère [5], et dans les monuments égyptiens
contemporains des Césars, n'appartiennent point à l'his-

---

1. Livre II, chap. xxx.

2. Traduction de M. H. Martin, t. I, p. 105.

3. Boeckh, *de Platonico systemate cœlestium globorum et de vera
indole astronomiæ Philolaicæ*, p. xvii, et *Philolaus*, 1819, p. 99.

4. Julius Firmicus Maternus, *Astronomiæ* libri VIII (id. Pruck-
ner. Basil., 1551, lib. II, cap. iv); l'auteur était contemporain de
Constantin le Grand.

5. Humboldt, *Monuments des peuples indigènes de l'Amérique*,
t. II, p. 42-49. M. de Humboldt, dès 1812, a signalé les analogies du
zodiaque de Bianchini avec celui de Dendérah. Voyez aussi Letronne,
Observations critiques sur les représentations zodiacales, p. 97, et
Lepsius, *Chronologie der Ægypter*, 1849, p. 80.

toire de l'astronomie ancienne, mais à ces époques plus récentes où les rêveries astrologiques s'étaient répandues partout. Il n'y a pas lieu de s'étonner que la Lune ait été rangée parmi les sept planètes, car chez les anciens, si l'on excepte quelques vues remarquables d'Anaxagore sur les forces attractives (*Cosmos*, t. II, p. 317 et 593), il n'est presque jamais fait allusion à la dépendance plus directe de la Lune vis-à-vis de la Terre. En revanche, d'après une hypothèse citée par Vitruve [1] et Martien Capella [2], mais sans indication d'auteur, Vénus et Mercure, que nous appelons des planètes inférieures, sont présentées comme des satellites du Soleil que l'on fait tourner autour de la Terre. »

On ne paraît pas du reste avoir eu dès les premiers temps l'idée de la régularité des lois des mouvements des planètes. Ainsi, d'après le récit de Diodore de Sicile, les Égyptiens leur attribuaient des qualités bonnes ou malfaisantes, et s'en servaient pour tirer des prédictions. Chez les Chaldéens, elles présageaient les pluies, les tempêtes, les chaleurs excessives, les tremblements de terre, etc.; elles présidaient en outre aux naissances.

Platon posa aux mathématiciens le problème de l'explication des mouvements des planètes; il mérite d'être considéré comme l'un des premiers promoteurs de l'astronomie planétaire. (Delambre, *Astronomie ancienne*. t. I, p. 17.)

Il faut cependant arriver jusqu'à la fin du XVIIIe siècle

1. *De architectura*, liv. IX, chap. IV.

2. *De Nuptiis philologiæ et Mercurii*, lib. VIII, id. Grotius, 1599, p. 289.

pour voir faire la découverte de planètes nouvelles, dont deux principales et un grand nombre de petites.

Voici d'abord le tableau des grandes planètes :

MERCURE ☿ . . . . ⎫
VÉNUS ♀ . . . . ⎪
LA TERRE ♁ . . . . ⎬ connues des anciens.
MARS ♂ . . . . ⎪
JUPITER ♃ . . . . ⎪
SATURNE ♄ . . . . ⎭

URANUS ♅, découverte par William Herschell, à Bath, 13 mars 1781 ;

NEPTUNE ♆, découverte par M. Galle, à Berlin, le 23 septembre 1846, sur les indications de M. Le Verrier.

La découverte des petites planètes appartient tout entière à notre siècle; au moment où j'écris, on en connaît déjà 26. La liste que j'ouvre ici devra être complétée au fur et à mesure que d'autres de ces astres télescopiques seront trouvés par quelques-uns des astronomes voués à leurs recherches[1] ; les noms des planètes sont suivis des signes adoptés par les astronomes pour les désigner par abréviation :

CÉRÈS ⚳ (1), découverte par Piazzi, à Palerme, 1er janvier 1801 ;

PALLAS ⚴ (2), par Olbers, à Brême, le 28 mars 1802 ;

JUNON ⚵ (3), par Harding, à Lilienthal, le 1er septembre 1804 ;

VESTA ⚶ (4), par Olbers, à Brême, le 29 mars 1807 ;

ASTRÉE ⚷ (5), par M. Hencke, à Driesen, le 8 décembre 1845 ;

HÉBÉ ⚸ (6), par M. Hencke, à Driesen, le 1er juillet 1847 ;

IRIS ⚹ (7), par M. Hind, à Londres, le 13 août 1847 ;

FLORE ⚺ (8), par M. Hind, à Londres, le 18 octobre 1847 ;

MÉTIS ⚻ (9), par M. Graham, à Markree-Castle, le 25 avril 1848 ;

1. Ainsi qu'il indique qu'on devait le faire, on a ajouté à la liste dressée par M. Arago, les petites planètes successivement découvertes depuis sa mort, arrivée le 2 octobre 1853.   J.-A. B.

HYGIE (10), par M. de Gasparis, à Naples, le 14 avril 1849;

PARTHÉNOPE (11), par M. de Gasparis, à Naples, le 11 mai 1850;

VICTORIA (12), par M. Hind, à Londres, le 13 septembre 1850;

ÉGÉRIE (13), par M. de Gasparis, à Naples, le 2 novembre 1850;

IRÈNE (14), par M. Hind, à Londres, le 19 mai 1851;

EUNOMIA (15), par M. de Gasparis, à Naples, le 29 juillet 1851;

PSYCHÉ (16), par M. de Gasparis, à Naples, le 17 mars 1852;

THÉTIS (17), par M. Luther, à Bilk, près Dusseldorf, le 17 avril 1852;

MELPOMÈNE (18), par M. Hind, à Londres, le 24 juin 1852;

FORTUNA (19), par M. Hind, à Londres, le 22 août 1852;

MASSALIA (20), à la fois par M. de Gasparis, à Naples, le 19 septembre 1852, et par M. Chacornac, à Marseille, le lendemain 20.

LUTÉTIA (21), par M. Goldschmidt, à Paris, le 15 novembre 1852;

CALLIOPE (22), par M. Hind, à Londres, le 16 novembre 1852;

THALIE (23), par M. Hind, à Londres, le 15 décembre 1852;

PHOCÉA (24), par M. Chacornac, à Marseille, le 6 avril 1853;

THÉMIS (25), par M. de Gasparis, à Naples, le 6 avril 1853;

PROSERPINE (26), par M. Luther, à Bilk, le 5 mai 1853;

EUTERPE (27), par M. Hind, à Londres, le 8 novembre 1853;

BELLONE (28), par M. Luther, à Bilk, le 1er mars 1854;

AMPHITRITE (29), par M. Marth, à Londres, le 1er mars 1854;

URANIE (30), par M. Hind, à Londres, le 22 juillet 1854;

EUPHROSINE (31), par M. Ferguson, à Washington, le 1er sept. 1854;

POMONE (32), par M. Goldschmidt, à Paris, le 26 octobre 1854;

POLYMNIE (33), par M. Chacornac, à Paris, le 28 octobre 1854;

CIRCÉ (34), par M. Chacornac, à Paris, le 6 avril 1855;

LEUCOTHÉE (35), par M. Luther, à Bilk, le 19 avril 1855;

ATALANTE (36), par M. Goldschmidt, à Paris, le 5 octobre 1855;

FIDES (37), par M. Luther, à Bilk, le 5 octobre 1855;

LÉDA (38), par M. Chacornac, à Paris, le 12 juillet 1856;

LÆTITIA (39), par M. Chacornac, à Paris, le 8 février 1856;

HARMONIA (40), par M. Goldschmidt, à Paris, le 31 mars 1856;

DAPHNÉ (41), par M. Goldschmidt, à Paris, le 22 mai 1856;

ISIS (42), par M. Pogson, à Oxford, le 23 mai 1856;

ARIANE (43), par M. Pogson, à Oxford, le 15 avril 1857;

Nysa (44), par M. Goldschmidt, à Paris, le 27 mai 1857;

Eugénia (45), par M. Goldschmidt, à Paris, le 11 juillet 1857;

Hestia (46), par M. Pogson, à Oxford, le 16 août 1857;

Aglaja (47), par M. Luther, à Bilk, le 15 septembre 1857;

Doris (48), par M. Goldschmidt, à Paris, le 19 septembre 1857;

Palès (49), par M. Goldschmidt, à Paris, le 17 septembre 1857;

Virginia (50), par M. Luther, à Bilk, le 19 octobre 1857;

Némausa (51), par M. Laurent, à Nîmes, le 22 janvier 1858;

Europa (52), par M. Goldschmidt, à Paris, le 6 février 1858;

Calypso (53), par M. Luther, à Bilk, le 4 avril 1858;

Alexandra (54), par M. Goldschmidt, à Paris, le 10 sept. 1858;

Pandore (55), par M. Searle, à Albany (États-Unis), le 10 septembre 1858;

Melete (56), par M. Goldschmidt, à Paris, le 9 septembre 1859;

Mnémosyne (57), par M. Luther, à Bilk, le 22 septembre 1859;

Concordia (58), par M. Luther, à Bilk, le 10 avril 1860;

Olympia (59), par M. Chacornac, à Paris, le 12 septembre 1860;

Danaé (60), par M. Goldschmidt, à Paris, le 19 septembre 1860;

Echo (61), par M. Ferguson, à Washington, le 15 septembre 1860;

Erato (62), par MM. Forster et Lesser, à Berlin, le 14 sept. 1860;

Ausonia (63), par M. de Gasparis, à Naples, le 10 février 1861;

Angelina (64), par M. Tempel, à Marseille, le 4 mars 1861;

Maximiliana (65), par M. Tempel, à Marseille, le 8 mars 1861;

Maïa (66), par M. Tuttle, à Cambridge (États-Unis), le 9 avril 1861;

Asia (67), par M. Pogson, à Madras, le 17 avril 1861;

Leto (68), par M. Luther, à Bilk, le 29 avril 1861;

Hesperia (69), par M. Schiaparelli, à Milan, le 29 avril 1861;

Panopea (70), par M. Goldschmidt, à Paris, le 5 mai 1861;

Niobé (71), par M. Luther, à Bilk, le 13 août 1861;

Feronia (72), par MM. Peters et Saffort, à Clinton, 12 fév. 1862;

Clytia (73), par M. Tuttle, à Cambridge (États-Unis), 7 avril 1862;

Galathea (74), par M. Tempel, à Marseille, le 29 août 1862;

Eurydice (75), par M. C.-H.-F. Peters, à Clinton (État de New-York), le 22 septembre 1862;

Freia (76), par M. Darrest, à Copenhague, le 21 octobre 1862;

Frigga (77), par M. C.-H.-F. Peters, à Clinton, le 15 novembre 1862;

Diana (78), par M. R. Luther, à Bilk, le 15 mars 1863;

Eurynome (79), par M. Watson, à Arn-Arbou (États-Unis), le 14 septembre 1863;

Sapho (80), par M. Pogson, à Madras, le 3 mai 1864;

Terpsichore (81), par M. Tempel, à Marseille, le 30 septembre 1864;

Alcmène (82), par M. A. Luther, à Altona, le 27 novembre 1864;

(83), par M. de Gasparis, à Naples, le 26 avril 1865;

CHAPITRE III

MOUVEMENTS APPARENTS DES PLANÈTES VUS DE LA TERRE

En observant une planète à l'œil nu, nous apercevons immédiatement que cet astre participe au mouvement diurne de la sphère étoilée, et nous reconnaissons en outre, sans aucune difficulté, qu'elle ne tarde pas à quitter les étoiles qui, une première fois, semblaient l'accompagner.

Prenons chaque jour la position que la planète occupe, par exemple en l'observant à la lunette méridienne et au cercle mural, comme nous avons fait pour nous rendre compte du mouvement propre du Soleil (liv. vii, chap. iv, t. i, p. 259). Nous aurons ainsi toutes les positions qu'elle occupe dans l'année, et nous pourrons dessiner exactement, sur la surface de la sphère renfermant une représentation du ciel étoilé, le chemin apparent qu'elle aura parcouru.

Nous reconnaîtrons ainsi que les planètes se meuvent avec des vitesses fort inégales, qu'elles paraissent stationnaires à certaines époques, qu'elles se dirigent, par rapport aux étoiles, tantôt de l'occident à l'orient, et tantôt de l'orient à l'occident. Ces sortes de mouvements oscillatoires s'observent pour toutes les planètes. Les amplitudes seules varient d'une planète à une autre.

On dit que le mouvement est direct lorsqu'il a lieu de l'occident à l'orient, et qu'il est rétrograde lorsqu'il se fait en sens contraire. La planète est dans une de ses stations au moment où le mouvement va changer de sens. Alors la vitesse de translation diminue jusqu'à zéro pour reprendre des valeurs croissantes dans un sens ou dans l'autre.

Les figures 166 et 167 (page 208) représentent les mouvements apparents de six des planètes principales, Mercure, Vénus, Mars, Jupiter, Saturne, et Uranus, pendant l'année 1856.

Pour construire ces deux figures, on a imaginé un cylindre tangent à la sphère céleste le long de l'équateur, et l'on a supposé que ce cylindre pouvait remplacer, sans erreur sensible, la surface de cette sphère sur une étendue de 40 degrés de part et d'autre du cercle équatorial; on a ensuite développé la surface du cylindre, en le supposant coupé suivant une arête passant par le point équinoxial du printemps. De cette façon, les ascensions droites exprimées en heures ou en degrés, se sont trouvées développées suivant une droite horizontale, et les déclinaisons boréales ou australes suivant une droite verticale. On obtient facilement les chemins de chaque planète en portant sur les figures leurs coordonnées pour chaque jour de l'année, et en joignant, par une courbe continue, la série des points obtenus. L'écliptique, ou la courbe décrite par le Soleil, se trouve tracée de la même manière.

Tandis qu'on reconnaît, ainsi que nous l'avons dit précédemment (liv. VII, chap. IV, t. I, p. 259), que le Soleil semble parcourir en un an une courbe continue, sans zigzag d'aucune sorte, on voit que les planètes, par rapport aux constellations stellaires dessinées sur les mêmes figures 166 et 167, paraissent suivre les courbes les plus compliquées et sans liaison saisissable avec les positions des étoiles auxquelles on peut vouloir rapporter leurs mouvements. Néanmoins, en comparant les routes apparentes ainsi tracées, on saisit avec facilité les différences des vitesses angulaires que présentent les planètes dont quelques-unes font en un an le tour entier de la sphère céleste, tandis que les autres ne parcourent que des arcs plus ou moins restreints.

Si, en même temps qu'on détermine chaque jour la position des planètes sur la sphère céleste, on mesure leurs diamètres par les mêmes moyens que nous avons indiqués en parlant du Soleil (livre XIV, chap. II, p. 47 et suiv.), on trouve que ceux-ci varient constamment, ce qui peut s'expliquer facilement par des variations de distances à la Terre. Mais on reconnaît, en outre, que certaines planètes, Mercure, Vénus et même Mars, changent d'aspect, qu'elles passent par une série de phases, qu'elles présentent tantôt un disque entièrement lumineux, tantôt un demi-disque, tantôt seulement un croissant.

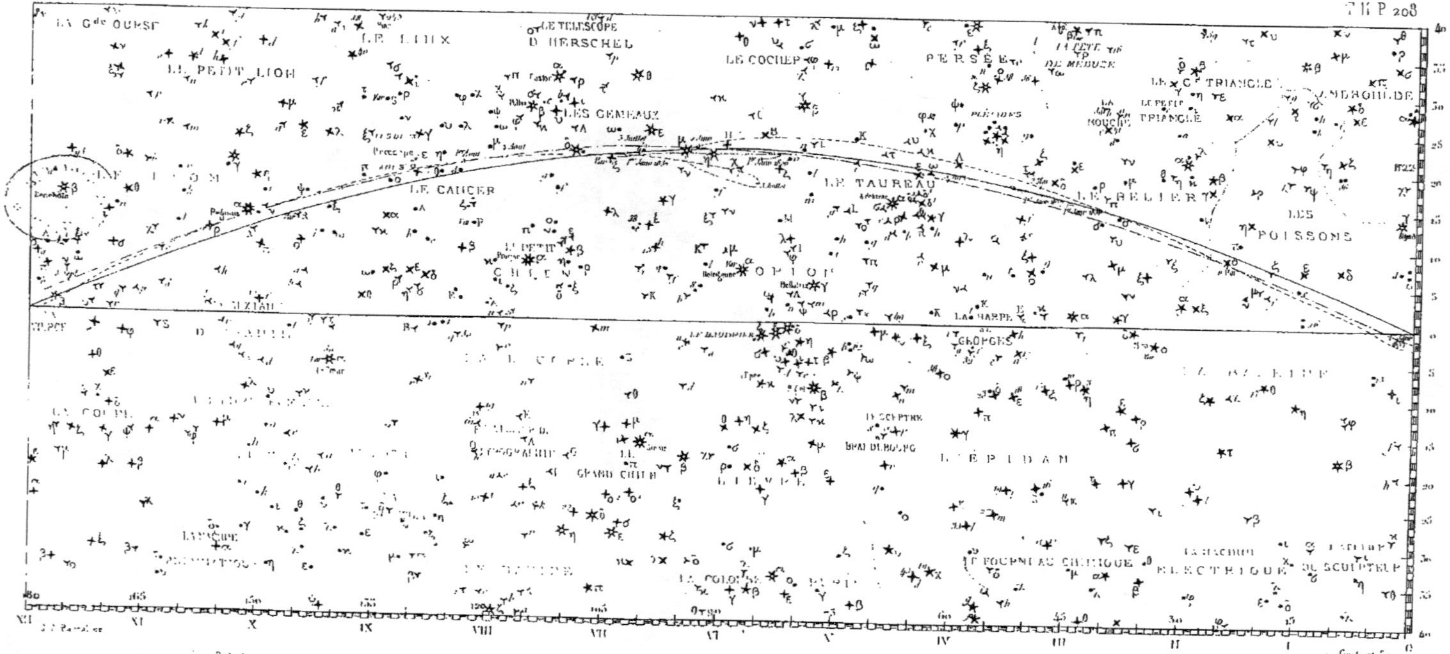

FIG. 166 — Routes apparentes du Soleil, de Mercure, Vénus, Mars, Jupiter, Saturne et Uranus, pendant l'année 1856, sur la Sphère Céleste, de 0ʰ à 12ʰ d'ascension droite.

LES HONNEURS DE   LE LÉZARD
FRÉDÉRIC.

ANDROMÈDE

LES Th. FÉVRIERS
1 Chev.
CHEVELURE DE BÉRÉNICE

LE BOUVIER

MONT MÉNALE

LA VIERGE

LE CORBEAU

LE CYGNE

LA LYRE

LE RENARD ET L'OIE
LA FLÈCHE
L'AIGLE
LE PETIT CHEVAL

PÉGASE

HERCULE

LE TAUREAU
DE PONIATOWSKI

OPHIUCHUS

LA COURONNE BORÉALE
LE SERPENT
LA MASSUE

LE SOLITAIRE

L'HYDRE FEMELLE

LE CENTAURE

LA BALANCE

LE SCORPION

ÉCU SOBIESKI
LE SERPENT

LE TÉLESCOPE

LE LOUP

LE VERSEAU

ANTINOUS

LE SAGITTAIRE

LE CAPRICORNE

LA COURONNE AUSTRALE

LE MICROSCOPE

LES POISSONS

LE GRUE

ATELIER DU SCULPTEUR

POISSON AUSTRAL

Étoiles de 1re Grandeur
2me
3me
4me
5me
6me
Nébuleuses

Soleil
Mercure
Venus
Mars
Jupiter
Saturne
Uranus

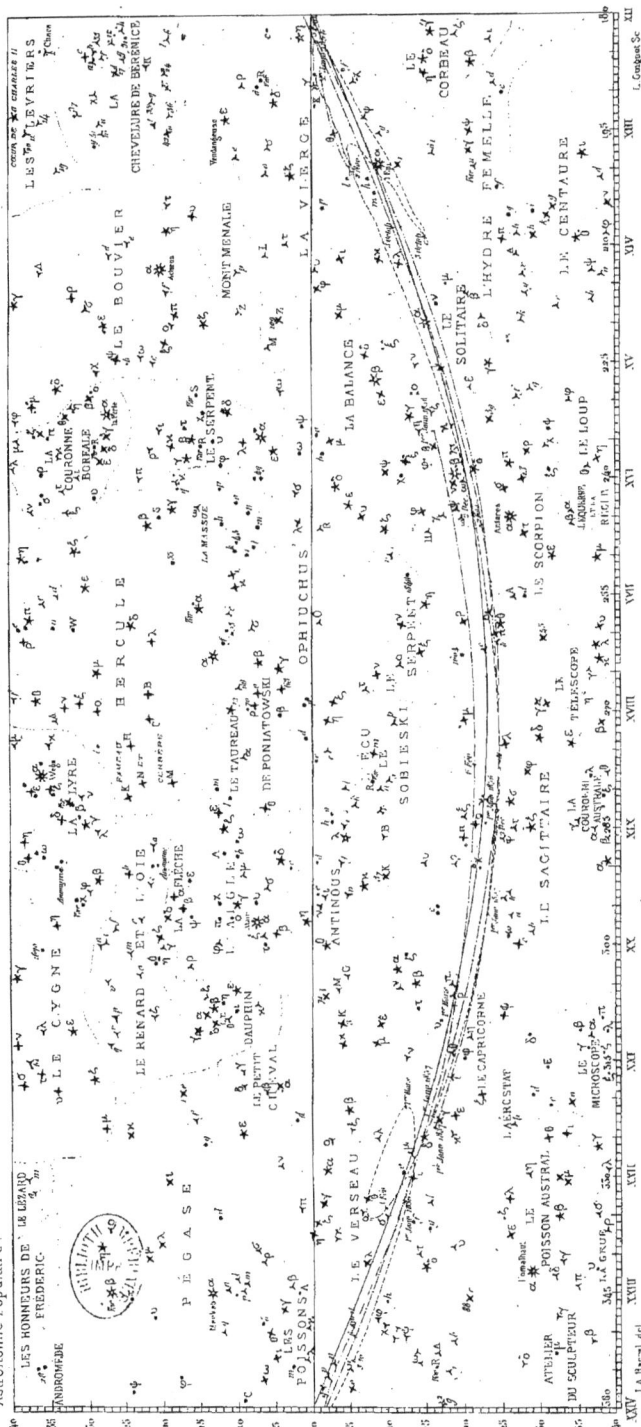

FIG.167. Routes apparentes du Soleil de Mercure Venus. Mars. Jupiter. Saturne et Uranus.
pendant l'année 1856 sur la Sphère Céleste.de 12ʰ à 24ʰ d'ascension droite

J. A. Barral del.

Imp. A. Delâtre, r. de Jacques, 19. Paris.

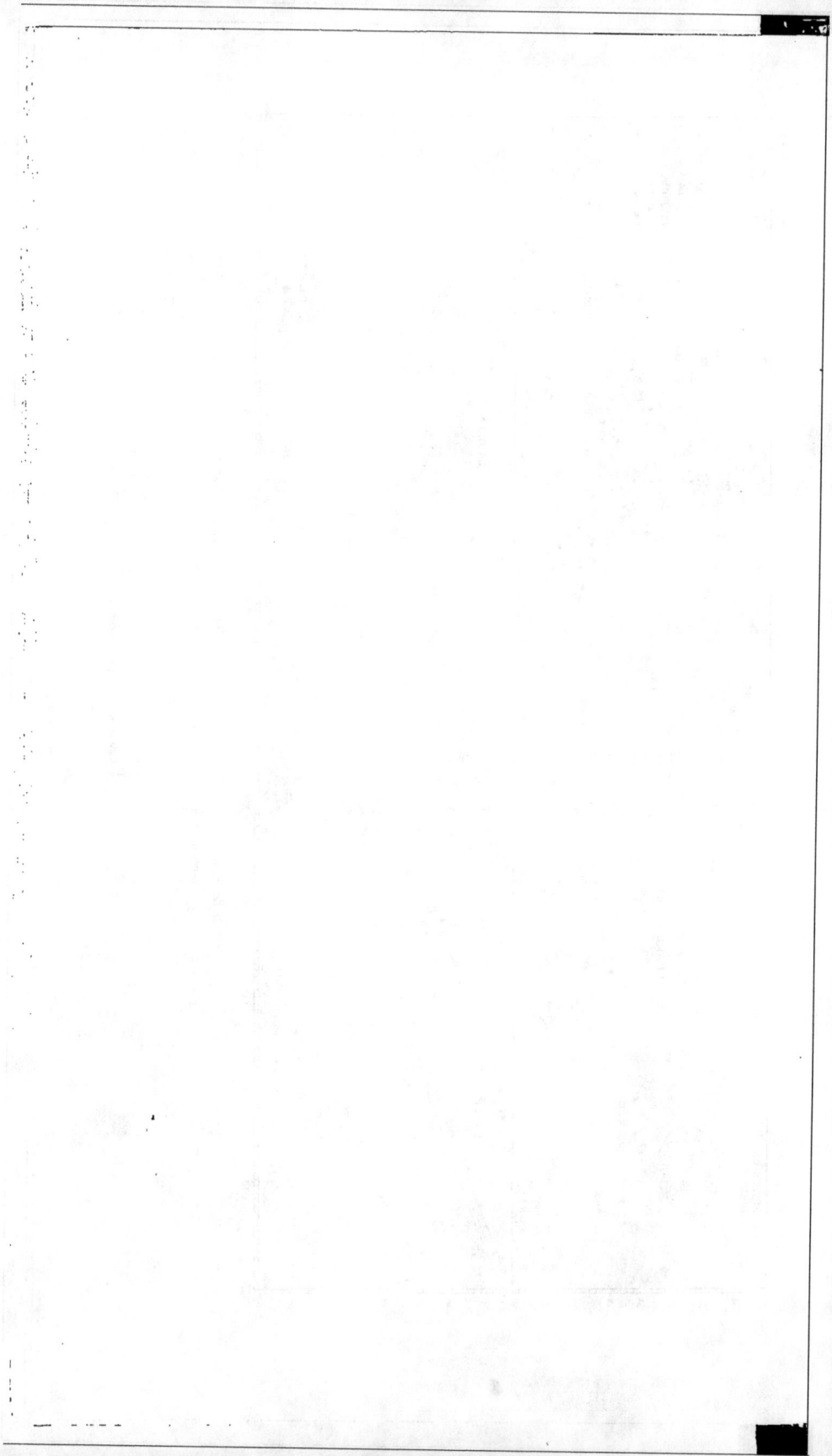

CHAPITRE IV

MOUVEMENTS APPARENTS DES PLANÈTES RAPPORTÉS
AU MOUVEMENT APPARENT DU SOLEIL

Tous les phénomènes singuliers que nous venons de passer en revue montrent que les planètes ne peuvent être comparées aux étoiles, qu'il faut chercher à les rattacher au Soleil avec l'orbite apparente duquel leurs orbites apparentes semblent, dès le premier examen des figures 166 et 167, avoir des rapports intimes. Un pareil rapprochement des mouvements apparents du Soleil et des planètes montre d'abord que les plus grandes vitesses, soit du mouvement direct, soit du mouvement rétrograde, ont toujours lieu quand les centres de la Terre, du Soleil et de la planète observée semblent former une même ligne droite. On reconnaît ensuite que les planètes que nous avons appelées inférieures, que Mercure et Vénus ne s'éloignent jamais du Soleil qu'à des distances angulaires assez petites, tandis que les planètes supérieures s'écartent de l'astre radieux à toutes les distances angulaires possibles.

Lorsqu'une planète vue de la Terre est à gauche du Soleil, on dit qu'elle est en *digression* orientale ; la digression est au contraire occidentale, si la planète est aperçue à droite du Soleil.

Une planète est en *conjonction* avec le Soleil, quand elle s'interpose entre le Soleil et la Terre ; la planète est en *opposition avec le Soleil*, quand c'est la Terre qui est interposée entre elle et le Soleil ; enfin elle est en *opposi-*

tion avec la Terre, quand c'est le Soleil qui est interposé entre elle et notre globe.

Lorsqu'une planète se trouve sur une même ligne droite avec la Terre et le Soleil, mais au delà de ce dernier par rapport à la Terre, on dit que la planète et le Soleil sont en conjonction supérieure ; ils sont en conjonction inférieure, quand la planète est placée entre le Soleil et la Terre. Les positions des planètes à 90° des conjonctions ou des oppositions sont dites les quadratures.

Ces définitions posées, voyons quelles sont les apparences des mouvements des planètes rapprochés du mouvement apparent du Soleil autour de la Terre.

Occupons-nous d'abord des planètes inférieures.

Nous rappellerons seulement que le mouvement apparent du Soleil, par rapport aux étoiles, a toujours lieu dans le même sens, et que la vitesse de l'astre radieux est sensiblement constante. A une certaine époque, la planète considérée est invisible pour nous ; elle est en opposition avec la Terre, c'est-à-dire que le Soleil nous la cache. Quelque temps après, nous la voyons apparaître à l'orient du Soleil et elle semble s'en éloigner. Elle exécute alors, en même temps que le Soleil, un mouvement direct par rapport aux étoiles. Mais tandis que la vitesse du Soleil est sensiblement constante, celle de la planète va en diminuant, elle paraît exécuter un mouvement rétrograde par rapport au Soleil, quoique son mouvement par rapport aux étoiles soit encore direct. La vitesse de la planète par rapport aux étoiles devient nulle un peu plus tard, et alors elle paraît stationnaire sur la sphère étoilée, quoiqu'elle continue à avoir un mouve-

ment apparent rétrograde par rapport au Soleil. Le mouvement rétrograde par rapport aux étoiles commence
ensuite, et pendant toute la durée de ce mouvement
apparent, le mouvement par rapport au Soleil continue
à être rétrograde. La planète fait une nouvelle station
par rapport aux étoiles, puis sa vitesse change de signe,
son mouvement redevient direct d'abord par rapport
aux étoiles, puis par rapport au Soleil dont elle se rapproche, et ainsi de suite.

De telles apparences conduisent évidemment à penser
que la planète se meut autour du Soleil dans une orbite
emportée par l'astre radieux dans son mouvement apparent autour de la Terre. Cette conclusion est fortifiée
quand on s'occupe des phases que présentent les planètes
inférieures. En effet, lors de ses plus grandes élongations, la planète nous offre l'apparence d'un demi-disque
lumineux dont le bord curviligne est tourné vers le Soleil.
Entre ses élongations extrêmes, la planète se présente
comme un croissant dont la convexité regarde l'astre radieux. Une figure bien simple rend compte de toutes les
circonstances des apparences observées. Si on suppose
le Soleil en S et la Terre en T, et que la planète P soit
d'abord en opposition avec le Soleil (fig. 168, p. 212),
elle tourne évidemment vers la Terre son disque entièrement éclairé. Elle s'éloigne alors du Soleil en exécutant
un mouvement rétrograde, jusqu'à ce qu'elle ait atteint
sa plus grande digression orientale en P'', lorsque l'angle
SP''T est droit. Dans l'intervalle, la partie éclairée du
disque qu'elle nous présente, par exemple, en P', va en
diminuant; en P'', la moitié seule nous apparaît lumi-

neuse. Il y a station en P'', puis le mouvement devient direct, et il y a conjonction en P^{iv}; dans l'intervalle, en P''' par exemple, on ne voyait qu'un croissant. Au moment de la conjonction, si la planète est par hasard dans le plan de l'écliptique, elle se proiette sur le Soleil, où elle

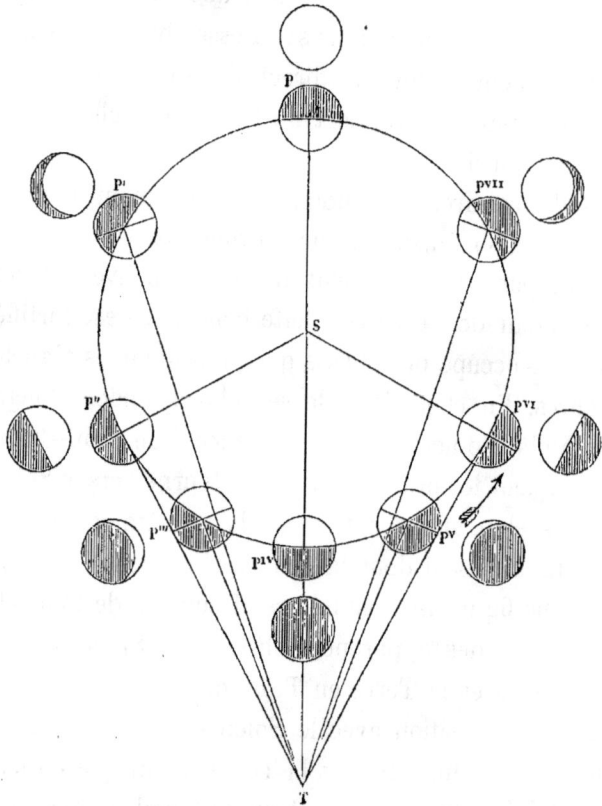

Fig. 168. — Mouvement d'une planète inférieure autour du Soleil,
vu de la Terre.

produit une tache noire, qu'on ne peut confondre avec les taches solaires, parce qu'elle traverse le disque du Soleil d'un mouvement uniforme et en formant un cercle exact.

Le mouvement devient rétrograde par rapport au Soleil jusqu'au maximum de la digression occidentale en P^{vi}; il y a alors une station, et le mouvement paraît ensuite direct par rapport au Soleil, dont la planète semble se rapprocher, jusqu'à ce qu'elle soit en opposition en P. Dans les intervalles, en P^v et P^{vii}, elle présente à la Terre un croissant, puis une partie de plus en plus complète de son disque éclairé.

Pour les planètes supérieures, les apparences ne seront plus les mêmes. Il y a un moment où la planète considérée est en conjonction supérieure en P, et le Soleil S (fig. 169) nous la cache. A partir de cet instant, les

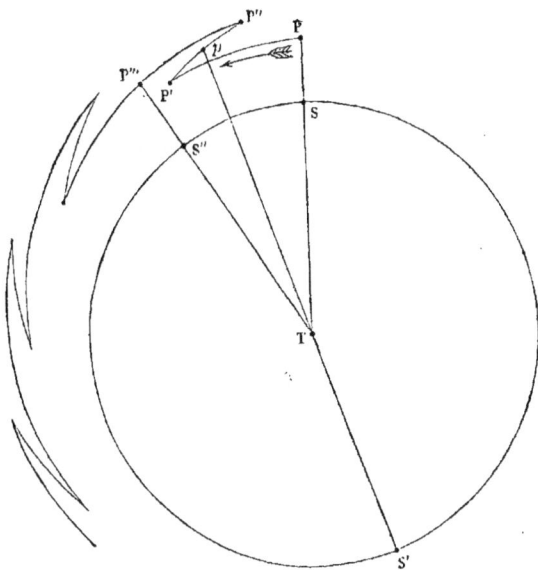

Fig. 169. — Mouvement apparent d'une planète supérieure, vu de la Terre.

deux astres prennent un mouvement direct par rapport

aux étoiles, mais le Soleil a un mouvement plus rapide que celui de la planète. Celle-ci est animée d'un mouvement rétrograde par rapport au Soleil. La planète a atteint bientôt une position P′ à peu près stationnaire par rapport aux étoiles, et elle prend un mouvement rétrograde. Lorsqu'elle est arrivée en p au maximum de vitesse et au milieu de l'arc de son mouvement rétrograde, le Soleil est en S′ en opposition avec elle. A partir de ce moment, la planète a un mouvement direct par rapport au Soleil, quoique rétrograde encore par rapport aux étoiles. Arrivée en P″, la planète reprend un mouvement direct par rapport aux étoiles. Le Soleil vient de nouveau se mettre en conjonction supérieure en S′ avec la planète, lorsque celle-ci arrive en P‴ au maximum de vitesse et au milieu de l'arc de son mouvement direct.

Ces faits démontrent évidemment que le Soleil joue un rôle important dans le mouvement des planètes supérieures, tout aussi bien que dans celui des planètes inférieures.

Comme les planètes supérieures ne présentent pas de phases sensibles, à l'exception de Mars, on est conduit à penser qu'elles se meuvent autour du Soleil dans des orbites dont le rayon est plus grand que la distance du Soleil à la Terre. On conçoit en effet que, dans cette hypothèse, quelles que soient les positions relatives du Soleil et des planètes, nous devrons toujours apercevoir celles-ci entièrement, excepté aux époques des conjonctions.

CHAPITRE V

MOUVEMENTS RÉELS DES PLANÈTES

Les mouvements apparents des planètes vus de la Terre étant, comme nous l'avons dit, très-irréguliers, particulièrement vers les stations et les rétrogradations, il est nécessaire de rechercher si, examinés de quelque autre point, en se plaçant dans le Soleil, par exemple, l'ordre ne succéderait pas au désordre et à toutes les bizarreries dont nous avons dû tenir note. Essayons donc de transformer les observations faites sur la Terre en observations qui seraient faites si l'observateur était au centre du Soleil, c'est-à-dire, pour me servir des expressions usuelles, transformons les *positions géocentriques* en *positions héliocentriques*.

Admettons d'abord que les planètes se meuvent dans le plan de l'écliptique, ce qui pour les principales n'est pas très-loin de la vérité. Il y a deux cas à distinguer, le cas des planètes supérieures et celui des planètes inférieures. Occupons-nous d'abord des premières.

Lorsqu'une planète est en opposition, la ligne droite menée du Soleil à la Terre projette la planète sur l'étoile à laquelle aboutit la ligne menée du Soleil à la même planète; le jour de l'opposition on obtient donc, par une observation terrestre, la place de la planète sur le ciel étoilé, tout comme si on l'avait observée du Soleil : c'est ce qu'on appelle une position héliocentrique.

Quelques mois après, le Soleil, la Terre et la planète se trouveront de nouveau en ligne droite, la planète correspondra à une seconde étoile, ce qui procurera une seconde position héliocentrique.

Une troisième opposition nous donnera la position de la planète pour un observateur qui serait situé dans le Soleil, et ainsi de suite.

Si l'on a réuni un très-grand nombre d'observations de cette nature, on pourra par interpolation déterminer le temps que la planète, vue du Soleil, emploie à revenir à la même étoile, c'est-à-dire le temps de sa révolution complète.

En observant les mêmes planètes lorsqu'elles parviennent à leurs conjonctions, on trouve de même le moment où vues du Soleil elles correspondent à d'autres étoiles du firmament, ce qui fournit de nouvelles déterminations des temps qu'elles emploient à faire leurs révolutions complètes.

Admettons maintenant, ce qui est complétement justifié par les faibles valeurs que nous avons trouvées pour les parallaxes des étoiles (liv. IX, chap. XXXII, t. I, p. 427), que les constellations aient la même grandeur pour un observateur situé sur la Terre et pour celui qui occuperait le centre du Soleil; en d'autres termes, supposons que la distance angulaire de deux étoiles quelconques soit à peu près la même pour les deux observateurs. Les oppositions et les conjonctions nous ont montré à quelles étoiles, soit pour un observateur situé sur la Terre, soit pour un observateur situé sur le Soleil, correspondaient les planètes à des époques déterminées. Les angles sous-tendus par ces étoiles ayant la même valeur dans les deux positions des observateurs, nous pourrons, en discutant toutes les positions héliocentriques données par les oppositions et les conjections, arriver à déterminer comment s'opère le mouvement angulaire de la planète vu du Soleil. On déduira déjà de cette discussion que, pour un observateur situé dans le Soleil, les stations et les rétrogradations des planètes supérieures n'existent pas; que toutes ces planètes se meuvent perpétuellement dans le même sens, que seulement le mouvement angulaire n'est pas uniforme.

On arrivera à des résultats analogues en discutant les observations de Mercure et de Vénus, prises dans leurs conjonctions supérieures et inférieures.

Soient maintenant (fig. 170) S le Soleil, T la Terre et

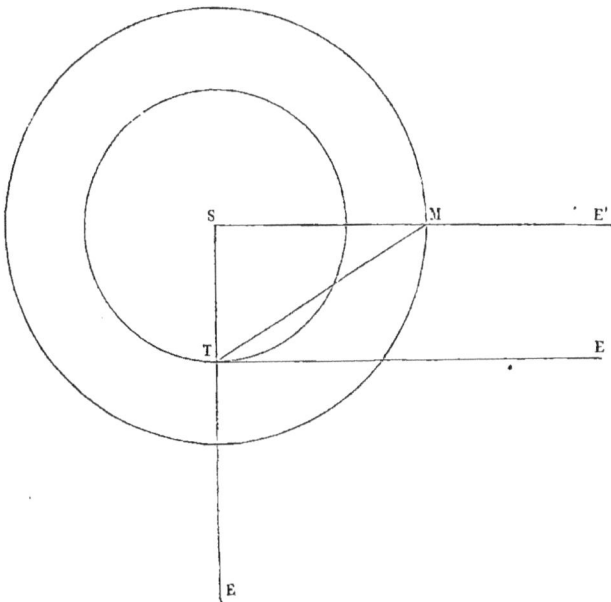

Fig. 170. — Détermination des rapports des distances des planètes à la Terre et au Soleil.

M la planète, prise vers les quadratures, c'est-à-dire lorsque l'angle MST n'est pas éloigné d'être droit; la ligne ST aboutit à une certaine étoile E, la ligne SM aboutit à une autre étoile E'. L'angle en S (E'SE) compris entre ces deux étoiles est le même que s'il était mesuré en T (E'TE), par conséquent il est connu. L'angle MTS, dont le sommet est situé sur la Terre, peut toujours être déterminé directement ou déduit d'un catalogue d'étoiles formé antérieurement; donc, le troisième angle MST du triangle, formé par les droites ST, TM et SM, sera connu, puisqu'il sera le complément à 180° degrés de la somme des deux précédents.

On pourra construire graphiquement un triangle ayant les mêmes angles que celui qui est formé par les lignes joignant la Terre, le Soleil et la planète, les côtés de ce triangle seront proportionnels aux côtés du triangle STM. On obtiendra ainsi le rapport de TS à SM, c'est-à-dire des distances de la Terre au Soleil et du Soleil à la planète [1].

L'opération dont nous venons de parler peut être répétée pour une position quelconque T de la Terre par rapport au Soleil; il faudra seulement remarquer que le côté TS n'a pas toujours la même longueur; mais cette circonstance ne saurait être une difficulté, puisque des calculs antérieurs, fondés sur des mesures micrométriques,

---

1. L'opération graphique décrite dans le texte peut être remplacée par un calcul très-simple. On démontre, en effet, en géométrie, que dans un triangle rectiligne les sinus des angles sont proportionnels aux côtés opposés. Ainsi, à l'aide de la table des sinus on obtiendra le rapport de TS à SM.

nous ont fait connaître les variations des distances du Soleil à la Terre, c'est-à-dire les variations de TS pour tous les jours d'une année quelconque (liv. VII, chap. VIII, t. I, p. 274).

Rien ne sera donc plus facile que de déterminer les orbites et toutes les circonstances des mouvements des diverses planètes.

CHAPITRE VI

LOIS DE KEPLER

Marquons sur un tableau le point S qui représentera le Soleil (fig. 171)

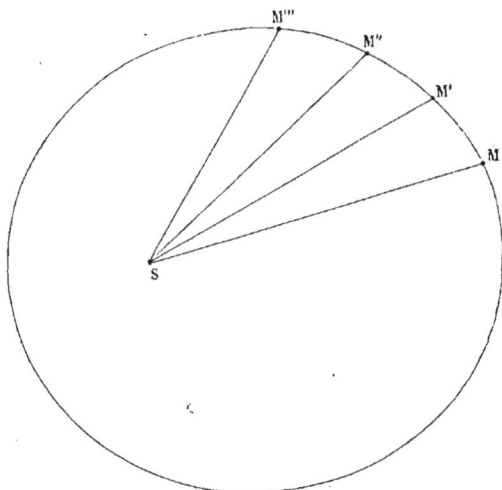

Fig. 171. — Détermination de l'orbite d'une planète.

Supposons que nous cherchions à tracer l'orbite de la planète Mars, par exemple. On arrivera, comme on vient de le voir dans le chapitre précédent, à déterminer les positions des lignes ou rayons vecteurs SM, SM′, SM″, SM‴ sur lesquelles Mars vu du Soleil doit paraître situé dans les différents jours de l'année. A l'aide, comme nous venons de le dire, de la résolution des triangles STM (fig. 170, p. 217), on détermine à quelle distance du point S Mars doit être placé. Si par toutes les positions M, M′, M″, M‴, on fait passer une courbe, on aura l'orbite décrite par Mars autour du Soleil (fig. 171, p. 219).

Eh bien, cette orbite n'est pas circulaire, elle est une ellipse à l'un des foyers de laquelle le Soleil est situé. C'est ce qu'on appelle la première loi de Kepler.

Admettons que SM, SM′, SM″, SM‴ correspondent à des époques également éloignées les unes des autres, quel rapport y a-t-il entre les angles variables MSM′, M′SM″, M″SM‴ et les distances variables MS, M′S, M″S, M‴S, qui à ces divers moments séparent la planète du Soleil? Le rapport est le suivant : la surface comprise entre deux de ces rayons vecteurs est constante, en sorte que le rayon vecteur SM, en se transportant successivement dans les positions SM′, SM″, SM‴, etc., décrit autour du point S non pas des angles égaux en temps égaux, mais des surfaces égales. Cela constitue ce qu'on a appelé la seconde loi de Kepler.

Si au lieu de discuter des observations de Mars, on avait pris des observations de Jupiter ou de Saturne, des observations de Mercure ou de Vénus, on aurait trouvé exactement le même résultat quant à l'ellipticité des orbites et quant à la loi qui lie le mouvement angulaire de chaque planète à sa distance variable au Soleil.

On voit que ces diverses opérations, tout en laissant le calculateur dans l'incertitude sur la distance itinéraire, c'est-à-dire sur la distance en lieues ou en kilomètres qui sépare les différentes planètes du Soleil, font connaître le rapport de ces distances.

Les deux tableaux suivants donnent, dans une première colonne les valeurs moyennes des distances au Soleil de toutes les planètes actuellement connues, en supposant que la distance moyenne de la Terre au Soleil soit l'unité.

Une seconde colonne de ces tableaux indique en outre la durée de la révolution sidérale des planètes, c'est-à-dire l'intervalle qui s'écoule entre les deux retours successifs d'une planète à la même étoile.

Enfin la troisième colonne des mêmes tableaux donne les moyens mouvements diurnes exécutés par les différentes planètes le long de leurs orbites.

PLANÈTES PRINCIPALES

Noms des Planètes.	Distances moyennes au Soleil.	Durées des révolutions sidérales en jours moyens.	Moyens mouvements diurnes.
☿ MERCURE.........	0.3870985	87.96926	14,732″.419
♀ VÉNUS.	0.7233317	224.70080	5,767 .668
♁ LA TERRE........	1. 000000	365.25637	3,548 .193
♂ MARS.	1. 523691	686.97964	1,886 .519
♃ JUPITER..........	5. 202798	4,332.58482	299 .129
♄ SATURNE.........	9. 538852	10,759. 2198	120 .455
♅ URANUS	19. 182730	30,686. 8205	42 .233
♆ NEPTUNE.........	30. 04	60,127	21 .554

PETITES PLANÈTES

	Noms des Planètes.	Distances moyennes au Soleil.	Durées des révolutions sidérales en jours moyens.	Moyens mouvements diurnes.
(8)	FLORE..........	2.201727	1,193. 281	1,086".0790
(18)	MELPOMÈNE......	2.295753	1,270. 531	1,020 .0440
(12)	VICTORIA.......	2.335003	1,303.2536	994 .4325
(27)	EUTERPE........	2.347507	1,313. 736	986 .4977
(30)	URANIE.........	2.358329	1,322.8290	979 .7170
(4)	VESTA..........	2.361702	1,326. 669	977 .6178
(33)	POLYMNIE......	2.378572	1,339.8992	967 .2350
(7)	IRIS...........	2.385310	1,345. 600	963 .1396
(9)	MÉTIS.........	2.386897	1,346.9400	962 .1801
(24)	PHOCÉA........	2.390843	1,350.2809	959 .7982
(20)	MASSALIA........	2.408360	1,365.1482	949 .3459
(6)	HÉBÉ..........	2.425368	1,379. 635	939 .3772
(19)	FORTUNA.......	2.445902	1,397. 192	927 .5728
(11)	PARTHÉNOPE.....	2.448097	1,399. 074	926 .3257
(17)	THÉTIS.........	2.497756	1,441. 859	898 .8378
(29)	AMPHITRITE.....	2.553665	1,490. 540	869 .4824
(5)	ASTRÉE........	2.577400	1,511. 369	857 .4996
(14)	IRÈNE..........	2.581951	1,515. 373	855 .2337
(13)	ÉGÉRIE........	2.582492	1,515. 850	854 .9642
(32)	POMONE........	2.585054	1,518.1060	853 .6940
(21)	LUTETIA........	2.612466	1,542. 318	840 .2924
(23)	THALIE........	2.625878	1,554.2093	833 .8635
(15)	EUNOMIA.......	2.650918	1,576. 493	822 .0764
(26)	PROSERPINE......	2.652433	1,577. 845	821 .3722
(3)	JUNON..........	2.669095	1,592. 736	813 .6926
(1)	CÉRÈS.........	2.766921	1,681. 093	770 .9242

Noms des Planètes.	Distances moyennes au Soleil.	Durées des révolutions sidérales en jours moyens.	Moyens mouvements diurnes.
② PALLAS..........	2.722896	1,686. 089	768″.6413
㉘ BELLONE........	2.780725	1,693.6931	765 .1905
㉒ CALLIOPE........	2.911710	1,814. 762	714 .1428
⑯ PSYCHÉ.	2.926334	1,828. 452	708 .7948
⑩ HYGIE..........	3.151388	2,043. 386	634 .2404
㉕ THÉMIS.	3.160312	2,052. 072	631 .5556
㉛ EUPHROSINE.	3.192287	2,083. 295	622 .0906

A l'aide des nombres proportionnels précédents, relatifs aux six planètes principales alors connues (Mercure, Vénus, la Terre, Mars, Jupiter et Saturne), on a trouvé, dans le XVIᵉ siècle, la liaison qui existe entre les temps des révolutions des planètes et leurs distances au Soleil. Cette loi, la troisième de Kepler, peut être énoncée ainsi : le carré du temps de la révolution d'une première planète est au carré du temps de la révolution d'une seconde planète, comme le cube de la distance de la première planète au Soleil est au cube de la distance de la seconde planète au même astre.

Les temps que les diverses planètes emploient à faire leur révolution complète dans le ciel et leurs distances au Soleil peuvent être combinés deux à deux comme on voudra, et la proportion précédente sera toujours satisfaite.

CHAPITRE VII

DU MOUVEMENT DE LA TERRE AUTOUR DU SOLEIL

Nous avons considéré jusqu'ici les mouvements des étoiles, du Soleil et des planètes, tels qu'ils paraissent s'exécuter en supposant la Terre immobile. Nous allons dans ce chapitre remonter des apparences à la réalité.

Dès notre début dans l'étude des mouvements célestes, nous avons reconnu que le Soleil semble décrire une ellipse dont notre globe occupe un foyer (liv. VII, ch. VIII, t. I, p. 274). Cherchons si ce mouvement du Soleil ne serait pas une apparence dépendante du mouvement réel de la Terre.

En quoi consiste le mouvement apparent du Soleil? Dans ce fait, que chaque jour à midi, par exemple, le Soleil semble correspondre à une étoile plus orientale que la veille. Or, ce fait resterait absolument le même si, en supposant le Soleil immobile, on faisait mouvoir la Terre autour de lui. Si ce mouvement s'exécutait de l'occident à l'orient, les lignes visuelles menées de notre globe au Soleil, prolongées jusqu'au firmament, correspondraient chaque jour à des étoiles plus orientales.

Que le Soleil se meuve dans une orbite elliptique dont la Terre occupe le foyer, ou que la Terre parcoure la même courbe en supposant le Soleil au foyer, les phénomènes du mouvement annuel du Soleil à travers les constellations seront absolument les mêmes.

En jetant un coup d'œil sur les deux figures ci-jointes, cela paraîtra évident à tout le monde.

Dans la première (fig. 172), T représente la Terre

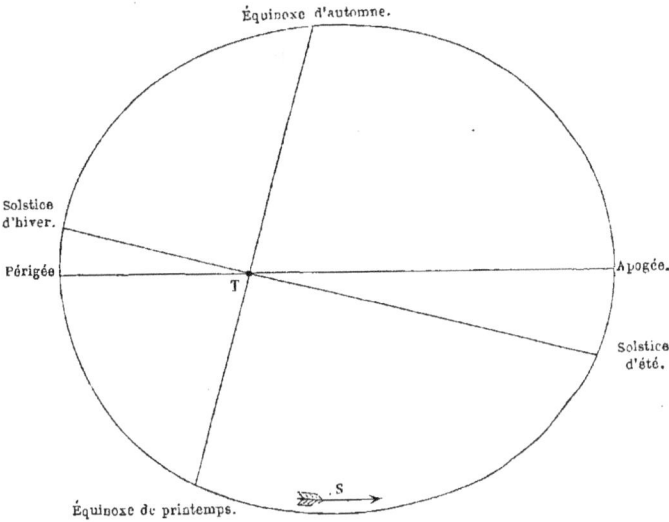

Fig. 172. — Ellipse apparente décrite par le Soleil autour de la Terre placée au foyer.

immobile au foyer de la courbe que le Soleil semble parcourir ; dans la seconde (fig. 173) S représente le Soleil en repos dans l'intérieur de la courbe que la Terre décrit en une année. Suivons plus loin la comparaison des deux hypothèses.

Nous avons reconnu, à l'aide des mesures micrométriques, que le diamètre du Soleil est variable, et que par conséquent il doit en être de même de sa distance à la Terre. Or, cette distance ne sera pas moins variable si on suppose le Soleil immobile au foyer de l'orbite annuelle, que lorsqu'on plaçait la Terre à ce foyer. Il y a plus : si les dimensions de l'ellipse sont les mêmes dans les deux cas, les variations des distances auront exactement les mêmes valeurs numériques. Seulement, dans le

premier cas, les diamètres du disque solaire au périgée
et à l'apogée correspondaient aux passages du Soleil par
les deux extrémités du grand axe de l'ellipse ; dans la
seconde supposition, on observera ces deux diamètres du
disque solaire au périhélie et à l'aphélie, quand la Terre
passera par les deux mêmes sommets de la courbe.

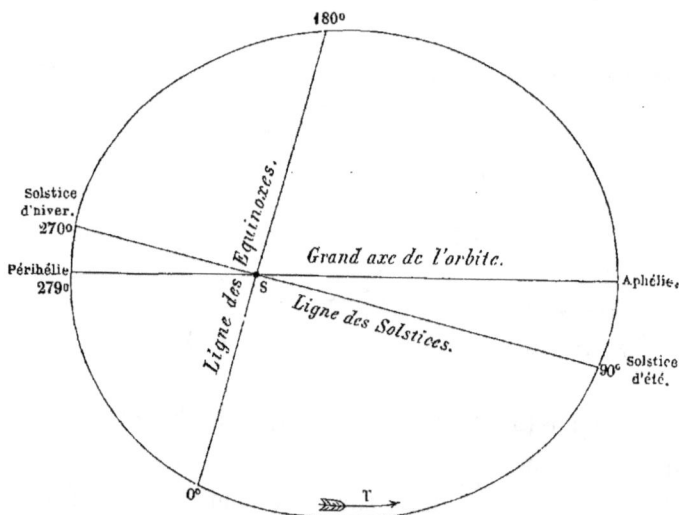

Fig. 173. — Ellipse décrite par la Terre dans son mouvement de translation
autour du Soleil.

Le mouvement propre du Soleil était inégal et assujetti
à cette loi remarquable que les surfaces décrites en temps
égaux autour du foyer de l'ellipse occupée par la Terre,
étaient égales entre elles (deuxième loi de Kepler).
Supposons que la Terre parcoure l'ellipse d'un mouvement
inégal, mais de manière que les déplacements de son
rayon vecteur soient assujettis à la loi des aires que nous
venons de citer ; il est clair que les mouvements apparents du Soleil seront les mêmes dans les deux hypothèses.

Dans nos premières études sur le mouvement propre apparent du Soleil, nous avons été amené à noter deux positions très-remarquables de cet astre. Je veux parler de celles dans lesquelles le Soleil paraît passer (liv. VII, ch. IV, t. I, p. 260) tous les ans dans le plan de l'équateur. Ces points, on se le rappelle, portent le nom d'*équinoxes;* ils jouent, comme nous le verrons, un rôle très-essentiel dans l'explication des phénomènes des saisons.

Nous devons nous demander s'il y aura des équinoxes, et quand ces équinoxes arriveront, dans la supposition du mouvement de translation de la Terre autour du Soleil. Or, supposons que la Terre se meuve parallèlement à elle-même, en sorte que le plan de son équateur coupe toujours le plan de l'écliptique suivant des lignes parallèles entre elles; pendant six mois ces intersections parallèles se trouveront situées d'un certain côté du Soleil, pendant six autres mois elles occuperont le côté opposé. Or, dans le passage des premières positions aux secondes et dans le passage des secondes aux premières, l'intersection de l'équateur et de l'écliptique passera nécessairement par le Soleil. Il y aura donc en douze mois ou un an, deux époques où le Soleil se trouvera situé dans le plan de l'équateur terrestre : c'est là ce que nous avons appelé les équinoxes.

On montrerait tout aussi simplement qu'à égale distance des deux équinoxes il doit y avoir deux solstices, c'est-à-dire deux points où les distances angulaires du Soleil à l'équateur terrestre sont égales à l'inclinaison de ce plan sur le plan de l'écliptique, c'est-à-dire à l'époque actuelle de 23° 27′ 30″.

L'étude du mouvement apparent annuel du Soleil nous a fait découvrir la précession des équinoxes, c'est-à-dire un mouvement rétrograde de 50″ par an des points par lesquels passe le Soleil quand il vient du midi au nord de l'équateur, ou quand il passe du nord au midi ; en d'autres termes, un déplacement de 50″ par an dans la ligne suivant laquelle l'équateur coupe le plan de l'écliptique.

On a reconnu que la précession n'altère pas les latitudes des étoiles, c'est-à-dire leurs distances perpendiculaires à l'écliptique ; ainsi on ne peut pas expliquer le changement de la ligne suivant laquelle le plan de l'écliptique coupe le plan de l'équateur par un déplacement du premier de ces plans ; car, répétons-le, un pareil déplacement changerait quelque peu les latitudes des étoiles. Mais si la Terre est immobile dans l'espace, son équateur sera fixe et sa ligne d'intersection avec le plan de l'écliptique, immobile lui-même, aura une position invariable ; on est alors amené forcément à la conséquence que les étoiles, indépendamment de leur mouvement apparent quotidien, éprouvent un déplacement de 50″ par an, en vertu duquel elles doivent correspondre à des points de l'écliptique de plus en plus orientaux. Mais qui ne voit combien une telle conséquence est improbable ? En effet, elle ne tend à rien moins qu'à supposer que toutes les étoiles, malgré les immenses distances qui les séparent de la Terre, malgré les distances plus prodigieuses encore qui les séparent les unes des autres, malgré leur isolement, malgré leur indépendance, s'entendent, pour ainsi dire, pour se mouvoir parallèlement au plan de l'écliptique de 50″ par an, avec le mince résultat de s'éloigner simultanément de l'équinoxe de cette petite quantité. Si nous supposons, au contraire, la Terre mobile, rien ne nous empêchera d'attribuer un petit déplacement annuel à son équateur.

Pour expliquer les équinoxes, nous avons d'abord admis que l'intersection de l'équateur terrestre avec l'écliptique restait toute l'année parallèle à elle-même ; si nous voulons expliquer dans le même système la précession des équinoxes, nous supposerons que le parallélisme de l'intersection n'est pas parfait, et que sa direction forme après douze mois, avec celle qu'elle avait l'année précédente, un angle de 50″, la nouvelle intersection étant toujours plus orientale que la précédente. Dans cette explication si simple, on n'a pas besoin de faire mouvoir d'un mouvement commun les milliards d'étoiles dont le firmament est parsemé ; tout est représenté, pour me servir d'une expression qui sera bien comprise des mathématiciens, par un déplacement d'un des plans coordonnés, par un déplacement de l'équateur auquel les étoiles sont rapportées.

Si la Terre se meut autour du Soleil, le temps de sa révolution sera égal à la durée de la révolution sidérale de cet astre, c'est-à-dire en jours sidéraux de 366ʲ.2564.

Nous avons vu que Kepler avait trouvé une loi suivant laquelle les temps des révolutions des planètes proprement dites sont liées à leurs distances au Soleil. Cette troisième loi de Kepler, on se le rappelle, peut être énoncée ainsi : le carré du temps de la révolution d'une planète est au carré du temps de la révolution d'une seconde planète, comme le cube de la distance moyenne de la première planète au Soleil, est au cube de la dis-

tance moyenne de la seconde planète au même astre. Eh
bien, la Terre et sa distance au Soleil viennent prendre
rang dans ces proportions et en vérifier l'exactitude ;
ainsi le carré du temps de la révolution de la Terre,
c'est-à-dire le carré de sa révolution sidérale, si la Terre
est une planète, est au carré du temps de la révolution
de Mars, comme le cube de la distance moyenne de la
Terre au Soleil est au cube de la distance moyenne de
Mars au Soleil. La proportion se vérifie également, quelle
que soit la planète supérieure ou inférieure que l'on compare à la Terre.

CHAPITRE VIII

DES STATIONS ET RÉTROGRADATIONS DES PLANÈTES

De tous les phénomènes que présente le firmament,
le plus extraordinaire, celui qui embarrassa le plus les
anciens observateurs, est le phénomène des stations et
des rétrogradations des planètes supérieures. On se rappelle qu'une planète (chap. iii, p. 206), pendant la très-
grande partie de sa course annuelle apparente, se meut
de l'occident à l'orient, mais qu'avant de parvenir à
l'opposition, ce mouvement se ralentit et ensuite s'arrête
totalement ; qu'après une station de quelque durée la
planète se met à marcher de l'orient à l'occident ; que
c'est par ce mouvement rétrograde qu'elle arrive à l'opposition ; que ce mouvement rétrograde, continué au
delà de l'opposition, conduit la planète dans une seconde
station, à partir de laquelle elle reprend son mouvement
direct ou dirigé de l'occident à l'orient.

Les figures 174, 175, 176 et 177 représentent,
d'après Cassini qui les a données dans les *Mémoires de
l'Académie des sciences* pour 1709, les routes que suivent
Mercure, Vénus, Mars, Jupiter et Saturne autour de la

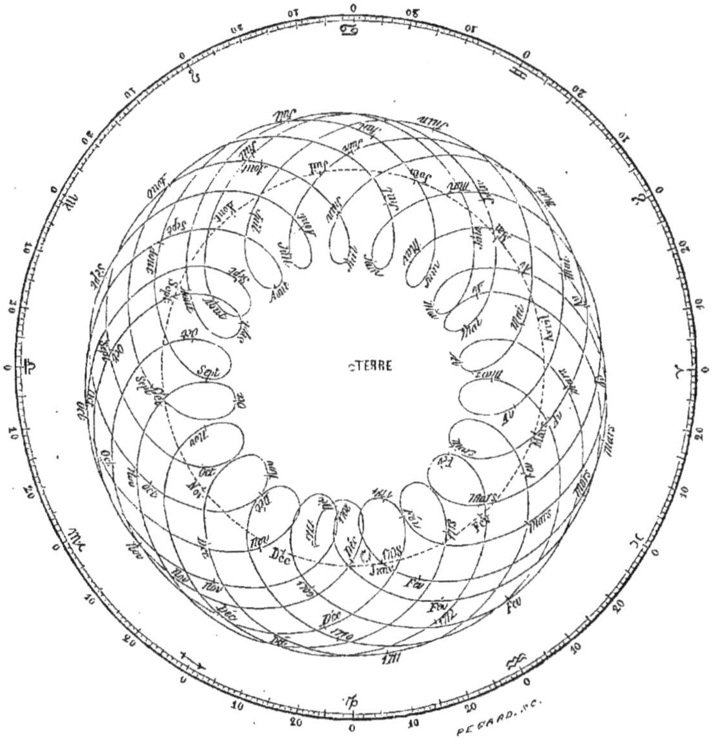

Fig. 174. — Mouvement de Mercure par rapport à la Terre, d'après Cassini,
de 1708 à 1715.

Terre supposée immobile au centre du monde. Les routes
ainsi obtenues sont des espèces d'épicycloïdes présentant
vers chaque conjonction inférieure ou chaque opposition,
une sorte de nœud. Dans ces figures l'orbite apparente
annuelle du Soleil est marquée par une ligne ponctuée.

Les anciens n'avaient pu rendre compte de ces mouvements successivement directs et rétrogrades, et séparés par deux points d'immobilité ou de station, que par l'hypothèse des *épicycles*, entièrement contraire, comme on

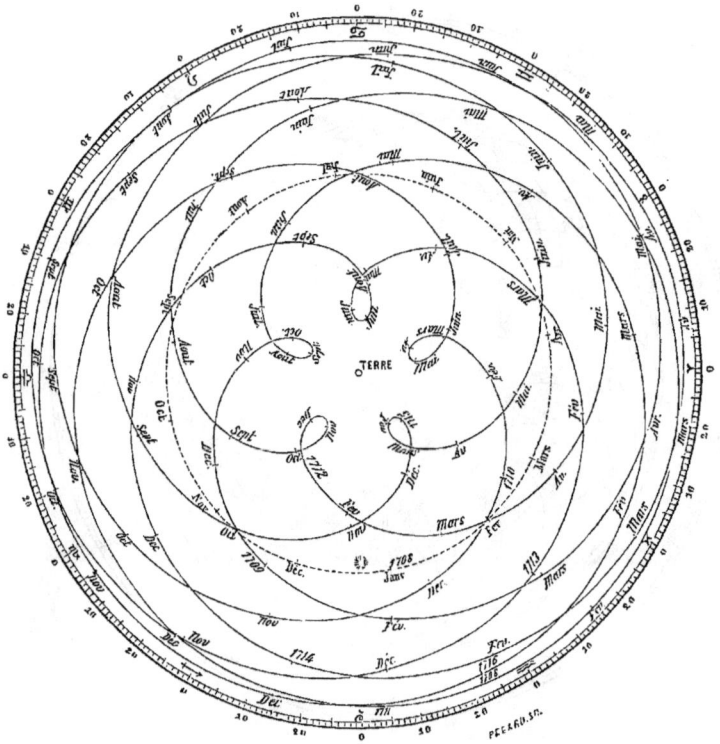

Fig. 175. — Mouvement de Vénus par rapport à la Terre, d'après Cassini, de 1708 à 1716.

le verra tout à l'heure, aux principes les plus simples, les plus élémentaires, les plus évidents de la mécanique. Ces mouvements s'expliquent, au contraire, très-naturellement, si l'on suppose que la Terre est une planète.

D'après les temps des révolutions de chaque planète

et sa distance au Soleil, on peut déterminer la vitesse angulaire moyenne qu'elle possède en son orbite. On trouve ainsi que cette vitesse est d'autant plus considérable que la planète est plus près du Soleil. Ainsi, la

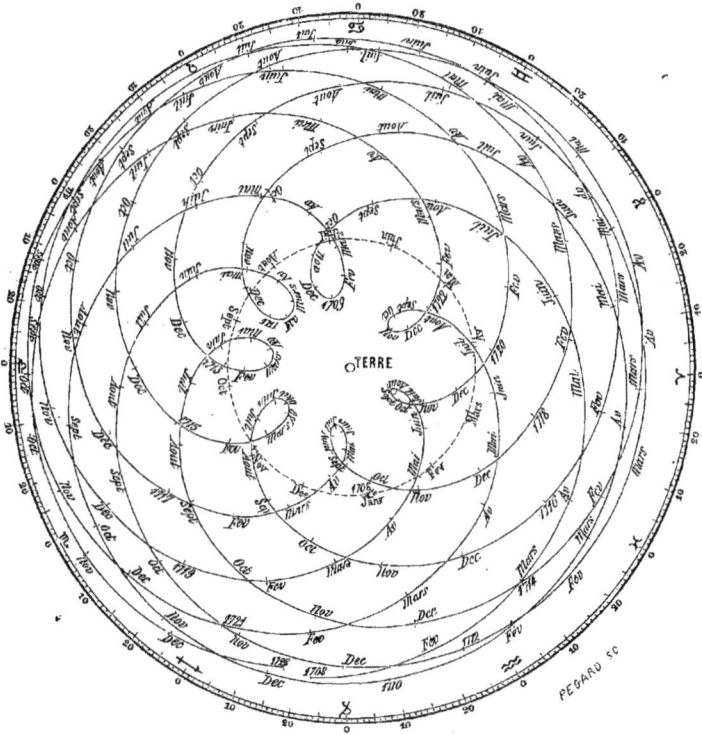

Fig. 176. — Mouvement de Mars par rapport à la Terre, d'après Cassini, de 1708 à 1723.

vitesse de Mercure surpasse celle de Vénus, la vitesse de Vénus est supérieure à celle de la terre, la vitesse de la Terre surpasse celle de Mars, et ainsi de suite, à mesure qu'on s'éloigne du Soleil. Ces vitesses angulaires sont contenues dans le tableau du chapitre v (p. 221 à 223) sous le titre de moyens mouvements diurnes. Nous n'avons pas besoin d'autre chose pour faire voir que Mars, Jupiter, Saturne, Uranus, Neptune, vont offrir dans leurs marches apparentes, telles qu'elles sont observées de la

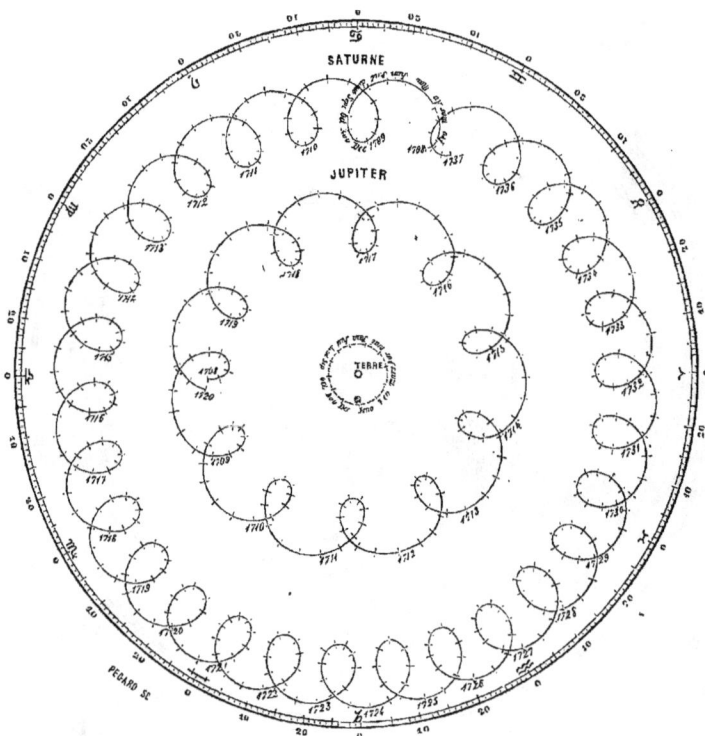

Fig. 177. — Mouvements de Jupiter et de Saturne par rapport à la Terre, d'après Cassini, de 1708 à 1720 pour Jupiter, et de 1708 à 1737 pour Saturne.

Terre, deux stations l'une avant, l'autre après l'opposition, et que, dans l'intervalle compris entre les deux stations, la planète, rapportée aux étoiles, doit paraître rétrograder, quoiqu'elle continue à se mouvoir de l'occident à l'orient. Une figure rendra le phénomène évident.

Soient S (fig. 178) le Soleil, TZ l'orbite de la Terre,

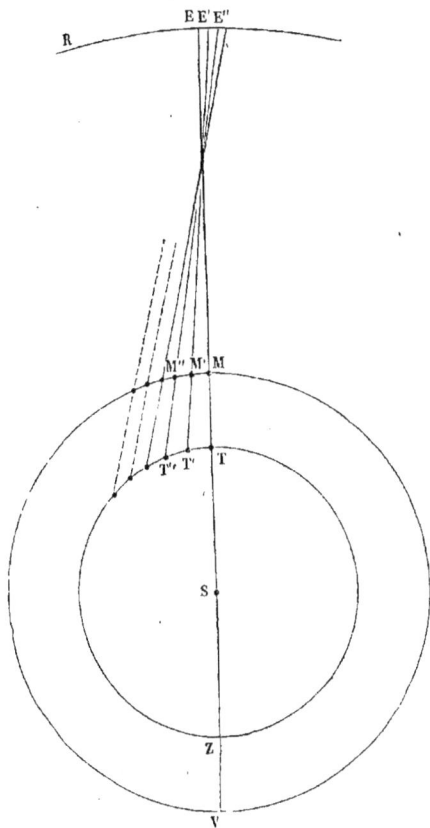

Fig. 178. Explication des stations et rétrogradations
des planètes supérieures.

VM l'orbite de Mars, ER la région des étoiles infiniment éloignées à la fois de Mars et de la Terre. Supposons que Mars soit en opposition, alors le Soleil S, la Terre T, et Mars M, devront être placés en ligne droite. Soient T' le point que la Terre occupe dans son orbite le lendemain de l'opposition, M' la place où Mars est parvenu dans

son orbite le lendemain de cette même opposition ; M'
sera à gauche du point M, comme le point T' est à gauche
du point T, les deux planètes s'étant mues simultanément
dans la même direction. Mais d'après la remarque que
nous avons faite tout à l'heure sur les vitesses comparatives, si nous voulons que la figure représente la réalité
des choses, il faudra que MM' soit plus petit que TT'.
Eh bien, le jour de l'opposition, la ligne STM aboutissait
au firmament à une étoile E, la ligne visuelle T'M', correspondante au lendemain de l'opposition ne pourra,
comme la figure le représente, à cause de la petitesse de
MM' comparée à TT', qu'aboutir à une étoile E' située à
droite de l'étoile E par laquelle passait le rayon visuel le
jour de l'opposition. La planète Mars aura donc en apparence marché de gauche à droite, quoiqu'en réalité elle
se soit déplacée de droite à gauche. Le lendemain, le
même raisonnement pourra être appliqué relativement à
la ligne visuelle passant par les positions T'' et M'' de
la Terre et de Mars. Mais bientôt il arrivera qu'à cause
de la courbure plus sensible de l'orbite de la Terre, le
mouvement de notre globe se présentera plus obliquement au rayon visuel, et les lignes qui passent par deux
positions successives de la Terre et de Mars seront parallèles entre elles ; ces lignes aboutiront à la même étoile
pendant plusieurs jours consécutifs, et Mars, quoiqu'il se soit toujours déplacé, semblera immobile ou
stationnaire.

Les mêmes phénomènes doivent évidemment s'observer avant que Mars soit parvenu à l'opposition ; la planète,
stationnaire un certain jour, doit rétrograder avec une

vitesse graduellement croissante jusqu'au jour où l'opposition arrive.

Une explication semblable rendrait compte des rétrogradations de Jupiter et de Saturne. Elle a ce caractère, qu'elle donne non-seulement le sens dans lequel le phénomène se réalise, mais qu'elle peut même servir à en produire numériquement toutes les circonstances, telles que la durée de chaque station et l'étendue totale de la rétrogradation.

Cette théorie a rendu compte avec la plus grande exactitude des rétrogradations d'Uranus et de Neptune, planètes nouvellement découvertes, comme aussi de la rétrogradation de la nombreuse suite d'astéroïdes compris entre Mars et Jupiter.

Ainsi les phénomènes des stations et rétrogradations des planètes devant lesquels les efforts des plus grands génies de l'antiquité étaient restés impuissants, ont servi à prouver que la Terre est une planète obéissant, comme chacune des autres planètes connues des anciens ou successivement découvertes, aux lois établies par Kepler.

Rappelons, en finissant ce chapitre, qu'en discutant les seules observations que ferait un astronome situé dans le Soleil, on ne trouverait, à cause de l'immobilité du centre de l'observation, aucun indice de stationnement et de rétrogradation ; en sorte qu'il est prouvé que ce phénomène remarquable est une illusion due au déplacement continuel de l'observateur ; il fournit la meilleure démonstration qu'on puisse imaginer du déplacement journalier de notre globe.

CHAPITRE IX

THÉORIE DES ÉPICYCLES

Les anciens avaient essayé de rattacher les stations et les rétrogradations des planètes à leurs idées astronomiques. Ne point rendre compte de ce phénomène capital, c'eût été avouer qu'on ne savait rien de positif sur le système du monde. Aussi les explications abondèrent; mais, grand Dieu! quelles explications. Nous allons donner en peu de mots une idée de la théorie célèbre des épicycles (cercles se mouvant sur des cercles).

Les anciens croyaient que tous les mouvements planétaires doivent s'exécuter uniformément dans des cercles, parce que, disaient-ils, le mouvement uniforme est le plus régulier, et parce que le cercle est la plus parfaite, la plus noble des courbes. Mais comment concilier cette idée et celle de l'immobilité de la Terre avec les stations des planètes et leurs mouvements successivement directs et rétrogrades?

Il paraît, si nous nous en rapportons à Ptolémée, qu'Apollonius, de Perge, qui florissait deux cents et quelques années avant notre ère, est le premier auteur de la théorie à l'aide de laquelle ce difficile problème fut résolu, et qui constitue le système des épicycles.

Supposons que la Terre (fig. 179) occupe le centre d'une circonférence de cercle, laquelle sera l'orbite principale, nommée par les anciens le *déférent*, d'une planète quelconque. Autour d'un point C de cette orbite comme centre, décrivons une seconde circonférence de cercle, et admettons que cette seconde circonférence, qui prend le nom d'épicycle, soit l'orbite que la planète parcourt pendant que son centre se meut uniformément le long de la première.

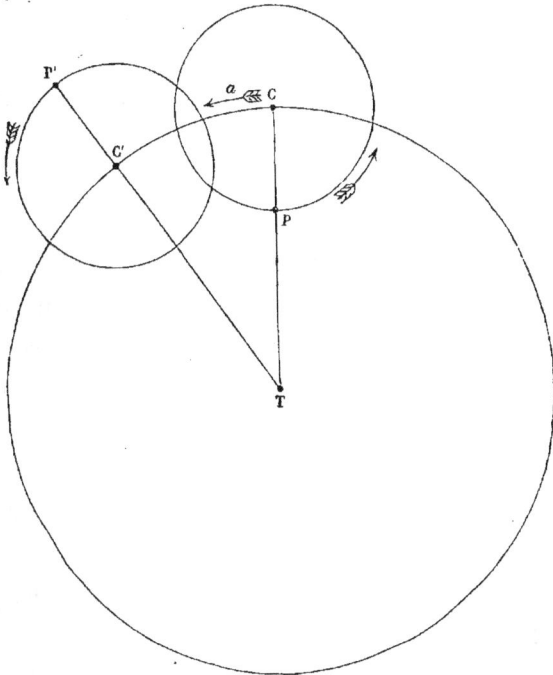

Fig. 179. Théorie des épicycles.

Supposons que le centre C se meuve de droite à gauche, suivant la direction de la flèche a, et que la planète P parcoure son épicycle dans le même sens. Partons de la position qu'occupe la planète lorsqu'elle est située sur la ligne TCP ; ce sera relativement à la Terre une sorte de conjonction. Traçons l'épicycle autour d'un point C' ; supposons que dans le temps pendant lequel le centre de l'épicycle a parcouru l'arc CC', la planète ait fait une demi-révolution dans l'épicycle; en d'autres termes, admettons qu'elle occupe sur cet épicycle un point P′, déterminé par la ligne droite TC′P′.

Quand elle partait de sa première position P, le mouvement angulaire de la planète se composait du mouvement du centre de l'épicycle auquel s'ajoutait une certaine quantité provenant du mouvement de la planète qui s'exécutait dans le même sens.

Dans la position actuelle P′, le mouvement apparent de la planète se composera du mouvement du centre de l'épicycle, duquel il faudra retrancher une certaine quantité dépendante du mouvement en sens contraire qu'éprouve alors la planète dans son épicycle. Si cette seconde quantité est égale à la première, la planète semblera stationnaire. Si le mouvement angulaire de la planète dans son épicycle, vu de la Terre, est plus grand que le mouvement du centre, la planète paraîtra rétrograder ou marcher en sens contraire de la direction suivant laquelle le centre de l'épicycle se meut le long de l'orbite principale.

Afin de ne pas revenir sur ce sujet, je dirai ici que, pour rendre compte de certaines inégalités, on a placé quelquefois sur la circonférence du premier épicycle un second épicycle de rayon plus ou moins grand, et que c'était le long de cette courbe qu'on faisait mouvoir la planète. Je crois me rappeler que plusieurs astronomes sont allés jusqu'à imaginer trois épicycles superposés, même lorsqu'ils avaient supposé que le centre de la Terre ne coïncidait pas avec le centre de l'orbite principale ou du déférent. Il est certain, ainsi que Lagrange l'a démontré très-simplement dans les *Mémoires de l'Académie des sciences* pour 1772, que quelles que fussent les inégalités angulaires dans les mouvements d'une planète, on pourrait toujours les représenter en multipliant suffisamment les épicycles. Mais il faut remarquer que le même système qui rendrait compte ainsi des déplacements angulaires n'expliquerait pas exactement les changements de distance. Or, ces changements dont les anciens n'avaient pas une idée exacte sont de nos jours parfaitement établis par des mesures micrométriques. Pour expliquer les changements de distance, l'hypothèse des anciens consistant à supposer les cercles *déférents* excentriques par rapport à la Terre, était tout à fait insuffisante ; elle ne saurait rendre compte des inégalités fournies par l'observation.

Le système des épicycles, tout ingénieux qu'il était, ne pourrait aujourd'hui être défendu ; il doit être rejeté, surtout par cette considération empruntée à la mécanique, qu'un corps, dans son mouvement circulatoire, ne peut être retenu autour d'un point idéal dépourvu de matière, et qui de plus se déplace sans cesse.

Je consignerai ici ce que dit Vitruve du phénomène des stations et des rétrogradations, ne fût-ce que pour montrer jusqu'à quel point l'esprit de l'homme peut aller dans ses égarements.

« Quand les planètes, dit le grand architecte, qui font leurs cours au-dessus du Soleil, font un trine aspect avec lui, elles n'avancent plus, elles s'arrêtent ou même reculent en arrière, etc. Il y en a qui croient que cela se fait parce que le Soleil étant alors fort éloigné de ces planètes, il ne leur communique que peu de lumière, ce qui fait que n'en ayant pas assez, s'il faut ainsi dire, pour se conduire dans leur chemin qui est fort obscur, elles s'arrêtent. » (Livre IX, traduction de Perrault.)

Vitruve n'admet point que si les planètes s'arrêtent, ce soit par la difficulté qu'elles éprouvent à trouver leur chemin dans l'obscurité. Il fait intervenir, lui, une certaine attraction que la chaleur solaire exercerait sur les astres, et n'hésite pas, sans doute d'après l'observation mal interprétée du froid qu'on ressent au sommet des hautes montagnes, à admettre avec Euripide : « Que ce qui est éloigné du Soleil est beaucoup plus échauffé, et que ce qui en est proche n'a qu'une chaleur modérée. » (Traduction de Perrault.)

L'explication des stations et des rétrogradations indiquées dans le chapitre précédent, fondée sur la diminution des vitesses des planètes à mesure qu'elles s'éloignent du Soleil, est, suivant moi, la partie la plus brillante du traité *De Revolutionibus*, celle qui fait le plus d'honneur à Copernic.

CHAPITRE X

HISTORIQUE DE LA DÉCOUVERTE DU MOUVEMENT DE TRANSLATION DE LA TERRE AUTOUR DU SOLEIL

Aristarque, de Samos, qui vivait vers l'an 280 avant Jésus-Christ, supposa, suivant Archimède et Plutarque, que la Terre circulait autour du Soleil, ce qui le fit accuser d'impiété.

Cléanthe, d'Assos, qui vivait vers l'an 260 avant Jésus-Christ, serait, suivant Plutarque, le premier qui aurait cherché à expliquer les phénomènes du ciel étoilé par le mouvement de translation de la Terre autour du Soleil combiné avec le mouvement de rotation de cette même Terre autour de son axe. L'explication était, suivant l'historien, tellement neuve, tellement contraire aux idées reçues généralement, que différents philosophes proposèrent de diriger contre Cléanthe une accusation d'impiété, ainsi qu'on l'avait fait contre Aristarque.

Le système planétaire des anciens, tel que nous l'a transmis Ptolémée, présente donc la Terre comme le centre des mouvements des planètes. Autour de la Terre (T ☿) se meuvent (fig. 180), à peu près dans le même

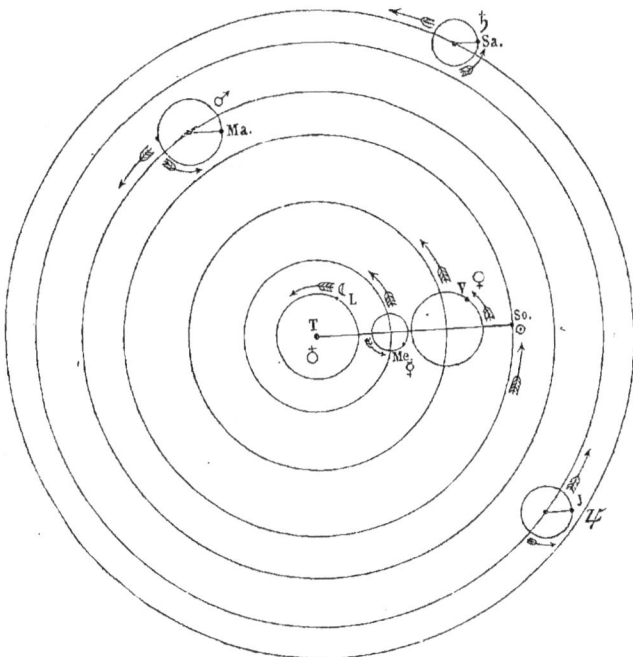

Fig. 180. — Système planétaire de Ptolémée.

plan, les sept astres appelés planètes par les anciens,
savoir : la Lune (L☾), Mercure (Me ☿), Vénus (V♀),
le Soleil (So☉), Mars (Ma♂), Jupiter (J ♃), Saturne
(Sa ♄). Les rayons des déférents qui passent par les
centres des épicycles de Mercure et de Vénus, sont toujours dirigés vers le Soleil. Les rayons menés de Mars,
Jupiter et Saturne aux centres de leurs épicycles respec-
tifs, doivent toujours rester parallèles à la ligne droite
TSo, qui joint la Terre au Soleil. Les déférents des sept
astres errants autour de la Terre sont du reste excentriques par rapport à notre globe. Tel est le système de
Ptolémée, dont chacune des hypothèses est pour ainsi
dire une erreur.

On voit que tout en regardant la Terre comme le
centre des mouvements des planètes, que tout en supposant notre globe immobile, les anciens avaient reconnu
une certaine dépendance entre les mouvements des planètes et le mouvement apparent du Soleil. Mais ils ne
pouvaient arriver à saisir les inextricables complications
que leur offrait le système du monde. Copernic, au
xvie siècle, chercha à résoudre toutes les difficultés du
problème en revenant aux idées autrefois soutenues par
le philosophe pythagoricien Philolaüs. Ce dernier avait
défendu l'opinion que la Terre était une planète circulant
autour du Soleil. Copernic commence par examiner dans
son grand ouvrage *de Revolutionibus* si cette opinion peut
se concilier avec les faits observés. Il trouva alors que
l'hypothèse du transport de la Terre le long d'une orbite
placée autour du Soleil donne une base propre à déterminer exactement les rapports des distances des diverses

planètes au Soleil, et il put construire un système du
monde qui n'aura plus rien à redouter de l'examen sévère
de la postérité (fig. 181). Dans le système de Copernic,
la Terre circule autour du Soleil en emportant avec elle

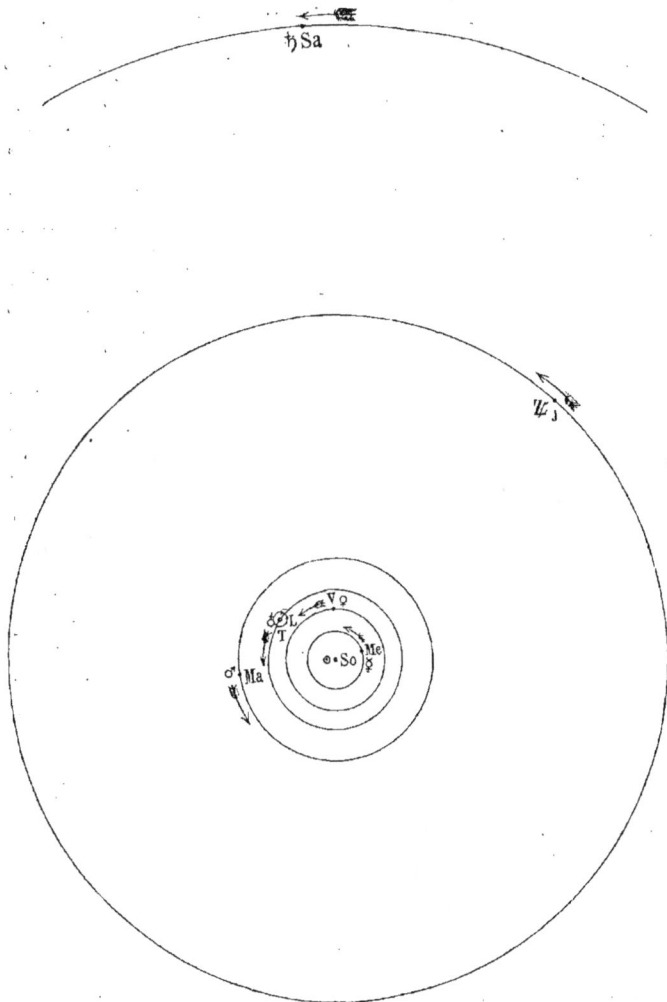

Fig. 181. — Système planétaire de Copernic.

la Lune comme satellite. Mais l'illustre astronome ne renonce encore ni aux déférents excentriques, ni aux épicycles, pour expliquer les irrégularités des mouvements du Soleil, des planètes, et certaines variations imaginaires dans la précession des équinoxes et dans l'obliquité de l'écliptique. Selon le grand astronome de Thorn, la Terre était animée de trois sortes de mouvements : le premier, dans le cours du jour et de la nuit, autour de son axe, de l'occident vers l'orient; le second, dans l'espace d'un an, le long de l'écliptique dans le même sens de l'occident vers l'orient; le troisième, qu'il appelait de déclinaison, ayant lieu en sens inverse des signes du zodiaque ou de l'orient vers l'occident.

Le troisième mouvement avait pour but de permettre l'explication des phénomènes des saisons et des phénomènes du mouvement diurne. Il faut d'abord admettre que dans son mouvement de circulation autour du Soleil, la Terre se meut de manière que son axe de rotation reste toujours parallèle à lui-même ou soit dirigé vers les mêmes régions de l'espace. Cette nécessité avait été parfaitement sentie par le chanoine de Thorn, et comme elle ne paraissait pas conciliable avec les idées qu'on avait à son époque d'un mouvement de révolution autour d'un centre, il avait supposé que la Terre qui, suivant les sens de ce même mouvement, aurait dû avoir toujours les mêmes parties tournées vers le Soleil, éprouvait sur elle-même de petits déplacements en vertu desquels son axe restait constamment parallèle à lui-même, c'est ce qu'il appelait le troisième mouvement de la Terre.

Copernic, comme les anciens philosophes, croyait

qu'un corps ne pouvait tourner autour d'un centre que s'il était soutenu par un corps solide, par une sphère de cristal, par exemple, à la surface de laquelle il était fixé. Dans ce cas, c'était toujours la même partie du corps qui regardait le centre dans toutes les positions que prenaient les points correspondants de la sphère par un mouvement de rotation. On ne concevait pas alors qu'un corps pût tourner librement autour d'un centre sans être soutenu, que la partie A de ce corps (fig. 182), qui

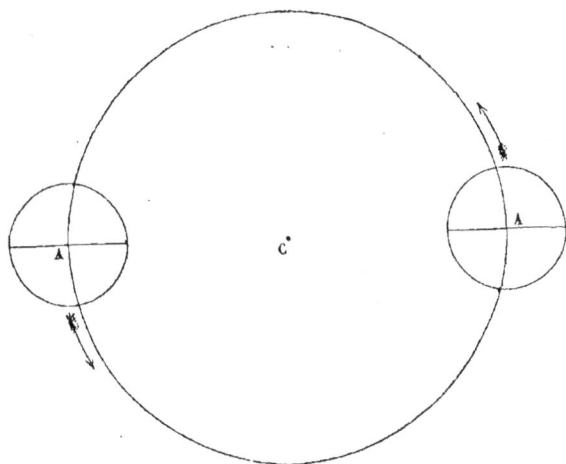

Fig. 182. — Circulation d'un corps autour d'un centre.

allait en avant ou dans le sens du mouvement à une certaine époque, pût, lorsque la demi-révolution autour du corps central était achevée, marcher pour ainsi dire à reculons ainsi que le représente la figure.

Lorsque les notions de mécanique se furent perfectionnées, on vit bien que le mouvement de circulation d'une sphère autour d'un centre et son mouvement de rotation sur elle-même sont tout à fait indépendants l'un de l'autre ; qu'une sphère peut circuler en restant constamment parallèle à elle-même, de manière que la partie qui, dans une portion de la courbe, est en avant du mouvement, soit en arrière lorsque la demi-révolution est achevée.

Galilée montra par une expérience très-ingénieuse l'indépendance des deux mouvements en question ; il prouva dans son troisième dialogue qu'une sphère peut être douée d'un mouvement de révolution plus ou moins rapide, autour d'un centre éloigné, sans cesser de rester parallèle à elle-même. Pour cela, ayant placé une sphère dans un vase rempli d'eau, il prit ce vase dans sa main, et, le bras tendu, il lui donna un prompt mouvement de révolution autour de sa personne en tournant sur ses talons. Ce mouvement de rotation n'empêcha pas les parties de la sphère flottante de rester toujours dirigées vers les mêmes régions de l'espace.

Cette expérience a été répétée sous une autre forme par les successeurs de Galilée ; voici comment elle est décrite dans un ouvrage de Bouguer sur le mouvement des apsides (périgée et apogée).

J'avertis que je cite de mémoire.

Supposons qu'un corps de forme quelconque soit soutenu par une pointe très-fine passant par son centre de gravité, et que cette pointe repose sur un plan de métal bien lisse ; cela étant admis, supposons que l'on donne à ce plan un mouvement de révolution autour d'un centre, soit en le transportant dans toutes les parties d'une grande salle, soit en le tenant à bras tendu à une certaine distance de l'observateur, qui alors tournerait sur lui-même, et serait le centre de révolution du plateau. Eh bien, dans ces deux cas, une ligne quelconque menée par deux points opposés du corps supporté par la pointe aiguë restera parallèle à elle-même, ou sera dirigée vers les mêmes régions de l'espace au lieu de pointer, comme le croyait Copernic, au centre de l'appartement où l'expérience s'est faite, ou au corps de l'observateur tournant sur lui-même.

La nécessité de faire supporter le corps par une pointe très-aiguë est évidente d'elle-même; c'est alors seulement que les points matériels du corps soutenu étant presque en contact avec le prolongement de l'axe de la pointe, ne peuvent pas recevoir du mouvement de circulation attribué au corps, l'impulsion qui leur communiquerait un mouvement de rotation autour de cet axe délié, mouvement qui ne manquerait pas de se transmettre aux autres points matériels du corps suspendu.

Il résulte de ces expériences bien comprises que le parallélisme de l'axe de la Terre pendant le mouvement de circulation de notre globe autour du Soleil, loin d'exiger l'action d'une force qui le rétablisse sans cesse, est un phénomène conforme aux lois de la mécanique, et que le troisième mouvement indiqué par Copernic, difficulté sérieuse contre son explication des mouvements planétaires, n'est nullement nécessaire.

L'ouvrage de Copernic sur les *Révolutions célestes* fut condamné par la congrégation de l'Index. Dominé par des scrupules religieux résultant de fausses interprétations de la Bible, ou par le désir d'attacher son nom à

un système de l'univers différent de celui de Copernic,
Tycho-Brahé supposa la Terre immobile au centre du
monde (fig. 183) : toutes les planètes auraient eu le
Soleil pour centre de leurs mouvements, et le Soleil,

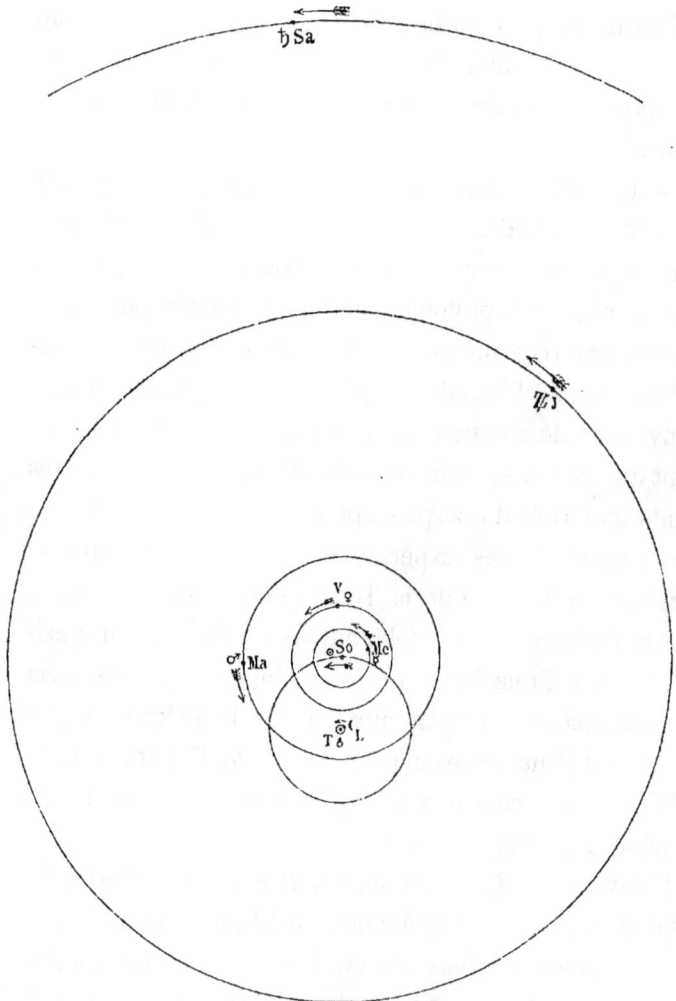

Fig. 183. — Système planétaire de Tycho-Brahé.

suivi de ce cortége de planètes, aurait circulé autour de la Terre, autour de laquelle d'ailleurs Tycho faisait directement tourner la Lune. Il ne faut pas croire qu'en proposant ce système, le célèbre astronome danois se fût débarrassé des épicycles qui compliquaient jusqu'alors d'une manière si peu heureuse tous les systèmes planétaires imaginés. On voit en effet, dans ses ouvrages, que, suivant lui, l'orbe de Saturne était concentrique au Soleil, tandis que cet orbe portait deux épicycles, et que c'était sur le contour du second que la planète se mouvait. Tycho pensait en outre que les étoiles étaient très-près de l'orbe de Saturne, parce qu'il serait absurde, disait-il, de croire à des espaces vides d'étoiles et de planètes.

Il appartient à Kepler d'avoir établi le vrai système planétaire, en reprenant les idées de Copernic sur la position centrale du Soleil autour duquel les planètes circulent, et en rompant avec les vieilles hypothèses des mouvements circulaires uniformes autour d'un point excentrique, idéal, vide de toute matière, et des mouvements qu'on supposait se faire dans des épicycles. Kepler imagina que le Soleil est le centre des mouvements des planètes circulant le long de circonférences d'ellipses dont l'astre radieux occupe un des foyers. Pour mettre cette supposition à l'abri de toute critique, pour l'établir comme une vérité désormais immuable, il exécuta un nombre prodigieux de calculs avec une infatigable persévérance. Il s'appuya surtout sur les observations de la planète Mars faites par Tycho avec une exactitude remarquable. Il parvint à expliquer toutes les particularités du mouvement de cette planète qui avaient rebuté les efforts des anciens astronomes. Il trouva ainsi les trois lois immortelles qui portent son nom. Les découvertes successives de nouvelles planètes n'ont fait qu'ajouter à l'évidence de ces lois, en faisant rentrer chaque astre nouveau dans le système du monde tel que le représente la figure 184, page 256.

CHAPITRE XI

ORBITES DES PLANÈTES

Nous avons supposé que les planètes se mouvaient dans le plan de l'écliptique, tandis qu'en réalité les orbites forment avec ce plan un angle sensible; il est facile, par des observations faites sur la Terre, de déterminer le moment où chaque planète a réellement une latitude nulle, le moment où elle est dans l'écliptique ou dans son *nœud*. Lorsqu'elle passe du midi au nord, la planète est dans son nœud *ascendant;* lorsqu'elle passe du nord au midi, elle se trouve dans son nœud *descendant*. La comparaison de ces deux instants fournit des déterminations des deux demi-durées de la révolution de la planète, ce qui n'est pas indifférent quand il s'agit d'interpoler entre les résultats des observations pour en déduire les positions héliocentriques de l'astre pour un instant donné.

En effectuant les calculs des triangles STM (fig. 171, chap. VI, p. 219), pour les moments où la planète s'est trouvée dans ses deux nœuds, on obtient les longitudes héliocentriques de ces deux points remarquables de l'orbite. Eh bien, on trouve que ces longitudes diffèrent de

180°, en sorte que les deux nœuds sont diamétralement opposés ou contenus l'un et l'autre dans une ligne droite passant par le Soleil. De là on tire la conséquence que les plans des orbites (car les orbites de toutes les planètes sont à peu près planes), coupent l'écliptique suivant des lignes droites passant par le Soleil. Des observations faites quand la Terre est située dans la ligne des nœuds, servent à trouver les valeurs exactes des inclinaisons des orbites au plan de l'écliptique, mais je dois passer rapidement sur tous ces détails, n'ayant pour but dans ce chapitre que d'indiquer l'esprit de la méthode que les astronomes ont suivie pour arriver au résultat qu'ils avaient en vue.

Dès qu'il est démontré que les planètes se meuvent dans des ellipses, il y a lieu à distinguer les deux extrémités des grands axes dans lesquels ces astres sont à la moindre et à la plus grande distance du Soleil. Le sommet du grand axe le plus voisin du Soleil s'appelle le *périhélie*, l'extrémité opposée porte le nom d'*aphélie;* c'est, d'après la seconde loi de Kepler, au périhélie, que le mouvement angulaire, vu du Soleil, est à son maximum; c'est à l'aphélie que le mouvement est le plus petit de tous.

Par la comparaison des mouvements héliocentriques, on peut donc parvenir à déterminer la position des extrémités des grands axes de toutes les orbites planétaires. On trouve ainsi que ces extrémités ne sont pas fixes dans le ciel, mais qu'elles se déplacent sensiblement d'année en année. Il en est de même des positions des lignes des nœuds.

Par la comparaison des vitesses au périhélie et à l'aphélie, on est arrivé à découvrir que l'excentricité des ellipses planétaires est également variable. Les tableaux que je donnerai tout à l'heure font connaître les éléments des orbites de toutes les planètes, tels qu'on les a déduits des meilleures observations et les variations des éléments des orbites des anciennes planètes.

Les deux intersections du grand axe de l'ellipse avec la courbe s'appellent apsides, du mot grec αψίς, qui signifie courbure, voûte, circonférence d'une roue. L'apside supérieur d'une planète, dont le Soleil occupe un des foyers, est l'aphélie, du grec ἀπο ἡλίου, loin du Soleil; l'apside inférieur est le périhélie, du grec περί ἡλιου, près du Soleil.

Les éléments de l'orbite d'une planète sont au nombre de sept, savoir :

1° L'inclinaison du plan de l'orbite sur l'écliptique ;

2° Le demi-grand axe de l'ellipse, ou la distance moyenne de la planète au Soleil, celle de la Terre au Soleil étant prise pour unité. En exposant la découverte des lois de Kepler, nous avons donné cet élément pour toutes les planètes (chap. VI, p. 221) ;

3° L'excentricité de l'ellipse, ou le rapport entre la distance qui sépare le foyer du centre et le demi grand axe pris pour unité ;

4° La longitude du périhélie ;

5° La longitude du nœud ascendant ;

6° La longitude de la position de la planète à une époque donnée ;

7° La durée de la révolution sidérale de la planète.

Ce septième élément se déduit de la connaissance du

deuxième ou de la distance moyenne de la planète, en vertu de la troisième loi de Kepler sur l'égalité des rapports des carrés des temps des révolutions de deux planètes et des cubes de leurs distances moyennes.

Il ne reste donc que six éléments à l'aide desquels on peut toujours, par le calcul, assigner la position qu'une planète doit occuper à un instant donné, et par suite la direction suivant laquelle elle sera vue de la Terre.

La mécanique céleste prouve qu'il existe entre ces six éléments deux équations, de telle sorte que si l'on a fait trois observations d'une planète nouvelle en latitude et en longitude, ou, ce qui revient au même, puisque nous avons vu qu'il est facile de passer d'un système de coordonnées à l'autre, en déclinaison et ascension droite, on obtient par l'introduction dans ces deux équations des valeurs observées, six équations qui permettent, selon les règles de l'algèbre, d'obtenir les six éléments de la planète nouvelle et de la déterminer complétement.

Dans les tableaux suivants, qui fournissent les éléments des orbites de toutes les planètes tels que M. Laugier les a donnés dans l'*Annuaire du Bureau des Longitudes*, les longitudes sont rapportées pour chaque planète à l'équinoxe moyen de l'époque, cet équinoxe étant le zéro à partir duquel elles sont comptées.

PLANÈTES PRINCIPALES

Noms des Planètes.	Excentricités.	Inclinaison.			Longitude du périhélie.		
☿ MERCURE......	0.2056063	7°	0'	5"	74°	20'	42"
♀ VÉNUS.........	0.0068618	3	23	29	128	43	6
⊕ LA TERRE.....	0.01679226	0	0	0	99	30	29
♂ MARS.........	0.0932168	1	51	6	332	22	51
♃ JUPITER......	0.0481621	1	18	52	11	7	38
♄ SATURNE.	0.0561505	2	29	36	89	8	20
♅ URANUS.......	0.0466794	0	46	28	167	30	24
♆ NEPTUNE......	0.0087195	1	46	59	47	14	37

Noms des Planètes.	Longitude du nœud ascendant.			Longitude moyenne de l'époque.			Époques.
☿ MERCURE...	45°	57'	38"	112°	16'	4"	1ᵉʳ janvier 1800.
♀ VÉNUS......	74	51	41	146	44	56	Id.
⊕ LA TERRE...	0	0	0	100	53	30	Id.
♂ MARS......	47	59	38	233	5	34	Id.
♃ JUPITER....	98	25	45	81	54	49	Id.
♄ SATURNE....	111	56	7	123	6	29	Id.
♅ URANUS.....	72	59	21	173	30	37	Id.
♆ NEPTUNE...	130	6	52	335	8	58	Id.

PETITES PLANÈTES

Noms des Planètes.	Excentricités.	Inclinaison.			Longitude du périhélie.		
⑧ FLORE........	0.1567974	5°	53'	3"	32°	49'	45"
⑱ MELPOMÈNE...	0.2171874	10	9	2	15	13	59
⑫ VICTORIA.....	0.2181980	8	23	7	301	55	18
㉗ EUTERPE.....	0.174555	1	35	30	88	2	13
㉚ URANIE......	0.1548980	1	56	42	26	43	27
④ VESTA.......	0.0888410	7	8	25	250	44	3
㉝ POLYMNIE....	0.2243889	1	22	21	22	25	50

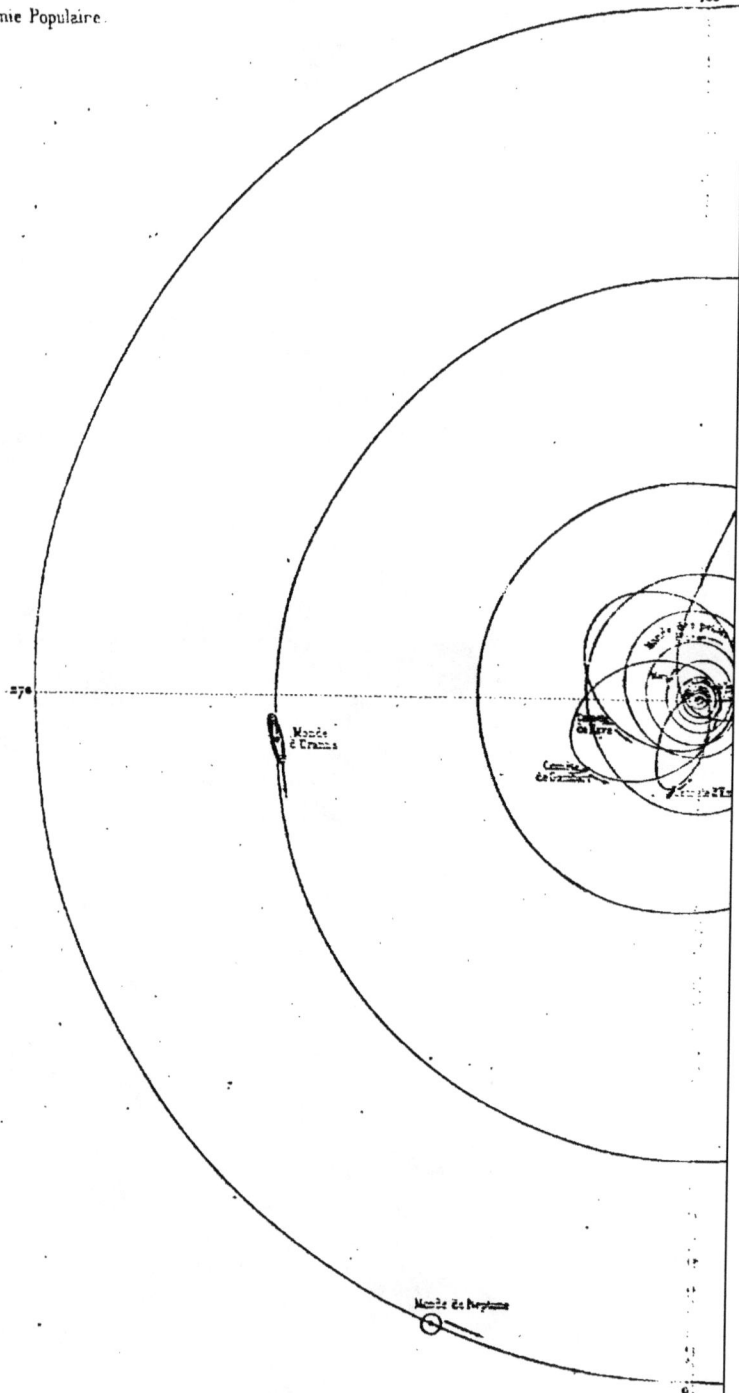

Monde
é Uranus

Monde de Neptune

FIG.184. Système Planetaire

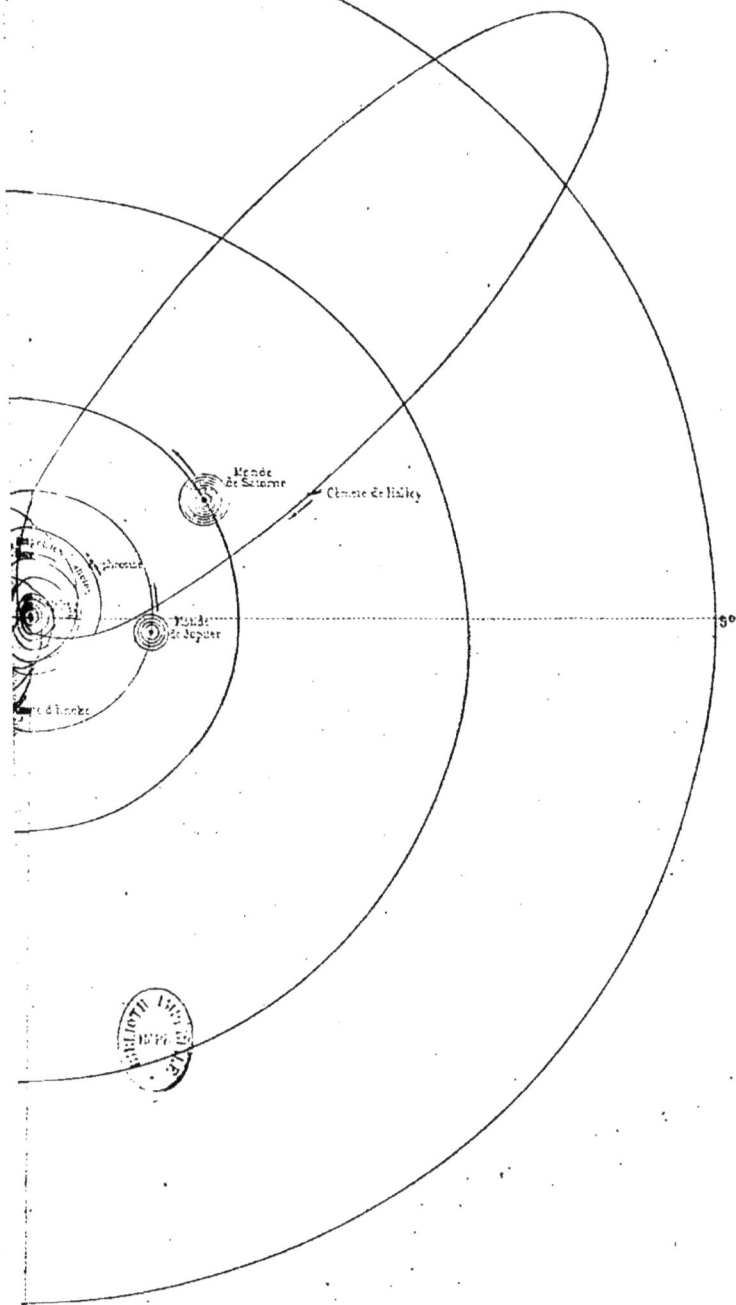

Monde
de Saturne

Comète de Halley

Monde
de Jupiter

5°

Satine des modernes

Imp. A. Delâtre, r. S. Jacques 171, Paris.

Noms des Planètes.	Excentricités.	Inclinaison.			Longitude du périhélie.		
(7) IRIS........	0.2323515	5°	28'	16"	41°	20'	22"
(9) MÉTIS.......	0.1228221	5	35	55	71	33	11
(24) PHOCÉA......	0.2464024	21	42	30	302	35	31
(20) MASSALIA.....	0.1457463	0	41	4	98	19	1
(6) HÉBÉ........	0.2020077	14	46	32	15	15	26
(19) FORTUNA.....	0.1555438	1	33	18	31	16	13
(11) PARTHÉNOPE..	0.0980302	4	36	54	317	3	51
(17) THÉTIS......	0.136777	5	35	39	258	29	46
(29) AMPHITRITE...	0.0745521	6	7	41	56	52	31
(5) ASTRÉE......	0.1887517	5	19	23	135	42	32
(14) IRÈNE........	0.1697575	9	5	33	178	26	58
(13) ÉGÉRIE......	0.0862748	16	33	7	118	17	17
(32) POMONE......	0.0956894	5	39	3	195	46	48
(21) LUTETIA......	0.115154	3	5	6	3	46	42
(23) THALIE......	0.2359373	10	13	59	123	11	57
(15) EUNOMIA.....	0.1893392	11	43	50	27	13	24
(26) PROSERPINE..	0.0859536	3	35	45	235	24	56
(3) JUNON.......	0.2560780	13	3	17	54	18	55
(1) CÉRÈS.......	0.0763660	10	37	12	148	2	54
(2) PALLAS......	0.2394280	34	37	20	121	24	11
(28) BELLONE.....	0.1628830	9	25	7	119	38	49
(22) CALLIOPE.....	0.1036126	13	44	49	58	49	24
(16) PSYCHÉ......	0.1357483	3	4	1	12	30	57
(10) HYGIE.......	0.1009159	3	47	11	228	2	29
(25) THÉMIS......	0.1227335	0	49	24	137	43	57
(31) EUPHROSINE...	0.2294184	26	53	26	95	13	28

	Noms des Planètes.	Longitude du nœud ascendant.	Longitude moyenne de l'époque.	Époques en temps moyen de Paris.	
⑧	FLORE......	110° 20′ 53″	174° 46′ 5″	24.0 mars	1852
⑱	MELPOMÈNE..	150 0 56	351 42 22	0.0 janvier	1853
⑫	VICTORIA....	235 29 31	7 42 5	0.0 janvier	1851
㉗	EUTERPE....	93 42 4	74 53 3	0.0 janvier	1854
㉚	URANIE.....	307 58 19	324 56 38	22.0 juillet	1854
④	VESTA......	105 23 14	35 59 53	3.0 novembre	1852
㉝	POLYMNIE...	1 12 21	32 52 28	0.0 novembre	1854
⑦	IRIS........	259 44 5	85 45 6	8.0 juin	1852
⑨	MÉTIS......	68 28 58	255 13 26	4.0 juin	1852
㉔	PHOCÉA.....	214 6 7	259 43 25	12.0 juin	1853
⑳	MASSALIA...	206 53 29	44 54 6	1.0 janvier	1853
⑥	HÉBÉ.......	138 31 55	47 26 23	13.0 juillet	1852
⑲	FORTUNA....	211 0 9	355 4 21	23.5 septembre	1852
⑪	PARTHÉNOPE.	124 59 54	86 3 24	13.0 juillet	1852
⑰	THÉTIS......	125 13 31	9 58 31	0.0 janvier	1853
㉙	AMPHITRITE..	356 23 55	180 43 32	0.0 mars	1854
⑤	ASTRÉE.....	141 27 48	197 37 33	29.5 avril	1851
⑭	IRÈNE......	86 51 33	323 47 51	13.0 juillet	1852
⑬	ÉGÉRIE.....	43 17 40	162 29 20	15.0 mars	1852
㉜	POMONE.....	220 44 12	42 22 41	0.0 novembre	1854
㉑	LUTETIA.....	80 21 36	49 22 56	1.0 janvier	1853
㉓	THALIE.....	67 55 4	89 5 29	0.0 janvier	1853
⑮	EUNOMIA....	293 53 19	47 43 44	13.0 octobre	1852
㉖	PROSERPINE..	45 55 39	224 41 33	0.0 juin	1853
③	JUNON......	170 56 28	22 25 8	24.0 septembre	1852
①	CÉRÈS......	80 49 50	145 10 55	2.0 juillet	1852
②	PALLAS.....	172 45 14	123 49 27	2.0 juillet	1852
㉘	BELLONE....	144 51 18	157 52 18	0.0 mars	1854

Noms des Planètes.	Longitude du nœud ascendant.	Longitude moyenne de l'époque.	Époques en temps moyen de Paris.	
㉒ CALLIOPE...	66° 36' 51"	18° 17' 22"	0.0 janvier	1853
⑯ PSYCHÉ.....	150 32 26	313 3 44	14.0 juillet	1854
⑩ HYGIE......	287 38 27	356 45 31	28.5 septembre	1854
㉕ THÉMIS.....	35 44 46	172 27 58	5.0 mai	1853
㉛ EUPHROSINE.	31 11 43	34 13 51	1.0 septembre	1854

Voici maintenant les variations séculaires des principaux éléments des orbites des anciennes planètes, d'après Delambre :

Noms des Planètes.	Variation séculaire de l'excentricité.	Mouvement sidéral séculaire du périhélie.	Mouvement sidéral séculaire du nœud.	Variation séculaire de l'inclinaison.
☿ MERCURE.	+ 0.000003867	+ 643".56	— 782".27	+ 18".1828
♀ VÉNUS...	— 0.000062711	— 267 .60	— 1,869 .80	— 4 .5522
♁ LA TERRE	+ 0.000041632	+ 1,177 .81	//	//
♂ MARS....	+ 0.000090176	+ 1,582 .43	— 2,328 .44	— 0 .1523
♃ JUPITER..	+ 0.000159350	+ 663 .86	— 1,577 .57	— 22 .6087
♄ SATURNE.	— 0.000312402	+ 1,943 .07	— 2,266 .46	— 15 .5131
♅ NEPTUNE.	— 0.000025072	+ 238 .62	— 3,597 .96	+ 3 .1331

Lorsque nous nous occuperons de l'attraction universelle, nous expliquerons les causes de ces variations. Nous dirons seulement ici que le beau problème de la stabilité du système planétaire a été résolu par Laplace de la manière la plus heureuse et avec un admirable génie. Laplace a démontré que les ellipses planétaires sont perpétuellement variables ; que les extrémités de leurs grands axes parcourent le ciel ; qu'indépendamment d'un mouvement oscillatoire, les plans des orbites éprouvent un déplacement en vertu duquel les lignes des nœuds, c'est-à-dire les traces des orbites planétaires sur le plan de l'orbite terrestre sont chaque année dirigées vers des étoiles différentes. Mais, au milieu de ce chaos apparent, il est une chose qui reste constante ou qui n'est sujette qu'à de petits changements périodiques : c'est la longueur du grand axe de chaque orbite, et conséquemment la durée de la révolution de chaque planète. La pesanteur universelle suffit à la conservation du système solaire ; elle maintient les formes et les inclinaisons des orbites planétaires dans un état moyen autour duquel les variations sont légères ; la variété n'entraîne pas le désordre.

LIVRE XVII

CHAPITRE PREMIER

AVANT-PROPOS

Peut-être le lecteur trouvera-t-il en parcourant ce livre sur les comètes, qu'il a une étendue hors de proportion avec le but qu'on se propose dans un Traité général d'Astronomie. Je dois dire les motifs qui m'ont déterminé à traiter ce sujet avec tant de développement.

Les comètes n'effraient plus guère, je le reconnais; c'est un résultat dont la science a certainement le droit de se féliciter; mais, à d'autres égards, il lui reste beaucoup à faire. Répandre dans le public des notions saines et précises sera le meilleur moyen d'empêcher que des écrivains sans mission ne lui jettent en pâture, lorsqu'un de ces astres mystérieux se montre inopinément dans le ciel, des prédictions, des récits, des accusations doublement ridicules par l'ignorance et l'incroyable assurance qu'ils dénotent dans leurs auteurs. Je me suis proposé de rendre l'astronomie cométaire accessible à tout le monde. Chacun sera ainsi en mesure d'apprécier, s'il le veut, les immenses progrès qu'elle a faits depuis un siècle et demi; chacun comprendra que les lacunes qu'on y remarque doivent être imputées aux astronomes de l'antiquité et non à ceux de notre époque. En tous cas, les expressions techniques désignant certains points des orbites ne pourront plus être confondues avec des points du ciel reconnaissables à des caractères physiques particuliers. Le *nœud*, par exemple, ne sera pas désormais, comme le croyaient les écrivains auxquels je fais allusion, une région d'où la comète a peine à se dégager. On verra aussi ce qu'il faut croire de ces prétendues influences des comètes sur les phénomènes terrestres. Enfin, en faisant le *bilan* de la science, qu'on me passe ces expressions empruntées au langage commercial, on admettra que si le *passif* est encore considérable, l'*actif* présente des résultats très-satisfaisants. Les lecteurs attentifs, les jeunes astronomes, sauront vers quels points ils doivent diriger leurs recherches ; une telle considération était de nature à mettre fin à toutes mes incertitudes.

CHAPITRE II

DÉFINITIONS

Comète, d'après l'étymologie du mot [1], veut dire : *étoile chevelue*.

Le point lumineux plus ou moins éclatant qui s'aperçoit ordinairement vers le centre d'une comète, s'appelle le *noyau*. La nébulosité, le brouillard, l'espèce d'auréole lumineuse qui entoure le noyau de tous les côtés porte le nom de *chevelure*.

----

1. Du grec κομήτης.

Le noyau et la chevelure réunis forment la *tête* de la comète.

Les traînées lumineuses plus ou moins longues dont la plupart des comètes sont accompagnées, quelle que soit d'ailleurs leur situation relativement à la route suivie par ces astres, s'appellent maintenant leurs *queues*.

Anciennement, pour qu'une traînée lumineuse portât le nom de queue, il fallait qu'elle fût placée à l'orient d'une comète; il fallait qu'elle suivît cet astre dans son mouvement diurne. La traînée plus occidentale que le noyau, celle qui le précédait dans la révolution générale de la sphère céleste, s'appelait la *barbe*. Aucun ouvrage moderne d'astronomie n'admet cette distinction.

On trouvera plus loin ce que les observations attentives ont fait découvrir sur la constitution physique du noyau, de la chevelure et des queues des comètes.

Chez les anciens, tout astre chevelu qui se déplaçait, qui traversait successivement diverses constellations, était désigné par le nom de *comète;* les astronomes modernes, malgré l'étymologie du mot, appelleraient de même comète un astre qui pourrait n'avoir ni queue, ni chevelure. A leurs yeux, les comètes ont pour caractères distinctifs : 1° d'être douées d'un mouvement propre; 2° de parcourir des courbes excessivement allongées, c'est-à-dire de se transporter, dans certaines parties de leur course, à de si grandes distances de la Terre, qu'elles cessent alors d'être visibles.

Le mouvement propre distingue les comètes de ces étoiles nouvelles dont l'histoire de l'astronomie fait mention, et qui, après s'être montrées tout à coup dans cer-

taines constellations, s'y éteignent sans avoir changé de
place (liv. ix, chap. xxvii, t. i, p. 410). Ensuite, la
forme extrêmement allongée de leurs orbites, établit
entre elles et les planètes une ligne de démarcation également tranchée. Ainsi, quand Herschel découvrit le mouvement propre d'Uranus, on regarda d'abord le nouvel
astre comme une comète, quoiqu'il n'eût ni queue ni
chevelure. En effet, pour expliquer comment personne
ne l'avait encore observé, on dut naturellement supposer
qu'auparavant son grand éloignement l'avait rendu invisible. Mais lorsqu'une étude attentive de sa marche eut
prouvé qu'il parcourait autour du Soleil une courbe à
trè-peu près circulaire, et que, sans la lumière du jour,
il serait également visible en toute saison, on rangea le
nouvel astre parmi les planètes.

CHAPITRE III

NATURE ET ÉLÉMENTS DES ORBITES COMÉTAIRES

Les comètes sont de véritables astres et non de simples
météores engendrés dans notre atmosphère ainsi que
beaucoup d'anciens philosophes le croyaient. Il suffit,
pour s'en convaincre, soit de comparer entre elles des
observations simultanées faites dans des lieux de la Terre
très-éloignés les uns des autres, soit de rechercher si les
comètes participent, à la manière du Soleil, des planètes
et des étoiles, à la révolution diurne et générale du ciel.
Il faut voir, en d'autres termes, si pendant cette révolution, la distance angulaire d'une comète à une étoile
voisine éprouve, entre le lever et le coucher, quelque

variation notable, en tenant compte toutefois de l'effet que le déplacement propre de cette comète peut produire dans le même intervalle.

Depuis Tycho, à qui l'on doit cette première découverte, il a été reconnu que les comètes circulent autour du Soleil suivant des lois régulières; qu'elles se meuvent comme les planètes, mais que leurs orbites sont des ellipses très-allongées.

Le Soleil occupe toujours un des foyers de l'orbite elliptique de chaque comète.

Le sommet de l'ellipse le plus voisin du Soleil s'appelle le *périhélie*. L'autre sommet prend le nom d'*aphélie*.

On appelle *distance périhélie* la distance focale de l'orbite cométaire. En d'autres termes, c'est l'intervalle qui, au moment du passage de la comète par le sommet de l'ellipse, la sépare du Soleil; c'est la moindre de toutes les distances au même astre où elle puisse jamais se trouver.

Les comètes ne se voient guère de la Terre que pendant qu'elles sont voisines de leur périhélie; mais, je l'ai déjà fait remarquer, une ellipse très-allongée et une parabole de même sommet et de même foyer, ne commencent à se séparer sensiblement qu'à une assez grande distance de leur sommet commun (liv. I, chap. XI, t. I, p. 38). Pour représenter les diverses positions que prend une comète pendant la courte durée de son apparition, on pourra donc, en général, substituer sans inconvénient la parabole à l'ellipse. Si, par hasard, on reconnaît qu'il n'y a pas lieu à l'assimilation d'une courbe à l'autre, tout ce qu'il faudra en conclure c'est que, par exception, l'orbite elliptique de la comète n'est pas très-allongée.

Un calcul assez simple, mais dont il me serait impossible de donner ici une idée exacte, prouve que trois positions d'une comète vue de la Terre, suffisent pour déterminer son orbite parabolique. Énumérons en détail les éléments que cette détermination comprend.

Disons d'abord que le plan de comparaison est celui dans lequel la Terre paraît se mouvoir, le plan qu'on appelle l'*écliptique*.

Dans ce plan, la courbe, supposée circulaire, que la Terre semble décrire annuellement autour du Soleil, est censée divisée en 360°. Le point de départ de cette division, son zéro, est déterminé de position à l'aide de quelques phénomènes astronomiques que nous avons indiqués ailleurs (liv. VII, ch. IV, t. I, p. 256).

Tout arc compté à partir de ce zéro, s'appelle *une longitude*.

Le plan de l'orbite d'une comète, le plan qui contient l'ellipse et sa parabole tangente, passe par le Soleil. Ainsi, il rencontre l'écliptique suivant une ligne droite dont nous connaissons un premier point, savoir, le centre du Soleil. Un autre point est nécessaire pour que la ligne soit déterminée. Tout le monde est convenu de choisir pour ce second point l'une des deux divisions du cercle gradué de l'écliptique, auxquelles la ligne droite aboutit.

Ces points d'intersection portent le nom de *nœuds ;* les deux nœuds sont éloignés d'une demi-circonférence, ou de 180°. Le nœud par lequel passe la comète, quand elle va du midi au nord de l'écliptique, s'appelle le *nœud ascendant*. C'est celui dont on donne constamment la position.

Ainsi, le nœud d'une comète se trouve par 10°, par 20°, par 30°, suivant que le plan de l'orbite coupe l'écliptique dans une ligne qui, en partant du Soleil, aboutit au 10°, au 20°, au 30° degré du cercle gradué de comparaison. La position du nœud est un des éléments dont le calcul donne la valeur. Cet élément est nécessaire, mais, seul, il ne détermine pas la position du plan de l'orbite; il faut savoir, de plus, quel angle ce plan forme avec l'écliptique, car, par une même ligne, il peut passer un nombre infini de plans différents.

Ce nouvel élément s'appelle l'*inclinaison*.

Dans le plan de l'orbite, maintenant tout à fait déterminé, le grand axe de l'ellipse, ou, ce qui est la même chose, le grand axe de la parabole, peut être perpendiculaire à la ligne des nœuds; il peut former avec elle un angle de 10°, de 20°, de 40°, etc.

On fera cesser toute incertitude à cet égard, en disant à quel point du cercle gradué de l'écliptique, à quelle longitude correspond l'extrémité du grand axe, c'est-à-dire le périhélie.

Ainsi, la longitude du périhélie devra nécessairement figurer parmi les éléments d'une comète.

Si deux paraboles dont le foyer commun est le centre du Soleil ont d'ailleurs le même axe, elles ne pourront différer l'une de l'autre qu'à raison de la distance de ce foyer au sommet de la courbe, qu'à raison de la distance périhélie.

La distance périhélie, exprimée en parties d'une unité

qu'on pourra choisir arbitrairement, ne sera donc pas moins nécessaire à connaître que les autres éléments dont je viens de parler. On s'est accordé à prendre pour unité la distance moyenne de la Terre au Soleil.

Une ellipse, enfin, ou une parabole, peuvent être parcourues dans deux directions différentes. L'observateur devra donc indiquer si le mouvement d'une comète rapporté à l'écliptique s'opère de l'occident à l'orient, ou en sens contraire. Comme la Lune, les planètes et leurs satellites circulent dans l'espace de l'occident à l'orient, les astronomes sont convenus d'appeler *directs* tous les mouvements qui s'effectuent dans ce sens. Les mouvements dirigés de l'orient à l'occident prennent le nom de *rétrogrades*. Ainsi, pour faire connaître, par un seul mot, le sens de la marche de la comète dans son orbite, il suffira de dire si elle est directe ou rétrograde.

En résumé, les éléments paraboliques d'une comète sont :

1° L'inclinaison ;

2° La longitude du nœud ; ces deux premiers éléments sont destinés à déterminer la position du plan de l'orbite ;

3° La longitude du périhélie, servant à faire connaître la direction du grand axe de l'orbite, ou la situation de cette courbe dans son propre plan ;

4° La distance périhélie, qui lève toute incertitude sur la forme de la parabole, car le foyer coïncide nécessairement avec le centre du Soleil ;

5° Enfin, le sens du mouvement, indiqué par l'un ou l'autre de ces deux mots : *direct, rétrograde*.

Il faut ajouter, en sixième lieu, aux éléments paraboliques précédents l'époque du passage de la comète à son périhélie, qui sert à indiquer dans le temps la position vers laquelle l'astre a été visible de la Terre.

Lorsque l'on trouve que les positions observées d'une comète peuvent, par le calcul, donner une ellipse à la place d'une parabole, les éléments qui déterminent l'orbite cométaire sont les mêmes que ceux que nous avons indiqués pour les planètes (liv. XVI, ch. XI, p. 254), en y ajoutant le sens du mouvement; l'époque du passage au périhélie peut remplacer la longitude de l'astre à une époque déterminée.

Peut-être, au premier coup d'œil, s'étonnera-t-on qu'en donnant les éléments d'une comète, on n'avertisse pas si l'angle qui détermine l'inclinaison du plan de l'orbite est situé au nord ou au sud de l'écliptique; mais il sera facile de voir que cette indication serait superflue, du moins, dès qu'il est entendu que le nœud dont on fixe la position est le nœud ascendant, et que l'on fait connaître en même temps si le mouvement de l'astre est direct ou rétrograde. Traçons, en effet, dans le plan de l'orbite terrestre une ligne passant par le Soleil et aboutissant, si l'on veut, à 20° et à 200° du cercle gradué de l'écliptique. Par cette ligne, conduisons un plan qui sera incliné, je suppose, sur ce même plan de l'écliptique, de 15° vers le nord (fig. 185, p. 270). Ce plan, pour dernière hypothèse, renfermera l'orbite d'une comète directe et le vingtième degré de l'écliptique marquera le nœud ascendant, c'est-à-dire le point que l'astre rencontrera en passant de la région du midi à celle du nord.

Tout demeurant dans le même état, la ligne des nœuds n'ayant pas bougé et la comète restant directe, concevons que le plan de l'orbite se trouve dans la région

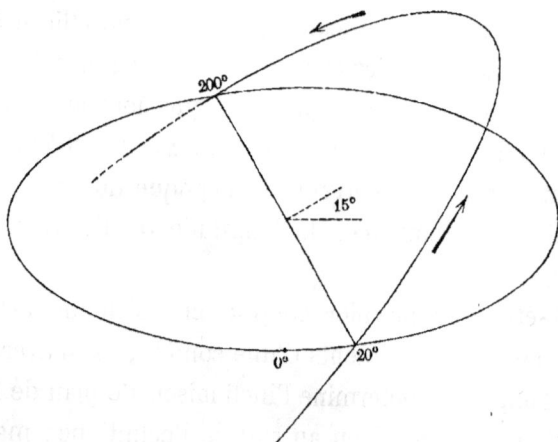

Fig. 185. — Orbite cométaire ayant 20° pour longitude du nœud ascendant.

opposée du ciel, formant avec le plan de l'écliptique, mais du côté du midi, un angle de 15° (fig. 186). La

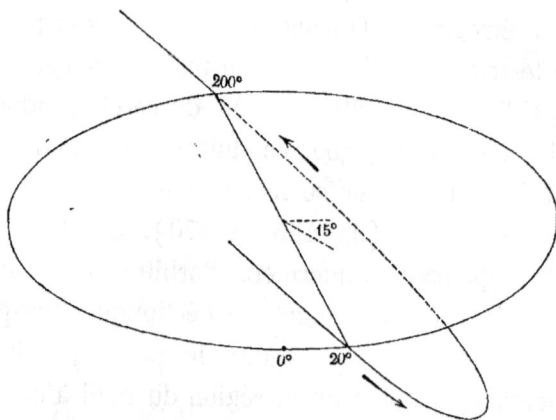

Fig. 186. — Orbite cométaire ayant 200° pour longitude du nœud ascendant.

comète qui se mouvra dans ce nouveau plan, n'aura-t-elle pas, d'après les conventions précédentes, les mêmes éléments que l'ancienne, quoiqu'elle parcoure des constellations essentiellement différentes? Je réponds que la position du périhélie, que le moment du passage par ce point, que la distance périhélie, que l'inclinaison de l'orbite, que le sens du mouvement, seront absolument identiques; mais le nœud aura changé de 180°. En effet, nous sommes convenus de choisir le nœud ascendant, et c'était au vingtième degré de l'écliptique que, par hypothèse, il était placé. En arrivant à ce point par un mouvement direct, ou qui, rapporté à l'écliptique, s'exécutait de l'occident à l'orient, la comète venant du midi, parcourait donc une portion d'orbite qui s'élevait vers le nord; mais cette portion se trouvera au contraire au sud de l'écliptique, lorsque la rotation du plan vers le midi sera effectuée, et en la parcourant par son mouvement propre, la comète, au lieu d'aller comme tout à l'heure du sud au nord, marchera du nord au sud. Le vingtième degré ne sera donc plus le nœud ascendant; c'est au point diamétralement opposé, ou à 200°, qu'on le trouvera. Ainsi, le nombre 200° remplacera dans les éléments le nombre 20° qui y figurait d'abord.

Le nœud, combiné avec l'indication du sens du mouvement de la comète, décide comme on voit, sans ambiguïté, si c'est du côté du nord ou du côté opposé que l'inclinaison du plan de l'orbite doit être comptée. Rien n'empêcherait de le dire en termes exprès; mais c'est inutile, et je devais le prouver pour répondre à quelques observations qui m'avaient été adressées après la publication de la notice sur les comètes que j'ai insérée dans l'*Annuaire du Bureau des Longitudes* et qui était extraite de ce Traité d'astronomie.

Calculer les éléments paraboliques, tel est le but que les astronomes doivent se proposer aussitôt qu'une comète vient à se montrer. Pour cela, trois observations sont nécessaires. Si l'on n'a pu en réunir que deux, la forme et la position de l'orbite restent inconnues. Quand on en a un grand nombre, toutes concourent à la détermination du résultat final, et il est alors plus exact.

Les orbites des comètes sont considérablement modifiées par l'attraction des corps dans le voisinage desquels elles passent ; c'est un point que nous ne manquerons pas de traiter dans le livre où il sera question des perturbations.

CHAPITRE IV

SUR LES MOYENS DE RECONNAÎTRE, QUAND UNE COMÈTE SE MONTRE, SI ELLE PARAÎT POUR LA PREMIÈRE FOIS, OU SI ELLE AVAIT ÉTÉ ANCIENNEMENT APERÇUE

Lorsqu'on a remarqué, ainsi que nous le ferons voir plus loin en parlant de quelques comètes en particulier, à quel point la forme de la queue d'une comète, la forme de sa chevelure, celle du noyau, et l'intensité lumineuse de toutes ses parties, varient quelquefois en trois ou quatre jours, on ne peut guère espérer que dans deux apparitions d'un tel astre, séparées par un grand nombre d'années, les circonstances physiques de grandeur et d'éclat puissent conduire à le reconnaître. Aussi n'est-ce pas à de tels caractères que les astronomes se fient. Le *signalement*, qu'on me passe ce terme, ils le laissent de côté: la route suivie est ce qui attire seulement leur attention.

Dès qu'une comète a été observée trois fois avec exactitude, on calcule ses éléments paraboliques, et l'on s'empresse de rechercher si dans le catalogue où, de tout temps, ces éléments sont régulièrement inscrits, et qui s'appelle le *Catalogue des comètes*, il en est d'à peu près semblables à ceux qu'on vient de trouver.

A la date du 31 décembre 1831, le *Catalogue des comètes* renfermait les éléments de 137 de ces astres, sans compter les réapparitions constatées.

Les plus anciennes comètes dont on ait pu déterminer l'orbite, ont été calculées d'après des éléments qui ont tous été fournis par des observations chinoises.

Tandis que les astronomes de la Chine suivaient, par exemple, avec assiduité et dans des vues scientifiques la marche de la comète de 837 (n° 10 du catalogue qu'on trouvera page 301), les peuples de l'Europe n'y voyaient qu'un signal de la colère céleste, à laquelle Louis le Débonnaire lui-même, après avoir consulté tous les astrologues de son empire, n'espéra pouvoir échapper qu'en fondant des monastères. Cette comète est, au reste, une de celles qui peuvent le plus approcher de la Terre. En 837, d'après les recherches de Duséjour, elle resta pendant près de quatre fois vingt-quatre heures, à moins d'un million de lieues de notre orbite.

La comète de 1456, c'est-à-dire celle de Halley, dans l'une de ses apparitions, est la plus ancienne dont on ait pu calculer la marche d'après des observations faites exclusivement en Europe.

Les astronomes modernes s'occupent avec beaucoup
plus d'attention que les anciens des phénomènes que présentent les comètes. J'en citerai pour preuve le nombre
des comètes dont les orbites étaient exactement déterminées à la fin de 1853 ; ce nombre s'élevait alors à **201**,
sans compter les réapparitions constatées, de telle sorte
que depuis 1831, c'est-à-dire en **22** ans, le catalogue
des comètes s'est enrichi de 64 comètes ayant des orbites
calculées. Si l'on tient compte de toutes les comètes dont
l'existence seule a été signalée soit par des observations
imparfaites, soit seulement par les chroniques, on trouve,
d'après **M.** Hind, que le catalogue général des comètes
mentionne pour chaque siècle, en ne parlant toutefois
que des constatations suffisamment authentiques :

Siècles.	Comètes observées en Europe et en Chine.
Ier	22
IIe	23
IIIe	44
IVe	27
V^e	16
VIe	25
VIIe	22
VIIIe	16
IXe	42
X^e	26
XIe	36
XIIe	26
XIIIe	26
XIVe	29
XVe	27
XVIe	31
XVIIe	25
XVIIIe	64
XIXe (première moitié)	80

Ce qui donne un total de 607.

Si l'on fait attention que les anciens ne pouvaient pas avoir connaissance des comètes télescopiques, on ne sera peut-être pas éloigné de trouver exagérée l'opinion de Kepler que les comètes sont dans le ciel en aussi grand nombre que les poissons dans l'Océan.

C'est la table des comètes déjà calculées qu'on doit consulter lorsqu'on a pu calculer, d'après trois observations, les éléments paraboliques d'une comète nouvelle ; nous donnons cette table plus loin (ch. x, p. 304).

Supposons d'abord que tous les systèmes d'éléments de la table diffèrent de ceux de l'astre nouveau. Eh bien, il faudra s'abstenir d'en rien conclure, puisqu'il résulte de l'observation et de la théorie, ainsi que nous le démontrerons quand nous nous occuperons des perturbations que cause l'attraction réciproque des corps célestes sur les routes des comètes à travers l'espace, qu'une comète, en passant près d'une planète, peut être si notablement dérangée dans sa marche, que la courbe décrite après ce rapprochement ne saurait en aucune manière être considérée comme la continuation de la courbe qui était parcourue auparavant.

Supposons, au contraire, que les nouveaux éléments paraboliques diffèrent très-peu d'un autre système d'éléments contenus dans la table et se rapportant à quelque comète aperçue à une époque plus ou moins reculée. Alors on peut, avec une grande probabilité, considérer le nouvel astre comme étant l'ancien qui reparaît en revenant à son périhélie. J'ai dit seulement, avec une grande probabilité, car, mathématiquement parlant, il n'est pas impossible que deux comètes parcourent dans l'espace deux courbes égales et semblablement placées. Mais quand on songe que la similitude doit porter simultanément sur l'inclinaison du plan de l'orbite, qui peut varier depuis 0 jusqu'à 90°; sur la longitude du nœud, c'est-à-dire sur un nombre susceptible d'acquérir toutes les valeurs comprises entre 0° et 360°; sur la longitude du périhélie qui, de même, peut correspondre à 360 degrés différents; sur le sens du mouvement; enfin, sur la distance périhélie, laquelle, pour les comètes actuellement connues, se trouve comprise entre 0.005 et 4.043 (nᵒˢ 45 et 63 du catalogue des comètes), la distance moyenne de la Terre au Soleil étant 1 ; lorsque, dis-je, on a tous ces nombres sous les yeux, on ne doit guère hésiter à croire que deux comètes qui, à deux époques différentes, se sont montrées avec tous ces éléments à peu près pareils, ne forment qu'un seul et même astre. Jusqu'ici, au surplus, cette hardiesse a été justifiée par le succès.

CHAPITRE V

SUR LES MOYENS DE RECONNAÎTRE SI UNE COMÈTE DONT LES ÉLÉMENTS NE SONT PAS CONSIGNÉS DANS LE CATALOGUE DES COMÈTES PEUT ÊTRE CLASSÉE PARMI LES COMÈTES PÉRIODIQUES

Lorsqu'on possède les éléments paraboliques d'une comète nouvelle et qu'on ne les trouve semblables à aucun de ceux consignés dans le *Catalogue des comètes calculées*, on ne peut conclure qu'une chose, c'est qu'elle n'avait pas été observée dans le passé. Nous disons observée et non pas vue; le lecteur doit comprendre mainte-

nant toute la différence qui existe entre ces deux expressions. Y a-t-il un moyen de reconnaître si la comète
nouvelle a cependant des retours plus ou moins fréquents,
si elle ne s'éloigne de la Terre et du Soleil que pour s'en
rapprocher plus tard. Chaque fois que la comète peut
être observée pendant un temps assez long, la question
que je viens de poser peut être résolue. En effet, les
éléments de la parabole que la comète semble parcourir
d'après les premières observations étant obtenus, on peut
tracer la courbe qu'elle devra suivre plus tard, et vérifier
par l'observation directe si la marche réelle satisfait à la
marche théorique. Quand on trouve que les positions
nouvelles de l'astre ne coïncident pas, dans les limites des
erreurs des observations, avec les positions calculées, on
cherche les éléments de la parabole qui peuvent représenter exactement les nouvelles observations, et il arrive
souvent que les premières observations ne sont plus comprises dans la courbe nouvellement calculée. L'impossibilité de satisfaire à la fois par un mouvement parabolique
à toutes les positions observées, conduit à admettre qu'une
ellipse conviendrait mieux pour représenter le mouvement
de la comète. On cherche alors l'orbite elliptique de l'astre
chevelu, absolument comme on fait pour tracer la route
d'une planète. On obtient en conséquence la longueur du
demi-grand axe de l'ellipse, qui satisfait à toutes les
observations. En vertu de la troisième loi de Kepler sur le
rapport qui existe entre les cubes des axes des orbites
elliptiques et les carrés des temps des révolutions (liv. xvi,
chap. vi, p. 223), on calcule facilement la durée de la
révolution de la comète, et on est en mesure d'indiquer

à quelle époque la comète doit revenir passer à son périhélie. On peut alors ranger la comète parmi les comètes
qui sont périodiques; il faut attendre cependant, pour
prononcer définitivement, que l'observation ait vérifié la
prédiction fondée sur le calcul.

Après avoir expliqué comment les diverses circonstances du mouvement propre d'une comète sont l'unique
moyen de la reconnaître quand elle reparaît, je vais
faire l'application de ces principes aux comètes dont la
réapparition est aujourd'hui bien constatée; on ne connaît
encore que quatre comètes qui satisfassent à cette condition : ce sont celles de Halley, Encke, Gambart et Faye.

CHAPITRE VI

ORBITE DE LA COMÈTE DE 1759 OU DE HALLEY

Une comète s'étant montrée en 1682, Halley, à l'aide
de la méthode donnée par Newton, en détermina les
éléments paraboliques d'après les observations de La Hire,
Picard, Hévélius et Flamsteed. Voici les résultats obtenus
par Halley :

Inclinaison.	Longitude du nœud.	Longitude du périhélie.	Distance périhélie.	Sens du mouvement.
17° 42'	50° 48'	301° 36'	0.58	rétrograde.

Les mêmes méthodes de calcul, appliquées aux observations d'une comète de 1607, faites par Kepler et Longomontanus, donnèrent :.

Inclinaison.	Longitude du nœud.	Longitude du périhélie.	Distance périhélie.	Sens du mouvement.
17° 2'	50° 21'	302° 16'	0.58	rétrograde.

De 1607 à 1682, il y a 75 ans. Ainsi, en remontant, à partir de 1607, de 74, de 75 ou de 76 ans (je dis l'un ou l'autre de ces nombres, car les perturbations peuvent tout aussi bien altérer la durée de la révolution d'un astre que la position de son orbite), on devait trouver, si la conjecture de Halley était réelle, une comète semblable à celle de 1607.

Eh bien, en 1531, c'est-à-dire 76 ans avant 1607, Apian aperçut, à Ingolstadt, une comète dont il suivit attentivement la marche à travers les constellations. Les observations d'Apian, calculées par Halley, donnèrent les éléments suivants :

Inclinaison.	Longitude du nœud.	Longitude du périhélie.	Distance périhélie.	Sens du mouvement.
17° 56′	49° 25′	301° 39′	0.57	rétrograde.

Ces éléments, comme on voit, sont très-peu différents de ceux de 1607 et de 1682.

L'identité de ces trois astres paraissait, dès lors, évidente. Aussi Halley se hasarda-t-il à prédire qu'une comète se montrerait de nouveau vers la fin de 1758 ou au commencement de 1759, et cela avec des éléments paraboliques peu différents de ceux que je viens de rapporter.

Cette prédiction, en se vérifiant, devait amener une ère nouvelle dans l'astronomie cométaire. Afin de convaincre les plus incrédules, on pensa qu'il serait utile de faire disparaître, quant à la date du retour, le vague dans lequel Halley s'était légitimement renfermé, car, de son temps, il eût été impossible de déterminer avec exactitude la valeur des perturbations. C'est ce problème, si difficile, que notre compatriote Clairaut résolut. Il trouva qu'à raison du ralentissement que l'attraction des planètes apporterait dans sa marche, la comète emploierait à revenir au périhélie 618 jours de plus que dans la révolution précédente, savoir : 100 jours par l'effet de Saturne et 518 jours par l'action de Jupiter. Le passage devait ainsi correspondre au milieu d'avril 1759. Clairaut avertit toutefois que, pressé par le temps, il avait négligé dans son calcul de petits termes qui, accumulés, pourraient s'élever, en plus ou en moins, à 30 jours sur les 76 ans. L'événement justifia toutes ces annonces, car la comète se montra dans les constellations indiquées d'avance, car elle passa au périhélie le 12 mars 1759, c'est-à-dire dans les limites assignées, car les éléments paraboliques, un peu altérés depuis la précédente apparition, furent tels que les calculs de Clairaut les avaient donnés. Ces éléments de 1759, les voici :

Inclinaison.	Longitude du nœud.	Longitude du périhélie.	Distance périhélie.	Sens du mouvement.
17° 37'	53° 50'	303° 10'	0.58	rétrograde.

Aucun doute n'étant plus permis sur la périodicité de la comète de 1759, il a fallu calculer la date de son retour en 1835. Damoiseau, notre compatriote, membre du Bureau des Longitudes, n'a pas reculé devant cet immense travail. Il a poussé les approximations beaucoup plus loin que son devancier; en outre, il a tenu compte et de l'action troublante de la planète Uranus, dont l'existence n'était pas connue du temps de Clairaut, et de celle de la Terre. Son résultat définitif était que la comète, en 1835, devait passer au périhélie le 4 novembre.

Un autre astronome, M. de Pontécoulant, ayant fait de son côté les mêmes laborieux calculs, avait fixé, dans un premier travail, le moment du passage au 7 novembre. Un calcul plus complet de l'action de la Terre et surtout la substitution d'un nombre plus exact pour la masse de Jupiter, amenèrent M. de Pontécoulant à ajouter 6 jours entiers à l'ancienne détermination : le passage au périhélie ne devait plus arriver que le 13 novembre. Ces légères différences de quelques jours, sur plus de 76 ans et demi, s'expliquent très-facilement quand on sait, comme nous le montrerons plus tard, l'influence des masses des planètes perturbatrices sur les mouvements des comètes.

Les éléments paraboliques de l'orbite de Halley, tels que je les ai publiés dans l'*Annuaire du Bureau des Longitudes* pour 1832, avaient été calculés devoir être en 1835 :

Inclinaison.	Longitude du nœud.	Longitude du périhélie.	Distance périhélie.	Sens du mouvement.
17° 44'	55° 30'	304° 32'	0.58	rétrograde.

Dans l'*Annuaire du Bureau des Longitudes* publié en 1834, j'avais en outre indiqué la route que suivrait la comète ; je reproduis ces indications pour montrer comment on peut d'une manière commode assigner à l'avance la place vers laquelle on devra plus tard rechercher un astre dans le ciel étoilé ; j'avais dit que la comète se trouverait :

Le 20 août 1835...... près de ζ du Taureau,
Le 28 — .... entre les Gémeaux et le Cocher,
Le 21 septembre...... dans le Cocher,
Le 3 octobre......... dans le Lynx,

Le   6 octobre 1835...   dans la Grande Ourse,
Le 11   —   ....   *idem.*
Le 12   —   ....   dans le Bouvier,
Le 13   —   ....   dans la Couronne,
Le 15   —   ....   entre Hercule et le Serpentaire.
Le 19   —   ....   dans Ophiuchus,
Le 31   —   ....   *idem.*
Le 16 novembre......   près de η d'Ophiuchus,
Le 26 décembre......   dans le Scorpion, près d'Antarès.

Voyons maintenant jusqu'à quel point l'événement a justifié les prévisions des astronomes.

Personne n'avait eu la hardiesse d'annoncer quel jour la comète redeviendrait visible en 1835. L'état du ciel, l'intensité de la lumière crépusculaire, la force des instruments, la bonté de la vue des observateurs, la possibilité que l'astre eût disséminé une portion sensible de sa substance le long de l'orbe immense qu'il avait dû parcourir depuis 1759, étaient autant d'éléments inappréciables qui commandaient la plus grande réserve. On s'était borné à dire qu'il faudrait commencer les recherches vers les premiers jours d'août.

Eh bien, c'est le 5 de ce mois que, sous le beau ciel de Rome, MM. Dumouchel et Vico aperçurent les premiers la comète de Halley. Elle était alors d'une faiblesse extrême.

Si l'on n'avait pas cru devoir dire quand la comète deviendrait visible, sa position par rapport aux étoiles était au contraire marquée, jour par jour, dans les éphémérides et dans diverses cartes. Or, c'est en dirigeant leur lunette vers le point du ciel où les calculs plaçaient la comète le 5 août, que les astronomes de Rome la découvrirent.

Cet accord eût été jadis considéré comme une mer-
veille. Aujourd'hui on a le droit de se montrer plus exigeant. Les lunettes, celles-là même qui sont armées de
très-forts grossissements, embrassent dans le ciel un
espace circulaire qu'on appelle *le champ* (liv. III, ch. XVII,
t. I, p. 130) et qui a une étendue sensible. De la première observation de Rome, telle que je l'ai rapportée,
on pouvait donc seulement conclure que la comète suivait
à peu de distance la route qui lui avait été assignée; mais
tout le monde le devine sans doute, les astronomes n'en
sont pas restés là ; en calculant les éléments paraboliques
du nouvel astre d'après les premières observations qu'on
en a faites, et les comparant à ceux de 1759, ils ont obtenu
une vérification semblable à celles que Halley employa
jadis, et dont le lecteur sentira toute la portée, s'il prend
la peine de mettre les nombres ci-après à côté de ceux
qu'il a trouvés à la page 281 ; ces nombres sont les éléments paraboliques de la comète de 1835, déduits des
premières observations d'août et de septembre :

Inclinaison.	Longitude du nœud.	Longitude du périhélie.	Distance périhélie.	Sens du mouvement.
17° 47′	55° 6′	304° 30′	0.58	rétrograde.

Aux yeux du public, la véritable pierre de touche des
théories astronomiques, réside dans le calcul du retour
des comètes, c'est-à-dire dans la détermination du temps
qu'elles emploient à décrire leurs orbites. Ce temps, on
aurait pu le compter à partir d'un point quelconque de
ces courbes; mais tous les astronomes se sont accordés à
prendre pour repère l'extrémité du grand axe de l'ellipse
parcourue; en d'autres termes, le point de l'orbite comé-

taire le plus rapproché du Soleil; le point dans lequel, en
réalité, la comète a son maximum de vitesse; le point
enfin qui, dans les éléments, porte le nom de périhélie.
Après cette remarque on ne s'étonnera plus, j'espère,
que le périhélie ait si souvent figuré dans les discussions
que la réapparition de la comète a fait naître.

Nous avons dit que les divers calculs effectués par
MM. Damoiseau et de Pontécoulant avaient fixé le 4, le 7
et le 13 novembre 1835 pour l'époque du dernier passage de la comète de Halley par son périhélie. Postérieurement, l'observation a donné le 16, c'est-à-dire 3 jours
seulement de différence avec la détermination du calcul
regardé comme le plus exact, et 12 jours de différence
avec celle du calcul considéré comme le plus éloigné de
la vérité.

La même comète avait été remarquée en 1456, comme
on le reconnaîtra par les éléments suivants, que Pingré
a déduits du peu de renseignements précis qu'il est possible de recueillir dans les auteurs de cette époque :

Inclinaison.	Longitude du nœud.	Longitude du périhélie.	Distance périhélie.	Sens du mouvement.
17° 56′	48° 30′	301° 0′	0.58	rétrograde.

Avant 1456, on ne trouve plus guère de véritables
observations. Les chroniqueurs se contentent de dire :
On vit une comète dans telle ou telle constellation. Quant
à sa position par rapport à des étoiles connues, quant à
l'heure de l'observation, pas un seul mot. Ainsi les éléments de l'orbite ne sauraient être calculés. Lorsque
ce moyen presque infaillible de reconnaître une comète

nous manque, le temps de la révolution est le seul guide dont il soit possible de faire usage. On a déjà vu combien ce temps est variable, combien dès lors les résultats qu'il peut donner doivent être incertains. Ce n'est donc qu'avec quelque doute que je présenterai la comète de 1305, celle de 1230 ; la comète mentionnée par Haly ben Rodoan en 1006, celle de 885, enfin une comète vue en l'an 52 avant notre ère, comme d'anciennes apparitions de celle de 1759. Quant à la comète de 1006, l'assimilation peut être justifiée, sinon par des éléments, du moins par la ressemblance des marches.

A la date de 1378 il est fait mention dans les ouvrages chinois d'une comète dont la route est très-bien indiquée. En se servant de la traduction du texte chinois donnée par Édouard Biot, M. Laugier a pu calculer avec exactitude les éléments de l'orbite de la comète de Halley pour 1378 ; il a trouvé :

Inclinaison.	Longitude du nœud.	Longitude du périhélie.	Distance périhélie.	Sens du mouvement.
17° 56′	47° 17′	299° 31′	0.58	rétrograde.

Voici un résumé des passages successifs de cette comète à son périhélie :

En 1378, le 8 novembre,
En 1456, le 8 juin,
En 1531, le 25 août,
En 1607, le 26 octobre,
En 1682, le 14 septembre,
En 1759, le 12 mars,
En 1835, le 16 novembre.

Ainsi, les intervalles entre deux passages successifs

au périhélie ont été, pour les sept apparitions bien constatées :

jours.

De 1378 à 1456........	28,343
De 1456 à 1531........	27,467
De 1531 à 1607........	27,811
De 1607 à 1682........	27,352
De 1682 à 1759........	27,937
De 1759 à 1835........	28,006

Ces chiffres donnent en nombres ronds les durées de
révolution suivantes :

77 ans et 7 mois,
75 ans et 2 mois,
76 ans et 2 mois,
74 ans et 11 mois,
76 ans et 6 mois,
76 ans et 8 mois.

La période moyenne est de 76 ans et 1 mois. Les
perturbations qui ont diminué la période de 1 an 2 mois
de 1607 à 1682, ont augmenté de 1 an 6 mois celle de
1378 à 1456. Les révolutions de la comète de Halley ne
sont donc pas, comme on le croyait, alternativement de
76 et de 75 ans. Ainsi, sans la théorie des perturbations,
on n'aurait pas pu prédire le retour de la comète en 1835
avec exactitude.

En comparant la durée de la révolution moyenne de la
comète de Halley à la durée de la révolution de la Terre
autour du Soleil, on trouve, au moyen de la troisième loi
de Kepler (liv. xvi, chap. vi, p. 223), que le grand axe
de son orbite elliptique est égal à 35.9. La différence
entre ce grand axe et la distance périhélie de la comète
est donc égale à 35.3 ; telle est la valeur de la distance

aphélie, c'est-à-dire de la plus grande distance qui puisse existcr entre la comète et le Soleil. L'excentricité ou le rapport de la distance du foyer au centre, à la longueur du demi-grand axe, est de 0.9674. L'orbite elliptique de la comète de Halley est tracée sur la figure 184 (p. 256), qui représente le système planétaire des astronomes modernes ; on peut voir qu'elle s'étend un peu au delà de l'orbite de Neptune.

CHAPITRE VII

ORBITE DE LA COMÈTE À COURTE PÉRIODE OU D'ENCKE

Les minutieux détails dans lesquels je suis entré en parlant de la comète de Halley, me permettront de passer rapidement sur la méthode qu'on a suivie pour constater la périodicité de celle dont nous allons maintenant nous occuper.

Cette comète fut découverte à Marseille, le 26 novembre 1818, par Pons.

Bouvard en présenta les éléments paraboliques au Bureau des Longitudes le 13 janvier 1819.

Un membre fit aussitôt la remarque que les résultats du calcul de Bouvard ressemblaient trop aux éléments d'une comète observée en 1805, pour qu'on ne dût pas considérer le nouvel astre comme un des retours de cette ancienne comète.

La périodicité, par cette seule comparaison, se trouvait hors de doute ; mais la durée de la révolution restait indéterminée, puisqu'il était, sinon probable, du moins possible, qu'en 13 ans la comète fût revenue plusieurs fois.

L'improbable, comme cela arrive si souvent dans les recherches scientifiques, se trouva être la vérité, car M. Encke, de Berlin, établit, par des calculs incontestables, que cette comète n'employait à parcourir toute l'étendue de son orbite elliptique que 1200 jours environ, ou 3 ans et 3 dixièmes.

Mais, disaient encore ceux qui croyaient que le temps de la révolution d'une comète devait nécessairement être très-long, comment se fait-il qu'un astre qui revient à son périhélie en moins de 3 ans et demi, n'ait jamais été observé avant 1805? On répondait qu'il est très-petit, que sa lumière est très-faible, qu'il ne se voit pas à l'œil nu. Cela ne pouvait toutefois expliquer, d'une manière plausible, le manque d'observations que pour quelques-uns de ses retours. Aussi ne tarda-t-on pas à reconnaître que les collections académiques contenaient des observations dont il résultait avec évidence que l'astre s'était montré en 1786 et en 1795. Voici les éléments de la comète à courte période, dans ses anciennes apparitions :

Années.	Inclinaison.	Longitude du nœud.	Longitude du périhélie.	Distance périhélie.	Sens du mouv.
1786......	13° 36'	334° 8'	156° 38'	0.32	direct.
1795......	13 42	334 39	156 41	0.33	direct.
1805......	13 33	334 20	156 47	0.34	direct.
1819......	13 40	334 30	156 50	0.33	direct.

Ces éléments sont ceux que M. Encke a obtenus par la discussion la plus attentive des observations faites en 1786, en 1795, en 1805 et en 1818-1819. Les éléments, calculés avec moins de soin, qui figuraient dans la table générale des comètes, présentaient entre eux des discordances très-considérables.

Les éléments de l'orbite, en 1786 et 1795, étaient trop semblables à ceux de la comète de 1818-1819, pour que, dès lors, l'influence des perturbations étant bien connue, on pût douter de l'identité. Cependant des différences assez notables commandaient de s'abstenir de toute décision précipitée.

Au reste, si l'on élevait encore sur la durée de la révolution de cet astre singulier des doutes, puisés dans la circonstance que la comète décrit son orbite allongée autour du Soleil en moins de temps que les planètes anciennes ou modernes n'en emploient à parcourir leurs orbes circulaires, on se livrerait à une discussion désormais sans objet. La courte période de la comète d'Encke, qui passa au périhélie le 27 janvier 1819, est maintenant un fait incontestable, car sa réapparition dans l'hémisphère sud, en 1822, a été constatée, à très-peu près, dans les positions que le calcul avait données d'avance, par les astronomes attachés à l'Observatoire que le général Brisbane a fondé à la Nouvelle-Hollande ; car l'accord entre le calcul et l'observation n'a pas été moins remarquable en 1825 ; car enfin, en 1829, époque de son troisième retour annoncé, l'astre est également venu occuper les places que M. Encke lui avait assignées un an auparavant, et cela, seulement, avec de très-légères différences, dont la cause sera expliquée plus tard. La même concordance s'est présentée pour les apparitions qui ont eu lieu en 1832, 1835, 1838, 1842, 1845, 1848 et 1852.

En 1837 je publiai, dans l'*Annuaire du Bureau des*

Longitudes, l'éphéméride de cette comète pour 1838 ; c'est dans cette forme que l'annonce d'une comète périodique peut être donnée pour que le public la vérifie facilement :

Dates.	Noms des constellations où la comète se trouvera.
20 septembre....	Persée, près de la Tête de Méduse.
25 *id*......	Persée.
1ᵉʳ octobre.....	Andromède.
10 *id*........	*id.*
15 *id*........	Cassiopée.
20 *id*........	*id.*
25 *id*........	Céphée.
3^ *id*........	*id.*
1ᵉʳ novembre...	Dragon.
5 *id*........	sur la limite du Dragon et d'Hercule.
10 *id*........	Hercule.
15 *id*........	*id.*
20 *id*........	*id.*
25 *id*........	Serpent.
1ᵉʳ décembre...	*id.*
10 *id*........	*id.*
20 *id*........	sur les limites du Serpent et du Scorpion.
25 *id*........	*id.*
29 *id*........	Ophiucbus.
1ᵉʳ janvier 1839.	Sagittaire.

« La comète, ajoutai-je, atteindra son périhélie, c'est-à-dire le point de l'orbite où la distance au Soleil est la moindre, le 18 décembre 1838. Le 7 novembre est le jour où elle se trouvera le plus près de la Terre. Cette moindre distance de la comète à la Terre sera les 22/100ᵉˢ de la distance moyenne de la Terre au Soleil ; on peut donc la porter à 8 millions et demi de lieues. »

Voici les éléments de la comète d'Encke pour les retours vérifiés depuis sa découverte à la fin de 1818 :

Années.	Passage au périhélie.	Incli-naison.	Longitude du nœud.	Longitude du périhélie.	Distance péri-hélie.	Sens du mouv.
1822	24 mai	13°20′	334°25′	157°12′	0.35	direct
1825	16 sept.	13 21	334 28	157 14	0.34	direct
1829	9 janvier	13 21	334 30	157 18	0.35	direct
1832	4 mai	13 22	334 32	157 21	0.34	direct
1835	26 août	13 21	334 35	157 23	0.34	direct
1838	19 déc.	13 21	334 37	157 27	0.34	direct
1842	12 avril	13 20	334 19	157 29	0.35	direct
1845	9 août	13 8	334 20	157 44	0.34	direct
1848	26 nov.	13 9	334 22	157 47	0.34	direct
1852	14 mars	13 8	334 23	157 51	0.34	direct

Les durées des révolutions ont été successivement, d'après les recherches de M. Encke :

jours.

De 1786 à 1795............ 1208.11
De 1795 à 1805............ 1207.88
De 1805 à 1819............ 1207.42

La durée de la révolution, d'après les dernières obser-vations, est de 1204 jours.

La période de 1204 jours correspond à 3 ans 3/10es, et d'après la troisième loi de Kepler elle donne, pour l'orbite elliptique de la comète d'Encke (fig. 184, p. 256) :

Demi grand axe............ 2.2148
Distance périhélie......... 0.3370
Distance aphélie.......... 4.0926
Excentricité.............. 0.8478

Cette orbite est contenue dans celle de Jupiter.

La comète d'Encke n'est revenue à son périhélie que dans des positions le plus souvent défavorables aux obser-vations des astronomes européens.

CHAPITRE VIII

ORBITE DE LA COMÈTE DE SIX ANS TROIS QUARTS
OU DE GAMBART

Nous voici parvenus à une autre comète périodique qui a reparu, comme la précédente, en 1832, et dont le voisinage, assurait-on, devait être si fatal à la Terre et à ses habitants.

Cette comète fut aperçue à Johannisberg, le 27 février 1826, par Biela, et dix jours après, à Marseille, par Gambart. Celui-ci en calcula, sans retard, les éléments paraboliques sur ses propres observations, et il reconnut, à l'inspection de la table générale dont j'ai si souvent parlé, que la comète n'en était pas à sa première apparition, qu'on l'avait déjà observée en 1805 et en 1772.

Le lecteur ne sera pas fâché de juger par lui-même du degré de ressemblance qu'il y a entre les éléments paraboliques de l'astre chevelu pour les apparitions de ces trois années.

Années.	Inclinaison.	Longitude du nœud.	Longitude du périhélie.	Distance périhélie.	Sens du mouv.
1772......	18° 17'	254° 0'	110° 14'	1.01	direct.
1805......	16 31	250 33	109 23	0.89	direct.
1826......	14 39	247 54	104 20	0.95	direct.

La comète de 1826 étant périodique, il fallait passer des éléments paraboliques aux éléments elliptiques; il fallait découvrir la durée de la révolution que les éléments paraboliques laissent complétement indéterminée. Clausen et Gambart entreprirent ce calcul, et trouvèrent, l'un et l'autre, presque en même temps, que la nouvelle comète faisait une révolution entière autour du Soleil dans l'espace d'environ 7 ans.

Ce résultat curieux fut adopté sans contestation, car en 1826 on était complétement revenu de la vieille idée que les temps des révolutions des comètes dussent être nécessairement très-longs. Il eût été hasardeux de déterminer l'époque de la future apparition du nouvel astre, avant d'avoir étudié tous les dérangements, toutes les perturbations sensibles qu'il pourrait éprouver dans sa course par l'action des diverses planètes. Damoiseau se chargea de faire ce long et minutieux calcul.

On déduisit, des observations faites en 1826, la conséquence que la comète de six ans trois quarts viendrait dans son apparition suivante en 1832 choquer la Terre. La question ayant été examinée de plus près, il fut prouvé que les vives craintes qu'on avait conçues n'avaient rien de réel. Voici les raisonnements à l'aide desquels les astronomes arrivèrent à ce résultat.

La comète de six ans trois quarts devait traverser le plan de l'écliptique, c'est-à-dire le plan dans lequel la Terre se meut, le 29 octobre 1832, avant minuit.

La Terre, pendant sa course annuelle autour du Soleil, ne sort jamais du plan de l'écliptique. Ainsi c'est dans ce plan seulement qu'une comète pourrait venir la choquer; ainsi, dans le cas où nous aurions eu quelque chose à redouter de la comète de 1832, c'est le 29 octobre, avant minuit, qu'aurait eu lieu le danger.

Demandons-nous maintenant si le point dans lequel la comète devait traverser le plan de l'écliptique était près d'un point de la courbe que la Terre décrit; car, pour qu'il y eût rencontre des deux corps, cette condition n'était pas moins nécessaire que la précédente.

A cet égard le calcul nous apprenait que le passage de la comète par le plan de l'écliptique devait s'effectuer un peu en dedans de notre orbite et à une distance de cette courbe qui est égale à quatre rayons terrestres et deux tiers. Disons même que cette distance, déjà si petite, pouvait disparaître entièrement si l'on faisait subir aux éléments donnés par Damoiseau de petites variations dont il paraissait difficile de répondre.

Prenons, au surplus, la distance de 4 rayons terrestres et deux tiers comme réelle; remarquons qu'elle se rapportait au centre de la comète, et voyons si les dimensions de cet astre sont assez grandes pour que quelques-unes de ses parties eussent pu venir empiéter sur des points de notre orbite.

Dans l'apparition de 1805, des observations faites par Olbers, l'illustre astronome de Bremen, donnèrent pour la longueur du rayon de la comète 5 rayons terrestres et un tiers; de ce nombre, comparé au précédent, il résulte avec évidence que, le 29 octobre 1832, une portion de l'orbite de la Terre s'était trouvée comprise dans la nébulosité de la comète.

Il ne nous reste plus qu'une seule question à résoudre, c'est celle-ci : au moment où la comète était tellement près de notre orbite que sa nébulosité en enveloppait quelques parties, la Terre elle-même, où se trouvait-elle?

J'ai déjà dit que le passage de la comète très-près

d'un certain point de l'orbite terrestre a eu lieu le 29 octobre avant minuit; eh bien, la Terre n'arriva au même
point que le 30 novembre au matin, c'est-à-dire plus
d'un mois après. On n'a maintenant qu'à remarquer que
la vitesse moyenne de la Terre dans son orbite est de
674,000 lieues par jour, et un calcul très-simple prouve
que la comète de six ans trois quarts, du moins dans son
apparition de 1832, devait toujours être à plus de 20
millions de lieues de la Terre!

Pour avoir, dans les apparitions suivantes, la moindre
distance de la Terre à la comète, il faudra recommencer
les mêmes calculs. Si, en 1832, au lieu de passer dans le
plan de l'écliptique le 29 octobre, la comète y fût arrivée
seulement le 30 novembre au matin, elle serait venue
indubitablement mêler son atmosphère à la nôtre, et peut-
être même nous heurter! Mais je me hâte d'assurer qu'une
erreur d'un mois sur le passage de la comète à son
nœud n'était pas possible. J'ajoute enfin que, dans cette
discussion, je n'ai dû m'occuper que de la nébulosité proprement dite de la comète, car aucune trace de queue
n'a été vue près de cet astre pendant ses apparitions.

Les résultats qui précèdent ne diffèrent pas de ceux
qu'Olbers avait consignés dans une Note, sur le sens
de laquelle tant de personnes se sont méprises d'une si
étrange manière. Il en est qui, tout en reconnaissant que
la Terre devait être, en 1832, à l'abri de toute atteinte
directe, croyaient que la comète ne rencontrerait pas
notre orbite sans la déranger, comme si cette orbite était
un objet matériel, comme si la forme de la route parabolique qu'une bombe va parcourir dans l'espace en sor-

tant du mortier, pouvait dépendre du nombre et de la position des courbes que d'autres bombes auraient anciennement décrites dans les mêmes régions !

Les éléments paraboliques de la comète de Gambart, depuis l'époque de sa découverte en 1826, ont été calculés d'après les observations fournies par ses apparitions en 1832 et en 1846. Elle ne fut pas aperçue lors de son retour en 1839. Les calculs ont donné les nombres suivants :

Années.	Passage au périhélie.	Inclinaison.	Longitude du nœud.	Longitude du périhélie.	Distance périhélie.	Sens du mouv.
1832	26 nov.	13° 13′	248° 16′	110° 1′	0.88	direct
1846	11 février	12 34	245 55	109 2	0.86	direct

L'intervalle qui sépare les deux passages au périhélie précédent est de 4,825 jours, ce qui donne pour la durée moyenne de sa révolution 2412^j.5.

L'orbite elliptique calculée donne :

Longueur du demi grand axe....... 3.5245
Distance périhélie................ 0.8565
Distance aphélie................. 6.1926
Excentricité.................... 0.7570

Durée de la révolution : 2,417 jours, ou 6^{ans}.62.

On peut voir (fig. 184, p. 256) que l'orbite de cette comète s'étend un peu au delà de celle de Jupiter.

Nous reviendrons dans un autre chapitre sur le phénomène remarquable de dédoublement que la comète de Gambart a présenté lors de son retour en 1846. Elle a reparu à la fin d'août 1852, et a été visible environ trois semaines. Le père Secchi, de l'Observatoire de Rome, a aperçu le 16 septembre une plus faible comète, qui la précédait à une distance de 30' en ascension droite, et à 30' plus au sud; cette dernière a été considérée comme étant, selon toute probabilité, la seconde partie de la comète de Gambart.

Dans la plupart des traités d'astronomie, la comète dont nous venons de nous occuper est désignée sous le nom de comète de Biela. Je n'admets pas cette désigna-tion, pour des raisons que j'ai déduites dans la notice biographique que j'ai consacrée à Gambart [1], et dont je ne reproduirai ici que la substance.

L'usage s'est établi de désigner les comètes périodi-ques par des noms d'hommes. Cela peut exciter le zèle des astronomes, et dès lors il est bon de s'y tenir; une condition cependant paraît indispensable : c'est que les noms soient constamment choisis suivant des règles inva-riables, et abstraction faite de tout amour-propre, de tout préjugé national. Pour chaque comète périodique, il y a lieu, dès l'origine, à distinguer : l'astronome qui l'aperçoit le premier; l'astronome qui, le premier aussi, reconnaît, à l'aide des éléments paraboliques, qu'elle s'était précédemment montrée; celui enfin qui, passant aux éléments elliptiques, calcule exactement la durée de la révolution. Voyons quels principes ont prévalu pour les deux comètes périodiques dont nous nous sommes occupés dans les deux chapitres précédents.

En ce qui concerne la comète de Halley, on s'est décidé à lui donner le nom de l'illustre astronome qui le premier s'est occupé des comètes périodiques, de celui

1. Voir t. III des *OEuvres* et des *Notices biographiques*, p. 452.

qui avait, d'après les éléments paraboliques, montré qu'elle avait déjà apparu, prouvé sa périodicité, et prédit le retour prochain de la comète, retour que Clairaut a calculé avec exactitude.

Pour la comète d'Encke, on ne lui a donné ni le nom de Pons qui l'a découverte, ni le nom de Bouvard qui en a calculé les éléments paraboliques, mais bien le nom de M. Encke, qui a retrouvé ses apparitions anciennes et calculé ses retours prochains.

Pourquoi donc donner à la comète de six ans trois quarts le nom de Biela, qui n'a fait que la découvrir, lorsqu'on n'a pas donné le nom de Pons au découvreur de la comète de trois ans trois dixièmes? Pourquoi avoir deux poids et deux mesures. Gambart a calculé les éléments paraboliques de la comète de 1818-1819, il a reconnu ses anciennes apparitions, il a prédit ses retours futurs. Tant que la comète à courte période portera le nom de M. Encke, et pour ma part je trouve cette désignation très-convenable, la comète de six ans trois quarts devra donc porter le nom de Gambart et non celui de Biela.

CHAPITRE IX

COMÈTE DE SEPT ANS ET DEMI OU DE FAYE

Le 22 novembre 1843, M. Faye, astronome attaché à l'Observatoire de Paris, a découvert une nouvelle comète; il a été un des astronomes qui ont calculé d'abord ses éléments paraboliques et plus tard ses éléments elliptiques, car il avait été remarqué que l'orbite observée pendant tout le temps qu'elle a été visible était plutôt un arc d'ellipse qu'un arc de parabole. Ainsi M. Faye, a non-seulement fait la découverte du nouvel astre, mais encore il a pris une part active aux calculs qui ont démontré sa périodicité; je ne peux donc qu'approuver l'usage qui lui a donné le nom de comète de Faye. Parmi les astronomes qui ont cherché par le calcul à déterminer l'orbite qu'elle parcourt, je citerai MM. Goldschmidt, de Gœttingue, Nicolaï, de Manheim, et Le Verrier, de Paris. On n'a retrouvé dans le catalogue des comètes calculées aucun astre dont les éléments eussent quelque ressemblance avec ceux de la nouvelle comète; mais l'orbite obtenue d'après les observations faites en 1843 et en 1844 a permis de tracer à l'avance une éphéméride des positions de la comète lors de son prochain retour en 1850 et 1851. A l'aide de cette éphéméride, M. Challis, de l'Observatoire de Cambridge (Angleterre), a retrouvé la comète en novembre 1850. Ainsi le retour de l'astre nouveau avait été prédit avec exactitude.

Cette quatrième comète périodique est la dernière des comètes dont le passage ait été jusqu'à ce jour constaté au moins deux fois vers le périhélie.

Les éléments de cette comète, dont l'orbite dépasse celle de Jupiter (fig. 184, p. 256), sont les suivants, d'après les calculs de M. Le Verrier :

Années.	Passage au périhélie.	Inclinaison.	Longitude du nœud.	Longitude du périhélie.	Distance périhélie.	Sens du mouv.
1843	17 octobre	11° 23′	209° 29′	49° 34′	1.69	direct
1851	3 avril	11 22	209 31	49 43	1.70	direct

Longueur du demi grand axe...... 3.8118
Distance aphélie................ 5.9310
Excentricité.................... 0.5550

Durée de la révolution : 2718 jours ou 7^{ans}.44.

Le lecteur, en jetant un coup d'œil sur la figure 184, remarquera combien les orbites des comètes périodiques s'entrelacent les unes avec les autres et avec les orbites des planètes. Mais il devra se rappeler, pour éviter toute fausse appréciation, que les plans de ces orbites sont inclinés diversement sur le plan de l'écliptique, de telle sorte que les ellipses que présente la figure, loin de se couper, passent à des distances assez grandes les unes des autres.

CHAPITRE X

CATALOGUE DES COMÈTES CALCULÉES

Nous avons pensé que le lecteur serait curieux d'avoir sous les yeux le catalogue des comètes dont les éléments paraboliques ont été calculés jusqu'à 1853, afin de pouvoir suivre les supputations des astronomes lors de la découverte de toute comète. Ce catalogue a en outre le mérite de montrer que chaque année voit apparaître quelque nouvelle comète et que par conséquent de telles apparitions n'ont plus rien qui doive surprendre ou émouvoir.

Nous n'avons admis dans le catalogue suivant que les comètes pour lesquelles le calcul est complet et certain. Les apparitions des comètes de Halley, Encke, Gambart et Faye, dont les éléments ont été donnés dans les chapitres précédents, ne figurent pas non plus dans notre table des comètes calculées mais non encore retrouvées.

Nos d'ordre.	Années.	Passage au périhélie.	Inclinaison.	Longitude du nœud.	Longitude du périhélie.	Distance périhélie.	Sens du mouv.
	Av. J.-C.						
1	136	29 avril	20° 0'	220° 0'	230° 0'	1.01	R
	Ap. J.-C.						
2	66	14 janv.	40° 30'	32° 40'	325° 0'	0.44	R
3	141	29 mars	17 0	12 50	251 55	0.72	R
4	240	9 nov.	44 0	189 0	271 0	0.37	D
5	539	20 oct.	10 0	58¹ 0	313 30	0.34	D
6	565	11 juill.	62 0	158 45	84 0	0.80	R
7	568	29 août	4 8	294 15	318 35	0.91	D
8	574	7 avril	46 31	128 17	143 39	0.96	D
9	770	6 juin	61 49	90 50	357 7	0.64	R
10	837	28 fév.	11 0	206 33	289 3	0.58	R
11	961	30 déc.	79 33	350 35	268 3	0.55	R
12	989	11 sept.	17 0	84 0	264 0	0.57	R
13	1066	1 avril	17 0	25 50	264 55	0.72	R
14	1092	15 fév.	28 55	125 40	156 20	0.93	D
15	1097	21 sept.	73 30	207 30	332 30	0.74	D
16	1231	30 janv.	6 5	13 30	134 48	0.95	D
17	1264	15 juill.	30 25	175 30	272 30	0.43	D
18	1299	31 mars	68 57	107 8	3 20	0.32	R
19	1301	23 oct.	13 0	138 0	312 0	0.64	R
20	1337	15 juin	40 28	93 1	2 20	0.83	R
21	1362	11 mars	21 0	249 0	219 0	0.46	R
22	1385	16 oct.	52 15	268 31	101 47	0.774	R
23	1433	4 nov.	79 1	133 49	281 2	0.35	R
24	1457	3 sept.	20 20	256 6	92 48	2.10	D
25	1468	7 oct.	44 19	61 15	356 3	0.85	R
26	1472	18 fév.	1 55	207 32	48 3	0.54	R
27	1490	24 déc.	51 37	288 45	58 40	0.738	D
28	1506	3 sept.	45 1	132 50	250 37	0.386	R
29	1532	19 oct.	42 27	119 8	135 44	0.61	D
30	1556	22 avril	30 12	175 26	274 14	0.50	D
31	1558	10 août	73 29	332 36	329 49	0.58	R
32	1577	26 oct.	75 10	25 20	129 42	0.18	R
33	1580	28 nov.	64 52	19 8	109 12	0.59	D
34	1582	6 mai	61 28	231 7	245 23	0.23	R
35	1585	8 oct.	6 5	37 44	9 15	1.09	D
36	1590	8 fév.	29 41	165 31	216 54	0.57	R
37	1593	18 juill.	87 58	164 15	176 19	0.089	D

1. Ou 238.

N^{os} d'ordre.	Années.	Passage au périhélie.	Inclinaison.	Longitude du nœud.	Longitude du périhélie.	Distance périhélie.	Sens du mouv.
38	1596	23 juill.	52° 48′	335° 39′	274° 24′	0.566	R
39	1618	17 août	21 28	293 25	318 20	0.513	D
40	1618	8 nov.	37 11	75 44	3 5	0.39	D
41	1652	12 nov.	79 28	88 10	28 19	0.85	D
42	1661	26 janv.	33 1	81 54	115 16	0.44	D
43	1664	4 déc.	21 18	81 14	130 41	1.03	R
44	1665	24 avril	76 5	228 2	71 54	0.11	R
45	1668	28 fév.	35 58	357 17	277 2	0.005	R
46	1672	1 mars	83 22	297 30	46 59	0.70	D
47	1677	6 mai	79 3	236 49	137 37	0.28	R
48	1678	18 août	2 52	163 20	322 48	1.14	D
49	1680	17 déc.	60 39	272 10	262 49	0.006	D
50	1683	12 juill.	83 48	173 18	86 31	0.55	R
51	1684	8 juin	65 49	268 15	238 52	0.96	D
52	1686	16 sept.	31 22	350 35	77 1	0.33	D
53	1689	1 déc.	69 17	323 45	263 45	0.017	R
54	1695	9 nov.	22 0	216 0	60 0	0.843	D
55	1698	18 oct.	11 46	267 44	270 51	0.691	R
56	1699	13 janv.	69 20	321 46	212 31	0.744	R
57	1701	17 oct.	41 39	298 41	133 41	0.59	R
58	1702	13 mars	4 25	188 59	138 47	0.65	D
59	1706	30 janv.	55 14	13 12	72 29	0.43	D
60	1707	11 déc.	88 36	52 47	79 55	0.86	D
61	1718	14 janv.	31 8	127 55	121 49	1.025	R
62	1723	27 sept.	50 0	14 14	42 53	0.999	R
63	1729	12 juin	77 5	310 38	320 27	4.043	D
64	1737	30 janv.	18 21	226 22	325 55	0.22	D
65	1737	8 juin	39 14	123 54	262 37	0.867	D
66	1739	17 juin	55 43	207 25	102 39	0.673	R
67	1742	8 fév.	66 59	185 38	217 35	0.766	R
68	1743	8 janv.	1 54	86 54	93 20	0.862	D
69	1743	20 sept.	45 48	5 16	246 34	0.522	R
70	1744	1 mars	47 9	45 45	197 13	0.222	D
71	1746	15 fév.	6 0	335 0	140 0	0.95	D
72	1747	3 mars	79 6	147 19	277 2	2.198	R
73	1748	28 avril	85 28	232 52	215 23	0.840	R
74	1748	18 juin	67 3	33 8	278 47	0.625	D
75	1757	21 oct.	12 50	214 13	122 58	0.337	D
76	1758	11 juin	68 19	230 50	267 38	0.215	D
77	1759	27 nov.	78 59	139 39	53 24	0.798	D

Nos d'ordre.	Années.	Passage au périhélie.	Inclinaison.	Longitude du nœud.	Longitude du périhélie.	Distance périhélie.	Sens du mouv.
78	1759	16 déc.	4° 51′	79° 51′	138° 24′	0.966	R
79	1762	28 mai	85 38	348 33	104 2	1.009	D
80	1763	1 nov.	72 34	356 18	84 57	0.498	D
81	1764	12 fév.	52 54	120 5	15 15	0.555	R
82	1766	17 fév.	40 50	244 11	143 15	0.505	R
83	1766	26 avril	8 2	74 11	251 13	0.399	D
84	1769	7 oct.	40 46	175 4	144 11	0.123	D
85	1770	14 août	1 35	131 59	356 16	0.675	D
86	1770	22 nov.	31 26	108 42	208 23	0.528	R
87	1771	19 avril	11 16	27 52	104 3	0.903	D
88	1773	5 sept.	61 14	121 5	75 11	1.127	D
89	1774	15 août	83 20	180 45	317 28	1.433	D
90	1779	4 janv.	32 31	25 4	87 14	0.713	D
91	1780	30 sept.	54 23	123 41	246 36	0.096	R
92	1780	28 nov.	72 3	141 1	246 52	0.515	R
93	1781	7 juill.	81 43	83 1	239 11	0.776	D
94	1781	29 nov.	27 13	77 23	16 3	0.961	R
95	1783	19 nov.	47 43	55 12	49 32	1.495	D
96	1784	21 janv.	51 9	56 49	80 44	0.708	R
97	1785	27 janv.	70 14	264 12	109 52	1.143	D
98	1785	8 avril	87 32	64 34	297 29	0.427	D
99	1786	7 juill.	50 54	194 23	159 26	0.410	D
100	1787	10 mai	48 16	106 52	7 44	0.349	R
101	1788	10 nov.	12 28	156 57	99 8	1.063	R
102	1788	20 nov.	64 30	352 24	22 50	0.757	D
103	1790	15 janv.	31 0	175 0	60 15	0.75	R
104	1790	28 janv.	56 58	267 9	111 45	1.063	D
105	1790	21 mai	63 52	33 11	273 43	0.798	R
106	1792	13 janv.	39 47	190 46	36 30	1.293	R
107	1792	27 déc.	49 2	283 15	135 59	0.966	R
108	1793	4 nov.	60 24	108 29	228 42	0.403	R
109	1793	28 nov.	51 31	2 0	71 54	1.495	D
110	1796	2 avril	64 54	17 2	192 44	1.578	R
111	1797	9 juill.	50 41	329 16	49 27	0.527	R
112	1798	4 avril	43 52	122 9	104 59	0.485	D
113	1798	31 déc.	42 26	249 30	34 27	0.779	R
114	1799	7 sept.	50 56	99 33	3 40	0.840	R
115	1799	25 déc.	77 2	326 49	190 20	0.626	R
116	1801	8 août	21 20	44 28	183 49	0.262	R
117	1802	9 sept.	57 1	310 16	332 9	1.094	D

Nos d'ordre.	Années.	Passage au périhélie.	Inclinaison.	Longitude du nœud.	Longitude du périhélie.	Distance périhélie.	Sens du mouv.
118	1804	13 fév.	56°44′	176°50′	148°54′	1.072	D
119	1806	28 déc.	35 3	322 19	97 2	1.082	R
120	1807	18 sept.	63 10	266 47	270 55	0.646	D
121	1808	12 mai	45 43	322 59	69 13	0.390	R
122	1808	12 juill.	39 19	24 11	252 39	0.608	R
123	1810	5 oct.	62 46	308 53	63 9	0.969	D
124	1811	12 sept.	73 2	140 25	75 1	1.035	R
125	1811	10 nov.	31 17	93 2	47 27	1.582	D
126	1812	15 sept.	73 57	253 1	92 19	0.777	D
127	1813	4 mars	21 14	60 48	69 56	0.699	R
128	1813	19 mai	81 2	42 41	197 44	1.216	R
129	1815	25 avril	44 30	83 29	149 2	1.213	D
130	1816	1 mars	43 5	323 15	267 36	0.048	D
131	1818	25 fév.	89 44	70 26	182 45	1.198	D
132	1818	4 déc.	63 5	89 60	101 55	0.855	R
133	1819	27 juin	80 45	273 43	287 6	0.341	D
134	1819	18 juill.	10 43	113 11	274 41	0.774	D
135	1819	20 nov.	9 1	77 14	67 19	0.893	D
136	1821	21 mars	73 33	48 41	239 29	0.092	R
137	1822	5 mai	53 37	177 27	192 44	0.504	R
138	1822	16 juill.	38 13	97 40	248 33	0.837	R
139	1822	23 oct.	53 39	92 45	271 40	1.145	R
140	1823	9 déc.	76 12	303 3	274 34	0.226	R
141	1824	11 juill.	54 34	234 19	260 17	0.591	R
142	1824	29 sept.	54 37	279 16	4 31	1.050	D
143	1825	30 mai	56 41	20 6	273 55	0.889	R
144	1825	18 août	89 42	192 56	10 14	0.883	D
145	1825	10 déc.	33 33	215 43	318 47	1.241	R
146	1826	21 avril	40 3	197 38	116 55	2.011	D
147	1826	29 avril	5 17	40 29	35 48	0.188	R
148	1826	8 oct.	25 57	44 6	57 48	0.853	D
149	1826	18 nov.	89 22	235 8	315 32	0.027	R
150	1827	4 fév.	77 36	184 28	33 30	0.506	R
151	1827	7 juin	43 39	318 10	297 32	0.808	R
152	1827	11 sept.	54 5	149 39	250 57	0.138	R
153	1830	9 avril	21 16	206 22	212 12	0.921	D
154	1830	27 déc.	44 45	337 53	310 59	0.126	R
155	1832	25 sept.	43 18	72 27	227 56	1.184	R
156	1833	10 sept.	7 21	323 1	222 51	0.458	D
157	1834	2 avril	5 57	226 49	276 34	0.515	D

Nos d'ordre.	Années.	Passage au périhélie.	Inclinaison.	Longitude du nœud.	Longitude du périhélie.	Distance périhélie.	Sens du mouv
158	1835	27 mars	9° 8′	58°20′	207°43′	2.041	R
159	1840	4 janv.	53 5	119 58	192 12	0.618	D
160	1840	12 mars	59 13	237 49	80 18	1.221	R
161	1840	2 avril	79 51	186 4	324 20	0.742	D
162	1840	13 nov.	57 57	248 56	22 32	1.481	D
163	1842	11 déc.	73 34	207 50	327 17	0.504	R
164	1843	27 fév.	35 41	1 12	278 40	0.006	R
165	1843	6 mai	52 44	157 15	281 28	1.616	D
166	1844	2 sept.	2 55	63 49	342 31	1.186	D
167	1844	17 oct.	48 36	31 39	180 24	0.855	R
168	1844	13 déc.	45 37	118 23	296 1	0.251	D
169	1845	8 janv.	46 50	336 44	91 20	0.905	D
170	1845	21 avril	56 24	347 7	192 33	1.255	D
171	1845	5 juin	48 42	337 48	262 0	0.401	R
172	1846	22 janv.	47 26	111 8	89 6	1.481	D
173	1846	25 fév.	30 58	102 38	116 28	0.650	D
174	1846	5 mars	85 6	77 33	90 27	0.664	D
175	1846	27 mai	57 36	161 19	82 33	1.376	R
176	1846	1 juin	31 2	260 12	239 50	1.538	D
177	1846	5 juin	29 19	261 51	162 1	0.633	R
178	1846	29 oct.	49 41	4 41	98 36	0.831	D
179	1847	30 mars	48 40	21 49	276 12	0.042	D
180	1847	4 juin	79 34	173 58	141 37	2.115	R
181	1847	9 août	32 39	76 43	24 17	1.485	R
182	1847	9 août	83 27	338 17	246 42	1.767	R
183	1847	9 sept.	19 8	309 49	79 12	0.488	D
184	1847	14 nov.	72 11	190 56	274 26	0.330	R
185	1848	8 sept.	84 25	211 32	310 35	0.320	R
186	1849	19 janv.	85 3	215 13	63 14	0.960	D
187	1849	26 mai	67 10	202 33	235 43	1.159	D
188	1849	8 juin	66 59	30 32	267 3	0.895	D
189	1850	23 juill.	68 12	92 53	273 24	1.082	D
190	1850	19 oct.	40 6	205 59	89 14	0.565	D
191	1851	8 juill.	13 56	148 27	322 60	1.174	D
192	1851	26 août	37 44	223 9	311 13	0.981	D
193	1851	30 sept.	73 60	44 26	338 45	0.141	D
194	1852	19 avril	48 53	317 8	280 1	0.905	R
195	1852	12 oct.	40 59	346 13	43 12	1.251	D
196	1853	24 fév.	18 32	61 33	154 49	1.076	R
197	1853	1 sept.	61 30	140 28	311 1	0.306	D

On voit que les astres chevelus bien constatés qui peuplent notre système solaire sont en nombre d'autant plus
grand que les moyens d'observation acquièrent une
plus grande perfection, et que le zèle des astronomes
est plus actif pour le progrès des sciences. Tant d'astres
ne font-ils qu'apparaître une fois près du Soleil, pour
s'éloigner à tout jamais dans la profondeur de l'espace
où nos instruments les plus parfaits ne pourront jamais
les apercevoir? Nous allons examiner quelle probabilité
il y a pour les astronomes futurs de retrouver quelques-
unes des comètes dont les astronomes observateurs ou
calculateurs actuels se sont efforcés de déterminer la route
avec précision.

CHAPITRE XI

COMÈTE DE 1770 OU DE LEXELL

Messier découvrit une comète dans le mois de juin
1770. Les astronomes, dès qu'ils en eurent réuni trois
bonnes observations, s'empressèrent, comme d'habitude, de déterminer ses éléments paraboliques. Ces
éléments ne ressemblaient pas à ceux des comètes déjà
observées.

La comète resta visible fort longtemps. Il fut donc
naturel de rechercher jusqu'à quel point ses dernières
positions concordaient avec la parabole déterminée à
l'aide des premières. Eh bien, les discordances étaient
énormes; aucune combinaison d'éléments paraboliques
ne les faisait disparaître. Dans ce cas particulier, jusque-
là sans exemple, on ne pouvait donc pas légitimement

assimiler l'ellipse à la parabole : l'ellipse réelle devait avoir un grand axe assez court.

Lexell trouva, en effet, que la comète de 1770 (n° 85 du catalogue) avait parcouru autour du Soleil une ellipse dont le grand axe était égal seulement à trois fois le diamètre de l'orbite terrestre, et qui correspondait à une révolution de cinq ans et demi. Il représenta ainsi toutes les positions que l'astre alla occuper pendant la longue durée de son apparition, avec l'exactitude des observations elles-mêmes.

Cet important résultat souleva une grave objection. Avec une révolution aussi prompte, il semblait que la comète de 1770 aurait dû se montrer fréquemment, et on n'en trouvait aucune trace dans les cométographes, avant les observations de Messier. Il y a plus, elle a toujours été invisible depuis, quoiqu'on l'ait cherchée attentivement aux places mêmes où l'orbite elliptique de Lexell devait la ramener.

Je laisse à deviner tout ce que la comète perdue fit naître de sarcasmes, bons ou mauvais, contre ces pauvres astronomes qui s'étaient tant vantés d'avoir trouvé définitivement la clef des mouvements cométaires. Il y avait néanmoins, on doit l'avouer, dans cette mystérieuse disparition, une véritable question à résoudre, car la vive lumière dont brillait la comète de 1770 ne permettait pas de supposer qu'elle fût revenue plusieurs fois sans être remarquée. Aujourd'hui tout est éclairci, et les lois de l'attraction universelle ont puisé dans une épreuve qui, au premier aperçu, semblait devoir les ébranler, une force, une évidence nouvelles.

Pourquoi n'avait-on pas vu la comète tous les cinq ans et demi avant 1770? Par la raison que son orbite était alors totalement différente de celle qu'elle a parcourue postérieurement.

Pourquoi la comète n'a-t-elle pas été aperçue depuis 1770? Par la raison que son passage au périhélie de 1776 s'effectua de jour, et qu'avant le retour suivant, la forme de l'orbite fut tellement altérée par l'attraction planétaire que, si la comète avait été visible de la Terre, on ne l'aurait pas reconnue.

Aux éléments de la comète de Lexell donnés dans le catalogue des comètes, tels que M. Le Verrier les a calculés, il faut ajouter :

Longueur du demi grand axe....... 3.1534
Excentricité.................... 0.7868

CHAPITRE XII

DES COMÈTES INTÉRIEURES

On appelle comètes intérieures les comètes dont l'aphélie, c'est-à-dire la plus grande distance au Soleil, se trouve en deçà de l'orbite de Neptune, la dernière planète connue du système solaire. Les comètes intérieures dont la périodicité est aujourd'hui hors de toute contestation, sont d'abord les comètes d'Encke (aphélie 4.09), de Faye (aphélie 5.93), de Gambart (aphélie 6.19), dont l'apparition a été constatée au moins deux fois. Il faut aussi placer parmi ces comètes, celle de Lexell (aphélie 5.73) dont nous avons signalé les perturbations singulières dans le chapitre précédent. Enfin, il est des comètes qui ont été visibles durant un temps assez long pour qu'on ait pu constater que des éléments paraboliques ne pouvaient représenter complétement leur marche, et pour qu'on ait calculé avec assez de certitude des orbites elliptiques rendant compte de tous leurs mouvements, selon les principes que nous avons indiqués précédemment (ch. v, p. 276). Ces comètes sont regardées comme étant périodiques, quoiqu'on ne les ait pas encore revues depuis leurs premières apparitions.

Parmi les comètes périodiques non retrouvées encore, dont la distance aphélie est plus petite que le demi-grand axe de l'orbite de Neptune, on doit mettre en première ligne celle de Vico, Brorsen, d'Arrest et Peters.

La comète qui porte le n° 166 dans notre catalogue a été découverte à Rome, le 22 août 1844, par le père Vico. Pendant quelques jours du mois de septembre, elle a été visible à l'œil nu ; elle était de l'intensité des étoiles de 6° grandeur ; le noyau, dans les instruments grossissants, apparaissait circulaire et très-bien déterminé ; une courte queue de teinte bleuâtre s'étendait dans la direction opposée au Soleil. Les calculs de MM. Faye, Brunnow, Le Verrier, démontrèrent que les observations ne pouvaient être représentées que par une orbite elliptique, dont les éléments qui complètent ceux du catalogue sont les suivants :

Demi grand axe....................	3.1028
Distance aphélie..................	5.0192
Excentricité......................	0.6176

Durée de la révolution ; 1,996 jours, ou 5^{ans}.47.

Le retour qui devait avoir lieu en 1850 n'a pas été constaté ; il est vrai que la comète devait se présenter dans une position peu favorable aux observations. Il n'en doit pas être de même pour le passage au périhélie qui aura lieu dans l'été de 1855 ; M. Brunnow a calculé qu'elle serait à sa plus petite distance du Soleil le 6 août. Dans le passé on n'a pas retrouvé d'apparitions tout à fait certaines de cette comète. Cependant les éléments de la comète de 1678 (n° 48 du catalogue), calculés d'après les observations de La Hire, pourraient bien s'accorder avec ceux de la comète découverte par le père Vico.

M. Brorsen, de l'Observatoire de Keil, en Danemark, a découvert le 26 février 1846 une comète télescopique (n° 173 du catalogue). Cette comète fut à sa plus petite distance de la Terre le 27 mars ; elle fut visible jusqu'au 22 avril ; elle apparut constamment comme une nébulosité, dans laquelle on ne put apercevoir ni noyau ni queue. Les calculs auxquels se livrèrent MM. Brunnow, Goujon et Hind ont montré que les positions observées ne pouvaient être représentées que par une ellipse, et que la comète devait avoir une courte période d'environ 5 ans et demi. En conséquence, cette comète devait revenir à son périhélie en 1851, mais elle ne fut pas aperçue. On devra la rechercher en 1857. Parmi les anciennes comètes celles de 1532 et de 1661 (n°ˢ 29 et 42 du catalogue) peuvent être regardées comme ayant des orbites assez semblables à celles de la comète de M. Brorsen, à cause des perturbations qui, durant un si long intervalle, ont dû modifier la marche de cet astre. Aux éléments du catalogue, nous ajouterons les suivants :

Demi grand axe.............. 3.198
Distance aphélie............. 5.643
Excentricité................. 0.793

Durée de la révolution : 2,039 jours ou 5ᵃⁿˢ.58.

Le 27 juin 1851, M. d'Arrest a découvert à Leipzig une petite comète télescopique (n° 191 du catalogue), qui fut visible jusqu'en octobre. On s'aperçut sans difficulté que les observations ne pouvaient être représentées par une orbite parabolique, et qu'une ellipse seule s'accordait avec la marche du nouvel astre dont les éléments complémentaires de ceux donnés par le catalogue sont :

Demi grand axe........... 3.4618
Distance aphélie........... 5.7497
Excentricité............... 0.6609

Durée de la révolution : 2,353 jours ou 6ᵃⁿˢ.44.

Les éléments calculés ne s'accordent, même approximativement, avec aucun de ceux des anciennes comètes.

Le 26 juin 1846, M. Peters a découvert à Naples une comète (n° 176 du catalogue) qui a été visible jusqu'au 21 juillet. Le calcul a montré que les observations pouvaient être représentées par une ellipse plus allongée que pour les comètes précédentes. Son grand axe serait de 6.32 et elle reviendrait après un intervalle de 16 ans environ.

La comète observée en février 1743 (n° 68 du catalogue) à Paris, Vienne et Berlin, dans la Grande Ourse et le Lion, semble devoir être rangée, d'après les calculs de M. Clausen, parmi les comètes à courte période. La durée de sa révolution serait de $5^{ans}.436$ et son excentricité 0.721. On a cru voir dans cette comète une deuxième apparition de celle que Blanpain a découverte à Marseille, le 28 novembre 1819 (n° 135 du catalogue), et qui a été observée à Milan jusqu'au 25 janvier 1820. D'après les calculs de M. Encke, celle-ci aurait une durée de révolution de $4^{ans}.810$ et une excentricité de 0.687.

Messier a découvert à Paris, le 8 avril 1766 (n° 83 du catalogue), une comète qui a été aussi observée par La Nux, à l'île Bourbon. Burckhardt a calculé qu'elle devait avoir pour orbite une ellipse dont l'excentricité serait 0.864, et que sa révolution s'effectuait en $5^{ans}.025$. M. Clausen pense qu'elle est peut-être identique avec celle découverte le 21 juin 1819 par Pons, à Marseille (n° 134 du catalogue), et qui a été observée jusqu'au 29 juillet. Les calculs de M. Encke assignent à cette comète une révolution de $5^{ans}.618$ et une excentricité de 0.755. L'attraction des planètes aurait apporté de grands changements dans le mouvement de cette comète entre les deux apparitions constatées.

Enfin la comète découverte à York, par Pigott, le 19 novembre 1783 (n° 95 du catalogue), aurait, d'après les calculs de Burckhardt, une orbite elliptique dont l'excentricité serait de 0.6 et elle ferait sa révolution en 5 ans.

Des observations de chaque comète nouvelle, longtemps poursuivies et faites avec toute la précision que permettent les instruments actuels, donneront seules les moyens de résoudre la question de l'identité des comètes qui viendront s'inscrire chaque année dans le catalogue des comètes avec celles qu'on trouvera plus tard. Il y a là pour les jeunes astronomes un objet constant de recherches intéressantes.

CHAPITRE XIII

DES COMÈTES VISIBLES EN PLEIN JOUR

Les apparitions de comètes en plein jour sont assez rares ; je vais rechercher dans ce chapitre les exemples de celles qui sont suffisamment authentiques.

Suivant Sénèque la comète de l'an 146 avant notre ère « était aussi grande que le Soleil et dissipait les ténèbres de la nuit. »

L'expression, *dissipait les ténèbres de la nuit*, est vague et nous laisse dans l'incertitude sur l'éclat dont Sénèque a voulu parler.

Justin rapporte qu'une comète se montra pendant 70 jours, l'année de la naissance de Mithridate, 134 ans avant Jésus-Christ. « Le ciel, dit cet historien, paraissait tout en feu ; la comète en occupait la quatrième partie, et son éclat était supérieur à celui du Soleil ; elle employait quatre heures à se lever, autant à se coucher. » Il est digne de remarque que Justin nous gratifie d'une comète extrêmement semblable à la précédente, pour l'époque où Mithridate monta sur le trône. Les *Annales de la Chine* disent seulement que la 43ᵉ année du 43ᵉ cycle, correspondante à l'an 134 avant Jésus-Christ, on vit une grande comète dont la queue s'étendait jusqu'au milieu du ciel et qui parut pendant deux mois.

Dion Cassius dit qu'en l'an 52 avant Jésus-Christ, une torche ardente passa du midi à l'orient.

Les expressions *son éclat était supérieur à celui du Soleil, torche ardente,* ne prêtent à aucune équivoque, mais on peut remarquer que ces appréciations ont été faites sous l'influence des opinions qu'on avait conçues sur les malheurs que les comètes présageaient ; dès lors il est naturel de supposer qu'elles sont empreintes d'exagération. Ce que rapporte Diodore de Sicile (qui vivait 45 ans avant Jésus-Christ) me paraît mériter plus de confiance, car il cite une expérience qui caractérise nettement la lumière de la comète à laquelle il fait allusion. Suivant cet auteur, « cette comète était douée d'une si grande clarté qu'elle produisait des ombres à peu près semblables à celles que forme la Lune. » Ceci implique qu'elle était au moins deux ou trois fois plus brillante que Vénus dans son maximum d'éclat.

L'année 43 avant notre ère nous offre un astre chevelu qui se voyait de jour à l'œil nu. C'était la comète que les Romains regardèrent comme une métamorphose de l'âme de César, tombé peu de temps auparavant sous les poignards de Brutus, de Cassius, etc.

On vit en l'an 400 de notre ère *la comète la plus terrible* dont on ait jamais fait mention jusque-là, disent les historiens Socrate et Sozomène. Elle brillait, ajoutent-ils, au-dessus de Constantinople. Quoique placée au haut du ciel, elle atteignait la Terre. Sa forme était celle d'une épée. D'après ce récit, il est évident que la comète de 400 avait une longue queue. Quant au mot *terrible*, on rabattra sans doute beaucoup de son importance, si j'ajoute qu'aux yeux des contemporains, la comète de 400 était le présage des malheurs dont la perfidie de Gainas menaçait Constantinople.

La comète observée en 1006 par Haly-Ben-Rodoan et qu'on regarde comme une des apparitions de la comète de Halley jetait, dit-on, une clarté égale au quart de celle que la Lune répand dans son plein, et était trois fois plus grosse que Vénus.

Le 4 février 1106, on remarquait, suivant certains historiens, une étoile distante du Soleil de 1 pied et demi seulement.

On peut conjecturer que cette étoile était une comète et non pas Vénus, car le 7 février on aperçut, vers le couchant, une brillante comète, étendant jusqu'au signe des Gémeaux une traînée qui ressemblait à une toile de lin, disent les chroniques.

Dans l'année 1402 nous trouvons deux comètes très-remarquables. La première était si brillante que la lumière du Soleil, à la fin de mars, n'empêchait d'apercevoir en plein midi ni son noyau ni même sa queue, et cela dans une étendue de deux brasses, pour me servir des expressions des auteurs contemporains. La seconde se montra dans le mois de juin ; elle se voyait longtemps avant le coucher du Soleil.

Le peuple prétendit que cette comète annonçait la mort prochaine de Jean Galéas Visconti. Ce prince qui, dans sa jeunesse, s'était fait tirer son horoscope, éprouva lui-même une grande frayeur en voyant le nouvel astre, et cela contribua peut-être beaucoup à réaliser la prédiction.

Je n'insisterai pas ici sur ce que dit Ducos de la comète de 1402 ; qu'inférer, en effet, d'expressions poétiques telles que celles-ci : « La comète ne permettait ni aux étoiles de déployer leur lumière, ni à la nuit d'obscurcir l'air. »

Cardan rapporte qu'en 1532, la curiosité des habitants de Milan fut vivement excitée par un astre que tout le monde pouvait observer en plein jour. A l'époque qu'il indique, celle de la mort de Sforce II, Vénus n'était pas dans une position assez favorable pour être aperçue en présence du Soleil. L'astre de Cardan était donc une comète.

La belle comète de 1577 (n° 32 du catalogue) fut *découverte* le 13 novembre par Tycho-Brahé, de son observatoire de l'île d'Hween, dans le Sund, avant le coucher du Soleil.

Les personnes qui ont l'habitude des observations, devineront pourquoi j'ai souligné le mot *découverte*. C'est qu'en effet il y a une grande différence entre apercevoir un astre dont on connaît l'existence, dont on sait la position, et le découvrir quand on promène seulement ses regards sur le firmament d'une manière indéterminée. La découverte suppose incontestablement dans l'astre plus d'intensité, plus d'éclat que l'observation.

Le père Maximilien Marsilius assura à Kepler que, le 24 novembre 1618, il avait vu en plein jour la tête et la queue de la seconde comète (n° 40 du catalogue) qui parut cette année-là.

Je me hâte d'arriver à une comète plus moderne, pour laquelle nous trouverons, dans un ouvrage spécial, des observations détaillées.

Le 1ᵉʳ février, la comète de 1744, célèbre par ses queues multiples, était, d'après Chéseaux, plus lumineuse que la plus brillante étoile du ciel, c'est-à-dire que Sirius;

Le 8, elle égalait Jupiter;

Quelques jours après, elle ne le cédait en éclat qu'à Vénus;

Au commencement du mois suivant, elle se voyait en présence du Soleil. En se plaçant d'une manière convenable, de façon à ne pas être éblouies par la lumière solaire, le 1ᵉʳ mars, plusieurs personnes l'aperçurent, même sans lunettes, à une heure après midi.

Si nous ajoutons la comète du commencement de 1843 (n° 164 du catalogue), qui a été aperçue en plein midi à une distance de moins de 2° du Soleil, nous aurons seulement un total de huit comètes qui, d'après les récits *exacts* des historiens, *ont été vues* pendant le jour, savoir: celle de 43 ans avant Jésus-Christ, les deux comètes de 1402, celles de 1532, de 1577, de 1618, de 1744 et de 1843.

CHAPITRE XIV

SUR LA GRANDE COMÈTE DE 1843

La comète qui devint subitement visible dans le mois de mars 1843 (n° 164 du catalogue), excita au plus haut degré la curiosité publique. A certains égards, cette curiosité était légitime : le nouvel astre se distinguait de la plupart des comètes dont les annales astronomiques ont conservé le souvenir, par l'éclat de la tête, et surtout par la longueur de la queue. C'est à la lumière de cette comète que j'ai comparé celle de la lumière zodiacale, ainsi que je l'ai rapporté précédemment (liv. xv, chap. iv, p. 193).

J'ai pensé devoir donner, dans ce chapitre, un aperçu rapide des observations, des rêveries et des calculs auxquels la grande comète de 1843 a donné lieu. Une sorte de monographie de cette comète fera voir sur quels points divers doit porter l'attention de l'astronome, lorsqu'un nouvel astre chevelu vient à être signalé tout à coup.

Je commencerai par réunir dans un seul tableau les dates des premières apparitions de la comète, telles qu'on me les a adressées d'un grand nombre de lieux de la Terre.

PARME, BOLOGNE, etc., 28 février. — La comète, aperçue d'abord par des curieux en plein Soleil, et considérée comme un météore, était à l'heure de midi, d'après une observation de M. Amici fils, de 1° 23' à l'est du centre du Soleil. M. Amici dit seulement que l'astre était *fumeux* vers l'est. Les observateurs de Parme assurent qu'en se plaçant derrière un pan de mur cachant le Soleil, on voyait une queue de 4 à 5 degrés de long.

MEXIQUE. MEXICO (capitale), 28 février). — A 11 heures du matin, suivant le *Diario del Gobierno*, la comète se voyait à l'œil nu, près du Soleil, comme une étoile de première grandeur, ayant un commencement de queue dirigée vers le sud.

MEXIQUE. *Mines de Guadalupe y Calvo* (latitude, 26° 8' N.; longitude, 106° 48' de Greenwich), 28 février. — M. Bowring vit la comète depuis 9 heures du matin jusqu'au coucher du Soleil. A 4 heures 12 minutes du soir sa distance au Soleil était de 3° 53' 20''. La queue ne paraissait avoir alors que 34' de long.

PORTLAND (Amérique du Nord), 28 février. — La comète a été vue à l'œil nu et en plein jour, à l'orient du Soleil, par M. Clarke.

Copiapo (Chili), 1er mars. — M. Darlu dit que la comète se montra tout à coup le 1er mars, et que la queue avait une étendue angulaire de 30 degrés.

Sous l'équateur, 4 mars. — M. le capitaine Wilkens parle de l'observation qu'il fit le 4 mars, et d'une queue fortement courbée vers le sud, ayant 69 degrés de long.

Ile de Cuba, 5 mars. — A 7 heures du soir, M. Ducous, capitaine du navire *le Guatimosin*, trouvait déjà que la comète avait une longue queue. D'autres relations anonymes disent qu'à la Havane, la comète fut vue dès le 2 mars, et qu'elle avait une queue courbe, semblable à un arc-en-ciel sans couleurs.

Presqu'île de Banks; Akaroa (Nouvelle-Zélande), 8 mars. — M. Bérard, capitaine de vaisseau, observait la comète les 8 et 9 mars.

Tête de Buch, 8 mars. — La queue de la comète fut aperçue par M. Lalesque, docteur en médecine, le 8 mars.

Montpellier, 11 mars. — M. Legrand vit la comète vers 7h 15m du soir. La queue lui parut d'une teinte rouge très-prononcée. Cette teinte existait encore le 13. Le 14 il n'y en avait plus de traces : la queue était alors blanche.

Nice, 12 mars. — M. Cooper ne voyait dans la queue de la comète aucune trace de la teinte rougeâtre que M. Legrand remarquait le même jour et la veille, à Montpellier.

Bérias (Ardèche), 14 mars. — M. Malbos, ingénieur des mines, vit la comète le 14, malgré un clair de lune très-vif.

Auxonne, 14 mars. — M. le capitaine Franc Aufrère distingua la traînée le 14 mars, en faisant sa ronde.

Paris, Marseille, Genève, Tours, Reims, Neuchatel (en Suisse), Brest, etc., 17 mars. — Dans toutes ces villes, la queue de l'astre fut aperçue le 17. Le 17, à Genève, on vit la tête, mais sans pouvoir l'observer. D'après les observations de Paris, la longueur de la queue ne devait pas être, le 17, au-dessous de 39 à 40 degrés.

Paris, 18 mars. — La tête a été observée. On a déterminé son ascension droite et sa déclinaison. La queue a 43 degrés de longueur ; la largeur ne dépasse nulle part 1°.2.

MARSEILLE, GENÈVE ET VIENNE, 18 mars. — La tête a été observée.

BERLIN, 20 mars. — On observe la tête; on en détermine la position le 20 mars.

La table précédente soulève diverses questions; je vais les discuter.

Il est certain que la grande comète de 1843 a été aperçue en plein jour et très-près du Soleil, le 28 février 1843, mais il est vraiment très-fâcheux qu'aucun des observateurs qui la virent durant cette journée n'ait été en mesure d'en déterminer la position exacte. Je n'ignore pas que des personnes entièrement étrangères à ce qui se passe, à ce qui doit se passer dans les Observatoires, ont été étonnées qu'un phénomène lumineux, aperçu par des oisifs, ait échappé aux nombreux astronomes dispersés sur la surface de l'Europe. En tous cas, aucun reproche à ce sujet ne saurait atteindre les observateurs de Paris, astronomes de profession ou autres : le 28 février 1843, le ciel fut entièrement couvert toute la journée; le Soleil ne se montra pas un seul instant.

On remarquera, en parcourant le tableau qui précède, que, dans le midi de la France, diverses personnes virent la queue de la comète le 8, le 11, le 14, et que ce phénomène fut aperçu, à Paris, le 17 seulement.

Plusieurs journalistes se sont fondés sur ce rapprochement des dates, pour formuler contre les astronomes de Paris des accusations dans lesquelles l'ignorance et la haine se montrent également à nu. Je réduirai toutes ces déclamations au néant, en extrayant seulement quelques lignes de notre registre d'observations météorologiques :

8 mars : ciel couvert ;

 9 —   —   *id.*

10 —   —   *id.*

11 —   — très-orageux ;

12 —   — couvert ;

13 —   — voilé, à ce point qu'on mesura le diamètre d'un halo lunaire ;

14 —   — couvert et pluie ;

15 —   — couvert ;

16 —   — beau ; mais la Lune s'était levée à $6^h 59^m$, et sa lumière effaçait celle de la comète.

En prenant d'abord les observations sans les discuter, en se bornant aux seules apparences, en ne tenant compte que des dimensions angulaires, la queue de la comète de 1843 n'est pas, à beaucoup près, la plus étendue dont les fastes astronomiques aient eu à faire mention. Cette queue, à Paris, n'a jamais paru avoir au delà de 43° de long.

A l'équateur, le capitaine Wilkens a trouvé..   60°

Eh bien ! la queue de la comète de 1680 (n° 49 du catalogue) embrassait. . . . .   90°

La queue de la comète de 1769 (n° 84 du catalogue). . . . .   97°

La queue de la comète de 1618 (n° 40 du catalogue). . . . .   104°

Ce qui rendait la queue de la comète de 1843 si remarquable, c'était la petitesse et l'uniformité de sa largeur. Depuis les environs de la tête jusqu'à l'extrémité opposée, cette largeur, à peu près constante, était de 1° 15′ le 18 et le 19 mars.

Dans les queues des comètes, les bords brillent ordinairement plus que le centre, et la différence est très-

A. —II.   21

sensible. La queue de la comète de mars 1843 paraissait, elle, d'un blanc uniforme sur toute sa largeur.

Pendant les premiers jours de l'apparition de la comète, le noyau semblait entièrement séparé de la queue. Le 29 mars, les deux parties s'étaient rattachées l'une à l'autre.

Un professeur de Montpellier a prétendu que la queue de la grande comète de 1843 offrait une nuance rouge prononcée, le 11, le 12 et le 13 mars. Cette remarque a été contredite par un astronome qui, aux mêmes époques, observait à Nice.

Le 1er mars, lorsque M. Darlu vit la comète pour la première fois à Copiapo (Chili), elle avait deux queues distinctes. La queue principale s'épanouissait notablement en s'éloignant de la tête; la seconde queue, située au nord de la première et formant avec elle un angle considérable, consistait, au contraire, en un filet brillant, d'une largeur uniforme, sensiblement courbé, présentant sa concavité au nord. Sa longueur était double de celle de la queue principale. A partir du noyau, les deux queues marchaient confondues dans un certain intervalle.

Le long filet, en forme d'arc, avait entièrement disparu le 4 mars; le 3 il présentait encore, par sa forme, par son étendue et par son éclat, le même aspect que trois jours auparavant. Cette disparition presque subite ajoute une difficulté nouvelle à toutes celles qui, jusqu'ici, ont empêché de donner une explication complétement satisfaisante des queues des comètes.

Les comètes changent quelquefois notablement d'aspect et d'éclat, dans le court intervalle de trois à quatre jours.

Leur chevelure et leur queue varient surtout considérablement avec la distance de l'astre au Soleil.

Les circonstances physiques de grandeur et d'intensité
ne semblent donc pas pouvoir conduire catégoriquement
à reconnaître les comètes dans leurs retours successifs.
Néanmoins, si tel de ces astres a été une fois remarquable
par la vivacité du noyau, l'étendue de la nébulosité, la
longueur ou la forme de la queue, on peut présumer,
sans prétendre à une ressemblance parfaite, que pendant
un certain nombre de ses apparitions, le noyau a dû rester
brillant, la nébulosité épanouie et la queue développée.
Envisagée ainsi, l'histoire des comètes peut fournir, non
des conséquences absolument certaines, mais du moins
des indications utiles, quelques faibles probabilités, surtout si l'on fait entrer en ligne de compte la comparaison
des temps des révolutions. Tel est le point de vue où il
faut se placer pour bien apprécier une communication
faite par un astronome anglais, M. Cooper, et datée de
Nice, le 20 mars.

M. Cooper croyait que la comète du mois de mars 1843
était une réapparition de celle que J.-D. Cassini avait vue
à Bologne en 1668 (n° 45 du catalogue).

Cassini assimilait déjà à la comète de 1668, une traînée lumineuse que Maraldi observait à Rome le 2 mars
1702, et même le phénomène qui, suivant Aristote, fit
son apparition à l'époque où Aristée était archonte à
Athènes, c'est-à-dire vers l'an 370 avant notre ère. Ces
identifications conduisaient, pour le temps de la révolution de l'astre, à des périodes de 34 à 35 ans 3 mois.

Des conjectures passons aux calculs :

Les comètes décrivent des ellipses. On ne les voit guère de la Terre qu'aux époques où elles occupent des positions peu éloignées des sommets de ces courbes, les plus voisins du Soleil, qu'on nomme les *périhélies*. Les ellipses cométaires sont généralement très-allongées. Il en résulte que l'arc d'ellipse qu'une comète parcourt pendant toute la durée de son apparition, ne diffère pas sensiblement de l'arc correspondant d'une ellipse ayant même foyer, même sommet, et dont le grand axe serait infini. L'ellipse à grand axe infini s'appelle une *parabole*. Puisque, habituellement, les observations, quelque précision qu'on leur donne, ne permettent pas de choisir entre un grand axe très-grand et un grand axe infini, c'est en adoptant un grand axe infini qu'on effectue les calculs, c'est en supposant que la comète parcourt autour du Soleil une véritable parabole.

Pour déterminer complétement la forme et la position de la parabole qu'une comète décrit dans l'espace, trois positions de l'astre sont nécessaires ; deux ne suffisent pas. Si on n'a que deux observations, l'orbite reste indéterminée, comme le centre, le rayon et la position d'un cercle, quand on ne connaît que deux des points par lesquels ce cercle doit passer.

Malgré le zèle le plus actif, on n'avait encore à Paris, le 27 mars 1843, que deux observations de la comète. Favorisé par un plus beau ciel, M. Plantamour, directeur de l'Observatoire de Genève, ayant déjà réuni trois observations à la date du 21 mars, calcula le premier l'orbite. Les résultats furent communiqués à l'Académie des sciences de Paris, dans sa séance du 27. La moindre distance de la comète au Soleil y figurait par la fraction 0.0045, le rayon moyen de l'orbite de la Terre étant supposé l'unité; mais le rayon du Soleil est 0.0046; la comète semblait donc avoir dû pénétrer dans la matière lumineuse qui détermine le contour visible du grand astre, dans ce qu'on est convenu d'appeler la *photosphère solaire*.

Ce résultat singulier ne s'est pas confirmé. Dès leurs premiers calculs, deux astronomes de l'Observatoire de Paris, MM. Laugier et Victor Mauvais, trouvèrent pour la distance périhélie de la nouvelle comète la fraction 0.0055, supérieure à 0.0046, ce qui écartait toute possibilité de la prétendue pénétration. La comète de mars 1843 n'en reste pas moins celui de tous ces astres connus qui a le plus approché du Soleil. Le tableau suivant pourra intéresser le lecteur. Les comètes y ont été portées dans l'ordre de leurs distances périhélies:

Date de l'apparition de la comète.	N° d'ordre du catalogue.	Distance périhélie exprimée en mille lieues et rapportée au centre du Soleil.	
1843	164	190 mille lieues.	
1680	49	228	—
1689	53	760	—
1826	149	1,026	—
1847	179	1,596	—
1816	130	1,824	—
1593	37	3,420	—
1821	136	3,420	—
1780	91	3,800	—
1665	44	4,180	—
1769	84	4,560	—
1830	154	4,788	—
1827	152	5,244	—
1851	193	5,351	—
1577	32	6,840	—
1758	76	7,980	—

Il résulte de cette Table que le 27 février, au moment de son passage au périhélie, le centre de la comète de 1843 était à 32 mille lieues seulement de la surface du Soleil. De surface à surface il y avait, au plus, 13 mille lieues entre les deux astres.

En un seul jour, la distance du centre de la comète au centre du Soleil varia dans le rapport de 1 à 10.

Les éléments paraboliques du nouvel astre une fois connus, il devint possible et facile d'exprimer en lieues plusieurs données de l'observation que, jusque-là, il avait fallu donner en mesures angulaires.

Le 28 mars, le rayon de la tête de la comète (de ce qu'on appelle la nébulosité) était de 19 mille lieues.

Le même jour, la queue avait.....	60 millions de lieues de long;
La longueur de la queue de la comète de 1680 (n° 49 du catalogue), ne dépassa jamais..	44 millions de lieues;
Celle de la comète de 1769 (n° 84).	16 millions;
Les queues multiples de la comète de 1744 (n° 70) allèrent à un peu plus de...............	13 millions.

La largeur de cette même queue extraordinaire de la comète de 1843, était de 1320 mille lieues.

Ces dimensions, énormes en tous sens, avaient fait rechercher si la Terre était passée dans la queue de la comète de 1843. Les calculs de MM. Laugier et Mauvais montrèrent que cette rencontre n'avait pas pu avoir lieu.

La queue (en la supposant aussi longue le 27 février que le 18 mars) s'étendait bien au delà de la distance à laquelle la Terre circule autour du Soleil, mais elle n'était pas couchée sur le plan de l'écliptique; mais, n'ayant pas assez de largeur pour racheter l'effet de cette déviation, elle passa tout entière en dehors de notre globe.

Le calcul de l'orbite permit à MM. Laugier et Mauvais de rechercher s'il y avait quelque vérité dans les conjectures qu'on avait formées, touchant l'identité des comètes de 1668 (n° 45 du catalogue), de 1702 (n° 58 du catalogue) et de 1843, en se fondant sur des ressemblances d'aspect et d'éclat.

J'ai déjà expliqué comment les signalements comparatifs des comètes peuvent être des indices trompeurs. La similitude des routes parcourues est un caractère tout autrement démonstratif.

Or, pour l'orbite de la comète de 1702, il n'est possible de faire aucune assimilation avec celle de la comète de 1843.

MM. Laugier et Mauvais, en remontant la chaîne des temps, ont examiné de quelle manière, dans l'hypothèse de l'identité, les positions anciennes de 1668 sont représentées par l'orbite de 1843. Tout balancé, il leur a paru probable que les comètes de 1668 et de 1843 constituent un seul et même astre. C'est aussi la conséquence que M. Petersen a déduite de ses propres recherches. La comparaison des éléments des numéros 45 et 164 du catalogue montre, en effet, que les routes suivies ont eu la plus grande ressemblance dans les deux apparitions de la comète.

Plus tard, M. Clausen a reconnu qu'il s'est glissé des erreurs considérables dans ce que Pingré a rapporté concernant la marche de la comète de 1689 (n° 53 du catalogue). Après avoir rectifié ces erreurs, M. Clausen s'est cru autorisé à considérer la comète de 1689 comme une apparition de la comète de 1843. Le temps de la révolution serait de 21 ans 10 mois.

Mais d'un autre côté, l'orbite elliptique de la comète de 1843, calculée par M. Hubbard d'après l'ensemble de toutes les observations, a une excentricité de 0.99989 : son demi grand axe serait égal à 54 fois la distance moyenne de la Terre au Soleil, et elle ne saurait être parcourue qu'en 376 ans environ. Ainsi l'assimilation de la comète de 1843 avec celle de 1689 qu'a cherché à faire prévaloir M. Clausen ne saurait être admise, et il y a bien des doutes sur l'identité réelle des deux astres de 1668 et de 1843.

CHAPITRE XV

SUR LA POSSIBILITÉ DE PRÉDIRE L'APPARITION DES COMÈTES

A l'occasion de la brillante comète de 1843, on a fait planer sur les astronomes modernes des reproches au moins singuliers. Ceux qui les ont inventés ou propagés étaient certainement étrangers aux notions les plus élémentaires de la science. J'ajouterai que la futilité de ces reproches peut être constatée à l'aide des simples lumières du bon sens.

La comète s'est montrée inopinément ; personne n'avait prévu son apparition. De deux choses l'une : ou la science n'est pas aussi avancée qu'on le prétend, ou les astronomes ont été coupables de négligence et d'incurie. Examinons ces reproches, l'un après l'autre. La discussion à laquelle je vais me livrer pourra servir pour tous les cas semblables qui devront longtemps encore se présenter.

Personne n'avait prévu l'apparition de la comète de 1843 ! Le fait est vrai ; je m'étonne même qu'on le cite comme une singularité. Les catalogues astronomiques font aujourd'hui mention de 226 apparitions régulièrement observées. Dans ce nombre, 210 eurent lieu inopinément ; aucun calcul ne les avait indiquées ni quant aux dates, ni relativement aux positions que les nouvelles comètes devaient occuper dans le ciel. La comète de 1843 rentre donc dans la règle commune. Les astronomes du milieu du XIXᵉ siècle n'ont pas été plus inhabiles en se laissant surprendre par l'astre à longue queue du mois de mars 1843, que ne l'avaient été : Lacaille en 1744, Bradley en 1757, Maskelyne en 1769, Wargentin en 1771, Herschel en 1795, Piazzi en 1807, Olbers, Delambre, Gauss, Oriani, etc., en 1811, etc., etc.

En s'évertuant à déconsidérer tel ou tel astronome français contemporain, certains journalistes ne comprennent peut-être pas qu'en cas de réussite ils frappent d'une égale défaveur les savants les plus illustres du XVIIIᵉ siècle ; mais ne faut-il pas remarquer, au moins, que les célèbres directeurs des Observatoires de Berlin, de Greenwich, de Poulkova, de Kœnigsberg, etc., MM. Encke, Airy, Struve, Bessel, etc., n'ont pas non plus prédit la comète de 1843, et qu'il n'y a personne au monde qui ne dût se croire très-honoré de figurer en pareille compagnie ? Au surplus, je laisse à l'écart toutes ces considérations secondaires ; je prendrai les choses dans leur essence, heureux si je puis dissiper une erreur étrange, et cependant fort répandue.

Les astronomes prédisent avec une exactitude merveil-
leuse les éclipses de Soleil, les occultations des étoiles et
des planètes par la Lune ; est-ce montrer trop d'exigence
que de les prier d'annoncer au moins l'apparition des
comètes ?

Telle est la substance des difficultés, plus ou moins
empreintes de malice, dont on est assailli dès qu'un astre
chevelu se montre dans le ciel. Il suffira de quelques courtes
remarques pour montrer que, sous une apparence semi-
scientifique, ces difficultés couvrent un très-gros sophisme.

A l'aide d'une suite d'observations assidues embrassant
l'intervalle d'environ 2000 ans, combinées avec la plus
savante théorie, les astronomes sont parvenus à déterminer très-exactement la forme et la position des orbites
parcourues par le Soleil, la Lune et les planètes ; à
calculer les perturbations qui résultent des attractions
mutuelles de tous ces astres ; à construire des Tables où
l'on peut trouver l'image fidèle du firmament pour une
époque quelconque. Ces progrès admirables, la science
les attendrait encore si les siècles n'étaient pas venus à
son secours ; si les astres qu'elle considérait, continuellement visibles, n'avaient pas pu être observés dans toutes
leurs positions relatives.

En général, une comète ne se voit, elle n'est observable de la Terre que pendant quelques jours, que dans
une très-petite partie de son orbite. Vouloir que l'astronomie cométaire marche de pair avec l'astronomie planétaire, c'est demander que l'œuvre d'une ou deux semaines
soit comparable à celle de vingt siècles accumulés : c'est
tout simplement demander une chose impossible.

Il y a plus; la grande majorité des comètes dont nous devons la découverte au zèle infatigable des astronomes modernes, ne s'étaient point montrées depuis les temps historiques, ou n'avaient pas été observées. La comparaison des orbites paraboliques calculées met ce fait dans une complète évidence.

Or, je le demande, est-il permis d'espérer raisonnablement qu'on pourra prédire un jour l'arrivée, dans notre sphère de visibilité, de comètes qui depuis des siècles restent comme perdues au milieu des régions les plus reculées de l'espace; que personne n'a jamais aperçues; dont l'action sur les astres du système solaire est au-dessous de toute grandeur appréciable, tant à raison de l'excessive rareté de la matière vaporeuse qui les compose, qu'à cause de leur prodigieux éloignement. Un astre se révèle aux hommes, en devenant visible ou en produisant des effets saisissables. Celui qui n'a jamais été vu, qui n'a jamais engendré aucun déplacement observable, est pour nous comme s'il n'existait pas. L'annonce de l'apparition d'une comète totalement inconnue serait du domaine de la sorcellerie, et non de celui de la vraie science. L'astrologie elle-même ne poussa pas ses prétentions jusque-là, dans le temps de sa plus grande ferveur.

Mais, dira-t-on, la comète du mois de mars de 1843 ne se trouvait pas dans les conditions dont il vient d'être parlé; on l'avait observée en 1668.

Je reconnaîtrai, si l'on veut, qu'on avait vu en 1668 la comète de 1843; ma concession n'ira pas plus loin. Voir une comète et l'observer sont deux choses entièrement distinctes. Les observations proprement dites déter-

minent seules la forme et la position de l'orbite parcourue : or il n'y a qu'un moyen décisif pour reconnaître une
comète dans ses diverses apparitions ; c'est la similitude
complète des orbites. Celui qui voit le ciel en simple
contemplateur, rend tout aussi peu de service à l'astronomie que s'il était aveugle.

CHAPITRE XVI

DES COMÈTES VISIBLES À L'ŒIL NU

Le ciel n'a commencé à être exploré avec les télescopes
et les lunettes qu'au commencement du XVIIᵉ siècle. Jusqu'alors toutes les comètes avaient été vues à l'œil nu.
Selon la table générale de toutes les comètes consignées
dans l'histoire de l'astronomie (chap. IV, p. 274), il y a
eu tant en Europe qu'en Chine, durant les 14 premiers
siècles de notre ère, 407 comètes visibles à l'œil nu, soit
29 comètes pour chaque siècle.

De 1500 à 1853, il a paru en Europe, 55 comètes
visibles à l'œil nu. En les répartissant par périodes de
50 années, on obtient le tableau suivant :

DE 1500 A 1550.

1500. La grande Asta, comète d'un grand éclat, apparue au mois
de mai, et que le peuple, en Italie, appelait *signor Astone.*
Son souvenir se rattache à des voyages de découverte en
Afrique et au Brésil. C'est, d'après Alexandre de Humboldt,
la comète de *mauvais augure* à laquelle fut attribuée la
tempête qui causa la mort du célèbre navigateur portugais
Bartholomé Diaz, au moment où il faisait, avec Cabral, la
traversée du Brésil au cap de Bonne-Espérance.

1505. Grande comète qui ne fut visible que pendant peu de temps, et qu'on a regardée comme présage de la mort de Philippe Ier, roi d'Espagne.

1506. L'orbite de cette comète a été calculée par M. Laugier, d'après les observations faites en Chine (n° 28 du catalogue).

1512. Comète vue durant peu de temps.

1514. Comète visible à la fin de décembre 1513 jusqu'au 20 février 1514, du signe de l'Écrevisse à celui de la Vierge.

1516. Comète visible durant peu de jours, et qui fut regardée comme ayant annoncé la mort de Ferdinand le Catholique, roi d'Aragon.

1518. Comète aperçue durant peu de jours au-dessus de la citadelle de Crémone.

1521. Comète à courte chevelure, vue en avril vers l'extrémité de l'Écrevisse.

1522. Comète sur laquelle on n'a que des renseignements assez vagues.

1530. Comète vue à La Haye, la nuit même, dit-on, de la mort de Marguerite, fille de l'empereur Maximilien (30 novembre 1530).

1531. Apparition de la comète de Halley, observée par Pierre Apian, à Ingoldstadt.

1532. Cette comète, calculée par Halley et Olbers, d'après les observations d'Apian (n° 29 du catalogue), est regardée comme une première apparition de la comète observée par Hévélius en 1661 (n° 42 du catalogue).

1533. Cette comète a été observée par Apian ; mais les calculs d'Olbers et de Douwes, ont donné des orbites tout à fait dissemblables, de sorte qu'on ne peut la regarder comme exactement connue.

Cette première moitié du XVIe siècle compte, comme on voit, 13 comètes visibles à l'œil nu, dont trois ont été calculées.

DE 1550 A 1600.

1556. Comète observée par Fabricius (n° 30 du catalogue), et que l'on regarde comme une seconde apparition de la belle comète de 1264 (n° 17 du catalogue).

1558. Comète observée par le landgrave de Hesse et Cornélius Gemma (n° 31 du catalogue).

1569. Comète dont l'apparition a été constatée par une inscription sur les murs de l'église de Cronstadt, en Transylvanie.

1577. Comète observée par Tycho (n° 32 du catalogue).

1580. Comète observée par Mœstlin et Tycho (n° 33 du catalogue).

1582. Comète observée par Tycho (n° 34 du catalogue).

1585. Comète observée par Tycho et Rothmann (n° 35 du catalogue).

1590. Comète observée par Tycho (n° 36 du catalogue).

1593. Comète observée par Ripensis à Zerbst (n° 37 du catalogue).

1596. Comète observée par Mœstlin et Tycho (n° 38 du catalogue).

La seconde moitié du xvie siècle compte ainsi 10 comètes visibles à l'œil nu et bien constatées; 9 de ces comètes ont été calculées.

DE 1600 A 1650.

La première partie du xviie siècle ne nous offre que deux comètes visibles à l'œil nu, savoir :

1607. Quatrième apparition bien constatée de la comète de Halley.

1618. Comète très-remarquable (n° 40 du catalogue), observée par Kepler à Linz, Longomontanus à Copenhague, Gassendi à Aix, etc. Halley et plus récemment M. Bessel ont calculé son orbite.

DE 1650 A 1700.

La seconde moitié du xviie siècle a été plus riche en apparitions de comètes brillantes ; on compte les dix suivantes :

1652. Comète d'une couleur pâle et livide dont la grandeur, selon Hévélius, égalait presque celle de la Lune ; elle a été en outre observée par Gassendi à Digne, Boulliaud à Paris, Cassini à Bologne, etc.; elle a été calculée par Halley (n° 41 du catalogue), d'après les observations nombreuses d'Hévélius.

1664. Comète observée par Huygens, Hévélius, Boulliaud, Auzout, Cassini, etc., et calculée par Halley (n° 43 du catalogue); elle fut visible de décembre 1664 jusqu'en mars 1665.

1665. Comète observée en mars et avril par Hévélius, Auzout et Petit; calculée par Halley (n° 44 du catalogue).

1668. Comète (n° 45 du catalogue) qu'on a regardée comme identique avec celle de 1843 (chap. xiv, p. 327).

1672. Comète découverte par les Jésuites à La Flèche; observée par Cassini et Hévélius; calculée par Halley (n° 46 du catalogue).

1680. Célèbre comète (n° 49 du catalogue) observée par Hévélius, Flamsteed, Picard, Cassini, etc., et qui occupa les plus illustres géomètres, Newton, Euler, Halley, etc.

1682. Cinquième apparition de la comète de Halley.

1686. Comète observée au Brésil en août, et dans le midi de la France en septembre; l'éclat de son noyau égalait celui des étoiles de première grandeur; elle a été calculée par Halley (n° 52 du catalogue).

1689. Cette comète ne fut pas visible en Europe; elle a été observée par les pères Richaud à Pondichéry, de Bèze à Malaca, etc., et calculée par Pingré (n° 45 du catalogue).

1695. Comète observée seulement dans les pays méridionaux, et qui fut calculée (n° 45 du catalogue) par Burkhardt sur les observations manuscrites conservées au dépôt de la marine à Paris.

DE 1700 A 1750.

Quatre comètes seulement ont été visibles à l'œil nu durant ce demi-siècle.

1702. Comète observée en avril et mai à Paris, Berlin et Rome; calculée par Burckhardt (n° 58 du catalogue).

1744. La plus belle comète du xviiie siècle (n° 70 du catalogue); elle a été découverte à Harlem, par Klinkenberg, le 9 décembre 1743, et elle fut observée jusqu'à la fin de mars 1744.

1748. Deux belles comètes ont été vues cette même année. La première (n° 73 du catalogue), découverte au nord, fut observée à Paris par Maraldi, à Greenwich par Bradley ; l'orbite en a été calculée par Lemonnier.

1748. La seconde comète de 1748 fut vue à l'ouest en même temps que la première au nord ; on en a seulement les trois observations faites par Klinkenberg à Harlem, à l'aide desquelles M. Bessel a calculé ses éléments (n° 74 du catalogue).

DE 1750 A 1800.

Les quatre comètes suivantes seulement ont été visibles à l'œil nu.

1759. Sixième apparition de la comète de Halley, la première apparition de comète prédite et vérifiée.

1766. Comète remarquable à cause de la forme elliptique de son orbite (n° 83 du catalogue) ; elle ne fut vue que du 8 au 12 avril, à Paris, par Messier ; Helfenzriede à Dillingen, et La Nux à l'île Bourbon, ont ajouté de nouvelles observations à celles de Messier, et Burckhardt en a pu calculer l'orbite elliptique (chap. XII, p. 312).

1769. Grande comète découverte par Messier (n° 84 du catalogue), qui a été observée partout où il y avait des astronomes, et qui fut très-remarquable par les aspects singuliers que sa queue a présentés.

1781. Comète découverte et calculée par Méchain, à Paris (n° 94 du catalogue) ; elle approcha très-près de la Terre.

DE 1800 A 1853.

Douze comètes ont été visibles à l'œil nu depuis le commencement du XIXᵉ siècle.

1807. Grande comète (n° 120 du catalogue), aperçue d'abord en Italie par un moine, le 9 septembre, et observée huit jours plus tard à Marseille par l'infatigable Pons. Elle était facilement visible à l'œil nu. William Herschel en a étudié la constitution à l'aide de son puissant télescope. Elle fut observée jusqu'au 27 mars 1808. L'orbite en a été calculée par M. Bessel.

1811. Cette comète (n° 124 du catalogue) est la plus célèbre de ce siècle. Découverte à l'aide du télescope par Flaugergues, à Viviers, le 26 mars 1811, elle fut encore observée par Wisniewski, à New-Tscherkask, dans la Russie méridionale, le 17 août 1812. Tous les astronomes s'en sont occupés ; l'orbite qui mérite le plus de confiance est celle qui a été donnée en dernier lieu par M. Argelander.

1812. Comète (n° 126 du catalogue) découverte le 20 juillet dans la constellation du Lynx, par Pons. Elle était distinctement visible à l'œil nu en septembre. Elle fut observée jusqu'à la fin de ce mois.

1819. Grande comète (n° 133 du catalogue) découverte dans plusieurs parties de l'Europe, du 1er au 2 juillet ; son orbite a été calculée par Bouvard ; elle fut visible jusqu'au 20 octobre.

1823. Belle comète découverte à la fin de décembre dans plusieurs parties de l'Europe, et qui fut visible jusqu'à la fin de mars 1824 ; son orbite a été calculée par M. Encke (n° 140 du catalogue).

1830. Comète (n° 153 du catalogue) découverte dans l'hémisphère austral le 27 mars, et observée le 20 avril par Gambart ; elle fut visible en Europe jusqu'au 17 août.

1835. Septième apparition constatée de la comète de Halley.

1843. Grande comète (n° 164 du catalogue) à l'étude de laquelle nous avons consacré le chapitre xiv de ce livre (p. 317 et suivantes).

1845. Comète découverte à Parme par M. Colla, le 2 juin (n° 171 du catalogue) ; elle présentait une queue d'environ 2° 1/2 de long divisée en deux branches par une ligne obscure.

1847. Comète (n° 184 du catalogue) découverte à Nantucket (États-Unis), le 1er octobre, par miss Maria Mitchel ; le 3, par le père Vico à Rome ; le 7, par M. Dawes, à Cranbrook (Angleterre) ; le 11, par Mme Rumker, à Hambourg. Elle fut encore observée à Kœnigsberg, par M. Wichmann, le 3 janvier 1848. A l'œil nu elle ressemblait à une nébuleuse ;

dans le télescope elle ne présentait pas de noyau, mais on voyait une courte queue.

1850. Comète (n° 189 du catalogue) découverte à Altona par M. Petersen, le 1er mai; visible facilement à l'œil nu en juillet, et présentant un noyau brillant avec une queue de plusieurs degrés de longueur.

1853. Comète (n° 197 du catalogue) découverte à Gœttingue, le 10 juin, par M. Klinkerfues; à Paris elle a été visible à l'œil nu, dans la région nord du ciel, le 19 août.

L'époque la plus riche en comètes visibles à l'œil nu, fait remarquer avec raison mon illustre ami Alexandre de Humboldt, a été le xvie siècle, qui en a fourni 23. Le xviie en compta 12 dont 2 seulement dans les cinquante premières années. Au xviiie siècle il n'en parut que 8, tandis que dans la première moitié du xixe on en compte déjà 12, parmi lesquelles les plus belles sont celles de 1807, 1811, 1819, 1835 et 1843. Dans les temps antérieurs, il s'est souvent écoulé un intervalle de quarante à cinquante ans sans que ce spectacle se soit présenté une seule fois. Il est possible que dans les années qui semblent pauvres en comètes visibles à l'œil nu, il y ait eu beaucoup de grandes comètes à longue période dont le passage au périhélie, situé au delà des orbites de Jupiter et de Saturne, était dérobé aux astronomes par l'éloignement.

Depuis le commencement du siècle, il a été observé en 53 ans 91 apparitions de comètes télescopiques, en comptant les retours des comètes périodiques; la moyenne est de cinq comètes télescopiques pour trois ans.

CHAPITRE XVII

DES COMÈTES À LONGUE PÉRIODE

La comète de Halley est la seule comète à longue période dont le retour soit aujourd'hui bien certain. Les comètes qu'il n'est donné à chaque génération de voir que tout au plus une fois, celles qui ne doivent revenir à leur périhélie qu'au bout de plusieurs siècles, qu'au bout peut-être de plusieurs milliers d'années, sont très-imparfaitement connues des astronomes du XIXe siècle. La science résoudra plus tard des questions qu'il nous est seulement permis de poser, car nous léguons à nos neveux des éléments dont l'exactitude ne saurait être mise en balance avec le vague des descriptions que nous ont laissées nos ancêtres.

Nous allons passer en revue les différentes comètes dont les orbites elliptiques s'étendent au delà de l'orbite de Neptune, en commençant par celles qui ont les plus petites distances aphélies.

D'abord se présentent cinq comètes dont les durées des révolutions sont comprises entre 69 et 75 ans :

1° La comète découverte à Gœttingue, le 27 juin 1852 (n° 195 du catalogue), par M. Westphal et dont l'orbite elliptique a été calculée par M. Marth, a pour

Demi grand axe..........	16.32
Distance aphélie..	31.99
Excentricité.............	0.9248

La durée de sa révolution est de 69 ans environ.

2° La comète découverte par Pons en juillet 1812 (n° 126 du catalogue) et que nous avons déjà mentionnée à cause de sa visibilité à l'œil nu, présente, d'après les calculs de M. Encke, une orbite elliptique qui a pour

Demi grand axe.......... 17.095
Distance aphélie......... 33.414
Excentricité............ 0.9545

La durée de la révolution est de 70ᵃⁿˢ.68.

3° La comète d'Olbers, qui porte le nom du grand astronome qui l'a découverte le 6 mars 1815 (n° 129 du catalogue), et qui l'a observée jusqu'à la fin d'août, présenta, d'après les calculs de Nicolaï, Gauss, Nicollet et Bessel, une orbite elliptique qui a pour

Demi grand axe.......... 17.634
Distance aphélie......... 34.055
Excentricité............ 0.9312

La durée de la révolution est de 74ᵃⁿˢ.05. D'après les calculs de M. Bessel, elle reviendra à son périhélie en février 1887, l'action perturbatrice des planètes devant hâter son retour d'environ deux ans.

4° Le père Vico à Rome, le 20 février 1846, et M. Bond à Cambridge (États-Unis), le 26 février, ont découvert dans la Baleine une comète (n° 174 du catalogue) qui a été observée jusqu'au commencement de mai. Cette comète, d'après les calculs très-concordants de Deinse et de Peirce, a une orbite elliptique, et on peut compter sur les nombres suivants :

Demi grand axe.......... 17.507
Distance aphélie......... 34.351
Excentricité............ 0.9621

La durée de la révolution est de 73^{ans}.25.

5° La comète découverte à Altona par M. Brorsen, aux confins des constellations du Bélier et du Triangle, le 20 juillet 1847, a été observée par M. Rumker jusqu'au 12 septembre. Son orbite elliptique a été calculée par plusieurs astronomes, et M. d'Arrest a trouvé, d'après l'ensemble des observations (n° 183 du catalogue) :

Demi grand axe.......... 17.779
Distance aphélie.......... 35.071
Excentricité............ 0.9726

La durée de la révolution est de 74^{ans}.97.

Les comètes que nous allons maintenant citer accomplissent leurs révolutions, d'après les calculs fondés sur les observations, dans des temps si considérables pour la plupart, qu'il peut paraître d'une grande présomption d'espérer jamais la vérification des retours que prédisent cependant les théories astronomiques.

I. Nous avons déjà eu l'occasion de dire que la comète de 1532 (n° 29 du catalogue), découverte par Fracastor, observée par Apian, calculée par Halley, Olbers et Méchain, est soupçonnée être identique avec celle de 1661 (n° 42 du catalogue), découverte par Hévélius et calculée par Méchain. L'intervalle écoulé entre les deux apparitions est d'environ 129 ans.

II. Flamsteed, le premier astronome royal de Greenwich, a découvert le 23 juillet 1683 une comète qu'il a observée jusqu'au 5 septembre (n° 50 du catalogue). Les éléments elliptiques de cette comète, calculés par M. Clausen, lui assignent une durée de révolution de 187^{ans}.8. On a, en outre,

Demi grand axe......... 33.031
Distance aphélie........ 65.512
Excentricité............ 0.9832

Cette comète devra être recherchée vers 1870 ; on aura à tenir compte, dans le calcul du prochain retour, de l'influence perturbatrice des planètes.

III. La comète découverte à Parme par M. Colla, le 2 juin 1845 (n° 171 du catalogue), n'a été observée que jusqu'au 27 juin ; mais les calculs de son orbite, effectués par M. d'Arrest, ont donné des éléments très-semblables à ceux de la comète découverte par Tycho en 1596 (n° 38 du catalogue), et qui a été calculée par Pingré et plus récemment par MM. Valz et Hind. L'intervalle écoulé entre les deux apparitions est de 249 ans.

IV. On a observé, en 1264, une brillante comète dont les éléments ont été calculés (n° 17 du catalogue) par Pingré et Dunthorne. Tous les historiens sont d'accord pour vanter sa splendeur pendant le mois d'août et durant une partie de septembre. On rapporte que sa queue avait plus de 100° de longueur, et d'après les récits chinois elle présentait une courbure analogue à celle d'un sabre. Elle fut visible jusqu'au 2 octobre, et disparut, dit-on, la nuit même de la mort du pape Urbain IV.

Si le lecteur prend la peine de comparer les éléments de cette comète avec ceux de la comète de 1556, qui porte le n° 30 dans notre catalogue, il reconnaîtra sans peine la grande ressemblance que ces éléments présentent. La comète de 1556 a été découverte par Fabricius le 1ᵉʳ mars ; elle fut observée jusqu'en mai.

L'intervalle qui s'est écoulé entre les deux apparitions est d'environ 292 ans, ce qui porte l'époque de son prochain retour en 1858. A cause des perturbations planétaires on devra la rechercher de 1856 à 1860.

V. M. Bremiker a découvert à Berlin, le 22 octobre 1840, une comète qui fut observée jusqu'au milieu de février 1841 (n° 162 du catalogue). Les calculs de M. Gœtze ont démontré que son orbite était elliptique, et qu'elle avait pour

Demi grand axe.......... 49.12
Distance aphélie.......... 96.76
Excentricité............. 0.96985

La durée de sa révolution serait de 344 ans.

VI. Nous avons vu précédemment (ch. xiv, p. 327) que les calculs de M. Hubbard assignent à la grande comète de 1843 (n° 164 du catalogue) une durée de révolution de 376 ans. S'il y avait identité entre les comètes de 1668 et de 1843, comme le croient beaucoup d'astronomes, la période ne serait que de 175 ans ou une fraction de ce nombre.

VII. Le 30 août 1846, M. Brorsen a découvert une comète (n° 177 du catalogue) observée jusqu'au 12 juin. Les calculs de M. Wichmann lui assignent une orbite elliptique ayant pour

Demi grand axe............. 54.42
Distance aphélie............. 108.21
Excentricité................ 0.9884

La durée de la révolution serait de 401 ans.

VIII. Perny a découvert le 24 septembre 1793 une comète qui fut observée jusqu'au 3 décembre. Burckhardt en ayant calculé l'orbite elliptique, lui avait assigné une durée de révolution d'environ 12 ans. M. d'Arrest ayant repris l'étude de la marche de cette comète, lui attribue une période de 422 ans (n° 109 du catalogue).

IX. Les calculs de M. Hind sur la comète de 1746 (n° 71 du catalogue), qui paraît n'avoir été observée que par Kindermanns, ont fourni des éléments très-semblables à ceux de la comète de 1231 (n° 16 du catalogue), qui ont été calculés par Pingré. L'intervalle écoulé entre les deux apparitions est 515 ans.

X. La troisième comète de 1840 (n° 161 du catalogue) découverte à Berlin, le 6 mars, par M. Galle, n'a été observée que jusqu'au 27. Ses éléments, calculés par MM. Petersen et Rumker, sont assez semblables aux éléments calculés par Burckhardt, d'après les observations chinoises pour la comète de 1097 (n° 15). L'intervalle écoulé entre les deux apparitions est de 743 ans.

XI. La seconde comète de 1811 (n° 125 du catalogue), qui fut découverte par Pons, à Marseille, le 16 novembre, et qu'on a observée jusqu'au 16 février 1812, a été calculée par M. Nicolaï, qui lui a trouvé une orbite certainement elliptique et ayant pour

Demi-grand axe............ 91.51
Distance aphélie........... 181.44
Excentricité.............. 0.9827

La durée de la révolution est de 875 ans.

XII. La grande comète de 1807, observée depuis le 9 septembre jusqu'au 27 mars 1808, a été calculée avec beaucoup de soin (n° 120 du catalogue) par Bessel, qui assigne à son orbite elliptique :

```
Demi grand axe........  143.86
Distance aphélie.......  286.07
Excentricité..........  0.9955
```

La durée de la révolution calculée est de 1,714 ans. Mais il est possible qu'elle s'élève à 2,157 ans ou s'abaisse à 1,404 ans.

XIII. La grande comète de 1769 (n° 84 du catalogue), qui fut découverte par Messier le 8 août, et qui fut observée jusqu'au 1ᵉʳ décembre, a été soumise à un examen très-approfondi par Bessel, qui a trouvé que sa période la plus probable était de 2,090 ans, mais qu'on pouvait l'étendre jusqu'à 2,673 ans ou la diminuer jusqu'à 1,692 ans, nombres extrêmes qui diffèrent de près de 1,000 ans. Dans l'hypothèse d'une durée de révolution de 2,090 ans, on a pour

```
Demi grand axe........  163.46
Distance aphélie.......  326.80
Excentricité..........  0.9992
```

XIV. On avait supposé que la comète découverte par Pons, le 2 août 1827 (n° 152 du catalogue), et qui fut observée jusqu'au milieu d'octobre, était identique avec la première de 1780 (n° 91 du catalogue), mais les calculs de l'orbite elliptique faits par Cluver ont écarté cette opinion. Cette comète a pour

```
Demi grand axe........  189.62
Distance aphélie.......  379.10
Excentricité..........  0.9993
```

La durée de la révolution est de 2,611 ans.

XV. Le père Vico a découvert le 24 janvier 1846, dans la constellation de l'Éridan, une comète qui fut observée jusqu'au 1er mai par M. Argelander. Les éléments elliptiques calculés par M. Jelinek, de Prague, lui assignent une période de 2,721 ans qui présente une incertitude de 400 à 500 ans en plus ou en moins, de telle sorte qu'elle est comprise entre 2,319 et 3,255 ans.

XVI. La célèbre comète de 1811 (n° 124 du catalogue), découverte par Flaugergues le 26 mars 1811, observée jusqu'en août 1812, calculée par Bessel, Argelander, Conti, etc., présente une orbite elliptique ayant pour

Demi grand axe........ 211.03
Distance aphélie....... 421.02
Excentricité.......... 0.9951

La durée de la révolution est de 3,065 ans, et la limite de l'erreur ne s'élève pas à plus de 43 ans.

XVII. Messier a découvert le 28 septembre 1763 une comète (n° 80 du catalogue) qui ne fut observée que jusqu'au 25 novembre; elle a été calculée par Lexell et Burckhardt, mais on ne peut avoir une grande confiance dans les résultats de calculs reposant sur l'observation d'une si faible partie du parcours. Quoi qu'il en soit, l'orbite elliptique aurait pour

Demi grand axe........ 217.41
Distance aphélie....... 434.32
Excentricité.......... 0.9954

XVIII. La grande comète de 1825 (n° 145 du catalogue), qu'on appelle aussi la comète du Taureau, a été découverte par Pons le 15 juillet, et elle fut observée jusqu'au 8 juillet 1826, c'est-à-dire qu'elle a été vue pendant près d'un an. Les calculs de Hansen lui assignent une orbite elliptique ayant pour

Demi grand axe........	267.94
Distance aphélie.......	534.64
Excentricité..........	0.9954

La durée de la révolution est de 4,386 ans.

XIX. La comète (n° 139 du catalogue) découverte par Pons le 13 juillet 1822, fut observée jusqu'au 11 novembre. Les calculs de M. Encke ont donné une orbite elliptique ayant pour

Demi grand axe........	309.65
Distance aphélie.......	618.15
Excentricité..........	0.9963

La durée de la révolution est de 5,649 ans.

XX. M. Schweizer a découvert le 11 avril 1849, dans la Couronne boréale, une comète (n° 188 du catalogue) qui fut observée jusqu'au 24 août. Les calculs de M. d'Arrest ont fourni une orbite elliptique ayant pour

Demi grand axe........	406.81
Distance aphélie.......	812.73
Excentricité..........	0.9978

La durée de la révolution est de 8,375 ans.

XXI. La célèbre comète de 1680 (n° 49 du catalogue) donna à Newton l'occasion de prouver que les comètes, dans leur mouvement de circulation autour du Soleil, se meuvent dans des sections coniques, et que conséquemment elles sont maintenues dans leurs orbites par la même force qui maîtrise les planètes. Elle fut découverte par Kirch à Cobourg en Saxe, le 14 novembre, et observée jusqu'en mars 1681. Elle a été l'objet des recherches des plus illustres astronomes et géomètres. Il reste cependant quelque doute sur la véritable forme de son orbite. Les calculs de M. Encke lui assignent une orbite elliptique ayant pour

Demi grand axe........ 427.64
Distance aphélie....... 855.28
Excentricité.......... 0.9999

La durée de la révolution serait de 8,813 ans.

Whiston a calculé pour cette comète une orbite dont le grand axe serait 138 fois plus grand que la distance moyenne de la Terre au Soleil, ou plus exactement 138.296 ; elle ferait, dans cette hypothèse, sa révolution en 575 ans.

XXII. La comète découverte le 25 janvier 1840, par M. Galle à Berlin (n° 160 du catalogue), a été observée jusqu'au 1er avril. Les calculs de M. Loomis ne lui assignent qu'une période de 2,423 ans. Les recherches laborieuses de M. Plantamour ont déterminé au contraire une durée de révolution de 13,866 ans ; d'après ce dernier astronome, l'orbite elliptique a pour

Demi grand axe........   577.11
Distance aphélie....... 1,053.00
Excentricité..........   0.9979

XXIII. La première comète de 1780 (n° 91 du catalogue), découverte par Messier le 26 octobre, n'a été observée que jusqu'au 28 novembre. Cependant l'orbite elliptique a été calculée par M. Cluver, qui a trouvé pour

Demi grand axe....... 1,787.92
Distance aphélie...... 3,974.88
Excentricité..........   0.99995

La durée de la révolution serait de 75,838 ans.

XXIV. La comète découverte à Paris par M. Mauvais le 7 juillet 1844 (n° 167 du catalogue), a été observée jusqu'au 10 mars 1845. Elle a été vue de part et d'autre de son périhélie, et M. Plantamour en a calculé avec beaucoup de soin les éléments elliptiques. Il a trouvé une durée de révolution de 100,000 ans.

Nous voici donc arrivés à des comètes qui, après être venues à une distance du Soleil moindre que le rayon de l'orbite terrestre, s'en éloignent à plusieurs milliers de fois ce rayon. Elles sont allées se plonger dans l'espace à des distances plus éloignées de la Terre que les étoiles α du Centaure, α de la Lyre, Sirius, Arcturus, la Chèvre (liv. IX, chap. XXII, t. I, p. 436), et il faudra attendre leur retour pendant des milliers de siècles.

CHAPITRE XVIII

COMÈTES A ÉLÉMENTS PARABOLIQUES

L'étude détaillée à laquelle nous venons de nous livrer montre qu'il reste un certain nombre de comètes calculées dont les éléments, dans l'état actuel de nos connaissances, sont certainement dissemblables entre eux. Ces éléments, en outre, ne peuvent être regardés que comme paraboliques, c'est-à-dire que les ellipses décrites par la classe des comètes dont nous parlons ont de grands axes paraissant tellement considérables, que nous les considérons comme infinis. Nous réunirons cette classe de comètes dans le tableau suivant :

Nos d'ordre.	Années des passages au périh.	Noms des découvreurs ou des observateurs.	Noms des calculateurs.	Durée de la visibilité.
	Av. J.-C.			
1	136	Observations chinoises.	Peirce.	//
	Ap. J.-C.			
2	66	*Id.*	Hind.	//
3	141	*Id.*	Hind.	//
4	240	*Id.*	Burckhardt.	//
5	539	*Id.*	Burckhardt.	//
6	565	*Id.*	Burckhardt.	//
7	568	*Id.*	Hind, Laugier.	//
8	574	*Id.*	Hind.	//
9	770	*Id.*	Hind, Laugier.	//
10	837	*Id.*	Pingré.	//
11	961	*Id.*	Hind.	//
12	989	*Id.*	Burckhardt.	//
13	1066	Comète de l'année de la conquête des Normands.	Pingré, Hind.	//
14	1092	Obs. chinoises.	Hind.	//
18	1299	*Id.*	Pingré.	//
19	1301	Historiens byzantins, anglais et chinois.	Laugier.	//
20	1337	Historiens byzantins et chinois.	Halley, Pingré, Hind, Laugier.	//
21	1362	Obs. chinoises.	Burckhardt.	//
22	1385	*Id.*	Hind.	//
23	1433	*Id.*	Hind, Laugier.	//
24	1457	Observations européennes.	Hind.	//
25	1468	Obs. chinoises.	Laugier, Valz.	//
26	1472	Regiomontanus.	Halley, Laugier.	//
27	1490	Obs. chinoises.	Hind.	//
28	1506	*Id.*	Laugier.	31 juill. au 14 août.
31	1558	Landgrave de Hesse.	Olbers.	//
32	1577	Tycho-Brahé.	Halley, Woldstedt.	//
33	1580	Mœstlin.	Pingré, Halley.	//

Nos d'ordre.	Années des passages au périh.	Noms des découvreurs ou des observateurs.	Noms des calculateurs.	Durée de la visibilité
34	1582	Tycho-Brahé.	Pingré.	13 au 18 mai.
35	1585	Tycho-Brahé et Rothmann.	Peters, Le Verrier.	19 oct. au 17 nov.
36	1590	Tycho-Brahé.	Halley, Hind.	23 fév. au 6 mars.
37	1593	Ripensis.	Lacaille.	4 août au 3 sept.
39	1618	Kepler.	Pingré.	∥
40	1618	Kepler.	Bessel.	∥
41	1652	Hévélius.	Halley.	20 déc. au 8 janv. 1653.
43	1664	Hévélius.	Halley.	∥
44	1665	Hévélius.	Halley.	6 au 20 avril.
46	1672	Hévélius.	Halley.	6 mars au 21 avril.
47	1677	Flamsteed.	Halley.	29 avril au 8 mai.
51	1684	Bianchini.	Halley.	1er au 17 juill.
52	1686	Observ. d'Europe et des Indes orientales.	Halley.	∥
53	1689	Richaud.	Pingré, Peirce, Vogel.	∥
54	1695	De l'Isle.	Burckhardt.	∥
55	1698	La Hire, Cassini.	Halley.	∥
56	1699	Fontenay à Pékin, Cassini et Maraldi à Paris.	Lacaille.	17 fév. au 2 mars.
57	1701	Pallu à Pau, Thomas à Pékin.	Burckhardt.	∥
58	1702	Bianchini.	Burckhardt.	20 avril au 5 mai.
59	1706	Cassini.	Lacaille, Struyck	18 mars au 16 avril.
60	1707	Manfredi.	Lacaille, Struyck	25 nov. au 23 janv. 1708.
61	1718	Kirch.	Argelander.	∥
62	1723	Obs. de Bombay.	Spœrer.	12 oct. au 18 déc.
63	1729	Sarabat à Nîmes.	Burckhardt.	3 juill. au 18 janv. 1730.
64	1737	Bradley.	Bradley.	26 fév. au 2 avril.
65	1737	Obs. de Pékin.	Daussy.	∥
66	1739	Zanotti.	Lacaille.	28 mai au 18 août.
67	1742	Grant.	Barker, Lacaille.	∥
69	1743	Klinkenberg.	Klinkenberg.	18 août au 13 sept.

Nos d'ordre.	Années des passages au périh.	Noms des découvreurs ou des observateurs.	Noms des calculateurs.	Durée de la visibilité.
70	1744	Klinkenberg.	Betts, Hiorten, etc.	//
72	1747	Chéseaux.	Lacaille.	13 août au 5 déc. 1746.
73	1748	Maraldi.	Lemonnier.	//
74	1748	Klinkenberg.	Bessel.	19 au 22 mai.
75	1757	Bradley.	Bradley.	//
76	1758	La Nux.	Pingré.	fin mai au 2 nov.
77	1759	Messier.	Lacaille, Pingré.	25 janv. 1760 au 18 mars.
78	1759	Obs. de Lisbonne.	Chappe, Lacaille.	8 janv. 1760 au 8 fév.
79	1762	Klinkenberg.	Burckhardt.	17 mai au 2 juill.
81	1764	Messier.	Pingré.	3 janv. au 11 février.
82	1766	Messier.	Pingré.	8 au 15 mars.
86	1770	La Nux.	Pingré.	10 janv. 1771 au 20 janv.
87	1771	Messier.	Burckhardt, Encke.	1er avril au 17 juill.
88	1773	Messier.	Burckhardt.	12 oct. au 30 nov.
89	1774	Montaigne à Limoges.	Burckhardt.	11 août au 25 oct.
90	1779	Bode.	Zach, Pacassi, Prospérin.	6 janv. au 17 mai.
92	1780	Montaigne, Olbers.	Olbers.	18 au 21 oct.
93	1781	Méchain.	Méchain.	28 juin au 15 juill.
94	1781	Méchain.	Méchain, Legendre.	9 oct. au 25 déc.
96	1784	La Nux.	Méchain.	15 déc. 1783 au 26 mai 1784.
97	1785	Messier et Méchain.	Méchain.	7 janv. au 8 fév.
98	1785	Méchain.	Méchain.	11 mars au 16 avril.
99	1786	Caroline Herschel.	Méchain, Reggio.	1er août au 26 oct.
100	1787	Méchain.	Saron.	10 avril au 26 mai.
101	1788	Messier.	Méchain.	25 nov. au 30 déc.

Nos d'ordre.	Années des passages au périh.	Noms des découvreurs ou des observateurs.	Noms des calculateurs.	Durée de la visibilité.
102	1788	Caroline Herschel.	Méchain.	21 déc. au 18 janv. 1789.
103	1790	Caroline Herschel.	Saron.	7 au 21 janv.
104	1790	Méchain.	Méchain.	9 janv. au 1er fév.
105	1790	Caroline Herschel.	Englefield, Méchain.	17 avril au 29 juin.
106	1792	Caroline Herschel.	Englefield, Méchain.	15 déc. 1791 au 25 janv. 1792.
107	1792	Méchain, Piazzi.	Prospérin.	10 janv. 1793 au 19 fév.
108	1793	Messier.	Saron.	27 sept. au 7 janv. 1794.
110	1796	Olbers.	Olbers.	31 mars au 14 avril.
111	1797	Carol. Herschel, Bouvard, Lee.	Olbers, Bouvard.	14 au 31 août.
112	1798	Messier.	Burckhardt, Olbers.	12 avril au 24 mai.
113	1798	Bouvard.	Burckhardt.	6 au 12 déc.
114	1799	Méchain.	Burckhardt, Wahl.	6 août au 25 oct.
115	1799	Méchain.	Méchain.	26 déc. au 5 janv. 1800.
116	1801	Pons.	Burckhardt.	12 au 23 juill.
117	1802	Pons.	Olbers.	26 août au 3 oct.
118	1804	Pons.	Bouvard, Wahl.	7 mars au 1er avr.
119	1806	Pons.	Burckhardt.	10 nov. au 12 fév. 1807.
121	1808	Pons.	Encke.	25 au 29 mars.
122	1808	Pons.	Bessel.	26 juin au 3 juill.
123	1810	Pons.	Bessel.	29 août au 21 sept.
127	1813	Pons.	Nicollet.	4 fév. au 11 mars.
128	1813	Pons.	Encke, Ferrer.	2 avr. au 16 mai.
130	1816	Pons.	Burckhardt, Olbers.	22 janv. au 1er fév.
131	1818	Pons.	Encke.	26 déc. 1817 au 1er mai.
132	1818	Pons.	Rosenberger, Scherk.	29 nov. au 30 janv. 1819.
133	1819	Tralles.	Brinkley.	1er juill. au 20 oct.

A. — II.

Nos d'ordre.	Années des passages au périh.	Noms des découvreurs ou des observateurs.	Noms des calculateurs.	Durée de la visibilité.
136	1821	Pons, Nicollet.	Rosenberger.	21 janv. au 3 mai.
137	1822	Gambart.	Nicollet.	12 mai au 30 juin.
138	1822	Pons.	Heiligenstein.	30 mai au 12 juin.
140	1823	Kœhler.	Encke, Schmidt.	30 déc. au 31 mars 1824.
141	1824	Rumker.	Rumker.	15 juill. au 11 août.
142	1824	Scheithauer.	Encke.	23 juill. au 25 déc.
143	1825	Gambart.	Harding, Clausen.	18 mai au 15 juill.
144	1825	Pons.	Clausen.	9 au 26 août.
146	1826	Pons.	Clausen, Nicolaï.	7 nov. au 11 avr. 1826.
147	1826	Flaugergues.	Cluver.	29 mars au 6 avr.
148	1826	Pons.	Argelander.	7 août au 26 nov.
149	1826	Pons.	Gambart, Cluver.	22 oct. au 5 janv. 1827.
150	1827	Pons.	Heiligenstein.	26 déc. au 30 janv. 1827.
151	1827	Pons et Gambart.	Heiligenstein.	20 juin au 21 juill.
153	1830	Observ. de l'hémisph. austral.	Hædenkamp, Mayer.	17 mars au 17 août.
154	1830	Découverte à la fois par plus. observateurs.	Wolfers.	7 janv. 1831 au 8 mars.
155	1832	Gambart.	Bouvard, Santini, Conti.	19 juill. au 17 août.
156	1833	Dunlop.	Peters.	1er au 16 oct.
157	1834	Gambart.	Petersen.	7 mars au 14 avr.
158	1835	Boguslawsky	William Bessel.	20 avr. au 27 mai.
159	1840	Galle.	Peters, Struve.	2 déc. 1839 au 8 fév. 1840.
163	1842	Laugier.	Petersen.	28 oct. au 27 nov.
165	1843	Mauvais.	Gœtze.	3 mai au 1er oct.
168	1844	Wilmot.	Hind.	24 déc. au 12 mars 1845.
169	1845	D'Arrest.	D'Arrest.	28 déc. 1844 au 30 mars 1845.
170	1845	Vico.	Faye.	25 fév. au 25 avr.
175	1846	Vico.	Brorsen, Argelander.	29 juill. au 30 sept.

Nos d'ordre.	Années des passages au périh.	Noms des découvreurs ou des observateurs.	Noms des calculateurs.	Durée de la visibilité.
178	1846	Vico.	Hind.	23 sept. au 30 oct.
179	1847	Hind.	Hind, Schmidt.	6 fév. au 24 avr.
180	1847	Colla.	D'Arrest, Gautier.	7 mai au 8 déc.
181	1847	Schweizer.	Schweizer, Struve.	31 août au 4 nov.
182	1847	Mauvais.	Littrow.	4 juill. au 2 mars 1848.
184	1847	Miss Maria Mitchel.	Rumker, Poisson.	1er oct. au 3 janv. 1848.
185	1848	Petersen.	Quirling, Sonntag.	7 au 25 août.
186	1849	Petersen.	Petersen, D'Arrest.	26 oct. 1848 au 26 janv. 1849.
187	1849	Goujon.	Weyer.	15 avr. au 22 sept.
189	1850	Petersen.	D'Arr., Sonntag.	1er mai à fin août.
190	1850	Bond.	Vogel.	29 août au 15 sept.
192	1851	Brorsen.	Vogel.	1er août à fin nov.
193	1851	Brorsen.	Sonntag.	22 au 30 oct.
194	1852	Chacornac.	Sonntag, Valz.	15 mai au 14 juin.
196	1853	Secchi.	Valz.	6 au 29 mars.
197	1853	Klinkerfues.	Ch. Mathieu.	10 juin au 5 sept.

Le lecteur a sous les yeux le tableau des comètes calculées jusqu'en 1853 et dont les éléments paraboliques n'ont pu être ramenés à des éléments elliptiques. Toutes ces comètes ont eu, en outre, des marches assez dissemblables pour qu'on ne puisse pas admettre leur identité.

En résumé, sur 226 apparitions de comètes calculées à la fin de 1853, on compte :

7 apparitions de la comète de Halley,
14 apparitions de la comète d'Encke,
6 apparitions de la comète de Gambart,
2 apparitions de la comète de Faye,
46 apparitions de comètes à éléments elliptiques, ou dont deux retours ont peut-être eu lieu.
151 apparitions de comètes à éléments paraboliques.

CHAPITRE XIX

COMBIEN Y A-T-IL DE COMÈTES DANS LE SYSTÈME SOLAIRE?

La question de savoir combien il y a de comètes dans le système solaire a beaucoup occupé les cosmologues ; mais les véritables observations de comètes sont trop modernes pour qu'on puisse présenter, à cet égard, autre chose que de simples probabilités.

En 1773, Lalande calculait qu'il y a dans notre système un peu plus de 300 comètes. Je vais reproduire son raisonnement en l'appliquant, toutefois, aux données numériques que fournissent les observations comprises entre les années 1800 et 1850.

Dans cet intervalle de 50 années, 75 comètes ont été observées, défalcation faite des apparitions des comètes périodiques de Halley, d'Encke, de Gambart et de Faye. On peut donc compter sur 1 comète 1/2 par année ou sur 3 comètes tous les 2 ans.

Si la durée de la révolution des comètes que nous voyons de nos jours était de 200 ans seulement, nous trouverions dans les historiens, dans les chroniqueurs, des traces de la précédente apparition de chacune d'elles ; car, en 1600, on comptait déjà très-attentivement tous les phénomènes célestes. Il est même permis d'ajouter que, pour ceux de ces astres qui ont pu être observés pendant quelques semaines, l'ellipticité de leurs orbites serait sensible, si la durée de la révolution ne surpassait pas 3 siècles.

Adoptons donc 300 ans, terme moyen, pour le temps

qu'une comète emploie à revenir à son périhélie. Tant qu'à partir d'une certaine époque, cette période de 300 ans ne sera pas écoulée, on verra constamment paraître de nouvelles comètes; la période une fois révolue, les mêmes astres reviendront, mais dans un autre ordre.

Les comètes étant toutes nouvelles pendant la durée d'une période de 3 siècles, si chaque 2 années en présente 3, comme nous le disions tout à l'heure, 300 années correspondront à 450. Tel serait donc, d'après ce mode d'argumentation, le nombre de comètes de notre système solaire visibles de la Terre.

Je ne m'arrêterai pas à combattre ces calculs, afin d'arriver promptement aux considérations d'un ordre beaucoup plus élevé, à l'aide desquelles Lambert avait jadis essayé, dans ses ingénieuses *Lettres cosmologiques*, d'arriver à la solution du curieux problème qui fait l'objet de ce chapitre.

Le nombre des comètes dont on a pu calculer complétement l'orbite était, à la date du 31 décembre 1853, de 4 comètes périodiques et de 197 comètes dont les retours n'avaient pas été constatés d'une manière certaine : soit, en tout, 201. Voyons si, dans leurs mouvements, ces astres affectent des époques et des directions spéciales.

Déjà, en 1832, lorsque la table des comètes ne contenait que 137 comètes calculées, j'avais cherché à résoudre la même question que je viens de poser. Je laisserai ici les chiffres auxquels j'étais arrivé en regard des calculs que j'ai chargé M. Barral d'effectuer sur la table plus étendue que l'on possède aujourd'hui. Il est intéressant de voir les modifications que les progrès de la science peuvent apporter dans les supputations du genre de celles qu'on va lire.

La première question qui se présente est celle des époques des passages des comètes par le périhélie. En comptant toutes les apparitions des comètes soit périodiques, soit non périodiques, il y a eu 226 apparitions constatées à la fin de 1853. On trouve que les passages au périhélie se répartissent ainsi :

	Catalogue arrêté à la fin de 1831.	Catalogue arrêté à la fin de 1853.
Janvier.........	14	22
Février.........	10	17
Mars..........	8	17
Avril..........	10	21
Mai...........	9	14
Juin..........	11	16
Juillet.........	10	14
Août..........	8	14
Septembre.....	15	26
Octobre........	11	20
Novembre......	18	26
Décembre......	13	19
Totaux......	137	226

Il y a évidemment moins de comètes dans les mois d'été que dans les mois d'hiver. Cela devait être, car en mai, juin, juillet et août les nuits sont très-courtes; la longue durée du jour proprement dit et de la lumière crépusculaire ne peuvent manquer de nous dérober la vue d'un certain nombre de ces astres.

L'observation de l'époque du passage au périhélie dépendant de la puissance limitée de la vue des astronomes, examinons un élément dont l'évaluation ne puisse être en rien influencé par la faiblesse humaine. Le sens du mouvement des comètes est de cette nature. Nous défalquons les réapparitions des comètes périodiques, et nous trouvons :

Nombre de comètes directes........... 102
Nombre de comètes rétrogrades........ 99
                                    Total....... 201

Si l'on avait fait cette comparaison quand le nombre des comètes calculées n'était que de 49, on en aurait trouvé 24 directes et 25 rétrogrades. En 1831, sur 137 comètes cataloguées, il y en avait 69 directes et 68 rétrogrades.

Les inclinaisons des orbites cométaires qui sont également indépendantes des sens des astronomes et de la position qu'occupe la Terre dans l'espace, présentent les résultats suivants :

Inclinaisons.	Nombre de comètes en 1831.	Nombre de comètes en 1853.
De 0° à 10°	9	19
10 à 20	13	18
20 à 30	10	13
30 à 40	17	22
40 à 50	14	35
50 à 60	23	27
60 à 70	17	23
70 à 80	19	26
80 à 90	15	18
Totaux.....	137	201

Il semble découler de ce tableau que les comètes sont plus communes dans les grandes inclinaisons que dans les petites. Bode était déjà arrivé au même résultat, d'après les éléments de 72 comètes connues en 1785. Cependant il suffit d'une simple remarque pour reconnaître, sans recourir au calcul des probabilités, que 201 observations n'autorisent pas à affirmer, positivement, qu'il y aura toujours moins de comètes près de l'écliptique que loin de ce plan. En effet, d'après la table de Bode, il y avait 4 *comètes de moins* entre 50° et 70°, qu'entre 60° et 70°; en 1831, on trouvait 6 *comètes de plus*, et en 1853, 4 *comètes de plus* seulement. D'un autre côté, en 1831, il y avait 9 comètes de moins entre 40° et 50° qu'entre 50° et 60°, et en 1853 il y a une différence de 8, mais *en sens contraire*. Il est donc réservé à nos neveux de décider si les circonstances physiques primordiales, en vertu desquelles les principales planètes se trouvent rassemblées dans le voisinage du plan de l'écliptique, ont exercé une influence inverse sur la marche des comètes.

Il y a des rencontres numériques qui s'évanouissent dès que l'on opère sur un nombre d'observations. Voyons si les longitudes des nœuds ascendants ne présentent pas des circonstances qui avertissent d'user d'une grande circonspection dans l'examen auquel nous nous livrons :

Longitudes des nœuds ascendants.	Nombre de comètes en 1821.	Nombre de comètes en 1853.
De 0° à 30°	12	17
30 à 60	12	18
60 à 90	20	22
90 à 120	8	17
120 à 150	12	19
150 à 180	13	15
180 à 210	14	20
210 à 240	11	16
240 à 270	10	16
270 à 300	8	9
300 à 330	11	15
330 à 360	6	17
Totaux......	137	201

Nous disions en 1832 : « Peut-être regardera-t-on comme une circonstance digne d'être notée, que les deux régions de l'écliptique auxquelles ne correspondent que huit nœuds ascendants, soient exactement éloignées d'une demi-circonférence ; mais, l'intervalle compris entre le 320ᵉ et le 360ᵉ degré, étant encore plus pauvre en nœuds de comètes, sans que la région opposée présente à cet égard rien de particulier, on ne doit voir, dans la remarque dont je viens de faire mention qu'une rencontre fortuite ? »

En 1853, il n'y a plus à noter qu'un très-petit nombre de nœuds entre 240° et 270° ; les différences se sont presque effacées pour les autres régions de l'écliptique. Toute conclusion serait donc encore prématurée.

Examinons maintenant la répartition des longitudes des périhélies.

	Longitudes des périhélies.	Nombre de comètes en 1831.	Nombre de comètes en 1853.
De	0° à 30°	11	14
	30 à 60	13	16
	60 à 90	12	23
	90 à 120	20	21
	120 à 150	10	18
	150 à 180	8	6
	180 à 210	6	12
	210 à 240	13	16
	240 à 270	18	20
	270 à 300	10	28
	300 à 330	10	20
	330 à 360	6	7
	Totaux......	137	201

L'avenir apprendra si, comme cette table paraît l'indiquer, les extrémités des grands axes des orbites cométaires

existent en beaucoup plus grand nombre vers le 90ᵉ et le
270ᵉ degrés de l'écliptique, que partout ailleurs, et, si
c'est à un angle droit de chacune de ces régions qu'on
doit s'attendre, au contraire, à trouver le moins de périhélies. En 1853, comme en 1831, cette conclusion
semble devoir être tirée des faits observés, mais il faut
remarquer que ni 137, ni 201 orbites ne sauraient donner
des résultats généraux complétement dégagés des influences accidentelles.

Nous arrivons maintenant au dernier élément que nous
ayons à considérer, à la distance périhélie de chaque
comète ; malheureusement l'évaluation de cet élément
dépend de la vue des observateurs. Voici les chiffres que
fournissent les orbites calculées :

Distances périhélies situées	Nombre de comètes en 1831.	Nombre de comètes en 1853.
Entre le Soleil et l'orbite de Mercure......	30	37
Entre l'orbite de Mercure et celle de Vénus.	44	63
Entre l'orbite de Vénus et celle de la Terre.	34	52
Entre l'orbite de la Terre et celle de Mars.	23	38
Entre l'orbite de Mars et celle de Jupiter..	6	11
Au delà de l'orbite de Jupiter.............	0	0
Totaux.......	137	201

Il semble difficile, quand on a cette table sous les yeux,
de ne point regarder comme démontré que les distances
périhélies ne sont pas toutes également possibles. Toutefois, en passant à un examen attentif des diverses conditions du problème, peut-être aurons-nous à modifier les
résultats d'un premier aperçu. Caractérisons d'abord
bien nettement la difficulté.

Si les périhélies étaient uniformément distribués dans

les espaces célestes, le nombre de ceux qui existeraient dans des sphères concentriques au Soleil et ayant pour rayons les rayons des orbites de Mercure, de Vénus et de la Terre (liv. XVI, chap. VII, p. 221) seraient entre eux dans le rapport des volumes de ces sphères, c'est-à-dire des cubes de leurs rayons, ou comme les nombres :

$$(3.9)^5, \quad (7.2)^5, \quad (10)^5,$$

Ou comme   59,   373,   1,000.

Inscrivons sous ces chiffres les nombres des comètes connues qui sont renfermées dans les sphères de Mercure, de Vénus et de la Terre. Les nombres sont pour les catalogues arrêtés :

En 1831......	29	74	110
En 1853......	37	100	152

Or, pour le catalogue de 1831, 29 est à peu près la moitié de 59, tandis que 74 n'est pas tout à fait le cinquième de 373, tandis que 110 n'est qu'entre le neuvième et le dixième de 1000.

Pour le catalogue arrêté en 1853, on trouve que 37 est à peu près les trois cinquièmes de 59, 100 un peu moins que les trois dixièmes de 373, 152 environ les trois vingtièmes de 1,000.

Le nombre des comètes observées n'augmente donc pas, à beaucoup près, proportionnellement aux volumes des espaces qui renferment leurs périhélies.

Avant de renoncer à cette loi, il convient, cependant, de rechercher, si pour toutes les régions plus ou moins distantes du Soleil, le nombre de comètes que l'on apercevra, pourra être la même partie aliquote du nombre total de ces astres dont les périhélies sont placés dans ces mêmes régions. Or, il suffit d'avoir posé la question en termes précis, pour que tout le monde ait déjà répondu négativement.

Les comètes dont les périhélies se trouvent compris entre l'orbite de Mercure et le Soleil, doivent presque toutes être observées de la Terre : 1° parce que leur vitesse angulaire étant peu considérable, un petit nombre de jours couverts ne doit pas suffire pour les transporter de notre hémisphère dans l'hémisphère opposé, où la courbure de la Terre nous les déroberait; 2° parce que dans le voisinage du Soleil et noyés, pour ainsi dire, dans sa lumière, ces astres, même avec la constitution la moins favorable, réfléchissent assez de rayons pour devenir largement visibles.

Les comètes, comprises entre la sphère de Mercure et celle de Vénus, vues de la Terre, semblent se mouvoir plus vite et sont notablement moins éclairées que les comètes dont nous venons de nous occuper. Toutes choses égales d'ailleurs, on devra donc en apercevoir un moindre nombre.

Quant aux comètes dont la distance périhélie diffère peu du rayon de l'orbite terrestre, outre qu'elles sont plus faiblement éclairées que celles qui traversent, par exemple, l'orbite de Mercure, dans un rapport qui surpasse celui des deux nombres 100 et 16, nous trouverons que près de notre globe, leur marche apparente est ordinairement très-rapide; que par cette raison, elles ne doivent, en général, être visibles que pendant quelques jours, et qu'il suffit d'un ciel couvert de peu de durée pour qu'on ne puisse avoir aucun indice de leur passage.

Veut-on maintenant savoir pourquoi l'observation signale si peu de comètes au delà de l'orbite de Mars ? Il nous suffira de remarquer, qu'en général, ces astres, quelle que soit leur distance périhélie, cessent d'être visibles de la Terre dès que leur course les a transportés à une distance du Soleil égale à trois ou quatre rayons de l'orbite terrestre. Les comètes dont le périhélie se trouve situé au delà de l'orbite de Mars, doivent donc parcourir leur orbite sans être aperçues de la Terre, à moins qu'elles n'aient un volume, une densité, et conséquemment, un éclat tout à fait extraordinaires.

Je dirai, enfin, à ceux qui s'étonneraient de ne point trouver de comète ayant son périhélie au delà des orbites de Jupiter et de Saturne, que la comète de Halley, tant avant qu'après chacune de ses apparitions, séjourne cinq années entières dans l'ellipse que Saturne parcourt, sans que pendant cette longue période on en aperçoive aucune trace. Il faudrait que l'éclat d'une comète surpassât beaucoup celui de tous les astres de cette espèce qui ont été observés depuis un siècle et demi, pour qu'on pût espérer de la voir, même avec de puissantes lunettes, quand sa distance au Soleil serait devenue égale au rayon de l'orbite de Saturne.

Après avoir ainsi écarté les objections qui paraissaient résulter des données numériques inscrites dans le tableau de la répartition des distances périhélies des comètes entre les orbites des grandes planètes, on trouvera d'autant plus naturel qu'en cherchant à déterminer le nombre de comètes qui font partie de notre système solaire, on soit parti de la supposition que les périhélies de leurs orbites sont uniformément distribués dans l'espace, qu'aucune raison physique ne pourrait être alléguée pour établir que les choses doivent être autrement.

Le nombre de comètes actuellement connues dont la distance périhélie est moindre que le rayon de l'orbite de Mercure, se monte à 37. Ce rayon et celui de l'orbite de Neptune sont dans le rapport de 1 à 78. Les volumes de deux sphères sont entre eux comme les cubes de leurs rayons. Si l'on adopte l'hypothèse d'une égale distribution des comètes dans toutes les régions de notre système, pour calculer le nombre de ces astres dont les périhélies sont contenus dans une sphère ayant pour rayon la distance de Neptune au Soleil, il faudra donc faire cette proportion

$$(1)^3 \; est \; à \; (78)^3 \; comme \; 37 \; est \; \text{au nombre cherché;}$$

ou en effectuant les opérations indiquées,

$$1 \; est \; à \; 474,552 \; comme \; 37 \; est \; à \; 17,558,424.$$

Ainsi, en deçà de Neptune, le système solaire serait sillonné par plus de dix-sept millions et demi de comètes.

D'après des considérations empruntées aux causes finales, Lambert a rejeté la supposition que le nombre des comètes augmente dans le rapport direct des volumes des sphères qui contiennent leurs périhélies. Il a définitivement substitué, dans la proportion précédente, les surfaces de ces mêmes sphères à leurs volumes. La table des comètes dressée par Halley, la seule que Lambert pût employer à l'époque de la publication de ses lettres cosmologiques, ne contenait que 21 de ces astres, savoir : 6 dans la sphère de Mercure, et 11 entre cette même sphère et celle de Vénus. Or 6 *plus* 11 est à 6 *comme* 3 est à 1 à peu près. Les surfaces des sphères de Mercure et de Vénus étant aussi entre elles *comme* 1 *est à* 3 environ, Lambert pouvait présenter la loi des surfaces comme conforme aux observations. Aujourd'hui que le catalogue des comètes calculées renferme 201 comètes, tout le monde pourra voir que cette loi ne se vérifie plus, car 37 *plus* 63 n'est pas égal à 3 fois 37. En admettant cette loi, on aurait

(1)² *est à* (78)² *comme* 37 *est* au nombre cherché,

ou, en effectuant les calculs :

1 *est à* 6,084 *comme* 37 *est à* 325,108.

Dans cette nouvelle hypothèse, la sphère dont le centre coïnciderait avec le Soleil, et qui aurait sa surface à la distance de Neptune, ne renfermerait que de 300 à 350 mille comètes.

CHAPITRE XX

DES CHANGEMENTS D'ASPECT PRÉSENTÉS PAR LA COMÈTE DE HALLEY

Nous avons dit plusieurs fois que la route suivie par les comètes pouvait seule servir à reconnaître si une comète nouvellement découverte s'était déjà montrée, et qu'on ne pouvait rien conclure de l'observation de son aspect, cet aspect étant, par sa nature, trop variable. Nulle comète n'est plus propre à démontrer la vérité de notre assertion que celle de Halley, parce qu'elle est visible à l'œil nu, parce qu'elle a été observée d'une manière certaine à sept reprises différentes, et à des époques éloignées en moyenne les unes des autres de 76 ans; parce qu'enfin son apparition a toujours lieu, chaque fois, pendant assez longtemps pour que les observations soient faciles et nombreuses.

Nous ne parlerons que des apparitions certaines de cette comète.

Nous commencerons par l'apparition de 1456.

La comète, suivant quelques auteurs, paraissait d'une grandeur extraordinaire; d'autres l'appellent *terrible;* deux historiens polonais, au contraire, assurent qu'elle fut toujours d'une grosseur médiocre. Tous ces termes sont très-vagues, et chacun peut les interpréter à sa guise : voici ce qui est plus précis. Trois ou quatre jours avant son passage au périhélie, le noyau de la comète était aussi éclatant qu'une étoile fixe. A cette même époque, la queue n'avait qu'une longueur de 10°; il paraît cependant qu'on le trouva quelquefois de 60°, ou de deux signes entiers du zodiaque.

La comète de 1456 inspira une grande terreur, bien moins peut-être à raison de son éclat et de la longueur de sa queue que comme un présage supposé des succès des armées ottomanes. Les *Angelus* ordonnés par le pape Calixte, et dans lesquels on conjurait en même temps la comète et les Turcs, n'étaient certainement pas de nature à calmer les esprits faibles.

La première apparition de la comète de 1456 date du 29 mai. C'était 11 jours avant son passage au périhélie.

1531. Dans son apparition de 1531, la comète n'offrit, quant à l'intensité, rien d'extraordinaire. La queue était assez longue (15°), et c'est en l'observant avec soin qu'Apian reconnut, pour la première fois, qu'en général les queues cométaires sont à l'opposé du Soleil.

En Europe, la première date de l'apparition de la comète de 1531 est le 25 juillet. En Chine et au Japon, on la voyait déjà le 13 de ce mois.

C'était 43 jours environ avant le passage au périhélie.

1607. Kepler dit que la lumière de la comète était pâle et faible. Longomontanus lui donne, à l'œil nu, la grosseur de Jupiter, mais avec une teinte obscure. D'autres la comparent seulement à une étoile de première grandeur peu éclatante. La queue n'offrit rien de remarquable. La première observation de la comète de 1607 précéda de 33 jours le passage au périhélie.

1682. Dans cette apparition, la comète de Halley fut assimilée, par Picard et La Hire, à une étoile de deuxième grandeur. Le 29 août, ils trouvèrent environ 30° pour la longueur de la queue.

Hévélius à Dantzig, Cassini, Picard et La Hire à Paris, l'observaient le 26 août. Le 23, des ecclésiastiques la voyaient déjà à Orléans à l'œil nu.

C'était 22 jours seulement avant le passage au périhélie.

1759. Avant le passage au périhélie de 1759, la comète ne fut jamais aperçue à l'œil nu; car les observations du berger saxon Palitzch ont été révoquées en doute. Messier, qui la suivit avec des télescopes de différentes forces, ne lui vit pas de queue.

Consignons encore ici les principaux résultats des observations faites après le passage de la comète au périhélie de 1759.

Le 1er avril, 18 jours après ce passage, Messier vit la comète à l'œil nu, mais très-difficilement.

Le 1er mai, elle lui parut, en volume, comme une étoile de première grandeur ; cependant sa lumière était moins éclatante. Le même jour, 1er mai, Lacaille aussi comparait la comète à une grande étoile vue au travers d'un léger brouillard : sa lumière, dit Maraldi, était peu éclatante et semblable à celle des planètes vues près de l'horizon. A l'œil nu, elle paraissait plus large que les étoiles de première grandeur.

La queue de la comète fut toujours assez faible à Paris pour que divers astronomes exercés (Lalande entre autres) aient affirmé qu'il n'y en avait aucune trace. Messier, cependant, dit que le 1er avril la portion de la queue qui restait visible dans le télescope avait 53 minutes. Il évalue, en outre, son prolongement très-affaibli, et dont l'œil soupçonnait à peine l'existence, à 25°.

Le 15 mai, suivant le même astronome, on ne découvrait point de queue à la vue simple. Dans un fort télescope, on la voyait sur une longueur de 3° 1/4.

Le 16 et le 17 mai, Maraldi apercevait distinctement et mesurait une queue de 2°.

La lueur très-déliée, s'étendant assez loin vers l'Orient, dont parle Lacaille comme l'ayant aperçue le 17 et le 21 mai, ne pouvait être évidemment que la queue de la comète. A Lisbonne, le 30 avril, la queue, d'après les mesures du père Chevallier, n'avait que 5°. Le 15 mai, on lui trouvait la même étendue de 5° à la simple vue.

A Pondichéry, le 30 avril, suivant le père Cœur-Doux, la queue avait plus de 10°.

A l'île Bourbon, La Nux trouvait pour la longueur de la queue :

Le 29 mars... 3°
Le 20 avril... 6° à 7°
Le 21   —   8°
Le 28   —   19°   (elle s'amincissait beaucoup).
Le 27   —   25°   (l'amincissement continuait).
Le 5 mai.... 47°   (l'amincissement était devenu extrême).

Je viens de mettre sous les yeux du lecteur l'ensemble des observations dont on avait cru pouvoir conclure que la comète de Halley va sans cesse en s'affaiblissant. Le fait une fois admis, on en trouvait la cause physique dans la matière qui, près du périhélie, paraît se détacher de la nébulosité pour former la queue. Il est, en effet, difficile de croire que cette matière, transportée au loin, revienne à la comète, qu'elle ne reste pas disséminée dans les cieux.

Chacun concevra maintenant quel intérêt pouvait s'attacher aux observations de la grandeur et de l'éclat de la comète de Halley dans son apparition de 1835. Il était possible que ces observations, comparées à celles de 1456, de 1531, de 1607, de 1682, de 1759, nous apprissent que les comètes ne sont pas des corps éternels; qu'après quelques révolutions successives autour du Soleil, toutes les molécules dont se composent leurs queues, leurs nébulosités et même leurs noyaux, se dispersent dans l'espace pour y devenir un obstacle au mou-

vement des planètes, ou bien des éléments de quelques
nouvelles formations. Ces conjectures ne se sont pas réa-
lisées. Voyons, en effet, quelles ont été les circonstances
de la dernière apparition de la comète de Halley.

1835. Dans son plus grand éclat, vers le milieu d'octobre, à la simple vue, le noyau de la comète de Halley
nous paraissait pouvoir être assimilé aux étoiles rou-
geâtres de première grandeur, telles que α du Scorpion,
α d'Orion ou α du Taureau, si même il ne les surpassait en intensité. M. Amici nous écrivait de Florence :
« Le 12 octobre, la comète à l'œil nu me semble plus
brillante que les étoiles de la Grande Ourse. » Les étoiles
de la Grande Ourse sont de seconde grandeur, et le
12 octobre n'était pas la date du plus grand éclat de la
comète.

Le 15 octobre, à l'œil nu, la queue de la comète nous
parut embrasser une étendue de 20°. Avec le chercheur
(résultat singulier), on ne lui aurait donné que la moitié
de cette longueur.

Le 16 (toujours à l'œil nu), la queue paraissait avoir
10 à 12° seulement.

Le 26, M. Schwabe, à Dessau, ne trouvait plus
que 7°.

Un des élèves astronomes de l'Observatoire de Paris
M. Eugène Bouvard, entrevit la comète à la vue simple
dès le 23 septembre ; un second élève, M. Plantamour,
la vit le 27; le troisième, M. Laugier, ne l'aperçut nettement que le 28. A la date du 30 septembre, la comète
était visible à l'œil nu pour presque tout le monde.

C'était donc 47 jours avant le passage au périhélie.

De bons dessins des comètes pourraient fournir aux astronomes des siècles futurs des indications bien plus précises que ne peuvent être les meilleures descriptions pour résoudre quelques-uns des problèmes importants que présente la constitution physique de ces astres singuliers. Lorsqu'on pourra en faire des images photographiques, on rendra à la science de véritables services. Nous avons pensé devoir mettre sous les yeux du lecteur quelques-uns des dessins faits au Cap par sir John Herschel; ils fixeront les idées sur les changements d'aspect sur lesquels j'ai cru devoir appeler l'attention.

La figure 187 (p. 384) représente la comète telle que la vit à l'œil nu sir John Herschel, le 28 octobre 1835, dans Ophiuchus. Le noyau avait l'éclat d'une étoile de 3ᵉ grandeur, et la queue présentait une longueur de 3° environ; son extrémité étant de l'intensité des étoiles de 6ᵉ grandeur, c'est-à-dire des étoiles situées à la limite de celles qui sont visibles à l'œil nu. La figure 188 donne l'aspect de la comète regardée, le même soir, à l'aide d'une lunette achromatique de 7 pieds (2ᵐ.13) de distance focale. Le lendemain, 29 octobre, la comète présentait, dans un télescope de 20 pieds (6ᵐ), un noyau condensé et deux secteurs en forme de croissant (fig. 189). Au bout de quelques jours, la comète devint invisible, à cause de la proximité du Soleil. Le 25 janvier 1836, on put l'observer de nouveau : elle présenta, dans le télescope de 6 mètres, le 25 (fig. 190), le 26 (fig. 191), le 27 (fig. 192), le 28 (fig. 193) et le 31 (fig. 194), les aspects continuellement changeants que montrent les dessins.

Dans deux mesures que prit sir John Herschel, le 25 janvier, à l'aide d'un équatorial, il trouva pour le diamètre de la tête :

Dans le sens de l'ascension droite.....	229″.4
Dans le sens de la déclinaison........	237 .3

Et deux heures plus tard

Dans le sens de l'ascension droite......	196″.7
Dans le sens de la déclinaison........	252 .0

De telles différences dans les dimensions semblent démontrer des changements brusques dans la comète.

Le 11 février la comète paraît encore un astre remarquable (fig. 195), mais, à dater de cette époque, sa queue disparaît peu à peu, et le 3 mai (fig. 196), la comète prend l'apparence d'une nébuleuse globulaire.

Si les comètes d'une certaine grandeur ne sont pas lumineuses par elles-mêmes, question que nous examinerons dans un chapitre spécial ; si elles empruntent leur éclat au Soleil, l'époque de leur visibilité, tout étant égal quant aux circonstances atmosphériques, ne doit guère dépendre que de celle du passage au périhélie. Qu'appuyé sur cette remarque le lecteur prenne la peine de comparer ce que je viens de rapporter de la comète de 1835, avec les circonstances de ses anciennes apparitions, et il ne trouvera certainement pas, dans l'ensemble des phénomènes, la preuve que la comète de Halley se soit graduellement affaiblie. Je dirai même que si, dans une matière aussi délicate, des observations faites à des époques de l'année très-différentes pouvaient autoriser quelque déduction positive, ce qui résulterait de plus net des deux passages de 1759 et de 1835, ce serait que la comète a grandi dans l'intervalle.

J'ai dû saisir avec d'autant plus d'empressement cette occasion de combattre une erreur fort accréditée, que je crains d'avoir un peu contribué à la répandre.

CHAPITRE XXI

ASPECT ET NATURE PHYSIQUE DES NOYAUX DES COMÈTES

La question de savoir si les noyaux des comètes sont opaques ou diaphanes, s'ils doivent être considérés comme des corps solides ou comme de simples amas de vapeurs, est très-importante; sa solution décidera jusqu'à un certain point du rôle qu'il sera permis de faire jouer aux comètes dans les révolutions du monde physique : on me pardonnera donc les minutieux détails que je vais donner.

Toutes les comètes, en vertu de leurs mouvements propres, traversent successivement différentes constellations. La région dans laquelle ces mouvements s'effectuent est beaucoup plus près de nous que les étoiles; or, quand le noyau d'une comète vient à s'interposer entre une étoile et l'observateur, on peut mieux juger de sa constitution intime que dans toute autre position. Malheureusement ces conjonctions exactes sont extrêmement rares, et cela par la raison très-simple que les zones du firmament les plus riches en étoiles renferment elles-mêmes plus de vide que de plein. Certaines comètes, comme on peut le voir d'après les distances périhélies que nous avons données dans le catalogue qui contient les éléments des comètes calculées, passent aussi entre la Terre et le Soleil, la

Lune ou les planètes. Il peut y avoir dans ces occultations, dans ces sortes d'éclipses, des occasions précieuses pour résoudre plusieurs questions d'astronomie cométaire.

§ 1. Noyaux opaques.

Je réunirai, d'abord, les observations anciennes et modernes qui tendent à faire croire à l'opacité du noyau de quelques comètes.

Hérodote raconte qu'une éclipse totale de Soleil eut lieu 480 ans avant notre ère, au commencement du printemps, pendant que l'armée de Xerxès traversait l'Asie Mineure. Dion parle d'une autre éclipse totale qui précéda de quelques jours la mort d'Auguste. D'après les meilleures tables astronomiques, ces éclipses n'ont pas pu être occasionnées par l'interposition de la Lune. On les a donc attribuées au passage de deux comètes sur le disque solaire. Cette explication, quant à l'éclipse d'Hérodote, a paru s'accorder avec ce que rapportait Charimander dans son Histoire, actuellement perdue, des comètes; car cet auteur, d'après le témoignage de Pline, assurait qu'une comète, dont la tête resta toujours engagée dans les rayons solaires, jetait sur le firmament une longue queue, qui, vers le milieu de l'année 480, fut observée plusieurs jours de suite par Anaxagore. L'éclipse mentionnée par Dion ne serait possible qu'en l'attribuant à la comète qui, au rapport de Sénèque, témoin oculaire, parut l'année de la mort d'Auguste. Je n'ai sans doute pas besoin d'avertir qu'aucun astronome ne se croirait aujourd'hui autorisé à conclure des vagues rapprochements qu'on vient de lire, qu'il a existé anciennement des noyaux de comète assez grands et assez opaques pour nous dérober complétement la lumière solaire.

Nous manquerions également de données positives pour rechercher si l'éclipse *surnaturelle* de Soleil, arrivée le jour de la mort de Jésus-Christ, fut occasionnée par une comète ; je dis une éclipse surnaturelle, car la Lune était alors dans son plein, et éclairait une région du ciel diamétralement opposée à celle où elle doit se trouver, pour qu'elle puisse s'interposer entre le Soleil et la Terre.

Les historiens rapportent que le 1er mai 1184, vers la sixième heure du jour, la partie inférieure du Soleil fut totalement obscurcie ; tout le reste du disque était pâle ; on voyait au milieu comme une poutre qui le traversait. Pour expliquer ce phénomène, on a supposé qu'une comète s'était placée entre le Soleil et la Terre.

Toutes les cométographies rapportent, d'après Georges Phranza, grand maître de la garde-robe des empereurs de Constantinople, que, durant l'été de l'année 1454, une comète s'avança graduellement vers la Lune et *l'éclipsa*. Ce serait là une preuve d'opacité d'un noyau de comète tellement évidente, que je ne manquerais pas de la citer ici, s'il n'avait été établi par la publication de la chronique originale, que la version latine du jésuite bavarois Pontanus, sur laquelle les cométographes s'étaient appuyés, renfermait un contre-sens. Voici le vrai passage traduit mot à mot : « Chaque soir, aussitôt après le coucher du Soleil, on voyait une comète semblable à un sabre droit, et s'approchant de la Lune. La nuit de la pleine Lune étant venue, et alors une éclipse

ayant eu lieu par hasard, suivant la marche réglée et
l'orbite circulaire des flambeaux célestes, comme de coutume; quelques-uns voyant les ténèbres de l'éclipse, et
regardant la comète en forme d'épée longue qui s'élevait
de l'occident, faisait route vers l'orient et s'approchait
de la Lune, pensèrent que cette comète en forme d'épée
longue désignait ainsi, eu égard à l'obscurcissement de
la Lune, que les chrétiens habitants d'Occident viendraient à s'accorder pour marcher contre les Turcs, et
qu'ils remporteraient la victoire; mais les Turcs consi-
dérant, eux aussi, ces choses, tombèrent dans une crainte
non petite, et firent de grands raisonnements. » Il est
évident que Phranza n'a pas dit un seul mot d'une éclipse
de Lune produite par une comète.

Voyons si nous trouvons quelque chose de plus précis
dans les observateurs modernes sur cette même question
de l'opacité des noyaux des comètes.

Lorsque Messier aperçut pour la première fois la petite
comète de 1774 (n° 89 de notre catalogue), il y avait
assez près du noyau de cet astre, une seule étoile télescopique. Quelques heures après, une seconde étoile se
montra, dans le voisinage de la première; cette seconde
étoile ne le cédait pas à l'autre en intensité. Pour expliquer comment Messier ne la vit pas d'abord, une seule
hypothèse semble possible, il faut admettre avec cet académicien qu'elle se trouvait alors cachée derrière le corps
opaque de la comète; on pourrait, à la rigueur, supposer que la lumière de l'étoile était effacée par la lumière
du noyau [1].

1. Cette observation serait beaucoup plus démonstrative si l'étoile

Le 28 novembre 1828, à 10 heures 1/2 du soir, la comète à courte période, la comète d'Encke, celle qui revient à son périhélie tous les 3 ans 1/3, se projetait, pour un observateur situé à Genève (M. Wartmann), sur une étoile de 8ᵉ grandeur, qui fut complétement éclipsée. Je ne dois pas oublier de faire remarquer que M. Wartmann se servait d'une lunette trop petite et d'un trop faible grossissement pour que son observation puisse lever tous les doutes.

§ 2. Noyaux diaphanes.

Passons maintenant aux observations dans lesquelles nous verrons le noyau se comporter comme un corps diaphane.

Le 23 octobre 1774, Montaigne vit à Limoges une étoile de 6ᵉ grandeur du Verseau, au travers du noyau d'une petite comète.

Montaigne ne dit pas si l'observation correspondit au milieu du noyau, circonstance qui, à vrai dire, ne serait d'aucune importance, puisque rien ne démontre que le noyau solide, s'il existe, doit occuper la région centrale du noyau lumineux.

Le 9 novembre 1795, la comète à courte période, vue de Slough, près de Windsor, se projetait sur une étoile qui paraissait être de 11ᵉ ou de 12ᵉ grandeur. Avec un fort grossissement on reconnut que cette étoile est double,

éclipsée avait été vue avant son immersion supposée ; si l'on pouvait croire que l'astronome, prévenu de son existence, chercha à la découvrir ; s'il n'était pas possible d'admettre qu'elle lui échappa par inattention.

qu'elle se compose de deux étoiles distinctes, et que l'une d'elles est beaucoup plus faible que sa voisine. Eh bien, cette étoile si petite, qui n'est peut-être que de 20ᵉ grandeur, Herschel l'aperçut parfaitement à travers la partie centrale de la nébulosité de la comète.

Le 1ᵉʳ avril 1796, Olbers vit une étoile de 6ᵉ ou de 7ᵉ grandeur, quoiqu'elle fût couverte par une comète, et sans que sa lumière en parût affaiblie. Ajoutons que le célèbre astronome a protesté lui-même contre la conséquence qu'on a voulu tirer de son observation quant à la diaphanéité du noyau. D'après ses conjectures, l'étoile était située un peu au nord du centre de la nébulosité, et si le noyau disparut quelque temps, c'est seulement à cause du voisinage de la lumière plus forte de l'étoile fixe.

Le 29 octobre 1824, M. Struve vit une étoile de 10ᵉ grandeur à moins de deux secondes de distance du centre d'une comète, sans que la lumière de cette étoile en parût le moins du monde affaiblie.

Voici un renseignement que je trouve dans une lettre de M. Pons. Le 21 août 1825, le centre de la comète de la constellation du Taureau (n° 145 du catalogue) découverte le 15 août, se projetait sur une étoile de 5ᵉ grandeur, M. Pons ne s'aperçut pas que la lumière de l'étoile en fût affaiblie.

En 1825, M. Valz a vu une étoile de 7ᵉ grandeur traverser le centre du noyau de la belle comète du Taureau sans disparaître. L'étoile s'affaiblit légèrement, et la partie lumineuse de la comète diminua tellement qu'elle était à peine visible.

Le 7 novembre 1828, M. Struve vit, à l'aide de sa grande lunette, la comète à courte période avec un noyau assez volumineux, mais bientôt il reconnut que ce prétendu noyau n'était autre chose qu'une étoile de 11ᵉ grandeur, sur laquelle le centre de la comète se projetait.

§ 3. Comète de 1819.

Venons maintenant aux observations de la comète de 1819 (n° 133 du catalogue), et voyons si elles sont aussi démonstratives qu'on l'a prétendu pour établir la diaphanéité du noyau.

Cette comète se montra subitement dans le nord, avec tout son éclat (fig. 197, p. 384) vers le commencement de juillet. Après en avoir calculé l'orbite, Olbers reconnut qu'avant son apparition, dans la matinée du 26 du mois précédent, elle était interposée entre la Terre et le Soleil, et qu'elle dut se projeter sur le disque de cet astre depuis 5ʰ 39ᵐ jusqu'à 9ʰ 18ᵐ. Il invita donc les astronomes qui, dans cet intervalle de près de trois heures, auraient accidentellement examiné le Soleil, à publier leurs remarques. Aucun des observatoires de l'Europe ne se trouva en mesure de répondre. Un simple amateur, le général Lindener, gouverneur de Glatz, écrivit qu'il avait observé le Soleil à 5, 6 et à 7ʰ du matin, sans y apercevoir aucune tache. A 5, 6 et à 7ʰ, la comète devait cependant occasionner une éclipse partielle de Soleil. Il semble donc, ou qu'elle était complétement diaphane, ou que si elle renfermait un noyau opaque, ce noyau ne pouvait avoir que des dimensions excessivement petites.

Ces conséquences, en apparence inévitables, ont perdu toute leur certitude, quand il a été établi par le témoignagne de plusieurs astronomes exercés, que le même jour, 26 juin, où M. Lindener ne découvrit aucune tache sur le Soleil, il en existait plusieurs assez visibles.

L'observation du général prussien n'établit donc, en aucune façon, que la comète de 1819 fût transparente dans tous ses points; elle prouve seulement ou que M. le gouverneur de Glatz employait de trop faibles télescopes, on que ses 77 ans avaient notablement affaibli sa vue.

En 1825 (cette date est bien tardive après les pressantes invitations d'Olbers), M. Pastorff annonça que le 26 juin 1819, à 8^h 26^m du matin, il aperçut sur le Soleil une tache nébuleuse de 84″.5 de diamètre, parfaitement ronde et ayant dans son centre un point lumineux : il croit que cette tache était la comète. De l'observation de M. Pastorff résulterait d'abord la conséquence que la nébulosité de cet astre avait très-peu de diaphanéité. Pour expliquer le point central lumineux, il faudrait supposer ensuite, ou que le noyau était notablement plus transparent que la nébulosité, ou s'il était opaque, qu'il brillait d'une lumière propre plus intense que celle du Soleil transmise au travers des autres parties de la comète. Est-il nécessaire de dire que l'une et l'autre de ces conséquences sont de tout point inadmissibles.

§ 4. Changements brusques dans la constitution des noyaux.

De l'ensemble des remarques faites depuis qu'on applique les lunettes à l'observation des comètes, nous pou-

vons déduire, je crois, sans hésiter, que le noyau considéré en masse est diaphane, et que s'il existe dans ce
noyau une partie solide et opaque, elle a des dimensions
excessivement petites; mais toutes les comètes sont-elles
façonnées sur un modèle uniforme? C'est ce dont il est
permis de douter.

Il existe des comètes sans noyau apparent qui, dans
toute leur étendue, ont presque le même éclat, qui ne
sont, sans aucun doute, que de simples agglomérations
d'une matière gazeuse. Un second degré de concentration
de ces vapeurs a pu donner naissance, dans le centre de
la nébulosité, à un noyau remarquable par la vivacité
de sa lumière, mais qui, étant encore liquide, jouissait
d'une grande diaphanéité. A une époque plus avancée,
le liquide, suffisamment refroidi, se sera enveloppé d'une
croûte solide, et, dès ce moment, toute transparence du
noyau aura dû cesser. Alors son interposition entre l'observateur et une étoile doit produire une éclipse tout
aussi réelle, tout aussi complète que celles qui résultent
journellement des déplacements de la Lune et des planètes. Or, rien, rien absolument ne prouve qu'il n'existe
pas des comètes de cette troisième espèce ou à noyau
solide. La grande variété d'aspect et d'éclat que ces
astres ont présentée peut légitimer, à cet égard, toutes
les suppositions qu'on jugera convenable de faire.

Ces conséquences sur la constitution physique de la
majeure partie des noyaux des comètes sont confirmées
par les observations qu'on a faites du noyau de la comète
de Halley, pendant son apparition de 1835. Ainsi, je
trouve dans le Mémoire de Bessel, la remarque ci-après :

« Le 14 octobre, l'éclat du noyau avait diminué ; avec un grossissement de 90 fois, il perdait l'apparence d'un corps solide. »

J'extrairai du journal que je tenais à l'Observatoire, les remarques suivantes, plus caractéristiques encore : « Le 23 octobre, la comète avait tellement changé d'aspect ; le noyau, jusqu'à cette époque si brillant, si net, si bien défini, était devenu tellement large, tellement diffus, qu'on ne croyait à la réalité d'une variation aussi subite, qu'après s'être assuré qu'aucune humidité ne couvrait ni l'oculaire ni l'objectif des lunettes employées dans les observations. »

« Le 26 août 1682, dit La Hire, le noyau de la comète de Halley ressemblait à une étoile de seconde grandeur. Le 11 septembre, à peine pouvait-on le distinguer, tant la comète était diffuse. »

§ 5. Dimensions des noyaux.

Les noyaux sont généralement mal terminés. Les diamètres du noyau de la comète de 1744 (n° 70 du catalogue) ne semblèrent pas égaux. Heinsius donne pour le rapport du plus grand diamètre placé dans la direction du Soleil au plus petit qui lui était perpendiculaire, celui de 3 à 2.

« Dans les 16 comètes télescopiques que j'ai observées, disait William Herschel, en 1807, deux seules offraient une lumière centrale, mais elles étaient mal terminées. »

Les noyaux n'occupent pas généralement le centre de

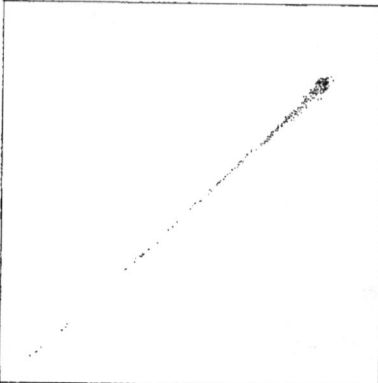

FIG 187 Aspect de la Comète de Halley
vue à l'œil nu le 28 Octobre 1835

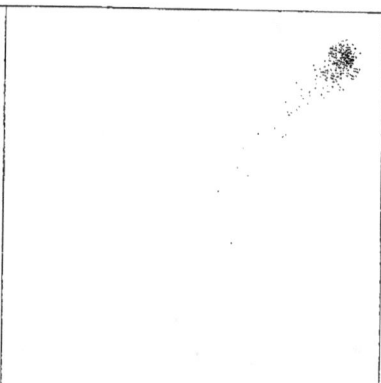

FIG 188 Aspect de la Comète de Halley
dans une Lunette de 7^m 15 le 28 Octobre 1835

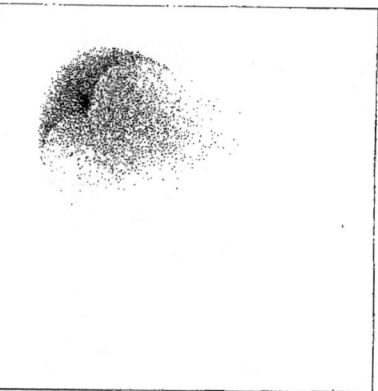

FIG 189 Aspect de la Comète de Halley
dans un Telescope de 6^m le 29 Octobre 1835

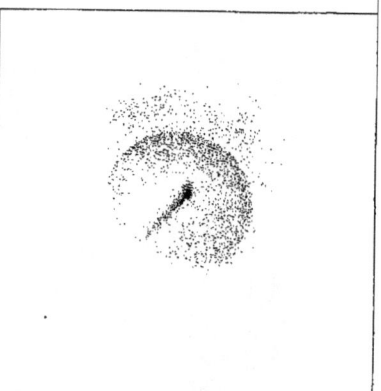

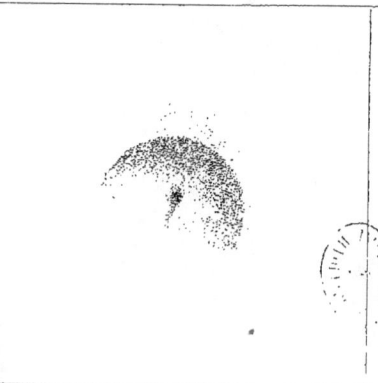

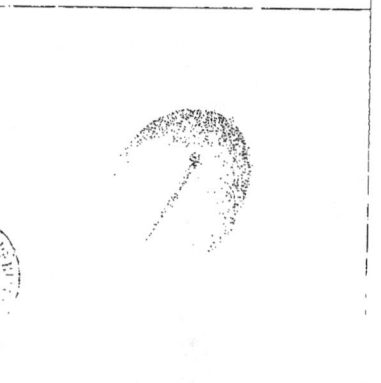

FIG 190 Aspect de la Comète de Halley
dans un Telescope de 6^m le 23 Octobre 1835

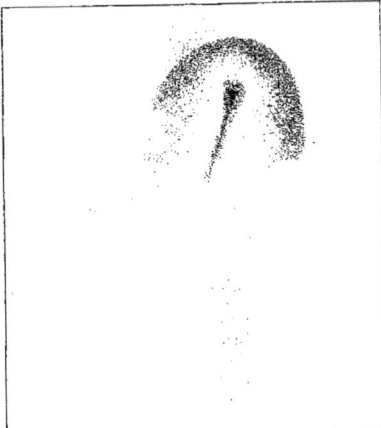

FIG 193 Aspect de la Comète de Halley
dans un Télescope de 6ᵐ le 28 Janvier 1836

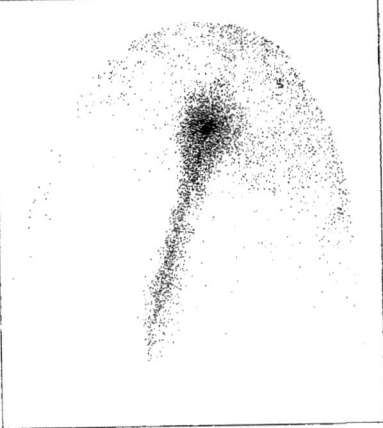

FIG 194 Aspect de la Comète de Halley
dans un Télescope de 6ᵐ le 31 Janvier 1836

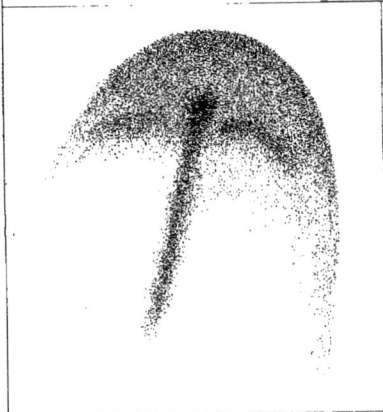

FIG 195 Aspect de la Comète de Halley
dans un Télescope de 6ᵐ le 11 Février 1836

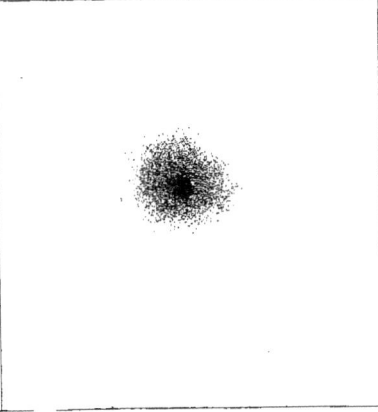

FIG 196 Aspect de la Comète de Halley
dans un Télescope de 6ᵐ le 3 Mai 1836

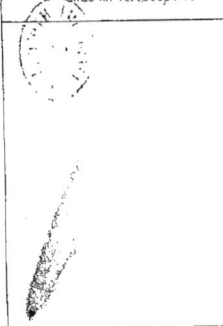

le 2 Septembre

le 3 Septembre

le 4 Septembre

le 30 Aout

FIG 197 Comète de 1843

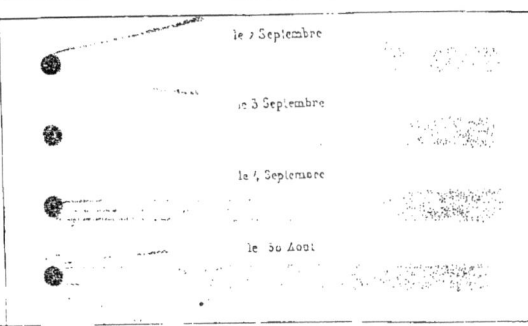

FIG 198 Comète de 1769 d'après les dessins de Messier

Imp. H. Delâtre, r. S. Jacques 171. Paris.

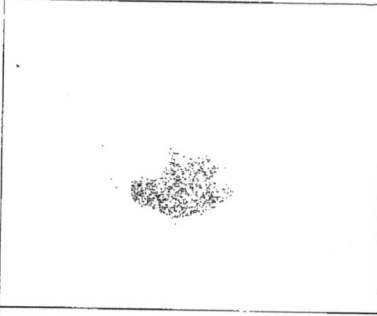

FIG 199. Comète d'Encke le 19 Octobre 1838
d'après Mr Schwabe

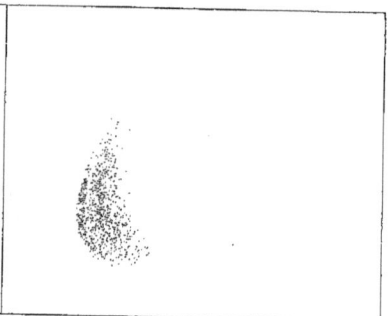

FIG 200. Comète d'Encke le 5 Novembre 1838
d'après Mr Schwabe

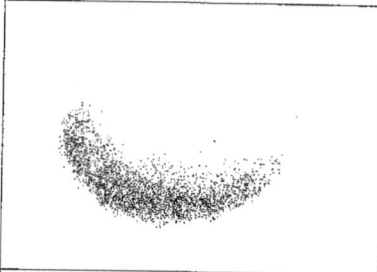

FIG 201. Comète d'Encke le 10 Novembre 1838
d'après Mr Schwabe

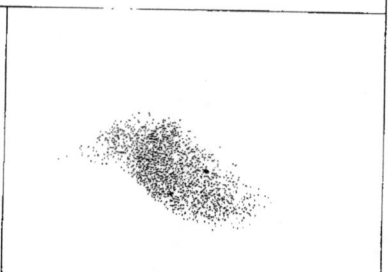

FIG 202. Comète d'Encke le 12 Novembre 1838
d'après Mr Schwabe

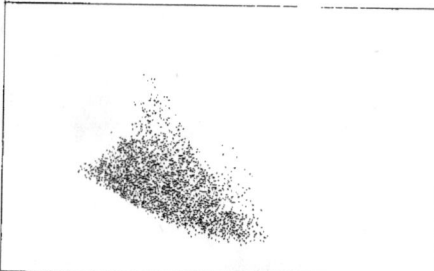

FIG 203. Comète d'Encke le 13 Novembre 1838
d'après Mr Schwabe

FIG 204. Aigrette de la Comète de Halley
le 7 Octobre 1835 d'après Mr Schwabe

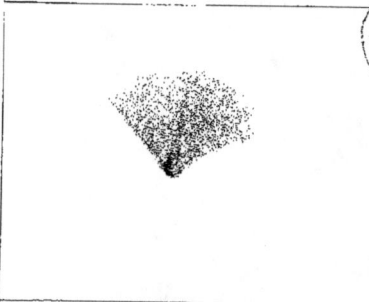

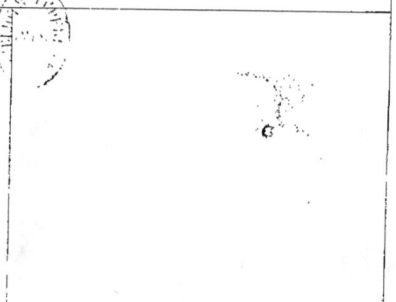

FIG 205. Aigrette de la Comète de Halle,
le 11 Octobre 1835 d'après Mr Schwabe

FIG 206. Aigrette de la Comète de Halley
le 13 Octobre 1835 d'après Mr Schwabe

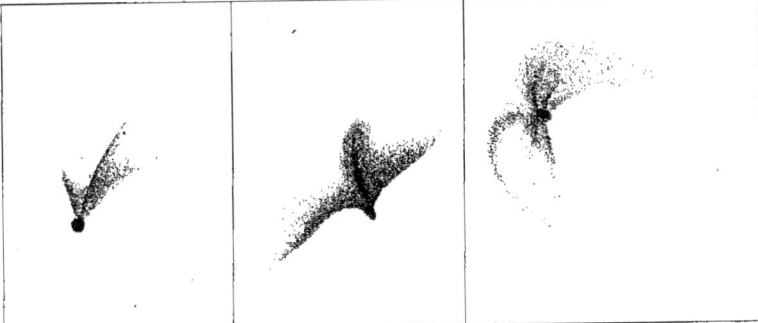

FIG. 207. Aigrette de la Comète de Halley
le 21 Octobre 1835
d'après Mr Schwabe

FIG 208. Aigrette de la Comète de Halley
le 22 Octobre 1835
d'après Mr Schwabe

FIG 209. Aigrette de la Comète de Halley
le 23 Octobre 1835
d'après Mr Schwabe

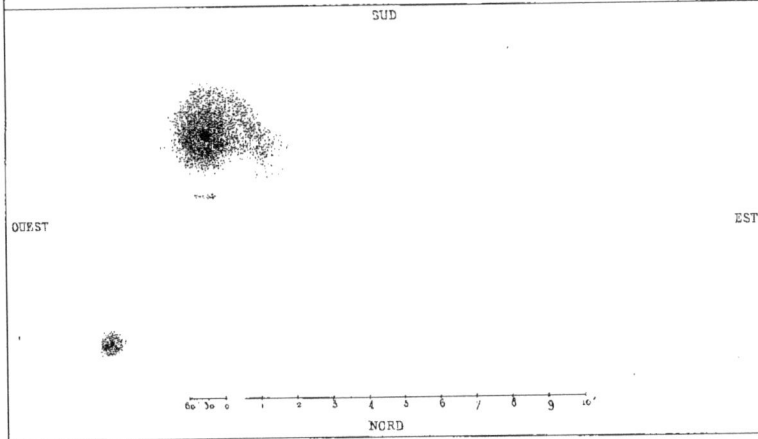

SUD

OUEST

EST

NORD

FIG 211. Les deux parties de la Comète de Gambart
vues par Mr Struve le 19 Fevrier 1846

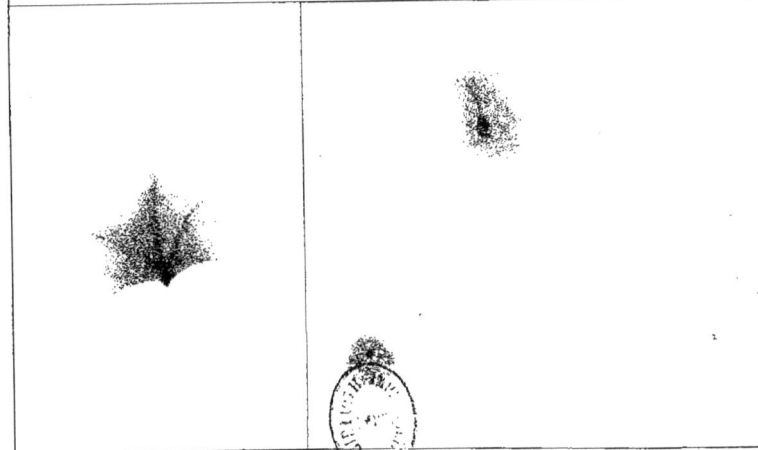

FIG 210. Aigrette de la Comète de Halley
le 26 Octobre 1835
d'après Mr Schwabe

FIG 212. Les deux parties de la Comète de Gambart
vues par Mr Struve le 21 Fevrier 1846

la nébulosité circulaire, ils sont situés entre ce centre et le bord de la nébulosité le plus voisin du Soleil. Il n'est pas rare de voir le noyau séparé de la nébulosité par un anneau obscur qui l'entoure complétement.

En terminant ce long chapitre, je ferai connaître les diamètres réels de plusieurs noyaux.

Comète de 1798 (n° 112 du catalogue)....	11 lieues.	
Comète de décembre 1805 (2ᵉ apparition de la comète de Gambart)..............	12	—
Comète de 1799 (n° 114 du catalogue)....	154	—
Grande comète de 1811 (n° 124 du catalogue)................................	171	—
Comète de 1807 (n° 120 du catalogue)....	222	—
Seconde comète de 1811 (n° 125 du catalogue)................................	1,089	—
Comète de 1819 (n° 133 du catalogue).....	1,312	—
Première comète de 1847 (n° 179 du catalogue)................................	1,400	—
Première comète de 1780 (n° 91 du catalogue)................................	1,708	—
Grande comète de 1843 (n° 164 du catalogue).	2,000	—
Grande comète de 1825 (n° 145 du catalogue).	2,040	—
Comète de 1815 (n° 129 du catalogue)......	2,120	—
Troisième comète de 1845 (n° 171 du catalogue)................................	3,200	—

CHAPITRE XXII

NÉBULOSITÉ DES COMÈTES

La nébulosité des comètes paraît ordinairement circulaire. J'ai dit *ordinairement*, car il arrive quelquefois que le bord est parfaitement terminé. Tel fut le cas, suivant Cassini, pour les comètes de 1665 (n° 44 du catalogue) et de 1682 (5ᵉ apparition de la comète de Halley) qui, toutes les deux, parurent rondes et aussi bien tranchées extérieurement que Jupiter.

L'intensité de la lumière de la nébulosité va, en général, en augmentant depuis le bord assez mal défini jusqu'au centre.

En dehors du contour circulaire qui définit la nébulosité principale, on aperçoit quelquefois un, deux, et même jusqu'à trois anneaux lumineux fort larges séparés les uns des autres par des intervalles comparativement obscurs, ou dans lesquels la lumière est à peine sensible. Il est aisé de concevoir que ce qui paraît un anneau circulaire en projection, doit, en réalité, être une enveloppe sphérique. On aura une idée assez nette de cette composition compliquée du corps cométaire, en imaginant dans notre atmosphère, et à trois hauteurs différentes, trois couches continues de nuages qui feraient le tour entier du globe. Il faudrait seulement, pour rendre la comparaison tout à fait exacte, supposer ces trois couches diaphanes, et leur conserver néanmoins les propriétés optiques spéciales qui les distinguent aujourd'hui de l'air pur interposé entre elles, c'est-à-dire une grande puissance réfléchissante.

Pour les comètes de 1799 et de 1807 (n°s 114 et 120 du catalogue), les épaisseurs des enveloppes lumineuses étaient respectivement de 8,000 et de 12,000 lieues.

Les nébulosités les plus remarquables des diverses comètes avaient pour diamètres :

Cinquième comète de 1847 (n° 183).....	7,200	lieues.
Première comète de 1847 (n° 179)......	10,200	—
Deuxième comète de 1849 (n° 187).....	20,400	—

Comète de Brorsen, de 1846 (n° 173)....	52,000	lieues.
Comète de Lexell (n° 85).............	81,600	—
Première comète de 1846 (n° 172)......	97,200	—
Comète d'Encke en 1828...............	106,000	—
Première comète de 1780 (n° 91).......	107,600	—
Comète de Halley (apparition de 1835)..	142,800	—
Grande comète de 1811 (n° 124)........	450,000	—

Quand la comète a une queue, et une queue unique, l'anneau ne paraît fermé que d'un côté du Soleil. Il ne se compose généralement que du demi-cercle. Les deux extrémités de ce demi-cercle sont les points de départ des rayons dont les prolongements dessinent les limites lumineuses de la queue. La comète de 1819 (fig. 197, p. 384) donne une idée de cette constitution.

Après avoir établi par des observations nombreuses que le noyau proprement dit est en général diaphane, il serait superflu de prouver que le centre de la nébulosité jouit aussi de cette propriété. Les comètes sans noyaux sont les plus nombreuses. Herschel terminait ses observations d'une comète qui était visible en 1807, par cette remarque : « Sur les 16 comètes télescopiques que j'ai examinées, 14 n'offraient rien de remarquable à leur centre. »

Beaucoup de comètes, ainsi que nous venons de le dire, se sont montrées sans noyau apparent; mais on n'en a jamais aperçu depuis qu'on les observe attentivement avec des télescopes qui ne présentassent pas cette espèce de nébulosité, ce brouillard, que les anciens appelaient la chevelure.

Bessel a prouvé, par une observation très-délicate, que la nébulosité de la comète de Halley ne faisait éprouver à la lumière qui la traversait aucune réfraction appréciable. Ce résultat se fonde sur la distance angulaire de deux petites étoiles, mesurée avec le bel héliomètre de Kœnigsberg. Cette distance était la même lorsque les étoiles étaient toutes deux en dehors de la nébulosité, et quand l'une d'elles seulement parut correspondre aux diverses parties de cette même nébulosité et à différentes distances du noyau. Les moyens mis en usage par le célèbre astronome eussent fait aisément reconnaître une déviation de $1/4$ de seconde.

La nébulosité de la comète de Halley, dans son apparition de 1835, ne semblait pas terminée régulièrement dans la partie qui avoisinait le Soleil; elle présentait dans cette direction une anfractuosité sensible. Le même phénomène est indiqué dans les observations de M. Schwabe, de la manière suivante : « La nébulosité, généralement circulaire, a toujours offert une dépression, un enfoncement très-sensible vers sa partie la plus voisine du Soleil. »

CHAPITRE XXIII

LA MATIÈRE DONT SE COMPOSE LA TÊTE D'UNE COMÈTE SUBIT-ELLE DES CHANGEMENTS PHYSIQUES DANS DES TEMPS DE COURTE DURÉE ?

Tout occupés de l'étude des mouvements, fascinés aussi peut-être par des vues théoriques, les astronomes modernes avaient négligé une observation extrêmement remarquable sur la manière dont les nébulosités des comètes varient de grandeur. Hévélius, qu'aucun système n'embarrassait, annonça nettement que le diamètre réel de ces nébulosités augmente à mesure que les comètes s'éloignent du Soleil. Newton admit ce singulier résultat, il en donna même une raison physique. Suivant lui, les têtes des comètes doivent s'appauvrir ou diminuer de volume en s'approchant du Soleil, puisque, dit-il, c'est à leurs dépens que s'engendrent les queues. Réciproquement, lorsque après le passage au périhélie, les nébulosités n'ont plus à pourvoir à la formation des queues déjà parvenues à leur maximum d'étendue, elles grandissent nécessairement. Ceci implique la supposition que la matière qui s'était primitivement détachée de l'atmosphère cométaire, peut y revenir par un mouvement rétrograde, en parcourant de nouveau les millions de lieues qu'elles avaient d'abord franchies sous l'action d'une puissance répulsive.

Malgré l'assentiment donné par Newton à la découverte d'Hévélius, aucun astronome jusqu'à ces derniers temps ne paraissait y croire : à vrai dire, en présence d'observations un peu difficiles, il pouvait être permis de douter qu'une masse gazeuse se dilatât, à mesure qu'elle était transportée loin du Soleil ou dans des régions plus froides. Mais, grâce à la comète d'Encke ou à courte période, nous pouvons, pour la généralité des cas, ranger l'importante remarque d'Hévélius au nombre des vérités de la science les mieux établies.

Voici le tableau des variations que le diamètre réel de la nébulosité de la comète à courte période a éprouvées en 1828.

Dates.	Distances de la comète au Soleil.	Diamètre vrai de la nébulosité en milliers de lieues.
28 octobre.........	1.46	130
7 novembre........	1.32	106
30 novembre........	0.97	49
7 décembre........	0.85	33
14 décembre	0.73	18
24 décembre...... .	0.54	5

Le 28 octobre, la comète était presque trois fois plus loin du Soleil que le 24 décembre. Néanmoins, à la première de ces deux époques, le diamètre réel de la nébulosité se trouvait environ 26 fois plus grand qu'à la seconde! Si l'on aime mieux, on pourra énoncer le même résultat en disant que, dans l'intervalle du 28 octobre au 24 décembre, le volume de la comète se *réduisit au seize-millième* environ de sa valeur primitive, et de telle sorte que, pendant toute la durée de cette diminution, les plus petits volumes correspondirent toujours aux moindres distances de l'astre au Soleil. Puisque j'ai rapporté plus haut l'explication que Newton donnait de ces changements de volume, je ne dois pas oublier d'ajouter qu'on n'a jamais vu de queue proprement dite à la comète à courte période.

Les figures 199, 200, 201, 202 et 203 (p. 385) représentent, d'après M. Schwabe, l'aspect de la comète d'Encke lors de son retour en 1838 ; elle passa alors au périhélie le 19 décembre. On voit que les images qu'elle fournit dans un télescope de 2 mètres muni d'un oculaire grossissant 30 fois, attestent manifestement ses changements de volume. En tenant compte de la diminution des distances au Soleil, l'augmentation du diamètre apparent que donnent les figures, correspond à une diminution du diamètre vrai, ainsi que le montre le tableau suivant :

Dates.	Distances de la comète au Soleil.	Diamètre vrai de la nébulosité en milliers de lieues.
9 octobre...........	1.42	112
25 octobre..........	1.19	48
6 novembre........	1.00	32
13 novembre........	0.88	30
16 novembre........	0.83	25
20 novembre........	0.76	22
23 novembre........	0.71	15
24 novembre........	0.69	12
12 décembre........	0.39	2.6
14 décembre........	0.36	2.2
16 décembre........	0.35	1.7
17 décembre........	0.34	1.2

Les comètes de 1618 et de 1807 (n°s 40 et 120 du catalogue), ont présenté des phénomènes tout à fait semblables à ceux qu'on constate dans la comète à courte période.

Pour expliquer ces changements de volume, M. Valz suppose que la matière éthérée forme autour du Soleil une véritable atmosphère ; que les couches basses y sont d'autant plus pressées, d'autant plus denses, comme l'atmosphère terrestre nous le montre pour l'air ordinaire, qu'elles se trouvent chargées d'un plus grand nombre de couches élevées. Il imagine ensuite qu'en traversant ces couches, la comète doit éprouver une pression proportionnelle à leur densité. Il n'y aurait ici aucune difficulté, si l'on pouvait admettre que l'enveloppe extérieure de la nébulosité n'est pas perméable à l'éther supposé répandu dans tout l'univers. Tout le monde sait, en effet, qu'une vessie remplie d'air au pied d'une montagne, se gonfle de plus en plus à mesure qu'on monte; qu'elle finit même par se rompre quand elle est transportée à une hauteur suffisante. Mais où trouver, autour de la matière nébuleuse, cette pellicule qui nous permettrait de l'assimiler à une vessie; qui empêcherait l'éther de la pénétrer en tous sens, de l'envahir dans ses plus petites ramifications? Cette difficulté, pour le moment, paraît insurmontable, et l'on doit vivement le regretter, car l'ingénieuse hypothèse de M. Valz lui a donné la loi des variations de volume de la nébulosité, tant pour la comète à courte période que pour celle de 1618, avec une exactitude vraiment extraordinaire.

Nous devons dire que des observations également certaines ont conduit, pour certaines comètes, à des changements de volume en sens inverse de ceux que nous venons de signaler.

Après les changements des chevelures considérées en masse, citons des phénomènes remarquables qui ont été aperçus par Heinsius sur la tête de la comète de 1744 (n° 70 du catalogue) et ceux qu'on a observés récemment sur (le lecteur remarquera que je ne dis pas dans) la chevelure de la comète de Halley pendant sa réapparition en 1835.

Le 5 janvier, Heinsius ne vit rien d'extraordinaire sur la chevelure de la comète de 1744; mais, le 25, il y découvrit une aigrette lumineuse en forme de triangle dont la pointe aboutissait au noyau, et l'ouverture était tournée vers le Soleil. Les bords latéraux de cette aigrette paraissaient courbés comme s'ils avaient été repoussés de dedans en dehors par l'action du Soleil. Le 2 février, ces mêmes bords, plus courbés encore, formaient les deux côtés d'un commencement de queue qui devint plus distincte les jours suivants.

Le 15 octobre 1835, je dirigeai sur la comète de Halley la lunette de 24 centimètres de l'Observatoire de Paris, armée d'un fort grossissement. J'aperçus sur la nébulosité de forme circulaire qui porte le nom de chevelure, quelque peu au sud du point diamétralement opposé à la queue, un *secteur* compris entre deux lignes sensiblement droites dirigées vers le centre du noyau, et qui ne s'étendaient pas jusqu'aux bords de la tête. La lumière de ce secteur surpassait notablement celle de tout le reste de la nébulosité. Ses deux rayons limites étaient parfaitement définis.

Le lendemain 16, après le coucher du Soleil, je reconnus que le secteur du 15 avait disparu ; mais sur une autre partie de la chevelure, au nord cette fois du point diamétralement opposé à l'axe de la queue, il s'était formé un secteur nouveau. Je n'hésitai pas à lui donner ce nom, à cause de la place qu'il occupait, de son éclat vraiment extraordinaire, de la parfaite netteté du rayon qui le terminait, et de sa grande ouverture angulaire, laquelle dépassait 90°.

Le 17, le secteur de la veille existait encore ; sa forme et sa direction ne semblaient pas notablement changées, mais sa lumière était beaucoup moins vive.

Le 18, l'affaiblissement avait fait de nouveaux progrès.

Le 19 et le 20, le ciel fut totalement couvert.

Le 21, à 6 heures 3/4 de l'après-midi, j'aperçus dans

la nébulosité 3 secteurs lumineux distincts : le plus faible
et le moins ouvert était situé sur le prolongement de la
queue.

Le 23, il n'existait plus que des traces à peine sensibles des secteurs. La région orientale de la nébulosité,
considérée en masse, n'était peut-être pas plus étendue
que la région opposée, mais elle la surpassait incontestablement en intensité.

Depuis que ces observations ont été publiées en 1835,
M. Schwabe, de Dessau, a communiqué à l'Académie
des sciences de Paris un mémoire manuscrit accompagné
de figures fort bien dessinées; vu l'importance du sujet,
nous allons en donner l'analyse.

Le 7 octobre, on aperçut du côté opposé à la queue
principale un secteur ou aigrette [1] plus lumineuse que le
reste de la nébulosité (fig. 204, p. 385); le 8 et le 10,
mêmes apparences, sauf une légère diminution d'éclat.

Le 11, toutes les particularités que l'on remarquait
dans la comète les jours précédents, étant devenues plus
visibles; les rayons qui limitaient l'aigrette étaient plus
écartés; on voyait de plus un troisième rayon (fig. 205).

Le 15, la comète était très-brillante. Les deux rayons
qui terminaient l'aigrette, au lieu de se réunir sur le
point du noyau le plus voisin du Soleil, se rencontraient
au delà, en sorte que le noyau tout entier était dans
l'intérieur de l'aigrette, laquelle se déployait en éventail
du côté tourné vers le Soleil (fig. 206).

---

1. Je ne sais pourquoi l'auteur appelle cette aigrette une seconde
queue; on voit que cette prétendue seconde queue ne dépassait pas
la tête.

Le 21 octobre, l'aigrette avait beaucoup augmenté d'éclat (fig. 207).

Le 22 octobre, les deux rayons formant les limites de l'aigrette principale étaient fortement recourbés et se présentaient l'un à l'autre par leur convexité. Un troisième rayon, un peu plus court, se voyait entre les deux premiers (fig. 208).

Le 23 octobre, entre les deux rayons extrêmes encore plus fortement courbés que l'avant-veille, car leurs extrémités étaient plus éloignées du Soleil que les noyaux, on remarquait trois nouveaux rayons (fig. 209).

Le 25, même apparence que le 23.

Le 26 octobre, lorsque la nuit fut close, on apercevait 5 rayons (fig. 210).

Suivant une lettre que j'ai reçue d'Irlande, M. Cooper aperçut aussi des secteurs lumineux, ou aigrettes, dans son Observatoire de Markree, le 19 octobre; ce secteur était, pour l'éclat et la forme, semblable aux secteurs qu'on avait observés à Paris les 15 et 16 du même mois.

Le 22, d'après l'astronome irlandais, les rayons terminateurs de l'aigrette, recourbés en sens contraire, atteignaient les bords de la tête dans l'hémisphère opposé au Soleil.

Le 24, ces mêmes rayons, par une continuation de leur marche, s'il est permis de s'exprimer ainsi, étaient arrivés à se croiser en dehors de la tête dans la partie opposée au Soleil.

Le 10 novembre, l'aigrette paraissait être revenue à la forme du 22.

J'ajouterai que, d'après ce que me manda M. Amici,

directeur de l'Observatoire de Florence, cet astronome
vit, le 13 octobre, six rayons lumineux très-vifs partant
en divergeant du noyau, et qui s'étendaient à des distances inégales dans la nébulosité. Les jours suivants,
ces rayons avaient disparu.

Les phénomènes singuliers que nous venons de décrire
ont été l'objet d'une très-savante dissertation publiée par
Bessel, de l'Observatoire de Kœnigsberg. En discutant
ses propres observations, l'illustre astronome arrive à
cette conséquence : que l'axe du secteur lumineux s'écartait beaucoup momentanément, de part et d'autre, de la
direction du Soleil, mais qu'il revenait toujours à cette
direction pour passer de l'autre côté. Le mouvement
oscillatoire, suivant son évaluation, serait de $4^{j}.6$, et son
amplitude se montrerait à 60°.

La juste déférence que tout astronome ne peut manquer de montrer pour les travaux de Bessel ne doit pas
m'empêcher de faire remarquer que le 13 octobre, jour
où l'observateur de Kœnigsberg ne voyait aucun indice
du secteur lumineux, M. Amici, à Florence, en apercevait distinctement 5. J'ajouterai que le 15, lorsque le secteur paraissait très-faible à Kœnigsberg, on l'observait
à Paris avec une grande facilité, et, ce qui n'est pas
moins digne de remarque, que le 22 octobre, pendant
que M. Schwabe voyait deux aigrettes, M. Bessel n'en
observait qu'une; que le 25 octobre, de même, deux
aigrettes étaient visibles à Dessau, tandis qu'il n'y en
avait pas de traces à Kœnigsberg.

S'il s'agissait d'un observateur moins habile, moins
soigneux, je dirais que, d'après les différences qui exis-

tent entre les aspects physiques de la comète à la même date, dans divers lieux, il est possible qu'on n'ait pas toujours visé au même point d'un même secteur, et que ces circonstances doivent jeter quelque doute sur le résultat, quoiqu'il soit confirmé par des observations faites dans une seule et même soirée.

Les singuliers changements de forme dont nous venons de rendre compte, ajoutent de nouvelles complications à un problème qui, par lui-même, était déjà bien assez difficile. Quand on voudra les expliquer, il faudra ne pas oublier que ces secteurs, si subitement détruits et si subitement renouvelés, n'avaient pas moins de deux cent mille lieues d'étendue. La netteté, la précision de ces résultats, deviendra ainsi la pierre de touche la plus précieuse. « Une théorie, disait Voltaire, est une souris : elle était passée par neuf trous, un dixième l'arrête. » Cette assimilation burlesque est pleine de sens. Multiplier les trous que la souris doit traverser, ou, abandonnant le langage métaphorique, le nombre d'épreuves auxquelles une théorie sera soumise, tel est le moyen infaillible de faire marcher les sciences d'un pas assuré.

CHAPITRE XXIV

Y A-T-IL DES EXEMPLES BIEN CONSTATÉS DU PARTAGE D'UNE COMÈTE EN PLUSIEURS PARTIES ?

Démocrite croyait avoir vu une comète se diviser et se résoudre, pour ainsi dire, en un grand nombre de petites étoiles.

D'après Éphore, historien grec, la comète de 371 avant

Jésus-Christ se serait partagée en deux astres suivant chacun des routes différentes. Sénèque, à la vérité, révoque en doute ce témoignage, mais Kepler, meilleur juge en pareille matière, prend sa défense avec vivacité. Il croyait, en effet, qu'un partage semblable avait eu lieu dans la seconde comète de 1618 (n° 40 du catalogue). C'est à cette occasion que notre savant cométographe, Pingré, voulant stigmatiser la crédulité de Kepler, lui appliqua ces paroles d'Horace :

Quandoque bonus dormitat Homerus.

La division de cette comète en plusieurs fragments résultait cependant des observations directes du père Cysat, de Vendelin et de Scheiner. Jusqu'à ces derniers temps, la difficulté d'expliquer le phénomène l'avait fait regarder comme une illusion. Mais en 1846, la comète de Gambart, de 6 ans 3/4, s'étant partagée en deux astres distincts sous les yeux des astronomes munis de télescopes, on a recueilli soigneusement les indications plus ou moins analogues consignées dans les anciennes cométographies.

Les astronomes chinois, d'après la traduction d'Édouard Biot, parlent de trois comètes accouplées qui parurent en l'an 896 et parcoururent leurs orbites de conserve.

« Le noyau de la comète de 1652 (n° 41 du catalogue), dit Hévélius, se divisa en quatre ou cinq parties qui montraient une densité un peu plus forte que le reste de la comète. »

L'illustre astronome de Dantzig cite encore des observations analogues pour les comètes de 1661 et de 1664 (n°ˢ 42 et 43 du catalogue).

Passons à l'observation si bien constatée de la comète de 1618.

Figueroes à Ispahan, Blancanus à Parme, des Jésuites à Goa, Kepler à Linz, ont vu deux comètes en même temps, dans la même partie du ciel. Leur mouvement propre les portait l'une et l'autre vers le nord. La seconde apparut tout à coup lorsque déjà la première avait été vue depuis plusieurs semaines.

Ces observations, comme on voit, ne se prêteront pas à l'explication arbitraire donnée par Pingré dans sa *Cométographie.* Elles n'ont aucune liaison avec de prétendues générations de nuages, ou des défauts de transparence dans l'atmosphère. Comme le dit Kepler, ne suffit-il pas qu'un fait soit pour qu'on doive l'admettre, lors même qu'on ne peut l'expliquer. La question ironique de Sénèque sur le point de savoir comment il se fait que personne n'ait vu aussi deux comètes se réunir en une seule, ne peut tenir lieu d'une bonne raison. Au surplus, à une époque où l'on a essayé de rendre compte du grand nombre de petites planètes comprises entre Mars et Jupiter, par les fragments d'une planète unique qui se serait brisée, l'intérêt des astronomes doit particulièrement se porter sur l'exemple d'une comète, celle de 6 ans 3/4 qui, sous nos yeux, en 1846, s'est partagée en deux moitiés qui ont suivi des routes entièrement différentes.

« Le 19 décembre 1845, rapporte mon ami Alexandre de Humboldt dans le tome IIIe du *Cosmos,* M. Hind avait déjà remarqué, dans la comète encore intacte, une sorte de protubérance vers le nord ; mais le 21, d'après l'observation de M. Encke, à Berlin, on n'apercevait aucun

indice de séparation. La division déjà effectuée fut reconnue pour la première fois le 27 du même mois, dans
l'Amérique septentrionale, et en Europe vers le milieu et
à la fin du mois de janvier 1846. Le nouvel astre, le plus
petit des deux, précédait le plus grand dans la direction
du nord. L'éclat de chacune des comètes était changeant,
de sorte que le second astre, augmentant peu à peu d'intensité, surpassa quelque temps en lumière la comète
principale. Les enveloppes nébuleuses qui entouraient
chaque noyau n'avaient aucun contour déterminé; celle
qui entourait la plus grande comète offrait un gonflement
peu lumineux vers le sud-sud-ouest, mais la partie du ciel
qui les séparait fut notée par M. Struve, à l'observatoire
de Poulkova, comme libre de toute nébulosité. Quelques
jours plus tard, le lieutenant Maury aperçut, à Washington,
des rayons que l'ancienne comète envoyait vers la nouvelle, de sorte que, pendant quelque temps, il y eut une
sorte de pont jeté de l'une à l'autre. Le 24 mars, la petite
comète, diminuant insensiblement d'éclat, n'était déjà
presque plus reconnaissable. On vit encore la plus grande
durant quelque temps; vers le 20 avril, elle disparut à son
tour. »

Le 19 février 1846, M. Struve vit pour la première
fois la comète double, et, grâce à la pureté du ciel, il put
en faire un dessin (fig. 211) basé sur des mesures
exactes. Deux jours plus tard, le 21 février, il put en
tracer un second portrait (fig. 212), mais par un ciel
moins transparent. Dans la première observation, la
distance des deux noyaux était de 6′ 7″, et dans la
seconde elle était devenue 6′ 33″. Le 4 mars, cette même

distance était de 7' 20'', et le 23 mars de 13' 32''. Ces nombres ne donnent pas les rapports réels, mais seulement les rapports apparents des distances des deux noyaux, à cause des variations d'éloignement à la Terre; M. Plantamour a calculé les distances réelles, qu'on lira avec intérêt :

1846.	Lieues.
10 février	60,260
17 février	61,770
26 février	62,990
3 mars	63,250
16 mars	62,660
22 mars	62,030

La plus grande distance des deux comètes a eu lieu, d'après les chiffres précédents, le 3 mars 1846, et elle s'élevait aux deux tiers de la distance de la Lune à la Terre.

Nous avons dit (chap. VIII, p. 296), que le 26 septembre 1852 le père Secchi avait constaté à Rome la seconde apparition des deux parties de la comète de Gambart. Alors la distance des deux noyaux était d'environ 500,000 lieues.

On doit regretter que le fait même de la séparation des deux parties de la comète, en 1846, ait échappé aux observateurs; il eût été intéressant d'assister à un tel phénomène, d'en noter toutes les circonstances et de prendre le dessin de la comète avant son partage. Toutefois la naissance de nouveaux corps du système solaire par voie de disjonction n'en est pas moins un fait de la plus haute importance désormais hors de toute contestation.

CHAPITRE XXV

ASPECT ET NATURE PHYSIQUE DES QUEUES DES COMÈTES

Les longues traînées lumineuses qui accompagnent les comètes ont été appelées, comme on l'a vu plus haut (chap. II, p. 263), du nom de *queues*. Les Chinois, faisant allusion à la forme qu'elles affectent ordinairement, les nommaient, au dire de M. Édouard Biot, des *balais*. Suivant le même sinologue, les astronomes du Céleste Empire avaient observé, dès l'année 837, que la queue est opposée au Soleil. Cette découverte ne remonte chez les astronomes modernes qu'à l'année 1531, et fut faite par Apian. Empressons-nous de le dire, elle a été prise trop à la lettre; la ligne qui joint la comète au Soleil ne se confond presque jamais exactement avec l'axe de la queue. Quelquefois le défaut de coïncidence est considérable : on peut même citer des cas dans lesquels ces deux lignes formaient entre elles un angle droit. En général, on a trouvé que la queue incline vers la région que la comète vient de quitter, comme si, dans son mouvement à travers un milieu gazeux, la matière dont elle est formée éprouvait plus de résistance que celle du noyau. Si l'on remarque que la déviation est d'autant plus grande qu'on considère des points plus éloignés de la tête, n'arrivera-t-on pas même à croire qu'il y a dans ce que je viens de dire d'une résistance plus qu'une simple comparaison? Ces différences de déviation en divers points sont telles quelquefois que la queue totale en acquiert une courbure très-sensible. La queue de la

comète de 1744 (n° 70 du catalogue), par exemple,
formait presque un quart de cercle dans l'étendue de
quelques degrés. La matière nébuleuse était plus agglo-
mérée, plus dense, la queue était conséquemment plus
lumineuse, mieux terminée du côté convexe, c'est-à-dire
du côté vers lequel le mouvement s'opérait, que du côté
opposé.

Les queues uniques s'élargissent ordinairement vers
leurs extrémités et sont divisées à leur milieu par une
bande obscure qui les partage en deux portions presque
égales. Les bords présentent une lumière beaucoup plus
intense comparativement.

Ces résultats de l'observation, convenablement étudiés,
ont conduit à une conséquence très-singulière et cependant
inévitable en apparence, à cette conséquence que la queue
est ou bien un cône (fig. 213), ou bien un cylindre creux

Fig. 213. — Cône creux figurant la queue d'une comète.

(fig. 214, p. 404), dont les bords ont une certaine épaisseur. Faisons, en effet, dans cette queue hypothétique une

section transversale qui fournira extérieurement le cercle

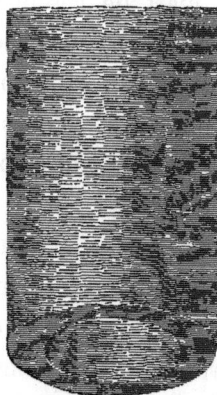

Fig. 214. — Cylindre creux figurant la queue d'une comète.

représenté dans la figure 215 ; le cercle de moindre dia-

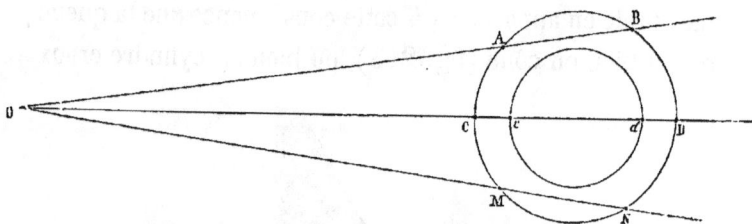

Fig. 215. — Explication de l'éclat des bords des queues des comètes.

mètre concentrique au premier déterminera l'épaisseur
de la matière lumineuse ou réfléchissante, réunie près de
la surface extérieure de la queue. Eh bien, il est facile
de voir que les rayons visuels passant entre les deux cercles, suivant les directions OA, OM, dessinées dans la
figure, que les rayons visuels qui marquent les bords de
la queue rencontrent une plus grande quantité de matière
lumineuse AB ou MN que les rayons tels que OD qui

passent par le centre ou près du centre; ceux-ci ne traversent, même dans le cas où l'anneau de matière réfléchissante est complet, que des épaisseurs Cc, Dd, dont la somme est moindre que AB ou MN. Or, soit que les particules brillent par elles-mêmes, soit qu'elles réfléchissent seulement les rayons du Soleil, c'est leur nombre total qui, dans chaque direction, doit déterminer l'intensité de la lumière. La plus grande clarté des bords de la queue se trouve ainsi expliquée naturellement; mais pour donner à cette explication le caractère d'une démonstration rigoureuse, il sera nécessaire d'y joindre, quand l'occasion se présentera, des mesures photométriques propres à décider si l'intensité lumineuse varie depuis les bords jusqu'au centre, suivant la loi que la conception mathématique que nous venons d'exposer entraîne avec elle.

Les queues, comme nous l'avons dit, vont ordinairement en divergeant. C'est pourquoi les Chinois les appelaient des *balais*. Il arrive cependant quelquefois que les queues se terminent en pointe. En outre, la divergence des rayons qui terminent la queue d'une comète n'est pas constante. M. Valz, en suivant avec soin la queue de la comète de 1825 (n° 145 du catalogue), trouva, le 12 octobre, pour l'épanouissement à l'extrémité 1° 1/2. Le jour suivant, quoique la queue eût augmenté de longueur, il n'y eut pas d'épanouissement sensible.

La comète de 1689 (n° 53 du catalogue) était courbe comme un sabre turc, rapportent les observateurs contemporains.

Pingré dit avoir observé, entre Ténériffe et Cadix, que

la queue de la comète de 1769 était doublement courbée; elle présentait la figure de l'S couché (∽). Cette
remarque fut faite aussi par La Nux à l'île Bourbon.

« La queue de la comète de 1769, dit Messier dans
les *Mémoires de l'Académie des sciences pour* 1775, peut
être regardée comme une des plus grandes et des plus
considérables qui aient été observées jusqu'à présent; la
nuit du 9 au 10 septembre, je l'observai de 60° de longueur; elle parut de 40° à Marseille, et de 70° à Bologne;
et M. Pingré qui était sur mer entre Ténériffe et Cadix,
observa, le 11 septembre, que la queue avait 90° de longueur, mais si faible vers son extrémité, que le lever de
Vénus fut suffisant pour en faire disparaître plusieurs
degrés. » La figure 198 (p. 384), dessinée d'après la
planche donnée par Messier, représente les aspects de
cette remarquable comète le 30 août, les 2, 3 et 4 septembre. La circonférence du noyau de la comète était
mal terminée; ce noyau était comme entouré d'une atmosphère brunâtre semblable à de la fumée et à des vapeurs
qui s'exhaleraient d'un corps humide. Le 30 août au soir,
la queue présentait une obscurité dans son milieu sur
une étendue de 4°, et il y avait latéralement deux jets
de lumière de pareille étendue. Le 2 septembre, le jet
supérieur s'éloignait de la queue de manière à former
avec elle un angle double de celui formé par le jet inférieur. Le 3 septembre, les jets latéraux avaient disparu,
et ils ne furent plus revus par la suite. La queue présentait toujours une partie centrale plus obscure et des
bords formés de traits de lumière parallèles entre eux.
Le 4 septembre, la queue était divisée en sept parties, les

unes lumineuses, les autres obscures. Messier aperçut les
étoiles télescopiques du Taureau au travers des parties
obscures de la queue et des deux jets latéraux observés
du 30 août au 3 septembre.

Il n'est pas rare que les comètes aient plusieurs queues
distinctes et entièrement séparées. Celle de 1744 (n° 70
du catalogue), le 7 et le 8 mars, en avait jusqu'à 6. Elles
étaient larges chacune d'environ 4°, et longues de 30 à 44°.
Elles avaient le même caractère optique que les queues
uniques, leurs bords paraissaient tranchés et assez vifs;
leurs milieux n'émettaient qu'une lumière très-atténuée;
l'entre-deux de ces diverses queues était aussi sombre
que le reste du ciel.

La comète de 1823 (n° 140 du catalogue) avait deux
queues, et, chose singulière, tandis que l'une, comme à
l'ordinaire, était située à l'opposite du Soleil, la seconde
était tournée vers cet astre; ce qui lui donnait quelque
ressemblance avec la grande nébuleuse d'Andromède. Le
23 janvier 1824, la queue ordinaire paraissait embrasser
un espace d'environ 5°; la longueur de la seconde queue
n'était guère que de 4°; leurs axes formaient entre eux un
angle très-obtus d'environ 160°. Près de la comète, la
queue extraordinaire se voyait à peine; le maximum d'éclat
était à 2° de distance du noyau. Dans les premiers jours
de février, on n'apercevait plus que la queue opposée au
Soleil; l'autre avait disparu ou s'était tellement affaiblie,
que les meilleures lunettes de nuit, par le temps le plus
serein, n'en présentaient aucune trace. Ces résultats sont
le résumé des observations faites à Paris, Marseille,
Marlia, Brême, Gœttingue et Prague. Aucune comète

n'avait jusqu'alors présenté une forme aussi bizarre.

La queue de la comète de 1825 (n° 145 du catalogue), observée à la Nouvelle-Hollande par M. Dunlop, se composait de cinq branches distinctes et de diverses longueurs. A la date du 19 octobre, les rayons partant des queues extrêmes paraissaient se croiser derrière la comète comme le font les rayons qui divergent du foyer d'une lentille. A la date du 1ᵉʳ novembre, on trouve dans la relation de M. Dunlop ces expressions non moins catégoriques : « A 1° 1/2 de la tête, les rayons des diverses queues se croisent et divergent ensuite indéfiniment. En telle sorte que les rayons formant le bord de droite de la queue proviennent du bord de gauche de la tête, et réciproquement. »

La comète découverte en 1845 par M. Colla (n° 171 du catalogue) présentait une queue de 2° 1/2 de long, divisée en deux branches par une ligne noire. Enfin la comète découverte en 1851 par M. Brorsen (n° 193 du catalogue), avait deux queues inégales dont la plus courte était dirigée vers le Soleil.

L'intensité de la queue et sa longueur sont loin d'ailleurs d'être proportionnelles à l'éclat de la lumière de l'astre. Ainsi, les comètes remarquables des années 1585, 1665, 1682 et 1763 (nᵒˢ 35 et 44 du catalogue, 5ᵉ apparition de la comète de Halley, n° 80 du catalogue) n'offrirent aucun vestige de queue.

Nous avons dit que la comète à courte période ou d'Encke est également dépourvue de queue (chap. XXIII, p. 390). Les queues des comètes se réduisent donc quelquefois à zéro, et d'autres fois embrassent d'immenses espaces. Nous avons donné les longueurs en lieues des queues de quelques comètes (chap. XIV, p. 326). Voici les résultats de diverses mesures, quant aux dimensions angulaires :

Comètes de	Longueurs des queues.
1851 (n° 191).............	2° 1/2
1811 (n° 124).............	23°
1843 (n° 164).............	60°
1689 (n° 53).............	68°
1680 (n° 49).............	90°
1769 (n° 84).............	97°
1618 (n° 40).............	104°

Ainsi les comètes de 1680, de 1769 et de 1618 pouvaient atteindre l'horizon et se coucher, tandis qu'une portion de leur queue était encore au zénith.

CHAPITRE XXVI

HISTORIQUE DES DIFFÉRENTES EXPLICATIONS QU'ON A DONNÉES DE LA QUEUE DES COMÈTES

D'anciens philosophes regardaient les comètes comme des planètes qui, par une cause quelconque, s'étaient rapprochées de la Terre et se formaient une chevelure en ramassant les vapeurs dont notre globe est sans cesse entouré.

Aristote allait même plus loin que ses prédécesseurs ; il regardait les comètes comme des météores sublunaires engendrés dans notre atmosphère. Les observations de Tycho sur la distance de plusieurs de ces astres ont réduit au néant l'hypothèse d'Aristote.

Nous ne ferons aucune mention des opinions fort préconisées dans l'antiquité, suivant lesquelles les comètes n'auraient rien de réel et seraient, comme l'arc-en-ciel, comme les parhélies, des effets de la réflexion de la lumière solaire sur les cieux de cristal. De telles idées ne peuvent être soutenues par des arguments de quelque valeur.

Lorsqu'un faisceau de lumière est réfracté par une lentille de verre ou une boule remplie d'eau, les rayons, après s'être réunis au foyer, continuent leur route et forment un faisceau divergent, qui est rendu visible dans l'obscurité par la réflexion que les rayons éprouvent sur les molécules de poussière qui voltigent dans l'air, et peut-être un peu par la réflexion sur les molécules de l'air elles-mêmes.

Cardan voyait dans cette expérience une démonstration naturelle du mode d'action par lequel les queues des comètes sont engendrées; il lui suffisait d'assimiler ces astres à des corps sphériques que la lumière du Soleil traverserait en s'y réfractant; les rayons réfractés devenaient visibles dans cette hypothèse en se réfléchissant sur les molécules de l'éther.

Cette explication de la queue des comètes fut adoptée par Tycho-Brahé, et pendant quelque temps par son disciple Kepler. On trouve dans un ouvrage intitulé *il Trutinatore*, que Galilée lui donna son approbation.

Kepler, qui était primitivement un partisan enthousiaste de l'explication donnée par Cardan, l'abandonna lorsqu'il eut vu l'impossibilité de rendre compte suivant cette théorie de la courbure qu'affectent si souvent les queues de certaines comètes et de leur déviation presque constante. Il imagina alors une nouvelle hypothèse qui se trouve exposée dans ses traités sur les comètes de 1607 (4e apparition de la comète de Halley) et de 1618 (n° 40 de notre catalogue). Il dit formellement dans ces ouvrages que les queues sont formées d'une matière, partie intrinsèque du corps de la comète, et que les rayons solaires transportent par leur impulsion dans la région opposée au Soleil.

Parmi ceux qui adoptèrent cette conception de Kepler, nous devons citer Riccioli qui, voulant expliquer comment la queue était quelquefois fort éloignée de la ligne passant par les centres du Soleil et de la comète, supposait celle-ci entourée d'orbes transparents, concentriques, de différentes densités, et dont elle n'occupait pas le centre. Mais ce qui a donné le plus de poids à cette théorie, ce fut l'adhésion non déguisée que Newton et Euler lui ont accordée.

En se fondant sur la remarque que les queues des comètes atteignent leur maximum de longueur après le passage de ces astres par le périhélie, Newton donna le principal rôle à la chaleur solaire dans la production de ce phénomène. Il supposa que les queues n'étaient autre chose qu'une vapeur extrêmement rare qui sortait de leur tête ou du noyau de la comète. Pour justifier sa conjecture, l'immortel géomètre calcula la chaleur qu'avait dû éprouver la comète de 1680 (n° 49 du catalogue) dans son passage au périhélie, et la trouva 2,000 fois plus forte que celle d'un fer rouge. Mais il y a longtemps que les physiciens ont signalé l'inexactitude de cette évaluation, à quoi on doit ajouter que l'astre marchant avec beaucoup de rapidité dans la portion de son orbite qu'on appelle le périhélie, ne resta que pendant peu de temps à la distance du Soleil marquée par le nombre de lieues que supposait le calcul de Newton. Ainsi, on trouve que $1^h 16^m$ après le passage au périhélie, la comète de 1680 était déjà éloignée du Soleil du double de la distance périhélie, et conséquemment que la chaleur qu'elle éprouvait dans cette seconde position ne s'élevait qu'au quart de la chaleur correspondante à la première. D'après des calculs analogues, il fut constaté que $2^h 40^m$ après le passage, la distance au Soleil avait triplé, que la chaleur était neuf fois moindre, etc., etc.

Admettons, et c'est une bien large concession, que la vapeur légère formée aux dépens de la matière de la comète par l'action des rayons solaires, doive toujours s'élever à l'opposite du Soleil ; chaque molécule de cette matière deviendra en quelque sorte une petite comète décrivant, autour de l'astre central de notre système une ellipse plus grande que celle que parcourt le noyau dont elle s'est détachée ; le mouvement dans ces ellipses sera moins rapide que celui que subit le noyau, ce qui, conformément aux observations, servira à expliquer la déviation de la queue relativement à la ligne joignant le centre du Soleil et la tête de la comète. Mais ce qui résulte de ces considérations, c'est que la queue formée dans la première portion de l'orbite suivrait toujours le noyau, même après son passage au périhélie, ce qui est démenti par toutes les observations. On sait, en effet, que dans la seconde portion de son orbite la comète paraît pousser la queue devant elle. Après un désaccord aussi manifeste entre la théorie et l'expérience, il serait superflu d'insister sur des difficultés de détail; nous dirons cependant que l'hypothèse newtonienne ne rend pas plus compte que celle de Kepler des queues multiples que diverses comètes ont présentées, et des courbures en sens contraire que les bords latéraux ont quelquefois offertes.

M. Biot a donné son assentiment à la théorie de Newton quant à l'élévation d'une certaine portion de la matière du noyau par suite de l'action de la chaleur solaire. « Certaines comètes, dit-il, sont en quelque sorte incendiées à leur périhélie, et les vapeurs qui s'en élèvent, ne participant plus au mouvement de la comète, doivent tracer derrière une sorte de queue. » Il serait peut-être difficile d'expliquer, malgré toute l'autorité qui s'attache à une opinion de M. Biot, comment des molécules s'élevant du corps d'une comète perdraient subitement le mouvement de translation dont elles étaient douées lorsqu'elles faisaient corps avec l'astre. Au reste, cette supposition inadmissible laisse subsister dans son entier le désaccord que nous avons signalé entre la théorie et l'observation.

Serait-il maintenant nécessaire d'entrer dans un examen détaillé de la théorie jadis imaginée par Grégory et adoptée depuis par Pingré, Laplace et Delambre, et dans laquelle on fait agir les rayons solaires par impulsion sur la vapeur légère détachée du corps de la comète par la chaleur solaire? Toutes les difficultés que nous avons faites contre la théorie de Kepler s'appliquent évidemment à cette nouvelle hypothèse. Qu'importe, en effet, que la matière de la queue soit celle qui composait primitivement la tête de la comète, ou bien cette même matière atténuée par une chaleur excessive provenant du Soleil? Des expériences très-imparfaites de Homberg avaient fait croire, un certain temps, à la réalité de l'im pulsion causée par les rayons solaires; mais des expériences de Bennet, conduites avec toutes les précautions que commande une recherche aussi délicate, ont montré que même en réunissant un très-grand nombre de rayons lumineux sur un même point, à l'aide d'une lentille à très-large ouverture, on ne parvient jamais à obtenir un mouvement qui puisse être attribué au choc de ces rayons. L'idée fondamentale de l'impulsion due aux rayons solaires n'est donc qu'une hypothèse sans valeur réelle.

Knigt et Oliver de Salem, en Amérique, publièrent peu de temps après l'apparition de la fameuse comète de 1769 (n° 84 du catalogue), si remarquable par sa longue queue, une théorie dans laquelle ils attribuent la formation de ces appendices à l'action répulsive que l'atmosphère solaire exercerait sur les atmosphères des comètes qui viennent se mêler à elle ou seulement s'en approcher.

La supposition qu'il existerait une force répulsive entre deux atmosphères mêlées l'une à l'autre, paraît inadmissible, physiquement parlant, et ne conduit pas d'ailleurs à l'explication de ce qu'il y a de plus caractéristique et de plus capital dans les formes et dans la position des queues des comètes.

Bénédict Prevôt, nous ne citons vraiment cette théorie que pour échapper au reproche d'avoir négligé une seule explication de la queue des comètes, suppose que ces astres sont entourés d'une atmosphère dont le diamètre est double de la longueur de la queue ; que cette atmosphère contient un liquide et même de l'eau en dissolution, et que là où la température diminue, il y a une précipitation d'eau et formation de nuages réfléchissant la lumière comme dans l'atmosphère terrestre. « Or, dit-il, dans la direction de la ligne qui joint le Soleil et la tête de la comète il existera à l'opposite du Soleil une moins grande quantité de rayons que partout ailleurs, puisque les vapeurs dont cette tête se compose ont dû en arrêter un certain nombre. » La queue de la comète ne serait dans ce système que la région dans laquelle, par l'effet d'une diminution de température, les nuages auraient été formés dans l'atmosphère primitive de la comète. Je ferais injure à mes lecteurs si je m'attachais à montrer en détail que la théorie de Bénédict Prevôt ne conduit à une explication possible d'aucun des faits qui nous ont été révélés par l'observation des queues ; qu'on n'en saurait déduire, par exemple, pourquoi les queues sont quelquefois très-courbes, pourquoi leurs bords présentent un maximum d'éclat, pourquoi ces bords sont quelquefois convergents, etc., etc.

On voit qu'aucune de ces théories ne rend compte non-seulement des détails, mais encore du gros des phénomènes. Peut-être s'étonnera-t-on du sans-façon avec lequel je reconnais l'insuffisance de la science à ce sujet. Qu'on me permette de consigner ici une anecdote. Au temps de la régence du duc d'Orléans, une dame de la cour, qui était allée visiter l'Observatoire, demandait à Mairan : « Dites-moi, je vous prie, ce que sont les bandes

de Jupiter? — Je ne sais pas, répondit incontinent le
secrétaire de l'Académie des sciences. — Pourquoi, ré-
pliqua la dame curieuse, Saturne est-il la seule planète
entourée d'un anneau? — Je ne sais pas, » fut encore la
réponse de Mairan. La dame impatientée lui dit alors avec
une certaine rudesse : « A quoi sert-il donc, Monsieur,
d'être académicien? — Cela sert, Madame, à répliquer :
Je ne sais pas. » *Je ne sais* serait encore aujourd'hui la
réponse qu'on aurait à faire aux questions qu'on pourrait formuler sur les queues des comètes. Cependant la
science n'est pas restée stationnaire à ce sujet depuis le
temps où furent imaginées les théories imparfaites ou
insuffisantes que nous avons discutées plus haut. On sait,
par exemple, aujourd'hui que la plupart des queues de
comètes sont des cônes ou des cylindres creux.

CHAPITRE XXVII

Y A-T-IL EU DES COMÈTES DOUÉES D'UN MOUVEMENT DE ROTATION SUR ELLES-MÊMES?

En examinant attentivement les bords de la queue de
la belle comète de 1811 (n° 124 du catalogue), Herschel
y aperçut des filets lumineux qui semblaient éprouver des
variations de longueur considérables, fréquentes, rapides.
Ces phénomènes parurent au grand astronome la preuve
d'un mouvement de rotation de la queue. L'auteur était
enclin à admettre, comme conséquence de ce premier fait,
que la tête de la comète de 1811 tournait sur elle-même.
Ce qui n'était que probable d'après les remarques faites
sur les phénomènes un peu fugaces que présentait la queue

de la comète de 1811, serait parfaitement démontré d'après les observations recueillies à la Nouvelle-Hollande par Dunlop, directeur de l'Observatoire de Sydney. La queue de la comète de 1825 (n° 145 du catalogue) se composait de cinq branches distinctes de longueurs inégales et embrassant un espace de 2° dans le point le plus éloigné de la tête de l'astre. Les diverses branches de cette queue multiple n'étaient pas toujours dans la même position relativement aux bords de la queue totale ; en examinant le temps qui s'écoulait entre deux retours des branches à une position identique, l'auteur trouva en moyenne $19^h 37^m$. Tel serait donc le temps de la révolution de la queue de la comète de 1825.

Quelques astronomes anglais ont fait récemment planer de tels soupçons sur quelques travaux de leur compatriote de la Nouvelle-Hollande, que je n'ai pu m'empêcher de présenter avec l'expression du doute les résultats qu'il déduisit de la série des observations de la comète de 1825.

CHAPITRE XXVIII

LES COMÈTES SONT-ELLES LUMINEUSES PAR ELLES-MÊMES OU RÉFLÉCHISSENT-ELLES SEULEMENT LA LUMIÈRE DU SOLEIL ?

Pour résoudre la question de savoir si les comètes sont lumineuses par elles-mêmes ou si elles réfléchissent seulement la lumière du Soleil, il paraît naturel de recourir à l'observation qui réussit si bien quand on l'applique à la lumière de Mercure, de Vénus et de Mars. Les comètes, lorsqu'elles occupent une position convenable relativement au Soleil et à la Terre, ont-elles des phases?

Telle est, au fond, la question à laquelle se ramène le problème que nous venons de poser.

On a soutenu, sur la foi de quelques observations de Cassini, que la comète de 1744 (n° 70 du catalogue) offrait des phases. A cela l'on doit répondre que les paroles de ce savant astronome prouvent bien que le noyau de l'astre était fort irrégulier, mais nullement qu'il présentât une phase proprement dite. En tout cas, Heinsius et Chéseaux disent positivement qu'aucune phase n'existait aux époques mêmes où l'on prétend que Cassini la signalait. On a cité des observations du géomètre anglais Dunn; elles sont contredites par des observations contemporaines de Messier.

J'arrive aux observations faites à Palerme par M. Cacciatore sur la comète de 1819 (n° 133 du catalogue). M. Cacciatore annonce avoir aperçu des traces non équivoques de phases dans le noyau de cette comète. Voici la traduction littérale des observations de cet astronome :

« 5 juillet. La comète se voit avec exactitude et présente une phase semblable à celle de la Lune dans son croissant. J'estime que le noyau, qui est bien distinct, sous-tend un angle d'environ 8″.

« 7 juillet. Le croissant du disque de la comète est très-distinct; son diamètre me paraît être de 7″ ou 8″.

« 15 juillet au soir. Beau ciel; comète bien distincte; le croissant est vers le sud.

« 23 juillet au soir. On n'aperçoit plus de croissant sur le disque de la comète.

« Depuis le 3 jusqu'au 23 juillet, la comète conserve une grande vivacité de lumière; et son noyau, qui se distinguait très-aisément de la nébulosité dont il était entouré, ressemblait à la Lune dans son croissant. Dans les premiers jours, le

croissant paraissait placé, à très-peu près, dans la direction de la queue; mais, le 15 juillet, il s'était déjà tourné
vers la région opposée à cette même queue.

« 5 août. J'observai, au travers de la nébulosité, très-près du
noyau, une étoile qui était tout au plus de dixième grandeur. »

Si les expressions précédentes laissaient quelque ambiguïté, nous ajouterions que, ainsi que le montrent les
figures 216 et 217 que m'a lui-même adressées l'astro-

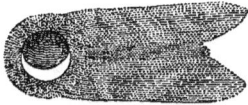

Fig. 216. — Prétendue phase de la comète de 1819, le 5 juillet,
d'après M. Cacciatore.

nome de Palerme, la ligne qui joignait les deux cornes
du croissant coïncidait avec la direction de la queue le
5 juillet; mais qu'elle lui était perpendiculaire le 15 du
même mois.

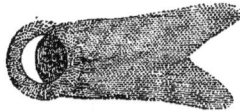

Fig. 217. — Prétendue phase de la comète de 1819, le 15 juillet,
d'après M. Cacciatore.

Faut-il maintenant conclure de ces observations que
les comètes ne sont pas lumineuses par elles-mêmes, et
que leurs noyaux, leurs chevelures et leurs queues ne
brillent jamais que de la lumière du Soleil réfléchie? Cette
conséquence découlerait rigoureusement de ce qui précède, si les irrégularités dans la forme du noyau que
M. Cacciatore a remarquées, étaient de véritables phases;

mais le contraire semble facile à prouver. On a vu, en
effet, que les queues des comètes sont, en général, diamétralement opposées au Soleil. Les parties les plus
éloignées de ces traînées lumineuses offrent quelquefois
des déviations plus ou moins prononcées; dans aucun
cas, on n'en observe de sensibles près du noyau. Il résulte
de là que, si jamais une comète se présente avec des
phases, la ligne de séparation d'ombre et de lumière
devra être perpendiculaire à la direction de la queue,
puisque cette direction est précisément celle des rayons
solaires qui viennent éclairer le noyau. Le 15 juillet 1819,
le croissant dessiné par M. Cacciatore (fig. 217) était
placé de manière à faire croire à l'existence d'une phase;
mais dix jours auparavant, le 5 juillet (fig. 216), la
ligne des deux cornes coïncidait, au contraire, comme
nous l'avons déjà dit, avec la direction de la queue, et
dans ce cas il est de toute évidence que l'irrégularité
observée dans le disque tenait à la forme particulière de
la comète, et ne dépendait en aucune manière de la
position de cet astre à l'égard du Soleil : ne pourra-t-on
pas maintenant admettre que cette explication doit également s'appliquer à la prétendue phase du 15 juillet? Les
observations de M. Cacciatore prouvent donc seulement
que les noyaux des comètes sont quelquefois très-irréguliers, et qu'en peu de jours ils changent sensiblement de
forme; mais elles n'éclaircissent pas les doutes des astronomes sur la nature de la lumière des comètes.

Je reconnais, au reste, que l'absence de phase dans
un noyau peut-être diaphane, entouré comme l'est celui
des comètes d'une épaisse atmosphère qui, par voie de

réflexion peut porter la lumière sur tous les points, ne saurait conduire à aucune conclusion certaine.

Voyons si nous tirerons un meilleur parti de la découverte faite en 1811 par Malus. Cet illustre physicien reconnut, comme nous l'avons déjà vu, que les rayons lumineux réfléchis *spéculairement*, c'est-à-dire en formant des images régulières des objets, acquièrent de nouvelles propriétés par lesquelles ils se distinguent de la lumière directe, celles, par exemple, de ne plus donner deux images de même intensité en traversant un cristal doué de la double réfraction (liv. xiv, chap. vi, p. 95); c'est ce qu'il appela la polarisation de la lumière. Pour appliquer cette découverte à l'analyse de la lumière d'une comète, il fallait avoir prouvé préalablement que la lumière réfléchie sur les facettes infiniment petites dont se composent les molécules des substances gazeuses, jouit de la même propriété. C'est ce que je fis en 1811, en établissant que la lumière émanant du Soleil et réfléchie par l'atmosphère terrestre est très-fortement polarisée (liv. xiv, chap. vi, p. 100).

Cela posé, tout le monde comprendra le système d'observations auquel j'eus recours lorsque la comète de 1819 se montra tout à coup dans la région du nord. Je dirigeai sur cette comète une petite lunette dans laquelle était un prisme doué de la double réfraction; les deux images de la queue de l'astre, présentèrent une légère différence d'intensité qui fut vérifiée par les observations concordantes de MM. de Humboldt, Bouvard et Mathieu. Pour m'assurer que cette légère différence, correspondante à une très-faible polarisation, n'était pas un phénomène atmosphérique, je pointai la même lunette sur la Chèvre, située dans le voisinage de la comète, et je vis distinctement que ses deux images avaient exactement la même intensité.

Je viens de dire que la différence de ces deux images de la queue de la comète de 1819 était très-légère ; il était donc désirable que la conséquence astronomique qui s'en déduisait ne fût pas uniquement fondée sur une fugitive inégalité d'éclat. Les erreurs que, en ce genre, on trouve dans les travaux des plus célèbres physiciens, sont connues de tout le monde. Je modifiai mon premier instrument de manière que si une nouvelle comète se montrait dans une position convenable, l'inégalité primordiale des images dût se transformer en une dissemblance de couleur. J'employai la lunette que j'ai appelée lunette polariscope (fig. 161, p. 101). Avec cet instrument, au lieu d'une image forte et d'une image faible, on devait avoir, pour certaines positions, une image rouge et une image verte ; pour d'autres une image jaune et une image violette, etc.

Nous insisterons sur cette remarque dont chacun sentira la justesse, qu'une différence de couleur est un phénomène non équivoque, qui ne laisse, qui ne peut laisser aucun doute dans l'esprit, tandis qu'il s'en faut de beaucoup qu'on doive dire la même chose d'une très-légère différence d'intensité.

Le 23 octobre 1835, ayant appliqué mon nouvel appareil à l'observation de la comète de Halley, je vis sur le champ deux images qui offraient des teintes complémentaires, l'une rouge, la seconde verte. En faisant faire un demi-tour à la lunette sur elle-même, l'image rouge devenait verte et réciproquement.

MM. Bouvard, Mathieu et un élève astronome, répétèrent mon observation, et arrivèrent au même résultat. Ainsi, la lumière de l'astre n'était pas, en totalité du moins, composée de rayons doués des propriétés de la lumière directe, propre ou assimilée ; il s'y trouvait de la lumière réfléchie spéculairement ou polarisée, c'est-à-dire, définitivement, de la lumière venant du Soleil.

Je me tiens, comme on voit, dans une grande réserve relativement à la conséquence à déduire de l'expérience sur la comète de 1819 et sur celle de 1835, car il serait possible que la lumière totale envoyée à la Terre par ces deux astres fût en partie de la lumière propre et en partie de la lumière réfléchie ; les corps, en devenant incandescents, ne perdent pas pour cela la propriété de réfléchir une portion de la lumière qui les éclaire.

Je dois consigner ici une remarque faite pendant l'apparition de la grande comète, visible à l'œil nu, de 1843, remarque à laquelle j'ai déjà fait allusion précédemment (liv. xv, chap. iv, p. 193). La couleur de la lumière zodiacale est-elle la même que la couleur de la lumière solaire? Cette question, résolue affirmativement, conduirait, avec une certaine probabilité, à la conséquence que les comètes brillent d'une lumière propre et non par la lumière du Soleil réfléchie. En effet, les corps qui ne sont visibles que par réflexion brillent à nos yeux des teintes de la lumière éclairante. En tout cas ce serait par une rencontre bien extraordinaire, qu'un corps, éclairé par de la lumière colorée, deviendrait blanc.

Or, la queue de la comète du 19 mars 1843, située
presque à côté de la lumière zodiacale, était parfaitement blanche, tandis que la lumière zodiacale était évidemment teinte en rouge tirant sur le jaune. La lumière
zodiacale, prise dans sa région moyenne, était plus brillante que la lumière de la queue de la comète. On s'en
est assuré en regardant les deux lumières à travers deux
fentes.

Je viens de chercher à connaître la cause de la lumière
des comètes, soit par la découverte des phases, soit par
l'examen de cette lumière au polariscope. Il est un troisième moyen de soumettre à l'expérience la question à
laquelle ce chapitre est consacré. Pour expliquer cette
nouvelle méthode, je reviendrai d'abord sur un principe
établi dans les notions d'optique dont j'ai fait précéder
ce traité d'astronomie (liv. III, chap. XX, t. I, p. 139).

Considérons un point sans dimensions sensibles et lumineux par lui-même. De ce point, émaneront dans toutes
les directions des molécules de lumière qui se propageront
en ligne droite. A la distance d'un mètre, ces molécules
seront uniformément réparties sur la surface d'une sphère
d'un mètre de rayon. Aux distances de 2, de 3...., de
100 mètres, le même nombre de molécules, ou plus
exactement encore, les mêmes molécules, déjà un peu
plus éloignées de leur point de départ, iront rencontrer
des sphères de 2, de 3...., de 100 mètres de rayon. Les
surfaces de ces sphères vont grandissant avec les rayons.
On sait que cet accroissement n'est pas proportionnel aux
simples rayons, qu'il s'opère dans la raison de leurs carrés, en sorte qu'aux distances 2, 3...., 100, les surfaces

sont 4, 9...., 10,000 fois plus grandes qu'à la distance 1. Ainsi on peut, non-seulement affirmer que les molécules de lumière seront d'autant moins serrées, d'autant moins voisines les unes des autres, qu'on s'éloignera davantage du point rayonnant, mais encore que cet éparpillement suivra la loi du carré des distances.

Ce que je viens de dire de la sphère entière, doit s'appliquer à chacune de ses parties. Si, à la surface d'une sphère d'un mètre de rayon, on compte, par exemple, 10,000 molécules sur l'étendue d'un millimètre carré, il y en aura, sur une étendue égale, le quart, ou 2,500 à la distance 2; le neuvième, ou 1,111 à la distance 3, le dix-millième, ou *une* seulement à la distance 100. En admettant, comme on l'a fait généralement, que l'éclat d'un objet soit proportionnel au nombre de molécules lumineuses qui vont le frapper, on arrive à cette importante loi d'optique que l'intensité éclairante d'un point diminue, quand les distances s'accroissent, proportionnellement à leurs carrés.

Passons maintenant de la considération d'un point sans dimensions sensibles, à celle d'une surface lumineuse ayant quelque étendue.

Chaque point particulier de cette surface se comportera évidemment comme le point isolé dont nous nous sommes d'abord occupés, c'est-à-dire qu'il projettera devant lui une lumière dont l'affaiblissement suivra la progression du carré des distances. Il faut seulement ajouter que, dans toutes les positions, un écran placé sur la route des rayons en recevra une quantité qui, comparée à celle qui lui arriverait d'un seul point, sera proportionnelle au nombre de particules éclairantes, ou, en d'autres termes, à l'étendue de la surface lumineuse.

Tout à l'heure, nous considérions un point unique qui envoyait sur un millimètre carré de surface :

10,000 molécules à la distance de	1 mètre,
2,500 — à la distance de	2 mètres,
1,111 — à la distance de	3 mètres,
. . . .	
1 — à la distance de 100 mètres.	

Eh bien, s'il existe 1,000 points rayonnants pareils, à la même distance de notre écran d'un millimètre carré, il suffira, sans aucun doute, pour avoir l'éclat de cet écran, de multiplier par 1,000 tous les nombres de la première colonne. Cette multiplication n'altérera pas leurs rapports, car si les termes successifs d'une série sont le quart, le neuvième...., le dix-millième d'un certain nombre donné, ils en seront encore le quart, le neuvième...., le dix-millième, lorsque ces termes et le nombre auquel on les compare seront tous devenus mille fois plus grands.

La propriété éclairante d'une surface lumineuse est donc, d'une part, proportionnelle à son étendue ou au nombre de particules dont elle se compose, et de l'autre, elle varie comme celle d'un point isolé, en raison inverse du carré des distances.

Ne se récriera-t-on pas maintenant si je dis que malgré cette loi, ou plutôt qu'à cause de cette loi, une surface lumineuse doit paraître, à l'œil, avoir la même intensité à toutes les distances imaginables, tant qu'elle sous-tend un angle sensible? de courtes réflexions feront disparaître ce qu'au premier abord on peut trouver d'étrange dans ce résultat.

Lorsqu'on veut comparer, non des pouvoirs éclairants, mais des intensités lumineuses, il faut choisir dans les deux corps en présence, deux portions de même étendue angulaire, deux espaces circulaires vus sous le même angle, sous l'angle d'une minute, par exemple, et rechercher, en les examinant simultanément, quel est celui de ces espaces qui semble le plus brillant. Supposons qu'en laissant arriver à l'œil, par des ouvertures d'un millimètre de diamètre, les rayons provenant de deux surfaces planes que j'appellerai A et B, on ait trouvé à ces ouvertures des intensités égales. Eh bien, cette égalité ne sera pas altérée quand, la surface B ne bougeant pas, on transportera la surface A, 2 fois, 3 fois...., 100 fois plus loin, pourvu qu'à toutes ces distances, l'ouverture correspondante paraisse totalement remplie.

En effet, s'il est vrai qu'à mesure que la surface A s'éloigne, chacun de ses points envoie dans l'ouverture ciculaire qui sert à l'observer, un nombre de rayons progressivement décroissant; d'un autre côté, la portion de cette surface que l'œil découvre à travers la même ouverture, est d'autant plus étendue, elle renferme un nombre de points lumineux d'autant plus considérable, que le changement de distance a été plus grand. Il reste à voir si ces deux causes contraires peuvent se compenser.

Or, tout le monde comprendra que les lignes divergentes partant de l'œil et aboutissant aux deux extrémités des divers diamètres de l'ouverture circulaire à travers laquelle on regarde le plan A, embrasseront, sur le plan, des intervalles rectilignes égaux entre eux, et dont l'étendue sera proportionnelle à la distance qui le séparera de l'observateur. Ainsi, aux distances 1, 2, 3...., 100, les longueurs réelles des diamètres des cercles qu'on découvrira sur la surface A, seront entre elles comme les nombres 1, 2, 3...., 100. La géométrie nous apprend que les surfaces des cercles varient dans le rapport des carrés de leurs diamètres. Les nombres de points de la surface lumineuse qu'on apercevra à travers l'ouverture circulaire, aux distances 1, 2, 3...., 100, seront donc entre eux comme 1, 4, 9...., 10,000.

Ainsi, d'un côté, les intensités de l'ouverture lumineuse augmenteraient comme le nombre de points éclairants, ou comme les carrés des distances; mais à cause de la divergence des rayons, la quantité que l'ouverture en embrasse diminue, pour chaque point rayonnant, proportionnellement à la même série de nombres. Donc ces deux effets se compensent exactement, donc à toutes les distances l'ouverture doit paraître également vive.

Un exemple très-simple fixera sans ambiguïté la véritable signification de cet important résultat.

Le Soleil, vu d'Uranus, paraîtrait un tout petit cercle de 100 secondes. Eh bien, vous, observateur situé sur la Terre, placez entre votre œil et le Soleil une plaque métallique percée d'une ouverture circulaire dont le diamètre sous-tende ce même nombre de secondes, et la portion du disque lumineux que vous découvrirez ainsi, sera, en grandeur et en éclat, le Soleil vu d'Uranus. Vues de cette planète, les molécules éclairantes se trouvaient éloignées de l'œil de 729 millions de lieues. Observées de la Terre, leur distance est 19 fois moindre, ou de 38 millions de lieues seulement. La différence est énorme ; mais aussi, dans le premier cas, tous les points de la surface solaire, sans exception, envoyaient de la lumière à l'œil, tandis que dans l'expérience faite sur la Terre avec l'écran métallique, on ne voyait à travers l'ouverture qu'une très-petite portion de l'astre. J'ai déjà démontré que la compensation est parfaite [1].

Ces prémisses posées, voyons comment elles pourront servir à décider si la lumière des comètes est une lumière émise ou réfléchie.

Prouvons d'abord qu'à égalité d'intensité, la visibilité d'une comète ne dépend pas, ou ne dépend que très-peu de l'angle qu'elle sous-tend.

Lorsqu'à l'aide d'écrans opaques, on réduit la surface de l'objectif d'une lunette, au tiers, au quart, au dixième, etc., de son étendue primitive, on diminue, dans le même rapport, le nombre de rayons qui concourent à la formation des images que cette lunette fournit, ou, en d'autres termes, leur intensité. Lorsqu'on remplace le second verre de la lunette, cette petite lentille, située du côté de l'œil, et qui porte le nom d'oculaire, par une lentille du même genre, mais à surface plus courbe, le grossissement s'accroît. On peut ainsi donner aux images observées des dimensions deux, trois, quatre, dix fois, etc., plus grandes dans telle observation que dans telle autre.

1. Dans ma démonstration, je n'ai considéré que des surfaces planes. La loi est également vraie pour des surfaces courbes, mais je ne pourrais le prouver qu'en entrant dans des détails qui allongeraient trop ce chapitre.

L'objectif de la lunette ayant une ouverture déterminée, si par un changement d'oculaire le grossissement
s'accroît, l'intensité des images ira en diminuant, puisque
la même quantité de lumière, celle qu'embrassait l'ouverture de l'objectif, se trouvera alors répartie sur une
plus grande surface. On doit sentir qu'en proportionnant
d'une manière convenable la partie du verre objectif que
les écrans opaques laisseront à découvert, avec le changement d'oculaire, on pourra toujours faire en sorte que
l'affaiblissement résultant de l'amplification de l'image
soit compensé par l'arrivée d'une plus grande quantité de
rayons; qu'on pourra donner graduellement aux images
de la Lune, d'une planète, d'une comète, des dimensions
deux, trois, quatre...., dix fois plus grandes que dans
une première observation, en leur conservant, à travers
toutes ces modifications, des intensités constantes.

Si l'on applique ces procédés à une comète dont le diamètre serait, je suppose, d'une minute, et qu'on grossira
successivement, sans variations d'intensité, deux, trois,
quatre...., dix fois, on pourra reconnaître qu'à égalité
d'éclat, une image d'une minute se voit tout aussi facilement qu'une image de deux, de trois, de quatre...., de
dix minutes [1].

1. Cette expérience et la conséquence qui en découle ne pourront donner lieu à aucune incertitude, quand l'intensité naturelle de
la comète observée sera telle qu'on l'apercevra à peine, lorsqu'un
degré d'affaiblissement de plus la rendrait complétement invisible.
Cette condition, au reste, est facile à réaliser dans tous les cas, par
des procédés dans lesquels ni l'objectif ni l'oculaire ne sont en jeu,
et qui dès lors n'empêchent pas d'opérer, pour le reste de l'expérience, comme je l'ai déjà expliqué.

Après ce long préambule, je n'aurai que fort peu de mots à dire pour montrer comment, sans aucune observation de phases ou de phénomènes de polarisation, il est possible de reconnaître que les comètes brillent d'une lumière d'emprunt.

J'ai établi, en effet, tout à l'heure, qu'un corps lumineux par lui-même doit avoir, soit à l'œil, soit dans une lunette déterminée, exactement le même éclat, quelle que soit la distance à laquelle il se trouve placé par rapport à l'observateur. Je viens de prouver, d'un autre côté, que la visibilité d'un corps ne dépend pas de l'angle qu'il sous-tend, du moins tant que cet angle ne descend pas au-dessous de certaines limites. Cela posé, il ne nous reste plus qu'à résoudre expérimentalement ces questions : De quelle manière une comète disparaît-elle? Cette disparition est-elle la conséquence d'une diminution excessive dans les dimensions apparentes de l'astre, provenant d'un grand accroissement dans sa distance à la Terre? Ne faut-il pas plutôt l'attribuer à un changement d'intensité? Eh bien, tous les astronomes répondront que cette dernière cause de disparition est la véritable. La plupart des comètes observées, celle de 1680 (n° 49 du catalogue) en particulier, ont disparu par un affaiblissement graduel de leur lumière. Elles se sont pour ainsi dire éteintes. La veille du jour où l'on cessait de pouvoir les observer, elles sous-tendaient encore des angles très-sensibles. Ce mode de disparition, je l'ai longuement prouvé, est inconciliable avec l'existence d'une lumière propre. Les comètes empruntent donc leur lumière au Soleil.

Dans les diverses expériences qui ont préparé cette conclusion, nous avons admis que pendant ses variations de distance, le corps lumineux qu'on observe ne change pas de constitution physique ; or, les comètes ne se trouvent pas dans ce cas. Cette difficulté est réelle ; elle nécessite quelques courtes réflexions.

Jusqu'à ces derniers temps on avait cru, assez généralement, que la matière nébuleuse cométaire se condensait graduellement, à mesure que dans sa course elliptique elle s'éloignait du Soleil. Cette condensation ne pouvait manquer de procurer à l'astre un éclat supérieur à celui qu'il aurait eu sans cela.

L'observation nous a montré cet astre s'affaiblissant peu à peu, là où la théorie fondée sur l'hypothèse d'une constitution toujours la même, indiquait une lumière constante. L'accroissement réel d'intensité qui serait résulté de la condensation supposée de la matière nébuleuse, était donc de nature à rendre plus saillant le désaccord du calcul et de l'expérience. Il devait ajouter à la force de la conclusion à laquelle ce désaccord nous a conduit. Ainsi, dans notre argumentation, nous pouvions légitimement faire abstraction du prétendu resserrement qu'éprouvait la nébulosité cométaire. Aujourd'hui il est, au contraire, prouvé qu'au lieu de se resserrer, la nébulosité se dilate à mesure qu'elle s'éloigne du Soleil. Je n'oserais donc plus, comme je le faisais anciennement dans les cours publics dont j'étais chargé, conclure, sans autre examen, de l'affaiblissement progressif de la lumière des comètes, que cette lumière est réfléchie. Il faudra désormais tenir compte de l'éparpillement que la matière nébuleuse éprouve. Il faudra démontrer que la diminution réelle d'intensité qui doit en résulter, n'est pas suffisante pour expliquer comment tôt ou tard les plus brillantes comètes disparaissent ; or cela ne paraît ni difficile ni compliqué. Le lecteur va en juger.

Jusqu'à présent les plus éclatantes comètes ont cessé d'être visibles de la Terre dès que, dans leur marche autour du Soleil, elles se sont trouvées éloignées de cet astre d'une quantité égale au rayon de l'orbite de Jupiter, c'est-à-dire de cinq fois le rayon de la courbe presque circulaire que la Terre parcourt annuellement. Eh bien, considérons une comète qui, comme celle de 1680 (n° 49 du catalogue), aurait son périhélie en dedans de l'orbite de Vénus. D'après les recherches de M. Valz, le diamètre réel de sa nébulosité augmentera, avec les distances au Soleil, suivant cette progression :

à la distance de Vénus..........	10
à la distance de la Terre.......	29
à la distance de Mars.......:....	76
à la distance de Cérès..........	173
à la distance de Jupiter..........	278

Cette progression de diamètres diffère peu de la suite des nombres :

$$1, \quad 3, \quad 8, \quad 17, \quad 28.$$

La quantité de matière nébuleuse qui, à la distance de Vénus, occupe un volume sphérique d'un diamètre égal à 1, se trouvera donc répandue dans des volumes de même forme ayant des diamètres 3, 8, 17, 28 fois plus considérables, aux distances de la Terre, de Mars, de Cérès, et de Jupiter.

A.··-II.   28

Ces sphères, diaphanes à raison de leur grand éloignement, se présentent à nous comme de simples disques
circulaires. C'est dans la surface apparente de ces
disques que la même quantité de molécules nébuleuses
semble successivement éparpillée avec plus ou moins
d'uniformité. L'intensité lumineuse de la nébulosité devant évidemment varier en raison de sa densité, suivra
la loi de la surface des cercles, c'est-à-dire celle des
carrés de leurs diamètres ou des carrés des nombres
1, 3, 8, 17, 28.

J'ai déjà établi qu'une comète lumineuse par elle-même
ne peut pas éprouver, à quelque distance qu'on l'observe,
d'autres variations de densité que celles dont je viens de
spécifier la cause et la loi. Il ne reste donc plus qu'à
examiner expérimentalement si ces variations sont suffisantes pour rendre les plus brillantes comètes invisibles
dès qu'elles ont atteint l'orbite de Jupiter. Voici comment
il faudra s'y prendre.

On fera choix d'une lunette ayant une large ouverture
et un faible grossissement, à l'aide de laquelle la comète
devra être observée pendant toute la durée de son apparition. Cela posé, le jour, par exemple, où cet astre se
trouvera éloigné du Soleil d'une quantité égale au rayon
de l'orbite de Vénus, on l'examinera d'abord comme point
de départ, avec le grossissement le moins fort; ensuite
avec des grossissements 3, 8, 17, 28 fois plus grands.
Pendant ces épreuves, une même quantité de lumière,
celle que l'étendue invariable de l'objectif peut embrasser; celle, en un mot, qui dessinait l'image circulaire de
la comète dans la première expérience, se trouvera suc-

cessivement étalée sur des cercles de diamètres 3 fois, 8 fois, 17 fois, 28 fois plus grands que dans l'expérience de départ. Mais n'est-il pas évident que les diminutions d'intensité qu'amèneront ces dilatations artificielles de la matière cométaire, seront respectivement égales à celles qui résultent des dilatations naturelles correspondantes que l'astre éprouve en s'éloignant du Soleil? en d'autres termes, que de simples changements d'oculaire font, pour ainsi dire, passer la comète en quelques instants de la distance de Vénus à celles de la Terre, de Mars, de Cérès, de Jupiter? S'il en est ainsi, voyons la comète avec notre lunette armée de son plus faible grossissement quand elle traverse l'orbite de Vénus. Examinons-la ensuite successivement, à l'aide d'un grossissement 3 fois, 8 fois, 17 fois, 28 fois plus fort. Si elle se voit toujours, on devra l'apercevoir de même avec le faible grossissement primitif, aux époques où son mouvement propre l'aura transportée à des distances du Soleil égales aux rayons des orbites de la Terre, de Mars, de Cérès, de Jupiter. Si elle ne se voit plus, par exemple, quand elle atteindra l'orbite de Jupiter, c'est qu'elle ne subit pas seulement l'affaiblissement qui peut résulter de l'éparpillement de la matière dont elle est formée ; c'est qu'elle ne se comporte pas comme un corps lumineux par lui-même ; c'est donc qu'elle emprunte son éclat au Soleil !

Toutes les comètes, je le reconnais, ne sont pas également propres à ce genre d'expériences. Il faudra de préférence choisir les comètes sans noyau apparent et sans queue, parce qu'elles semblent moins sujettes que les autres à des changements de figure subits et irréguliers ;

parce que, dans l'acte de la dilatation singulière qu'elles
éprouvent en s'éloignant du Soleil, et dont M. Valz a
donné la loi, il est probable que toutes les parties, du
centre à la circonférence, subiront alors des changements
analogues. Sans cette condition, la dilatation naturelle de
la nébulosité ne pourrait pas être assimilée à celle que
nous obtenions artificiellement dans l'épreuve préalable
des oculaires. On sentira l'importance de cette remarque,
si je fais observer que, dans la comète de 1770 (comète
de Lexell, n° 85 du catalogue), le noyau et la nébulosité
proprement dite étaient loin d'éprouver des changements proportionnels.

Voici, en preuve de mon assertion, les mesures que
Messier a données pour le noyau et la nébulosité de la
comète de 1770 :

Dates.		Noyau.	Nébulosité.
Le 17 juin 1770.....		1′ 22″	5′ 23″
22	—	0 33	18 0
23	—	1 15	27 0
29	—	1 22	54 0
2 juillet	—	1 26	123 0
3 août	—	0 54	15 0
12	—	0 43	3 36

La méthode que je viens d'exposer si longuement n'est
susceptible, je crois, que d'un seul genre de difficulté. On
pourrait imaginer que la matière cométaire n'est pas lumineuse par elle-même, mais qu'elle le devient sous l'action
des rayons solaires.

Cette hypothèse, au fond, ne serait guère que la reproduction du système qu'Euler a développé dans ses *Lettres
à une princesse d'Allemagne*, et suivant lequel la lumière

qui nous fait voir les corps, tels que le papier, la porce-
laine, etc., ne se composerait pas de rayons véritablement
réfléchis, mais bien d'une espèce particulière de lumière
que ces corps engendreraient en entrant en vibrations
sous l'action des rayons solaires. C'est là, comme on voit,
une difficulté de pure théorie, et qui ne serait pas moins
applicable à la lumière de la Lune, des planètes et des
satellites qu'à celle des comètes. Chercher des moyens
propres à décider si ces derniers astres doivent être ran-
gés, quant à leur propriété lumineuse, dans la même
catégorie que notre satellite, que Mars, que Jupiter, que
Saturne, etc., tel était le seul but que je pusse me proposer dans ce chapitre. La question de savoir si la lumière
qui nous fait voir les corps colorés, est réfléchie, ainsi
que le supposait Newton, à la surface de lames matérielles
très-minces, ou si elle provient d'un ébranlement communiqué à l'éther par les parties constituantes des corps;
cette question, dis-je, a une tout autre portée, et ce ne
serait pas ici le lieu de la traiter.

CHAPITRE XXIX

EST-IL BIEN CONSTATÉ QU'IL NE SE SOIT JAMAIS PRÉSENTÉ DE COMÈTES AVEC UNE COLORATION SENSIBLE ?

En compulsant les chroniques et les cométographies,
on n'y trouve qu'un très-petit nombre de cas où il soit
fait mention d'une coloration décidée dans la lumière
d'une comète, et encore cette coloration est-elle presque
exclusivement rougeâtre ou jaune.

Les queues des comètes des années 146 avant Jésus-

Christ, 662, 1526 après cette ère, étaient, dit-on, d'un beau rouge.

La queue de la comète de 1533 était d'un beau jaune, d'après le témoignage des contemporains.

Gemma assure que la couleur de la comète de 1556 (n° 30 du catalogue) imitait celle de Mars. Avec le temps, la rougeur, dit-il, dégénéra en pâleur.

La queue de la comète de 1618 (n° 40 du catalogue) était d'un rouge très-vif. Le noyau de la comète de 1769 (n° 84 du catalogue), suivant Messier, était un peu rougeâtre.

En examinant la comète de 1811 (n° 124 du catalogue), William Herschel reconnut que le centre de la nébulosité était occupé par un corps un peu rougeâtre; la lumière de la tête, dit l'observateur, avait une teinte verte bleuâtre.

Cette teinte était-elle réelle, ou bien le corps central rougeâtre colorait-il seulement par voie de contraste les vapeurs environnantes? Herschel n'examine pas la question à ce point de vue.

La tête de cette même comète semblait enveloppée à distance, du côté du Soleil, d'une zone brillante, étroite, embrassant à peu près un demi-cercle, et dont la couleur était fortement jaunâtre.

Ces observations, anciennes ou modernes, auraient beaucoup d'intérêt s'il était permis d'en déduire légitimement que la lumière de ces comètes ne provenait pas du Soleil, puisqu'elle n'avait point la blancheur des rayons de cet astre. Mais pour adopter une semblable conclusion, il faudrait avoir oublié que le gaz nitreux, le chlore, la vapeur d'iode, etc., offrent des colorations bien tranchées, quoique éclairés seulement par la lumière blanche du Soleil.

CHAPITRE XXX

SUR LES CHANGEMENTS D'ÉCLAT DES COMÈTES

D'après un premier aperçu, presque tous les astronomes s'étaient habitués à dire que la comète de Halley allait sans cesse s'affaiblissant. En remontant aux sources, nous avons trouvé (chap. xx, p. 374) au contraire que dans l'intervalle des deux passages de cette comète au périhélie en 1759 et 1835, elle aurait plutôt grandi que diminué.

Kepler rapporte que la queue de la comète de 1607 était d'abord fort courte, et qu'elle devint longue en un clin d'œil. Vendelin, Snellius, le père Cysat, déclarent avoir aperçu sur les bords de la queue de la comète de 1618 (n° 40 du catalogue), des ondulations telles qu'on les aurait crus agités par le vent. Hévélius remarqua des mouvements analogues en observant attentivement les comètes de 1652 et de 1661 (n°s 41 et 42 du catalogue). Pingré assure, enfin, qu'étant en mer, près des Canaries, il vit distinctement, dans la très-longue queue de la comète de 1769 (n° 84 du catalogue), des ondulations semblables à celles que les aurores boréales présentent; que certaines étoiles qui lui paraissaient quelquefois décidément renfermées dans la largeur de la queue en étaient, peu de temps après, sensiblement éloignées.

L'explication de ces apparences n'exige pas qu'on sup-

pose des transports subits de matière, ni dans le sens de
la longueur de la queue, ni dans une direction transversale : de brusques variations d'intensité satisferaient à
tous les détails des observations; eh bien, en le réduisant
même à ces termes, le phénomène, d'après l'opinion à
peu près générale des astronomes, n'a rien de réel; les
changements presque instantanés remarqués par Kepler,
par Snellius, par Hévélius, par Pingré, ne seraient que la
conséquence de l'interposition de quelques vapeurs atmosphériques entre l'astre et l'œil de l'observateur.

Pour ma part, j'avoue que, sur ce point de théorie,
j'étais jadis disposé à me ranger à l'opinion commune;
mais les phénomènes dont la comète de Halley nous a
rendus témoins pendant sa dernière apparition en 1835,
me commanderaient aujourd'hui plus de circonspection.
Pour parler net, enfin, je ne regarde plus comme impossible qu'il se manifeste dans le noyau d'une comète, dans
la totalité ou dans quelque partie de sa chevelure et de
sa queue, des changements d'intensité presque subits.
Sans rappeler ces apparitions et ces disparitions successives de secteurs lumineux dont j'ai rendu compte précédemment (chap. xxiii, p. 388), je dirai à l'appui de mes
doutes actuels que, le 18 novembre 1835, le ciel étant de
la plus grande pureté, la longueur de la queue de la
comète ne semblait plus guère que la moitié de ce qu'on
l'avait trouvée le 16, par des circonstances atmosphériques moins favorables; et que dans son ensemble,
l'astre, comparé aussi à ce qu'il était l'avant-veille, avait
éprouvé un affaiblissement extrême. Dans l'intervalle,
cependant, la comète s'était rapprochée du Soleil; ainsi,

loin de diminuer d'éclat, elle aurait dû au contraire augmenter ! Quand la cause d'un phénomène est si peu connue, qu'il se développe en sens inverse de nos prévisions,
de nos théories, il serait vraiment puéril de s'attacher à
des difficultés de détail.

La nébulosité des comètes, quand on l'étudie de près,
présente aussi des difficultés inextricables. Sans doute il
paraît bien naturel, au premier aspect, de la supposer
formée d'une agglomération de gaz permanents et de
vapeurs dégagées du noyau, sur laquelle l'action des
rayons solaires s'exercerait incessamment ; mais que sont,
dans ce système, les enveloppes lumineuses concentriques
dont j'ai parlé ? Pourquoi le noyau serait-il excentrique,
le plus souvent vers le Soleil, mais quelquefois aussi du
côté opposé, etc., etc. ?

Des observations nombreuses, des expériences combinées d'après les vrais principes de la photométrie, peuvent nous éclairer sur les propriétés optiques de la matière
cométaire, et nous faire savoir si cette matière est assimi-
lable à celle qui existe à la surface de la Terre et dans le
laboratoire du chimiste, ou si, au contraire, elle doit en
être soigneusement distinguée.

Dans tous les cas, il est certain aujourd'hui qu'il existe
des comètes de nature entièrement diverse. Quelle comparaison pourrait-on, de bonne foi, établir quant à la
constitution physique, entre les astres éclatants dont j'ai
dû faire mention (chap. XVI, p. 332) et ces comètes
observées depuis une cinquantaine d'années, qui s'évanouissent presque complètement dès que, pour en déterminer la position, on amène dans le champ du télescope

astronomique la faible lumière qu'exige l'éclairage des fils?

On doit conclure, je crois, de l'examen auquel nous nous sommes livrés, qu'il existe :

Des comètes sans noyau;

Des comètes dont le noyau est peut-être diaphane;

Enfin des comètes plus brillantes que les planètes, ayant un noyau probablement solide et opaque.

CHAPITRE XXXI

SUR LES MASSES DES COMÈTES

Les comètes ayant un grand éclat, un noyau comparable aux disques des planètes, sont assez rares. Les observations télescopiques démontrent qu'ordinairement la masse des comètes est très-petite. On peut arriver à la même conséquence en étudiant avec soin les mouvements des planètes près desquelles leur course les entraîne quelquefois.

La comète de Lexell ou de 1770 (n° 85 du catalogue) est une. de celles qui, jusqu'ici, ont le plus approché de nous. Sa plus courte distance de la Terre a été de 600 mille lieues. Dans son plus grand rapprochement, elle était encore six fois plus loin que la Lune. Cependant Laplace a reconnu que la seule action de la Terre augmenta de plus de deux jours la durée de sa révolution. Mathématiquement parlant, par l'effet de la réaction de cet astre, le temps que la Terre emploie à revenir au même point de son orbite, la durée de l'année, dut éprouver aussi quelque augmentation. Si l'on suppose la masse de la comète égale à celle de la Terre, le calcul donne pour ce changement $2^h 53'$; mais les observations ont prouvé qu'en 1770 la longueur de l'année ne varia pas d'une seconde : nous sommes donc partis d'une supposition très-exagérée, en faisant la masse de la comète de 1770 égale à la masse de la Terre. Il suffit d'une partie proportionnelle, pour déduire des nombres précédents la conséquence que la première de ces masses n'était pas $\frac{1}{5000^e}$ de la seconde. Ce résultat explique comment la comète de 1770 a pu traverser deux fois le système des satellites de Jupiter sans y causer la plus légère altération.

Duséjour a trouvé qu'une comète d'une masse égale à celle de la Terre, qui passerait à une distance de 15,000 lieues seulement, porterait la longueur de l'année à 367 jours 16 heures 5 minutes, et changerait l'obliquité de l'écliptique de 2 degrés. Malgré l'énormité de sa masse et la petitesse de sa distance, un pareil astre ne produirait donc sur notre globe qu'une seule espèce de révolution : celle du calendrier.

La table suivante fera connaître à quel point les comètes les plus favorablement placées approchent de l'orbite terrestre :

	Plus courte distance à l'orbite terrestre.
Comète de Gambart (apparition de 1832)...	7 mille lieues.
Comète de 1680 (n° 49 du catalogue).......	183 —
Comète de 1684 (n° 51 du catalogue)......	351 —
Comète de 1742 (n° 67 du catalogue).......	539 —
Comète de 1779 (n° 90 du catalogue)..	565 —

Pour calculer les distances dont les comètes seront

réellement éloignées de notre globe, alors qu'elles sont le plus près possible de l'orbite terrestre, il faut encore, avec la table précédente, déterminer la position de la Terre sur son orbite le jour où chaque comète vient couper le plan de cette orbite, ainsi que nous l'avons expliqué à propos de la comète de Gambart (chap. VIII, p. 294).

CHAPITRE XXXII

UNE COMÈTE PEUT-ELLE VENIR CHOQUER LA TERRE OU TOUTE AUTRE PLANÈTE?

Par l'effet de causes premières dont la nature nous est inconnue et qui, cependant, ont donné déjà lieu à diverses théories cosmogoniques plus ou moins plausibles, les planètes de notre système font leurs révolutions autour du Soleil dans le même sens et dans des orbites presque circulaires. Les comètes, au contraire, parcourent des ellipses extrêmement allongées; elles se meuvent dans toutes les directions imaginables. En venant de leurs aphélies, elles traversent constamment notre système solaire, elles pénètrent dans l'intérieur des orbites planétaires, souvent même elles passent entre Mercure et le Soleil. Il n'est donc pas impossible qu'une comète vienne rencontrer la Terre.

Après avoir reconnu la possibilité d'un choc, hâtons-nous de dire que sa probabilité est excessivement petite. Cela paraîtra évident au premier coup d'œil, si l'on compare l'immensité de l'espace dans lequel notre globe et les comètes se meuvent, au peu de volume de ces corps.

Le calcul mathématique permet d'aller beaucoup plus loin : il fournit l'évaluation numérique de la probabilité en question dès qu'on fait une hypothèse déterminée sur le diamètre de la comète comparé à celui de la Terre.

Considérons une comète dont on ne saurait rien autre chose, si ce n'est qu'à son périhélie elle serait plus près du Soleil que nous ne le sommes nous-mêmes, et qu'elle aurait un diamètre égal au quart de celui de la Terre : le calcul des probabilités montre que, sur 281 millions de chances, il n'y en a qu'une de défavorable; qu'il n'en existe qu'une qui puisse amener la rencontre des deux corps.

Sans porter atteinte à la tranquillité d'esprit que les personnes les plus craintives doivent puiser dans le nombre précédent, je puis dire que si, en calculant la probabilité du choc de la Terre et du noyau d'une comète, nous avons adopté une évaluation convenable du diamètre de ce noyau en le supposant égal au quart de celui de la Terre, nous nous trouverions bien au-dessous de la vérité; que les chances de rencontre données par le calcul seraient beaucoup trop faibles, dans le cas où il devrait être question, non du noyau proprement dit, mais de la nébulosité qui l'enveloppe de toutes parts. En décuplant alors le nombre précédent, on n'aurait certainement pas un résultat exagéré.

Des idées justes sur le calcul des probabilités sont encore si peu répandues; le public se méprend quelquefois d'une si étrange manière sur la signification des résultats numériques auxquels ce calcul conduit, qu'il m'a été permis de penser un moment à supprimer ce court chapitre; mais j'ai tenu à faire remarquer qu'il y a deux questions bien différentes à poser.

Pour les comètes périodiques, dont l'orbite est connue, dont on peut prédire avec une très-grande approximation l'époque du prochain retour; pour les comètes de Halley, d'Encke, de Gambart, de Faye, on sait et on peut déterminer avec certitude quelle sera la moindre distance à la Terre. Il n'y a donc pas alors à faire usage des considérations de probabilité dont il vient d'être question.

Le problème, il faut bien le comprendre, est tout autre dans les calculs dont j'ai rapporté les résultats. Ici, nous voulons déterminer, sans rien savoir de la forme et de la position de l'orbite de la comète, à combien de chances de collision la Terre est exposée. C'est ainsi que nous avons trouvé, quant au noyau proprement dit, une chance de choc, une chance fâcheuse, sur 280,999,999 chances favorables; pour la nébulosité, dans ses dimensions les plus habituelles, les chances défavorables seraient de 10 ou de 20 sur le même nombre de 281 millions. Admettons un moment que les comètes qui viendraient heurter la Terre par leur noyau, anéantiraient l'espèce humaine tout entière; alors le danger de mort, qui résulterait pour chaque individu de l'apparition d'une comète inconnue, serait exactement égal à la chance qu'il courrait s'il n'y avait dans une urne qu'une seule boule blanche sur un nombre total de 281 millions de boules, et que sa condamnation à mort fût la conséquence inévitable de la sortie de cette boule blanche au premier tirage.

Tout homme qui consent à faire usage de sa raison,

quelque attaché à la vie qu'il puisse être, se rira d'un si faible danger; eh bien, le jour qu'on annonce une comète, avant qu'elle ait été observée, avant qu'on ait pu déterminer sa marche, elle est, pour chaque habitant de notre globe, la boule blanche de l'urne dont je viens de parler.

Les calculs que nous avons faits pour les chances d'une collision d'une comète avec la Terre, seraient absolument les mêmes en ce qui concerne les autres planètes. La solution du problème est identiquement la même. Il n'est pas impossible qu'une comète vienne rencontrer Mercure, Vénus, Jupiter ou tout autre astre appartenant au système solaire.

CHAPITRE XXXIII

TROUVE-T-ON, DANS L'ENSEMBLE DES PHÉNOMÈNES ASTRONOMIQUES, QUELQUE RAISON DE SUPPOSER QUE DES COMÈTES SOIENT JAMAIS TOMBÉES DANS LE SOLEIL?

Au moment de son passage au périhélie, la comète de 1680 (n° 49 du catalogue) n'était éloignée de la surface du Soleil que de 53 mille lieues ou d'une quantité égale à la sixième partie environ du diamètre de cet astre [1]. Dans

1. Au moment du passage au périhélie de la comète de 1680, le Soleil devait s'y montrer sous un angle de 73 degrés. Trois et demi de ces diamètres auraient donc suffi pour remplir l'espace compris entre un point de l'horizon et le point opposé. Si, comme on l'a supposé (chap. XVII, p. 348), cette comète a une révolution périodique de 575 ans, elle ne doit voir le Soleil, de son aphélie, que sous un angle de 14 secondes: or, 14 secondes ne forment pas même la valeur du rayon de la planète Mars quand, parvenue à son opposition, elle passe au méridien à minuit.

une région aussi rapprochée de ce globe immense, l'atmosphère dont il est entouré peut avoir une densité appréciable, et produire sur les corps qui la traversent des effets qu'on ne doive pas négliger. Cela sera vrai surtout à l'égard des comètes dont la vitesse au périhélie est considérable et qui ont, en général, très-peu de densité. Sur la comète de 1680, l'effet nécessaire de cette résistance atmosphérique dut être de diminuer sa vitesse tangentielle. Mais si un corps céleste se ralentit dans sa marche, quelle qu'en soit d'ailleurs la cause, la force centrifuge diminue, la force centripète qu'elle contrebalançait devient à l'instant prépondérante, et ce corps quitte la courbe qu'il parcourait pour se rapprocher du centre d'attraction. Ainsi, la comète dont il est question dut passer plus près de la surface solaire en 1680 que dans son apparition antérieure. Cette diminution dans les dimensions de l'orbite se continuera à chaque nouveau retour au périhélie : la comète de 1680 finira donc par tomber sur le Soleil. Des raisonnements analogues seraient applicables de tout point à la comète de 1843 (n° 164 du catalogue), qui passa encore plus près du Soleil que celle de 1680 (chap. XIV, p. 325).

Ces raisonnements reposent sur des principes de mécanique incontestables ; la conséquence que nous en avons déduite n'est donc pas moins certaine. Il faut seulement reconnaître que dans notre ignorance actuelle sur la densité des diverses couches superposées de l'atmosphère solaire, sur celle des comètes de 1680 et de 1843, et sur la durée de leur révolution, il serait impossible de calculer après combien de siècles arrivera l'étrange événement

que je viens de faire entrevoir. Les annales de l'astronomie ne fournissent d'ailleurs aucune raison de supposer qu'il soit rien survenu de pareil depuis les temps
historiques.

Remontons à des époques plus anciennes, à celles qui
se perdent dans la nuit des temps, et voyons si parmi les
conditions actuelles de notre système planétaire, il en est
dont l'explication nous forcerait d'admettre qu'une comète s'est jadis précipitée dans le Soleil.

Toutes les planètes circulent autour du Soleil de l'occident à l'orient, et dans des plans qui forment entre eux
des angles peu considérables.

Les satellites se meuvent autour de leurs planètes respectives, comme les planètes elles-mêmes autour du Soleil,
c'est-à-dire aussi de l'occident à l'orient. Les planètes,
enfin, et les satellites dont on a pu observer les mouvements de rotation, tournent sur leurs centres de l'occident
à l'orient, et pour la plupart dans le plan de leur mouvement de translation. On appréciera mieux tout ce qu'il y
a d'extraordinaire dans un pareil phénomène, si je fais
ici l'énumération complète des mouvements que je viens
de signaler.

Les astronomes ont observé des mouvements de rotation dans le Soleil, dans Mercure, Vénus, Mars, la Terre,
Jupiter et Saturne; dans la Lune; dans les quatre satellites de Jupiter; dans l'anneau de Saturne et dans le dernier satellite de cette planète, ce qui fait un total de 14.
En augmentant ce nombre, d'abord de celui des mouvements de translation des astres que je viens de nommer,
ensuite du nombre de mouvements analogues qu'exécutent

les planètes et les satellites qui par leur petitesse ou d'autres circonstances ont échappé aux observations immédiates de rotation, on trouve un ensemble de 72 mouvements dirigés dans le même sens. Jusqu'à présent les satellites d'Uranus font seuls exception à cette loi. Or, le calcul des probabilités montre qu'il y a plusieurs milliards à parier contre un, que cette disposition de notre système solaire n'est pas l'effet du hasard. Il faut donc admettre qu'une cause physique primitive dirigea tous les mouvements des planètes au moment de leur formation.

Buffon est le premier qui, envisageant notre système solaire de ce point de vue élevé, ait essayé de remonter à l'origine des planètes, des satellites et de ce qu'il semble y avoir de commun dans les mouvements de tous ces astres.

Il suppose qu'une comète tomba obliquement dans le Soleil; qu'elle en rasa la surface, ou du moins qu'elle ne la sillonna qu'à une petite profondeur. Il remarque que, dans le torrent de matière fluide qu'elle lança devant elle, les parties qui, à égalité de volume, étaient les plus légères, durent éprouver la plus forte impulsion et s'éloigner le plus du Soleil. Il admet qu'elles formèrent par concentration d'immenses planètes, telles que Saturne et Jupiter, dont la densité est, en effet, assez faible; que les parties les plus denses s'agglomérèrent, au contraire, dans des régions moins éloignées de leur point de départ, y produisirent Mercure, Vénus, la Terre et Mars; qu'ainsi dans l'origine les planètes étaient brûlantes et dans un état complet de liquéfaction; que c'est alors qu'elles prirent toutes des formes régulières; qu'ensuite elles se refroidirent graduellement et de manière à offrir les diverses apparences que nous observons aujourd'hui.

On a argumenté, contre le système de Buffon, du volume, de la masse et de la grande vitesse qu'une comète devrait avoir pour qu'elle pût chasser du Soleil une quantité de matière égale à celle dont l'ensemble des planètes et des satellites de notre système se compose; mais des objections de cette nature ne sont jamais sans réplique, puisqu'il n'y a rien, en soi, qui puisse empêcher d'attribuer à la masse de la comète choquante, la valeur qu'une théorie quelconque nécessiterait. Au surplus, il est bon d'observer ici que toutes les planètes avec les satellites ne font, comme nous le calculerons plus tard, qu'une très-faible partie de la masse du Soleil.

Des corps célestes produits comme Buffon le suppose, jouiraient, sans aucun doute, dans leurs mouvements de translation, de cette similitude de directions qu'on remarque dans notre système planétaire. Il n'en serait pas de même des mouvements de rotation; ceux-ci pourraient s'opérer en sens contraire des mouvements de translation. La Terre, par exemple, tout en parcourant, comme elle le fait, son orbite annuelle de l'occident à l'orient, aurait pu tourner sur son centre de l'orient à l'occident. L'objection doit s'appliquer aussi aux mouvements des satellites dont la direction ne serait pas nécessairement la même que celle du mouvement de translation de la planète. Ainsi, l'hypothèse de Buffon ne satisfait pas à toutes les circonstances du phénomène; ainsi elle n'a pas dévoilé le secret de la formation des planètes; ainsi on ne saurait argumenter de cette théorie pour soutenir qu'à la naissance de notre système, une comète tomba dans le Soleil.

A l'objection que je viens de signaler, je puis en joindre une autre puisée dans des considérations que fournissent des observations modernes, dont Buffon n'avait aucune connaissance.

Tout corps solide, tout boulet de canon, par exemple, qui serait lancé dans l'espace avec la direction et la vitesse convenables pour qu'il devînt un satellite de la Terre, repasserait à chacune de ses révolutions par le point de départ, abstraction faite, du moins, de la résistance de l'air; cela résulte, avec une entière évidence, des premiers principes de la mécanique.

Si la comète de Buffon, en choquant le Soleil, en avait détaché des fragments solides; si les planètes de notre système avaient été originairement de tels fragments, elles auraient, à chaque révolution, rasé de la même manière la surface du Soleil. Tout le monde sait à quel point cela est éloigné de la vérité. Aussi notre grand naturaliste ne croyait-il pas que la matière qui compose les planètes fût sortie du globe solaire en masses distinctes et toutes formées. Il imaginait, comme je l'ai dit, que la comète avait fait jaillir un véritable torrent de matière fluide, dans lequel les impulsions que les diverses parties recevaient les unes des autres et les effets de leurs attractions mutuelles, rendaient impossible toute assimilation avec le mouvement des corps solides. Le système de Buffon suppose donc implicitement que la matière du Soleil, la matière extérieure du moins, est en état de liquéfaction. Les observations modernes se concilient-elles avec une pareille constitution physique?

Les rapides changements de forme que les taches solaires obscures et lumineuses éprouvent incessamment; les espaces immenses que ces changements embrassent dans des temps très-courts, avaient déjà conduit à supposer, depuis quelques années, avec beaucoup de vraisemblance, que de pareils phénomènes devaient se passer dans un milieu gazeux. Aujourd'hui des expériences d'une tout autre nature, des expériences de polarisation lumineuse faites à l'Observatoire de Paris, établissent ce résultat d'une manière incontestable (liv. xiv, ch. vi, p. 104). Mais si la partie extérieure et incandescente du Soleil est un gaz, n'est-il pas évident que le système de Buffon pèche par sa base essentielle, qu'il n'est plus soutenable?

On pourrait, il est vrai, alléguer que le corps obscur auquel cette atmosphère lumineuse sert d'enveloppe; que le corps central qu'elle laisse à découvert dans une petite étendue quand ses parties se désunissent, est liquide; mais ce serait là une hypothèse entièrement gratuite, on ne saurait l'appuyer sur aucune observation exacte.

Malgré ces puissantes objections, si, pour expliquer l'étonnante coïncidence de tous les mouvements de translation et de rotation des planètes de notre système, on n'avait encore su donner d'autre théorie que celle de Buffon, il serait sage de suspendre son jugement; mais nous n'en sommes plus là, et les hypothèses si ingénieuses de Laplace, quels que soient les doutes qu'elles doivent encore exciter, montrent du moins que le grand problème cosmogonique dont il s'agit ici peut être rattaché à des causes totalement distinctes de celles que le Pline français avait mises en action.

En résumé, et c'est à cela que tendait ce chapitre, rien
ne prouve, quoi qu'en dise Buffon, « que les planètes
aient appartenu anciennement au Soleil, dont elles auraient été séparées par une force impulsive commune à
toutes, et qu'elles conserveraient encore aujourd'hui ; »
rien, dès lors, ne nous force à supposer qu'une comète
ait eu quelque part à la formation de notre système planétaire ; rien n'indique, enfin, qu'à l'origine des choses,
un astre de cette espèce soit tombé dans le Soleil. Il est
bien plus probable, comme l'a pensé Laplace, que les
comètes, à l'origine, ne faisaient point partie du système
planétaire, et qu'elles ne sont point non plus formées de
l'immense nébuleuse solaire ; il faut seulement les considérer comme de petites nébuleuses errantes que la force
attractive du Soleil a déviées de leur route.

CHAPITRE XXXIV

DES COMÈTES SONT-ELLES TOMBÉES DANS DES ÉTOILES ?

Nous avons rapporté précédemment que Pline fait
mention d'une étoile qui, du temps d'Hipparque (il y a
environ 2,000 ans), se montra tout à coup dans la région
du nord, et donna à ce grand astronome l'idée du catalogue dont la science lui est redevable et que Ptolémée
nous a conservé (liv. IX, chap. XXVII, t. I, p. 410).

Nous avons vu également que ce phénomène se reproduisit en 1572 et en 1604.

L'étoile nouvelle de 1572 fut aperçue par Tycho Brahé
le 11 novembre, au nord, dans la constellation de Cas-

siopée. Elle était plus brillante que la plus brillante étoile du ciel, que Sirius; elle répandait presque autant de lumière que la planète Vénus. L'étoile de 1604, quand les disciples de Kepler la virent, le 10 octobre, au midi, dans le Serpentaire, surpassait Jupiter en éclat, quoique la nuit précédente elle eût paru très-petite. Au bout de quinze mois, il n'en restait plus aucune trace. L'étoile nouvelle de Cassiopée fut aussi visible pendant près d'une année et demie.

Nous avons cité plusieurs autres apparitions d'étoiles temporaires, et nous avons dit qu'un phénomène analogue a eu lieu sous nos yeux en 1848. On compterait aujourd'hui jusqu'à dix étoiles dont l'existence n'a pu être constatée que pendant un temps limité.

Les étoiles fixes sont de vrais soleils, autour desquels, suivant toute probabilité, circulent des planètes et des comètes. Les faits que je viens de rappeler prouvent qu'outre les étoiles lumineuses, il y a, dans les espaces célestes, des étoiles pour ainsi dire épuisées, éteintes, complétement obscures. Newton croyait que les étoiles de cette espèce redeviennent incandescentes, recouvrent subitement leur ancien éclat, lorsque des comètes venant à y tomber, fournissent un nouvel aliment à la combustion.

Si cette explication était adoptée, il en résulterait que, depuis les temps historiques, des comètes seraient tombées dix fois, sinon dans le Soleil encore resplendissant de notre système planétaire, du moins dans les soleils déjà encroûtés, autour desquels d'autres planètes, d'autres comètes effectuent leurs révolutions.

Le grand nom de Newton ne doit pas m'empêcher de

faire remarquer que la comparaison de l'incandescence des corps célestes à celle des feux ordinaires ; que l'assimilation des comètes aux bûches qu'il faut jeter incessamment dans nos foyers pour y entretenir la combustion, ne reposent sur aucune analogie spécieuse. Personne n'ignore aujourd'hui que presque tous les corps, dans certaines conditions spéciales, et particulièrement dans certains états électriques, peuvent être rendus lumineux sans que rien se combine avec leur substance, sans que rien s'en dégage. Tel est le cas, par exemple, de deux charbons placés dans le vide, dont l'un touche au fil provenant de tel ou tel pôle d'une pile voltaïque un peu forte, tandis que l'autre est en communication avec le pôle opposé de la même pile ; car dès que les surfaces de ces charbons sont très-rapprochées, ils deviennent plus resplendissants que tous les feux terrestres connus. Cet éclat est même tel, qu'on s'est accordé à désigner la lumière qui en émane alors par le nom de lumière solaire.

L'expérience dont je viens de parler est très-importante. Je ne dirai pas cependant qu'on puisse en déduire avec quelque certitude la conséquence que la lumière du Soleil et des étoiles est une lumière électrique ; mais on m'accordera, du moins, que le contraire n'est pas prouvé, et cela suffit pour faire rejeter dans le domaine des simples hypothèses, les raisonnements dont Newton s'étayait pour établir qu'il était tombé des comètes dans des étoiles.

L'opinion que les comètes servent d'aliment au Soleil et aux étoiles n'est pas seulement consignée dans le célèbre livre des *Principes ;* je la trouve encore dans une pièce qui n'a vu le jour qu'après la mort de Newton, dans le récit d'une conversation que ce grand homme eut avec son neveu, M. Conduit, à l'âge de quatre-vingt-trois ans, et dont voici quelques passages :

« Je ne pourrais pas dire quand la comète de 1680 tombera dans le Soleil ; peut-être fera-t-elle encore cinq ou six révolutions ; mais quel que soit le moment où cela arrivera, la comète accroîtra à tel point la chaleur solaire que notre globe sera brûlé et que tous les animaux périront. Les étoiles nouvelles observées par Hipparque, Tycho et Kepler, ont dû avoir une cause de ce genre, car on ne saurait expliquer d'une autre manière la lumière éclatante dont elles brillent. »

M. Conduit ayant demandé à Newton pourquoi dans son immortel ouvrage, tout en admettant que les comètes peuvent tomber dans le Soleil, il ne parle cependant des vastes incendies qu'elles doivent engendrer, qu'à l'occasion des étoiles : « C'est, répondit l'illustre vieillard, que les conflagrations du Soleil nous concernent un peu plus directement. Au reste, ajouta-t-il en riant, j'en avais dit bien assez pour que le public connût mon opinion. »

CHAPITRE XXXV

LA TERRE PEUT-ELLE PASSER DANS LA QUEUE D'UNE COMÈTE ? QUELLES SERAIENT, SUR NOTRE GLOBE, LES CONSÉQUENCES D'UN PAREIL ÉVÉNEMENT ?

Newton pensait que les matières, que les exhalaisons dont les queues des comètes se composent, peuvent tomber, par leur gravité, dans les atmosphères des planètes en général et dans l'atmosphère de la Terre en particulier, s'y condenser et donner naissance à toutes sortes de réactions chimiques, à mille combinaisons nouvelles.

Peu de mots suffiront pour prouver, je ne dis pas seulement que la matière cométaire diffuse peut en effet tomber dans notre atmosphère, mais encore que ce phénomène est de nature à se reproduire assez fréquemment.

Les comètes paraissent être, en général, de simples amas de vapeurs. Or, puisque c'est un principe avéré que l'attraction est proportionnelle aux masses, chaque molécule de la queue d'une comète doit être très-faiblement attirée par le corps de l'astre.

L'attraction diminue quand la distance s'accroît, non pas dans le rapport de la simple distance, mais proportionnellement à son carré. Ainsi, aux distances 2, 3, 4,... 10, l'attraction exercée par un corps déterminé est 4, 9, 16,... 100 fois plus petite qu'à la distance 1.

Ainsi une comète, par l'effet de son manque de masse, n'exerce, même de près, qu'une attraction très-faible. Quand la distance de la particule attirée à la tête de la comète est un peu grande, il ne doit donc plus rester qu'une action à peine sensible. Or, n'a-t-on pas vu des comètes accompagnées de très-longues queues? Dans la comète de 1680 (n° 49 du catalogue), les dernières molécules visibles n'étaient-elles pas, en ligne droite, à près de 44 millions de lieues du noyau (chap. XIV, p. 326)?

On comprendra maintenant qu'une planète, que la Terre, par exemple, dont la masse est le plus souvent si supérieure à celle des comètes, doit pouvoir attirer à elle, aspirer pour ainsi dire et s'approprier entièrement les parties extrêmes des queues cométaires, lors même que dans sa course annuelle elle en resterait toujours très-éloignée.

L'introduction dans l'atmosphère terrestre de quelque nouvel élément gazeux pourrait, suivant qu'il serait plus ou moins abondant, occasionner la mort de tous les animaux, ou engendrer de simples épidémies : telle a été, en effet, suivant divers auteurs, l'origine, la véritable source de la plupart de ces fléaux dont l'histoire nous a conservé le souvenir.

Dans un ouvrage d'astronomie très-estimé, publié à Oxford en 1702, Gregory, après avoir dit que chez tous les peuples et à toutes les époques, on a observé que les apparitions de comètes ont été suivies de grands maux, ajoute : « Il ne convient pas à des philosophes de prendre trop légèrement ces choses pour des fables. »

Ce qui n'est pas une fable, je viens de le montrer, c'est que la Terre puisse assez fréquemment s'approprier la matière de la queue d'une comète ; mais Gregory n'est pas resté dans les strictes bornes de la vérité, quand il présente comme des observations dignes de confiance, les remarques plus ou moins équivoques des historiens, concernant les apparitions de ces astres et leur prétendue liaison avec les événements contemporains.

Un médecin anglais, dont le nom n'est pas inconnu des physiciens, **M. T. Forster**, a traité cette même question en détail [1]. Suivant lui, « il est certain que (depuis l'ère chrétienne) les périodes les plus insalubres sont

---

1. *Illustrations of the atmospherical origin of epidemic diseases.* Chelmsford, 1829 ; p. 139 et suivantes.

précisément celles durant lesquelles il s'est montré quelque grande comète ; que les apparitions de ces astres ont été accompagnées de tremblements de terre, d'éruptions de volcans et de commotions atmosphériques, tandis qu'on n'a point observé de comète durant les périodes salubres. »

Ceux qui examineront avec quelque esprit de critique le long catalogue de M. Forster, n'y découvriront point, j'ose l'assurer, les conséquences qu'il a cru pouvoir en déduire.

Le nombre total de comètes proprement dites dont il soit fait mention dans les historiens, à partir de la première année de l'ère chrétienne, est d'environ 600 (ch. IV, p. 274). Maintenant qu'on observe le ciel avec attention, dans l'intérêt des sciences, et que les comètes télescopiques ne se dérobent plus aux regards des astronomes, le nombre moyen de ces astres par année est de près de deux (chap. XIX, p. 356). Accordez, avec M. Forster, qu'une comète agissait avant son apparition, que son influence se continue un peu après, et jamais évidemment un de ces astres ne vous manquera, quel que soit le phénomène, le malheur ou l'épidémie que vous vouliez leur imputer. Cette remarque ne s'applique pas moins directement aux Mémoires du célèbre Sydenham, qui, aussi, était partisan des influences cométaires ; aux dissertations de Lubinietski, etc., etc. M. Forster a d'ailleurs, je dois le dire, tellement étendu dans son savant catalogue le cercle des prétendues actions cométaires, qu'il n'y aurait presque plus de phénomènes qui ne fût de leur ressort.

Les saisons froides ou chaudes, les tempêtes, les ouragans, les tremblements de terre, les éruptions volca-

niques, les grosses grêles, les abondantes neiges, les
fortes pluies, les débordements de rivières, les séche-
resses, les famines, les épais nuages de mouches ou de
sauterelles, la peste, la dyssenterie, les épizooties, etc.,
tout est enregistré, par M. Forster, en regard de l'apparition de chaque comète, quel que soit le continent, le
royaume, la ville ou le village que la famine, la peste, le
météore, etc., aient ravagé. En faisant ainsi, pour chaque
année, un inventaire complet des misères de ce bas monde,
qui n'aurait deviné d'avance que jamais aucune comète
n'avait dû s'approcher de notre Terre sans y trouver les
hommes aux prises avec quelque fléau; qui ne se fût
empressé d'accorder à Lubinietski, même sans lire une
seule ligne de son colossal ouvrage, qu'il n'y a pas eu de
désastres sans comètes, ni de comètes sans désastres?

Par une circonstance bizarre et bien digne de remarque, l'année 1680, l'année de l'apparition d'une des plus
brillantes comètes des temps modernes (nº 49 du catalogue), l'année de son passage très-près de la Terre,
est celle, peut-être, qui a fourni à M. Forster le moins
de phénomènes à signaler. Que trouvons-nous, en effet,
à cette date? hiver froid suivi d'un été sec et chaud;
météores en Germanie. Pour des maladies, il n'en est pas
question. Comment, en présence d'un tel fait, pourrait-
on attacher quelque importance au synchronisme acci-
dentel que les autres parties de la table signalent? Que
dire surtout de cette si célèbre comète de 1680, qui,
soufflant successivement le froid et le chaud, aurait tantôt
ajouté aux glaces de l'hiver, et tantôt aux feux de l'été!

En 1665, la ville de Londres fut ravagée par une

effroyable peste. Si l'on veut voir là, avec M. Forster,
l'effet de la comète assez remarquable qui se montra dans
le mois d'avril (n° 44 du catalogue), qu'on nous explique
donc comment ce même astre n'engendra de maladie ni
à Paris, ni en Hollande, ni même dans un grand nombre
de villes de l'Angleterre, très-voisines de la capitale.
L'objection est directe, et tant qu'elle n'aura pas été
détruite, on s'exposerait, je crois, à la risée de tous les
gens raisonnables, en transformant les comètes en mes-
sagers d'épidémies. Qu'on examine quels sont, parmi ces
astres, ceux dont les queues ont pu envahir l'atmosphère
terrestre; qu'on fouille dans les historiens, dans les chroniqueurs, pour découvrir ensuite si aux mêmes époques,
il ne s'est pas manifesté sur tous les points de la Terre à
la fois des phénomènes insolites, la science pourra avouer
ces recherches, quoique à vrai dire l'extrême rareté de
la matière dont les queues sont formées, ne doive guère
faire espérer que des résultats négatifs. Mais quand un
auteur accole à la date de l'observation d'une comète
(celle de 1668, n° 45 du catalogue, par exemple) la
remarque qu'en Westphalie tous les chats furent malades;
à la date d'une seconde (celle de 1746, n° 71), la circonstance, il faut en convenir, bien peu analogue à la
précédente, qu'un tremblement de terre détruisit au
Pérou les villes de Lima et de Callao; quand il ajoute que
pendant l'observation d'une troisième comète, un aéro-
lithe pénétra en Écosse dans une tour élevée et y brisa le
mécanisme d'une horloge, ou bien qu'en hiver les pigeons
sauvages se montrèrent en Amérique par nombreuses
volées, ou bien encore que l'Etna et le Vésuve vomirent

des torrents de laves, cet auteur fait, en pure perte, un grand étalage d'érudition. Si en enregistrant ainsi des événements contemporains, il prétendait avoir établi de nouveaux rapports, il ne se tromperait pas moins que cette femme dont parle Bayle, qui, n'ayant jamais mis la tête à la fenêtre sans avoir vu des carrosses dans la rue Saint-Honoré, s'imagina qu'elle était la cause unique de leur passage.

J'aurais vivement désiré, pour l'honneur des sciences et de la philosophie modernes, pouvoir me dispenser de prendre au sérieux les idées bizarres dont je viens de faire justice ; mais j'ai acquis personnellement la certitude que cette réfutation ne sera pas inutile, que Grégory, Sydenham, Lubinietski, etc., ont parmi nous bon nombre d'adeptes. Le célèbre voyageur Rüppel écrivait du Caire, le 8 octobre 1825 : « Les Égyptiens pensent que la comète actuellement visible (n° 145 du catalogue), est la cause des fortes secousses de tremblement de terre que nous avons ressenties ici le 21 août, et que c'est elle aussi qui exerce sa maligne influence sur les chevaux et les ânes qui crèvent. La vérité est qu'ils meurent de faim, le fourrage manquant à cause de l'inondation incomplète du Nil. » Si des indiscrétions ne m'étaient pas interdites ici, je convaincrais aisément le lecteur, qu'en fait de comètes, tous les Égyptiens ne sont pas sur les bords du Nil.

Je dirai donc seulement : Écoutez, quand vous assisterez à l'une de ces brillantes réunions où affluent ceux qu'il est d'usage d'appeler les notabilités sociales, écoutez un seul instant les longs discours dont la future comète fournit le texte, et décidez ensuite si l'on peut se glorifier

de cette prétendue diffusion des lumières que tant d'opti-
mistes se complaisent à signaler comme le trait caractéristique de notre siècle. Quant à moi, je suis depuis longtemps revenu de ces illusions. Sous le vernis brillant et
superficiel dont les études purement littéraires de nos
colléges revêtent à peu près uniformément toutes les
classes de la société, on trouve presque toujours, tran-
chons le mot, une ignorance complète de ces beaux phénomènes, de ces grandes lois de la nature qui sont notre
meilleure sauvegarde contre les préjugés.

Lorsque se montra en 1456 l'éclatante comète dont
Halley a montré la périodicité, qui est revenue en 1531,
1607, 1682, 1759 et 1835, et qui reviendra en 1911, le
pape Calixte, ainsi que nous l'avons déjà rapporté, en
fut si effrayé qu'il ordonna des prières publiques dans
lesquelles on conjurait à la fois la comète et les Turcs.

Afin que personne n'oubliât de réciter cette espèce
d'*Angelus*, le pape ordonna que les cloches de toutes les
églises seraient sonnées à midi. Ainsi nous sommes rede-
vables de cet usage, qui s'est conservé, à la comète de
1456. Une autre comète, celle de 590, aurait été, au dire
de quelques auteurs, l'occasion d'une coutume bizarre
qui n'est pas moins répandue chez tous les peuples de la
chrétienté. L'année de cette comète, et par son influence,
une effroyable peste se développa. Pendant le fort de la
maladie, un éternument était souvent suivi de la mort :
de là le *Dieu vous bénisse!* dont, depuis cette époque,
tout éternueur est salué.

L'empereur Charles-Quint vit dans la comète de 1556
(n° 30 du catalogue) un signe céleste qui venait l'avertir

de se préparer à la mort. Une pareille observation peut trouver son excuse dans l'imperfection où étaient les connaissances astronomiques au milieu du XVIe siècle ; dans les préjugés dont tous les hommes étaient alors imbus ; dans le peu d'attention que, durant une vie agitée, le souverain de tant de royaumes put accorder à des questions de science ; mais on éprouve un véritable étonnement lorsqu'on lit dans Bacon que « les comètes ont quelque action et quelque effet sur l'ensemble général des choses. »

Nous n'en sommes plus là, je le reconnais ; et, sauf quelques rares exceptions, au nombre desquelles je pourrais placer le grand homme qui n'a pas moins étonné le monde par son indomptable caractère que par son génie, nul, depuis un demi-siècle, n'oserait avouer publiquement que les comètes peuvent être regardées comme les signes, comme les précurseurs de révolutions morales ou d'événements individuels.

CHAPITRE XXXVI

LE BROUILLARD SEC DE 1783 ET CELUI DE 1831 ONT-ILS ÉTÉ
OCCASIONNÉS PAR DES QUEUES DE COMÈTES?

Dans le Livre que nous consacrerons à l'étude de la Terre, nous chercherons avec attention si dans les phénomènes géodésiques ou astronomiques il y a quelque circonstance qui puisse amener à supposer que la Terre ait jamais été heurtée par une comète ; nous renvoyons également au Livre consacré aux Saisons, l'examen de la question de savoir si les comètes peuvent exercer quelque influence sur les températures terrestres. Pour le moment, puisqu'il est démontré que les queues des comètes peuvent venir se mêler à l'atmosphère terrestre, nous nous occuperons seulement des rapports qu'on a cru entrevoir entre les brouillards secs et les comètes.

Le brouillard de 1783 commença à peu près le même jour (18 juin), dans des lieux fort distants les uns des autres, tels que Paris, Avignon, Turin, Padoue.

Il s'étendait depuis la côte septentrionale d'Afrique jusqu'en Suède. On l'observa aussi dans une grande partie de l'Amérique du nord.

Il dura plus d'un mois.

L'air, celui du moins des basses régions, ne paraissait pas être son véhicule; car, dans certains points, le brouillard se montra par le vent du nord, et dans d'autres par les vents de l'est ou du sud.

Les voyageurs le trouvèrent sur les plus hautes sommités des Alpes.

Les pluies abondantes qui tombèrent en juin et juillet, et les vents les plus forts, ne le dissipèrent pas.

En Languedoc, sa densité fut quelquefois telle, que le Soleil n'était visible le matin qu'à 12° de hauteur au-dessus de l'horizon; le reste du jour cet astre était rouge et pouvait être observé à l'œil nu.

Ce brouillard, cette fumée, comme l'ont appelé quelques météorologistes, répandait une odeur désagréable.

La propriété par laquelle il se distinguait le plus des brouillards ordinaires, c'est que ceux-ci sont généralement fort humides, tandis que toutes les relations s'accordent à présenter l'autre comme très-sec. A Genève, Senebier trouva que l'hygromètre à cheveu de Saussure,

qui, dans les brouillards proprement dits, marque 100°,
n'indiquait au milieu de celui dont il est question, que
68°, 67°, 65°, et même quelquefois 57° seulement.

Enfin, et ceci est très-digne de remarque, le brouillard de 1783 paraissait doué d'une certaine vertu phos-
phorique, d'une lueur propre. Je trouve du moins dans
les relations de quelques observateurs, qu'il répandait,
même à minuit, une lumière qu'ils comparent à celle de
la Lune dans son plein, qui suffisait pour faire apercevoir
distinctement des objets éloignés de plus de 200 mètres.
J'ajoute, afin de lever tous les incertitudes sur l'origine
de cette lumière, qu'à l'époque de l'observation la Lune
était nouvelle.

On connaît les faits : voyons si, pour les expliquer, il
sera nécessaire d'admettre qu'en 1783 la Terre se plongea
dans la queue d'une comète.

Le brouillard de 1783 ne fut ni tellement constant ni
tellement épais, qu'il empêchât de voir les étoiles toutes
les nuits et dans tous les lieux. En admettant que la Terre
se trouvait alors dans la queue d'une comète, il n'y aurait
donc qu'un moyen d'expliquer comment on n'aperçut
jamais la tête de l'astre : ce serait de supposer que cette
tête se levait et se couchait presque en même temps que
le Soleil ; que la lumière directe du jour ou la lumière
crépusculaire en effaçait l'éclat ; enfin, que cette conjonction des deux astres dura plus d'un mois.

A l'époque où les mouvements propres des comètes ne
paraissaient assujettis à aucune règle, où chacun disposait
à sa guise de ces mouvements comme de ceux d'un simple
météore, la supposition que nous venons de faire aurait

pu être admise ; mais aujourd'hui que les comètes sont
pour tous les astronomes de véritables astres obéissant,
comme les planètes, aux lois de Kepler ; aujourd'hui
qu'on a reconnu la dépendance mutuelle de leurs distances
et de leurs vitesses ; aujourd'hui qu'il est résulté de l'observation et de la théorie que tous les corps célestes se
meuvent nécessairement dans leurs orbites avec d'autant
plus de rapidité qu'ils sont plus près du Soleil, il serait
contraire à tous les principes d'admettre qu'une comète
interposée entre la Terre et le Soleil eût pu circuler, pour
un observateur situé sur la Terre, autour de cet astre,
de manière à paraître constamment dans son voisinage,
pendant plus d'un mois ! Vainement, afin d'éviter la
nécessité d'une conjonction exacte, étalerait-on la queue
de la prétendue comète, lui donnerait-on la largeur de
celle de 1744 (chap. xxv, p. 407), la difficulté conser-
verait toute sa force. Le brouillard sec de 1783, quoi
qu'on en ait dit, n'était donc pas une queue de comète.

Le brouillard extraordinaire de 1831, qui a si vivement excité l'attention du public dans les quatre parties
du monde, ressemblait par trop de circonstances à celui
de 1783, pour que je puisse me dispenser de prouver
aussi qu'il ne faut pas en chercher l'origine dans une
queue de comète.

Ce brouillard a été remarqué, pour la première fois :

Sur la côte d'Afrique............ le 3 août.
A Odessa..................... le 9 —
Dans le midi de la France....... le 10 —
A Paris..................... le 10 —
Aux États-Unis (New-York)....... le 15 —
A Canton (en Chine).......... fin d'août.

On ne saurait rien déduire de ces observations, ni sur la vitesse, ni même sur le sens de la propagation.

Ce brouillard affaiblissait à tel point la lumière qui le traversait, qu'on pouvait, toute la journée, observer le Soleil à l'œil nu, sans verre noir, sans verre coloré, sans aucun de ces moyens auxquels les astronomes ont habituellement recours pour se garantir la vue.

Sur la côte d'Afrique, le Soleil ne commençait à être visible qu'après que sa hauteur au-dessus de l'horizon surpassait 15° ou 20°. La nuit, le ciel s'éclaircissait quelquefois, et l'on pouvait observer même les étoiles. Je tiens cette dernière circonstance, si digne de remarque, de M. Bérard, l'un des officiers les plus instruits de la marine française.

M. Rozet, capitaine d'état-major à Alger ; les observateurs d'Annapolis, aux États-Unis ; ceux du midi de la France ; les Chinois, à Canton, ont vu le disque solaire bleu d'azur, ou verdâtre, ou vert d'émeraude.

Il n'est sans doute pas impossible, théoriquement parlant, qu'une substance gazeuse, qu'une vapeur, analogue en cela à tant de matières liquides ou solides que la chimie moderne a découvertes, colore en bleu, en vert, en violet, la lumière blanche qui la traverse ; jusqu'ici, cependant, on n'en connaissait pas d'exemple bien constaté, et les teintes transmises par des nuages, par des brouillards, avaient toujours appartenu à des nuances plus ou moins prononcées de rouge ou de pourpre, c'est-à-dire à ce qui caractérise habituellement les diaphanéités imparfaites. Peut-être se croira-t-on autorisé, par cette circonstance, à ranger le brouillard de 1831 parmi les

matières cosmiques ; mais je crois utile de faire observer
que la coloration insolite, bleue ou verte, du disque
solaire, pourrait n'avoir eu rien de réel ; que si les brouillards ou les nuages voisins du Soleil étaient, comme il
est permis de le supposer, rouges par réflexion, la lumière
directe de cet astre, affaiblie mais non colorée, dans son
trajet à travers les vapeurs atmosphériques, ne devait
pas manquer de se revêtir, du moins en apparence, de la
teinte complémentaire du rouge, c'est-à-dire d'un bleu
plus ou moins verdâtre. Le phénomène rentrerait ainsi
dans la classe des couleurs accidentelles dont les physiciens modernes se sont tant occupés : ce serait un simple
effet de contraste.

Pendant l'existence de ce brouillard, il n'y eut pas, à
proprement parler, de nuit, dans les lieux où l'atmosphère en paraissait fortement imprégnée. Ainsi, dans
le mois d'août, à minuit même, on pouvait lire quelquefois les plus petites écritures, en Sibérie, à Berlin, à
Gênes, etc.

La lumière crépusculaire, dans les circonstances les
plus favorables, ne commence à poindre à l'horizon qu'au
moment où la dépression du Soleil au-dessous de ce plan
n'est plus que de 18°. Or, à minuit, le 3 août, jour de
l'observation de Berlin, le Soleil se trouvait abaissé de
plus de 19°. Le crépuscule commun devait donc y être
nul, et cependant tous les témoignages constatent qu'on
distinguait aisément, en plein air, les caractères d'imprimerie les plus menus.

Si le brouillard reflétait cette lumière, il occupait
nécessairement, dans l'atmosphère ou hors de ses limites,

des régions extrêmement élevées. Il y aurait, cependant, une forte réduction à faire subir aux résultats qu'on déduirait des calculs ordinaires sur les crépuscules : ces calculs, en effet, sont fondés sur l'hypothèse d'une réflexion simple, tandis qu'on peut prouver, par des expériences récentes, dont il me serait impossible de donner ici une idée exacte, que les réflexions multiples jouent le plus grand rôle dans tous les phénomènes d'illumination atmosphérique.

Quand on a consenti à placer les brouillards assez haut pour expliquer ainsi l'existence des vives clartés nocturnes qui ont été observées à Berlin, en Italie, etc., la coloration de toute cette lumière en rouge, quelque intense qu'on la suppose, n'a plus rien qui puisse embarrasser un physicien, et je ne m'y arrêterai pas.

Aucune circonstance, dans tout ce qui précède, ne nous amène à supposer que le brouillard de 1831 ait été déposé dans notre atmosphère par la queue d'une comète. Cette fois, d'ailleurs, le phénomène n'ayant pas été général en Europe, ou du moins ne s'étant présenté dans certains lieux que très-légèrement et pendant peu de jours, on ne saurait expliquer de quelle manière le corps de l'astre se serait dérobé à tous les regards. Il suffirait évidemment de cette circonstance pour réduire l'hypothèse au néant.

Je sais très-bien que lorsqu'on veut renverser sans retour une théorie scientifique, il ne suffit pas de la combattre par de puissantes objections; je sais qu'il faut montrer, de plus, qu'on pourrait lui opposer une théorie différente. Il me reste donc à faire encore un pas pour arriver au terme de la tâche que je m'étais imposée dans ce chapitre.

L'année 1783, l'année du brouillard sec dont nous nous sommes si longuement occupés, fut marquée aux deux extrémités opposées de l'Europe par de grandes commotions physiques. C'est en 1783, dans le mois de février, qu'eurent lieu, en Calabre, ces effroyables et continuels tremblements de terre qui bouleversèrent le pays de fond en comble et ensevelirent plus de 40,000 habitants sous les débris de montagnes renversées, sous les décombres des églises ou des maisons particulières, dans les profondes crevasses dont des oscillations aussi violentes, aussi souvent renouvelées sillonnèrent le sol. Cette même année, mais plus tard, le mont Hécla, en Islande, fit une des plus grandes éruptions dont les annales de la météorologie aient conservé le souvenir. On vit même surgir de nouveaux volcans du sein de la mer à une assez grande distance de l'île.

Faudrait-il donc beaucoup s'étonner qu'au milieu d'un pareil désordre des éléments des matières gazeuses d'une nature inconnue fussent sorties des entrailles de la Terre, par les nombreuses fissures de son enveloppe solide, pour se répandre dans l'atmosphère? Cette idée d'émanations terrestres ne serait-elle pas, jusqu'à un certain point, corroborée par la remarque, déjà faite plus haut, qu'en pleine mer le brouillard était ou nul ou imperceptible? N'ajouterai-je pas encore quelque chose à sa probabilité, en disant que des brouillards de la même espèce se montrent quelquefois dans des localités très-circonscrites; que le 11 septembre 1812, par exemple, M. de

Gasparin, en gravissant le mont Ventoux, en Provence, traversa un nuage épais qui ne mouillait pas les habits, qui ne ternissait pas les métaux, qui ne faisait pas marcher l'hygromètre à l'humidité, qui, enfin, paraissait, sous tous les rapports, semblable au brouillard de 1783? Je ne pousserai pas plus loin mes questions, car ici je voulais seulement montrer que la nouvelle explication du phénomène mérite les honneurs d'une discussion attentive, tout aussi bien que celle dont nous nous étions d'abord occupés.

A défaut des effluves terrestres, on pourrait se demander, avec Franklin, si le brouillard sec de 1783 n'était pas tout simplement le résultat de la dissémination générale, opérée par les vents, de ces épaisses colonnes de fumée que l'Hécla projeta dans les airs pendant tout l'été; ou bien, car l'illustre philosophe américain a fait encore cette supposition, rien n'empêcherait de soutenir qu'un immense bolide, en pénétrant dans notre atmosphère, s'y enflamma seulement à demi, et que les torrents de fumée dont cette combustion imparfaite furent la conséquence, déposés d'abord dans les plus hautes régions de l'air, se répandirent sur toutes les directions et dans toutes les couches atmosphériques, soit par l'action des vents ordinaires, soit par les courants ascendants et descendants verticaux, qui jouent un si grand rôle dans la météorologie.

Les aérolithes qui tombent de temps à autre sur la Terre sont quelquefois des masses métalliques très-compactes. Le plus ordinairement on les confondrait avec des pierres communes, si ce n'était la légère couche vitrifiée dont leur surface est recouverte. Plusieurs fois on en a ramassé de spongieux. Les poussières qui tombent, soit isolément, soit mêlées à la pluie, sont un quatrième état de ces matières cosmiques. Atténuons ces poussières encore d'un degré; réduisons-les, par la pensée, en molécules impalpables, de manière qu'elles ne puissent descendre à travers l'atmosphère qu'avec beaucoup de lenteur, et nous aurons une dernière hypothèse pour expliquer l'apparition des brouillards secs. Remarquons toutefois qu'il est regrettable qu'on n'ait pas fait une analyse chimique de l'air de ces brouillards, afin d'obtenir quelque notion positive sur les éléments qui les constituaient.

L'intérêt que les brouillards extraordinaires de 1783 et de 1784 ont excité n'est pas le seul motif qui m'ait déterminé à entrer dans tant de minutieux détails. Le passage de la Terre dans une queue de comète est un événement qui doit arriver plusieurs fois dans un siècle. Si cela, par exemple, n'a pas eu lieu en 1819 et en 1823, c'est à raison d'une circonstance purement accidentelle; c'est à cause d'une trop petite longueur dans les queues des comètes de ces deux années, car l'une et l'autre se trouvèrent, pendant quelques heures, exactement dirigées vers nous. Il importait donc de prouver qu'il n'y a, de ce côté, aucun danger réel pour notre globe; que même, par suite de leur excessive rareté, nous traversons ces immenses traînées sans nous en apercevoir. Or, tout cela a maintenant le caractère d'une vérité démontrée, si l'on accorde qu'une queue de comète ne peut pas servir à expliquer les circonstances diverses qui ont accompagné les apparitions des brouillards secs de 1783 et de 1831.

CHAPITRE XXXVII

LA TERRE POURRA-T-ELLE JAMAIS DEVENIR LE SATELLITE D'UNE
COMÈTE, ET, DANS LE CAS DE L'AFFIRMATIVE, QUEL SERAIT LE
SORT DE SES HABITANTS ?

Si une grosse comète venait à passer fort près de nous,
elle pourrait d'abord, sans aucun doute, altérer l'ellipse
que la Terre décrit annuellement autour du Soleil.

Donnons à cette comète une masse considérable; dimi-
nuons beaucoup la distance qui nous en sépare, et la
Terre, enlevée à l'action solaire, verra son orbite, totalement changée, se courber vers le nouveau centre d'attraction, circuler autour de lui, ne plus s'en détacher,
devenir, en un mot, son satellite.

La transformation de la Terre en satellite de comète
est donc un événement qui ne sort pas du cercle des
possibilités; mais il est très-peu probable, soit à cause
de la grande masse que *la comète conquérante,* comme
l'appelait Lambert, devrait avoir pour entraîner ainsi la
Terre à sa suite, soit parce qu'un dérangement pareil
suppose que les deux corps se seraient rapprochés extrêmement.

La Terre, dans sa course annuelle, est presque toujours également éloignée du Soleil. Supposons qu'elle
devienne le satellite d'une comète. Alors, ont dit presque
tous les cosmologues, elle éprouvera les extrêmes du froid
et du chaud. Les matières qui la composent se vitrifie-
ront, se vaporiseront, se gèleront tour à tour. Elle deviendra inhabitable; les hommes, les animaux, toutes

les espèces végétales connues, seront certainement anéantis! Voyons, en passant aux chiffres, s'il n'y aurait pas quelque chose à rabattre de ces effrayantes prédictions.

Supposons d'abord notre Terre entraînée par la comète périodique de Halley. Au moment du passage au périhélie notre distance au Soleil, que je puis supposer égale à celle de la comète, ne surpassera guère que de $1/8^e$ la moitié de la distance actuelle. A l'aphélie, nous serons près de 2 fois plus éloignés de cet astre qu'Uranus, ou 36 fois plus que dans notre situation présente. La durée de l'année se trouvera égale, comme de raison, au temps qu'emploie la comète à parcourir tout le contour de son orbite elliptique. Elle sèra donc 75 fois plus longue qu'aujourd'hui. Dans cette durée de 75 périodes égales à nos années actuelles qu'embrassera la nouvelle année de la Terre, il y en aura cinq de dépensées à parcourir la portion de courbe comprise dans l'orbite de Saturne. Regardons ces cinq années comme correspondant à l'été et aux saisons tempérées; il en restera encore 70, qui appartiendront tout entières à l'hiver.

Dans le moment du passage de la comète au périhélie, la Terre, son satellite, recevra du Soleil une quantité de rayons trois fois supérieure à celle qu'elle en recueille à présent. A son aphélie, 38 ans après, cette même quantité de rayons sera douze cents fois plus petite qu'elle ne l'est aujourd'hui.

Au lieu de rechercher à quelles inégalités de température ces nombres peuvent correspondre, occupons-nous, sous le même point de vue, de la comète de 1680, qui nous présentera de bien plus grandes différences.

Nous avons déjà dit qu'on a admis que cette comète fait sa révolution entière en 575 ans (chap. xvii, p. 348, et chap. xxxiii, p. 447). Donc, d'après les lois de Kepler, le grand axe de l'ellipse qu'elle parcourt doit être 138 fois plus grand que la distance moyenne de la Terre au Soleil, ou, si l'on veut, plus exactement, en représentant cette distance par 1,000, l'ellipse aura un grand axe de 138,296, avec une distance périhélie de 6 seulement.

La comète arriva à son périhélie le 17 décembre 1680. On sait que la chaleur communiquée par le Soleil varie comme la densité de ses rayons; que cette densité diminue quand la distance s'accroît, non pas proportionnellement à la simple distance, mais proportionnellement à son carré. Nous déduirons de là que, le 17 décembre, l'action calorifique du Soleil sur la comète était, pour des surfaces d'égale étendue, à l'action calorifique que le même astre exerce sur la Terre en été, comme le carré de 1,000 est au carré de 6, c'est-à-dire comme 1,000,000 est à 36, ou, ce qui est presque la même chose, comme 28,000 est à 1. Newton portait, d'après ces nombres, la chaleur acquise par la comète à 2,000 fois celle d'un fer rouge.

Ce dernier résultat se fonde sur des données inexactes. Le problème était d'ailleurs beaucoup plus compliqué que Newton ne le supposait, et qu'on ne devait le croire à l'époque de la publication des *Principes de la Philosophie naturelle*. On sait en effet, aujourd'hui, que pour assigner la température qu'une quantité déterminée de chaleur pourrait communiquer à un corps planétaire, il serait indispensable de connaître l'état de la superficie de ce corps et de son atmosphère; or, que sait-on, sous ce rapport, de la comète de 1680? Je dis plus : transportons notre globe lui-même, avec ses mers et ses continents tant étudiés, à la place que la comète occupait le 17 décembre, et le problème n'en sera pas moins insoluble. D'abord, la Terre éprouvera sans doute, dans son enveloppe solide, une chaleur 28,000 fois plus forte que celle de l'été; mais bientôt toutes les mers se changeront en vapeurs, et l'épaisse couche de nuages qui en résultera la mettra peut-être à l'abri de la conflagration qu'on pouvait redouter au premier coup d'œil. Ainsi, il est certain que le voisinage du Soleil amènera une grande augmentation de température sans qu'on puisse, par la nature des choses, en assigner numériquement la valeur.

Considérons maintenant l'astre dans le point opposé de son orbite. Les distances qui séparent le Soleil de la Terre, dans sa position présente, et de la comète dans son aphélie, sont dans le rapport de 138 à 1. Le carré du premier de ces deux nombres étant à peu près 19,000 fois plus grand que le carré du second, il en résulte que, placée à la suite de la comète de 1680, la Terre à l'aphélie serait 19,000 fois moins échauffée qu'elle ne l'est en été. Si nous admettons, avec Bouguer, que la lumière solaire soit 300,000 fois plus vive que celle de la Lune, nous trouverons enfin, qu'à son aphélie, que 287 ans 1/2 après avoir éprouvé dans le point opposé de l'orbite une chaleur évaluée par Newton à 2,000 fois celle d'un fer rouge, la comète de 1680 et la Terre, dont nous la supposons accompagnée, recevraient une lumière 16 fois plus forte, seulement, que celle de la pleine Lune. Cette lumière, concentrée au foyer des plus larges lentilles, ne produirait certainement aucun effet sensible, même sur un thermomètre à air. La température de notre globe se trouverait ainsi dépendre uniquement de la chaleur, non encore dissipée, dont il se serait imbibé près du périhélie, et de la chaleur propre à la région de l'espace que l'aphélie occupe.

Fourier a établi, par des considérations ingénieuses, que la température générale de l'espace n'est pas aussi faible qu'on l'avait imaginé. Il la croit peu inférieure à celle des pôles terrestres; il la fixe à 50° au-dessous de zéro du thermomètre centigrade. Ce degré de froid, on le ressentirait si le Soleil venait subitement à s'éteindre, tout aussi bien dans la région où Mercure, Vénus, la Terre exécutent leurs mouvements, que dans celle que sillonne Uranus, que dans des régions 100 fois, 1,000 fois plus éloignées encore. En entraînant la Terre jusqu'à son aphélie, la comète de 1680 l'exposerait donc, ni plus ni moins, comme elle l'est aujourd'hui sur tous les points de sa course annuelle, à un froid de 50°. Nous venons de trouver qu'à cet aphélie, le Soleil ne produit aucun effet calorique sensible. Ainsi, pour atténuer le froid de 50°, on ne devrait compter que sur la chaleur propre du globe et sur la partie de sa température qui, acquise au périhélie, n'aurait pas eu encore le temps de se perdre.

Newton portait à 50,000 ans le temps qui serait nécessaire pour que la chaleur 2,000 fois supérieure à celle du fer rouge acquise par la comète à son périhélie, fût entièrement dissipée. J'ai déjà indiqué les motifs qui ne permettent pas d'adopter cette évaluation de 2,000 fois la chaleur d'un fer rouge. Celle de 50,000 ans ne prêterait

pas à des objections moins solides. Avec tout ce que nous
savons aujourd'hui des propriétés du calorique, on aurait,
en effet, beaucoup de peine à comprendre qu'un corps
planétaire dût employer 50,000 années à perdre ce qu'il
aurait acquis dans un court intervalle de temps. Au surplus, afin de mettre tout au pis, supposons la perte complète; supposons qu'à l'aphélie toute la chaleur du périhélie se soit déjà dissipée. La comète et la Terre n'en
éprouveront pas pour cela un de ces froids qui effraient
l'imagination. Elles seront à la température de l'espace
environnant. Un thermomètre placé à leurs surfaces y
marquera 50° au-dessous de zéro; car, à moins de changements physiques dont nous faisons ici complétement
abstraction, un corps ne peut jamais devenir plus froid
que l'espace qui l'environne, et avec lequel il est en communication continuelle par voie de rayonnement.

En 1820, le capitaine Franklin et ses compagnons de
voyage, endurèrent, au Fort Entreprise, des froids de
49°.7 centigrades au-dessous de zéro. La température
moyenne du mois de décembre y fut de — 35°. D'une
autre part, les personnes qui voudront bien se reporter à
la Notice que j'ai consacrée aux températures des différentes espèces d'animaux, verront qu'il est démontré par
l'expérience que sous certaines circonstances hygromé-
triques, l'homme peut supporter une chaleur de 130°
centigrades, une chaleur de 30° supérieure à celle de
l'ébullition de l'eau. Ainsi, rien n'établit que si la Terre
devenait un satellite de la comète de 1680, l'espèce
humaine disparaîtrait par des influences thermométriques,

CHAPITRE XXXVIII

DE L'HABITABILITÉ DES COMÈTES

Après l'examen détaillé auquel nous venons de nous livrer dans le chapitre précédent, des limites entre lesquelles peuvent osciller les températures des corps célestes dont les distances au Soleil sont très-variables, on concevra que quelques philosophes aient admis que les comètes sont habitées. Pour prévenir les difficultés qu'on aurait pu puiser, quant aux facultés respiratoires, dans les énormes changements de volume que les nébulosités cométaires éprouvent; pour montrer que nos poumons sont susceptibles de s'accommoder à des atmosphères de densités très-dissemblables, ces philosophes ont cité Halley, qui, enfermé au centre d'une cloche de plongeur, respirait librement à une profondeur de 10 brasses (16 mètres). Ajoutons que Gay-Lussac, dans son mémorable voyage aérostatique du 16 septembre 1804, ne s'arrêta qu'à une hauteur où le baromètre marquait 329 millimètres et le thermomètre 9° au-dessous de zéro; l'illustre physicien était alors à une hauteur de 7,016 mètres au-dessus de la mer. Dans leur périlleuse ascension du 27 juillet 1850, MM. Barral et Bixio, partis à quatre heures du soir de l'Observatoire de Paris par une température de 17° au-dessus de zéro, séjournèrent trois quarts d'heure plus tard, durant près de vingt minutes, dans une couche d'air située à 7,049 mètres au-dessus de la mer, dont la température était de 40° au-dessous de zéro, et où le baromètre était descendu à

315 millimètres. Dans ces deux expériences, les ballons flottaient au milieu de couches atmosphériques dont la densité n'était pas les deux dixièmes de celle de l'air contenu dans la cloche de Halley.

Je ne prétends pas tirer de ces considérations la conséquence que les comètes sont peuplées par des êtres de notre espèce. Je ne les ai présentées ici que pour rendre, comme dit Lambert, leur *habitabilité* moins problématique. Je ferai observer, au surplus, que tous les corps célestes ont soulevé la même question et les mêmes doutes. Si la solution a présenté quelques difficultés, c'est qu'en fait d'organisation nos vues sont très-restreintes ; c'est que nous concevons difficilement des animaux qui diffèrent totalement de ceux dont nous avons étudié la forme, les mouvements, la nutrition. Nous croyons aujourd'hui que le vide parfait, que des milieux d'une très-haute température, ne sauraient renfermer des êtres animés, mais sans appuyer cette opinion sur de meilleurs arguments, qu'une personne qui n'ayant jamais vu de poissons, soutiendrait, par cela seul, que dans l'eau la vie est impossible. Des scrupules religieux sont aussi venus ajouter à la complication du problème. Voici en quels termes Fontenelle répondait, dès l'année 1686, à ce nouveau genre de difficulté : « Il est des personnes qui s'imaginent qu'il y a du danger, par rapport à la religion, à mettre des habitants ailleurs que sur la Terre. Mais il faut démêler ici une petite erreur d'imagination : Quand on vous dit que la Lune est habitée, vous vous y représentez aussitôt des hommes faits comme nous ; et puis, si vous êtes un peu théologien, vous voilà plein de difficultés. La postérité d'Adam n'a pu s'étendre jusque dans la Lune, ni envoyer des colonies dans ce pays-là. Les hommes qui sont dans la Lune ne sont donc pas fils d'Adam; or, il serait embarrassant dans la théologie qu'il y eût des hommes qui ne descendissent pas d'Adam... L'objection roule donc tout entière sur ces hommes de la Lune; mais ce sont ceux qui la font à qui il plaît de mettre des hommes dans la Lune; moi, je n'y en mets point : j'y mets des habitants qui ne sont point du tout des hommes. Que sont-ils donc? Je ne les ai point vus; ce n'est pas pour les avoir vus que j'en parle. » Au surplus, dit l'ingénieux secrétaire de l'Académie : « Quoique je croie la Lune une terre habitée, je ne laisse pas de vivre civilement avec ceux qui ne le croient pas, et je me tiens toujours en état de me ranger à leur opinion avec honneur si elle avait le dessus... Je ne prends parti dans ces choses-là, que comme on en prend dans les guerres civiles, où l'incertitude de ce qui peut arriver fait qu'on entretient toujours des intelligences dans le parti opposé. »

NOTE

SUR LES COMÈTES DE 1853 ET DE 1854.

Le catalogue des comètes du chapitre x du *Livre sur les comètes* (p. 300 et suiv.), contient toutes les comètes calculées au moment où M. Arago faisait une dernière révision de son *Astronomie populaire*. Les cadres qui ont été formés par l'illustre secrétaire perpétuel de l'Académie des sciences, sont destinés à être complétés au fur et à mesure des découvertes nouvelles, et ils sont tellement disposés que tout le monde pourra, sans aucune difficulté, tenir sur ce sujet son Traité au courant de la science. C'est entrer dans les vues de M. Arago que d'ajouter les faits nouveaux à ceux qu'il a recueillis.

Outre les comètes contenues dans le catalogue de M. Arago, il en a été calculé deux, découvertes en 1853, et quatre, découvertes en 1854. En voici les éléments, dans la forme adoptée par M. Arago :

Nos d'ordre.	Années.	Passage au périhélie.	Inclinaison.	Longitude du nœud.	Longitude du périhélic.	Distance périhélie.	Sens du mouv.
198	1853	10 mai	57° 53'	41° 13'	201° 13'	0.905	R
199	1853	16 oct.	60 59	220 3	302 8	0.173	R
200	1854	4 janv.	66 17	227 8	55 40	0.205	R
201	1854	24 mars	82 36	315 26	213 48	0.277	R
202	1854	22 juin	71 8	347 49	272 58	0.648	R
203	1854	27 oct.	40 58	324 43	93 21	0.807	D

N° 198. — Cette comète est la deuxième de 1853 ; elle a été découverte le 4 avril, à Moscou, par M. Schweizer ; ses éléments ont été calculés par M. Brunhs.

N° 199. — M. Brunhs a découvert cette comète à Berlin, dans la nuit du 11 au 12 septembre 1853, dans la constellation de la Grande Ourse ; ses éléments ont été calculés par M. Brunhs et par M. d'Arrest.

N° 200. — Cette comète a été vue près de New-York, par M. Gould, le 25 novembre 1853. L'orbite a été calculée par M. Klinkerfues et par M. Brunhs.

N° 201. — Cette comète a été aperçue, le 23 mars 1854, dans le département de Lot-et-Garonne ; les premières observations en ont été faites à Paris, le 31 mars, par M. Laugier. L'orbite en a été calculée par M. Argelander et M. Ernest Quetelet.

N° 202. — M. Klinkerfues a découvert cette comète le 5 juin 1854, à Gœttingue. Les éléments ont été calculés par M. Argelander.

N° 203. — M. Brunhs a découvert cette comète à Berlin, le 12 septembre 1854 ; il en a calculé les éléments.

La découverte de ces six comètes et leur adjonction au catalogue de M. Arago ne changent nullement les considérations développées dans le chapitre XIX sur le nombre des comètes du système solaire.

LIVRE XVIII

MERCURE

CHAPITRE PREMIER

ASPECT DE MERCURE — SON MOUVEMENT AUTOUR DU SOLEIL

Les anciens auteurs désignent Mercure par le signe ☿ dans lequel on a cru voir un caducée, attribut du dieu Mercure.

Sa lumière est vive et scintillante.

Lorsque Mercure se dégage le soir des rayons du Soleil, lorsqu'il se couche peu de temps après cet astre radieux, son mouvement est dirigé de l'occident à l'orient, par rapport aux étoiles. Lorsque sa distance apparente au Soleil a atteint une valeur qui, au maximum, peut s'élever jusqu'à environ 29°; qui, au minimum, s'abaisse à peu près à 16°, et qui d'ordinaire n'est guère que de 23°, la planète paraît se rapprocher du Soleil; on dit alors que la planète est située dans sa plus grande *élongation*. Quand généralement Mercure n'est éloigné du Soleil que de 16° à 20°, en moyenne de 18°, il semble stationnaire, son mouvement devient ensuite rétrograde ou dirigé de l'orient à l'occident, par rapport aux étoiles.

Ce mouvement se continue, et Mercure se replonge

dans la lumière crépusculaire où il disparaît, du moins pour un observateur dépourvu de lunette.

Si quelques jours après on porte ses regards vers le point de l'horizon où le Soleil doit se lever, on aperçoit un astre ayant un mouvement rétrograde ou dirigé de l'orient à l'occident, qui de jour en jour s'éloigne davantage du Soleil jusqu'au moment où il en est distant de 23°; alors le mouvement, relativement aux étoiles, s'arrête; après une courte station, l'astre reprend une marche dirigée de l'occident à l'orient et disparaît quelque temps après dans la clarté qui constitue l'aurore.

La durée d'une oscillation apparente complète de Mercure par rapport au Soleil, c'est-à-dire le temps qu'il emploie pour aller de sa plus grande digression orientale à sa plus grande digression occidentale et revenir ensuite à sa première position, varie de 106 à 130 jours.

Mercure parcourt successivement les diverses constellations zodiacales à peu près en une année, comme le montrent les figures 166 et 167 (p. 208). On voit aussi dans ces figures et dans la figure 174 (p. 234) que les vitesses par rapport aux étoiles sont très-inégales, que plus souvent directes, elles sont parfois rétrogrades, et que la durée des rétrogradations est d'environ 23 jours.

Supposons que l'observateur se serve d'une lunette armée d'un fort grossissement et qu'il regarde la planète lorsque le soir elle commence à se dégager des rayons du Soleil, sa forme lui semblera alors être un cercle à peu près parfait (A, fig. 218). A mesure qu'elle s'écarte du Soleil, la partie occidentale conserve sa forme circulaire, tandis que la région orientale devient elliptique (B). Il

arrive un moment, peu éloigné de celui où la planète est
parvenue à sa plus grande élongation, pendant lequel sa
forme est à peu près celle de la Lune à son premier
quartier. Alors, sa région occidentale est circulaire, la
partie opposée paraît une ligne perpendiculaire à celle
qui joint le centre du Soleil au centre de la planète (C).
Ensuite, cette région rectiligne se creuse ; elle prend, à
son tour, la forme d'une ellipse dont la convexité est tournée vers l'occident (D). On dirait la Lune avant son
premier quartier. Enfin, lorsque la planète se plonge,

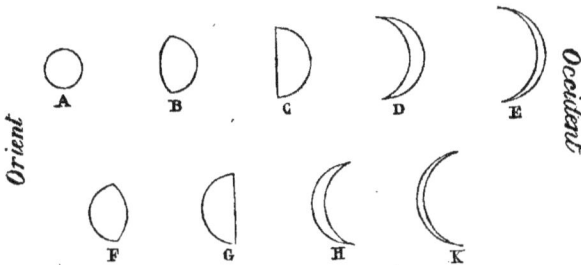

Fig. 218. — Principales phases de Mercure.

le soir, dans les rayons du Soleil, elle est un croissant
extrêmement délié, terminé à l'occident par un demi-
cercle, et à l'orient par une courbe elliptique très-peu
différente d'un demi-cercle dont la concavité est tournée
à l'orient et qui s'emboîte, pour ainsi dire, dans la portion parfaitement circulaire (E).

Si on examine Mercure le jour où il se dégage le matin
des rayons de l'aurore, et les jours suivants, on apercevra, mais en sens contraire, la même série de phénomènes. Il sera toujours formé du côté de l'orient par un
arc de cercle et du côté de l'occident par un arc d'ellipse

dont la convexité sera tantôt tournée vers l'occident (F), tantôt tournée vers l'orient (H et K) ; et, à une époque intermédiaire, la partie occidentale de la planète paraîtra une ligne droite (G). La planète prendra successivement les formes et les dimensions relatives K, H, G, F, A, B, etc., et toujours dans le même ordre.

Ces faits, que nous avons vus précédemment être la conséquence d'un mouvement de circulation de la planète autour du Soleil (liv. xvi, chap. iv, p. 212), ne peuvent s'expliquer qu'en admettant que Mercure nous réfléchit la lumière solaire.

Nous pouvons donc affirmer que cette planète emprunte la totalité ou la plus grande partie de sa lumière au Soleil, et qu'elle circule autour de cet astre suivant une courbe dans l'intérieur de laquelle il est situé.

Lorsque Mercure est au delà du Soleil, relativement à la Terre, et que de plus il passe au méridien à peu près à la même époque que lui, on dit qu'il est en *conjonction supérieure*. Il se trouve en *conjonction inférieure* quand il est situé entre le Soleil et la Terre, ces trois corps étant contenus dans un même plan perpendiculaire au plan de l'écliptique ; il est évident que pendant la conjonction inférieure Mercure passe aussi au méridien en même temps que le Soleil.

En observant Mercure lorsqu'il est dans ses conjonctions, on pourra, ainsi que nous l'avons expliqué dans le livre consacré à l'étude de l'ensemble des mouvements des planètes (liv. xvi, chap. v, p. 216), déterminer la durée de sa révolution autour du Soleil. En combinant les observations des conjonctions avec celles des quadratures, en comparant les observations faites en différents points et notamment celles des nœuds ascendant et descendant (liv. XVI, chap. XI, p. 252), on trouvera aussi les rapports des distances de la planète à la Terre et au Soleil, et la nature de l'orbite qu'elle décrit.

Une fois qu'il est démontré que l'orbite de Mercure est une ellipse et que cet astre obéit aux lois de Kepler, toutes les observations qu'on en fait aux grands instruments des Observatoires, c'est-à-dire à la lunette méridienne et à la pendule sidérale, concourent à établir avec une grande certitude toutes les inégalités du mouvement réel et du mouvement théorique, et conduisent à calculer les influences perturbatrices des autres planètes. On arrive ainsi à obtenir des tables exactes du mouvement de l'astre dans l'avenir.

Le plan de l'orbite de Mercure forme avec le plan de l'écliptique un angle de 7° 0′ 5″. Cette orbite est une ellipse dont le Soleil occupe un des foyers. Le temps que la planète emploie à la parcourir tout entière, le temps de sa révolution dite sidérale, est de 87ʲ.97 ou 2 mois 27 jours 23 heures 15 minutes et 46 secondes.

La distance moyenne de la planète au Soleil est de 0.387, la distance moyenne du Soleil à la Terre étant 1.

L'excentricité est égale à 0.206; la longitude du périhélie est de 74° 20′ 42″, et la longitude du nœud ascendant de 45° 57′ 38″.

Ces éléments de l'orbite de Mercure ont été tirés d'un bon Mémoire de M. Le Verrier, publié en 1845 et intitulé *Théorie du mouvement de Mercure*. Le mérite d'un tel travail était assez généralement reconnu pour que l'auteur eût pu se dispenser de lui attribuer des difficultés imaginaires. Lorsque les perturbations ont été complétement développées, et qu'on peut disposer d'un nombre suffisant d'observations, il n'est guère plus malaisé de faire des tables de Mercure que de toute autre planète.

Les équations de condition introduites par Mayer dans ce genre de recherches, ne pourraient manquer de conduire à peu près au même résultat, quel que fût le calculateur. Si Lalande était toujours obligé de revenir à la charge pour rectifier ses tables, c'est qu'il corrigeait un à un et arbitrairement les éléments d'où pouvait dépendre la différence entre l'observation et la théorie.

Ce n'était donc pas le cas de rappeler, sans lui assigner très-explicitement son véritable sens, l'opinion de Mœstlin qui, « s'il eût connu, disait-il, quelqu'un s'occupant de Mercure, se serait cru obligé de lui conseiller charitablement de mieux employer son temps. »

Ce découragement du maître de Kepler était très-fondé à une époque où la planète n'avait été observée et ne pouvait l'être que dans un petit nombre de positions particulières, peu propres à faire connaître toutes les circonstances de sa marche.

Au reste, je ne dois pas priver mes collaborateurs des éloges justement mérités que M. Le Verrier leur adressait à l'époque de la publication de son intéressant Mémoire :

« Grâce au zèle et à l'habileté persévérante de ses astronomes, dit M. Le Verrier, l'Observatoire de Paris possède un plus grand nombre d'observations de Mercure qu'aucun autre de l'Europe. Dans ces dernières années, depuis

1836 jusqu'en 1842, deux cents observations complètes de Mercure ont été faites : nombre prodigieux, si l'on considère la difficulté qu'on a à voir cette planète dans nos climats, et qui a exigé qu'on en saisît attentivement toutes les occasions.....

« J'ai fait tous mes efforts pour que l'exactitude de ma théorie ne restât pas au-dessous de la précision des observations qui m'étaient confiées. »

CHAPITRE II

CONNAISSANCES DES ANCIENS SUR MERCURE

Les noms des planètes nous viennent des Latins, mais ils sont au fond la traduction des mots grecs par lesquels on désignait primitivement ces astres.

« Il a fallu sans doute, dit Laplace, une longue suite d'observations pour reconnaître l'identité de deux astres que l'on voyait alternativement le matin et le soir, s'éloigner et se rapprocher alternativement du Soleil ; mais comme l'un ne se montrait jamais que l'autre n'eût disparu, on jugea enfin que c'était la même planète qui oscillait de chaque côté du Soleil. »

Cette remarque de Laplace explique pourquoi les Grecs donnèrent à cette planète les deux noms d'Apollon, le dieu du jour, et de Mercure, le dieu des voleurs, qui profitent du soir pour commettre leurs méfaits.

Les Égyptiens s'occupèrent de Mercure sous les deux noms de Set et d'Horus ; les Indiens l'appelaient Boudha et Rauhineya.

Les connaissances astronomiques étaient si peu avancées chez les Romains, que dans l'un des deux passages où il parle de Mercure, Cicéron le place entre Vénus et Mars, tandis qu'en réalité il est situé entre Vénus et le Soleil. Dans le second des passages auxquels je fais allusion, dans le Songe de Scipion, le grand orateur suppose que Mercure circule autour du Soleil. Cette notion, bien plus logique que la première, aurait été, suivant Macrobe, empruntée aux Égyptiens.

Mercure, comme on a vu, ne s'éloigne jamais beaucoup de l'astre radieux autour duquel il fait sa révolution; il se couche peu de temps après lui; l'intervalle qui s'écoule entre les levers est également limité. Il ne peut donc être observé à l'œil nu que dans la lumière crépusculaire et près de l'horizon.

Là où l'horizon se trouve habituellement dégagé de nuages, la planète est facilement aperçue; aussi les anciens appelaient Mercure *l'étincelant* (στιλβων).

Cette dénomination ne s'accorde guère avec cette remarque chagrine de Copernic « qu'il descendrait dans la tombe avant d'avoir jamais découvert la planète »; elle fut toujours enveloppée pour lui dans les vapeurs de la Vistule. Disons, cependant, que dans l'île d'Hueen, sous un climat qui ne devait être pas plus favorable que celui de Frauenbourg, Tycho observa souvent Mercure à l'œil nu.

Les phases de Mercure sont si difficiles à apercevoir à cause du petit diamètre de cette planète et de la vivacité de sa lumière, que Galilée, avec les instruments imparfaits dont il faisait usage, ainsi qu'on le voit par le troisième *Dialogue*, ne put pas en constater l'existence.

Hévélius lui-même, beaucoup plus tard, signalait ces phases comme très-difficiles à observer. Néanmoins, Mercure lui avait paru parfois nettement dichotome.

Existe-t-il quelques observations des phases antérieures à celles-là? c'est ce que je ne pourrais affirmer.

CHAPITRE III

PASSAGES DE MERCURE SUR LE SOLEIL

Pendant l'intervalle qui s'écoule entre la disparition de Mercure le soir, et sa réapparition le matin, on voit quelquefois sur le Soleil une belle tache noire qui entre par le bord oriental du disque, s'avance avec une vitesse uniforme vers le centre, dépasse ce point, parvient au bord opposé et s'évanouit. Cette tache est Mercure s'interposant entre le Soleil et la Terre et produisant une véritable éclipse partielle de Soleil.

On peut s'assurer de cette vérité à ces caractères divers. La tache se meut, de l'orient à l'occident, comme se mouvait Mercure au moment de sa disparition, et à très-peu près avec la même vitesse. Elle a un diamètre égal à celui qu'avait la planète lumineuse quand on la perdit de vue le soir.

Cette tache noire ne peut d'ailleurs être confondue avec les taches dont le Soleil est souvent parsemé; celles-ci emploient un temps fort long, près de 14 jours, à parcourir les cordes visibles du disque solaire suivant lesquelles elles se meuvent (liv. xiv, chap. iii, p. 81); la

tache exceptionnelle dont nous parlons fait le même trajet
en une petite fraction de jour. Les taches solaires, proprement dites, marchent comparativement avec très-peu
de rapidité quand elles occupent le bord du Soleil; la
tache actuelle est douée de la même vitesse près des deux
bords et au centre. Les taches solaires offrent toujours
dans leur contour de grandes irrégularités; la tache dont
l'apparition se trouve expliquée naturellement par l'interposition de Mercure, est parfaitement ronde et sans rien
qui puisse être comparé, quant à la visibilité et à l'étendue, aux espaces faiblement lumineux entourant les taches
proprement dites, auxquelles on a donné le nom de
pénombre. Enfin, cette dernière tache est d'un noir bien
plus prononcé que les taches qui se forment dans l'atmosphère du Soleil. Mais on dépasserait ce que l'observation
autorise en concluant de ce fait que le corps qui par son
interposition produit la tache, est d'une obscurité parfaite
et n'émet absolument aucune lumière. Il est manifeste,
en effet, comme nous l'avons prouvé en nous occupant
précédemment (liv. xiv, chap. xx, p. 156) des taches
du Soleil, que la noirceur de la tache actuelle peut être
un phénomène de contraste et qu'en réalité elle paraîtrait,
vue isolément, au moins aussi lumineuse que les régions
du ciel qui entourent le Soleil.

Il faut donc chercher dans les phénomènes des phases
la preuve que Mercure n'est pas lumineux par lui-même.

Alpétrage, astronome arabe, voulant expliquer comment Mercure ne s'était jamais montré à lui sur le Soleil,
faisait cette planète lumineuse par elle-même. Mais nous
avons vu (p. 489) que l'orbite de Mercure n'est pas

couchée sur le plan de l'écliptique, mais qu'elle fait avec celui-ci un angle d'environ 7°. Cette circonstance sert à expliquer pourquoi il y a un très-petit nombre de conjonctions inférieures, pendant lesquelles la planète se projette sur le Soleil.

Les passages de Mercure sur le Soleil ont été d'une grande utilité quand on a voulu calculer son orbite avec une grande approximation. Ils donnent, en effet, des observations précises, faites dans les meilleures conditions d'exactitude, complétement authentiques, et que beaucoup d'astronomes, situés dans des lieux très-éloignés, concourent à rendre extrêmement utiles pour les progrès de la science.

Le médecin et astronome arabe Averrhoès, au XIIe siècle, crut avoir aperçu Mercure sur le Soleil, mais la planète ne sous-tend qu'un angle de 12″ dans sa conjonction inférieure ; or, un objet rond et obscur de 12″, lors même qu'il se projette sur le Soleil, n'est pas visible à l'œil nu ; il est donc très-probable que l'observateur arabe n'avait vu qu'une tache solaire. Nous dirons la même chose des observations de Scaliger et de celles que fit Kepler le 28 mai 1607. Le premier qui ait incontestablement aperçu Mercure sur le Soleil, est notre compatriote Gassendi, professeur au collége de France et chanoine de l'église paroissiale de Digne.

Le 7 novembre 1631, ce savant étant à Paris observa Mercure sur l'image solaire projetée sur une feuille de papier blanc, dans une chambre obscure, suivant le procédé mis en usage par Scheiner pour suivre les taches du Soleil.

Plein d'enthousiasme d'avoir enfin réussi dans une pareille observation, il s'écria, en faisant allusion à la pierre philosophale : « J'ai vu ce que les alchimistes cherchent avec tant d'ardeur, j'ai vu Mercure dans le Soleil. »

La seconde observation de ce curieux phénomène fut faite en 1651 par Skakerlœus, qui s'était rendu tout exprès à Surate pour en être témoin.

Hévélius, en 1661, observa le troisième passage de la planète arrivé depuis l'invention des lunettes; mais, comme Gassendi, l'astronome de Dantzig ne visait pas directement à l'astre, il se contentait d'examiner l'image agrandie du Soleil dans une chambre obscure.

Enfin, en 1677, Halley vit à Sainte-Hélène un passage complet, je veux dire l'entrée et la sortie de la planète sur le disque solaire. C'est la première fois que le phénomène a été observé pendant toute sa durée.

Les autres passages de Mercure sur le Soleil, qui ont été observés, sont les suivants :

11 novembre 1690. — L'observation de la sortie a été faite à Nurenberg, à Erfurt, à Canton.

3 novembre 1697. — La sortie a été observée à Paris par D. Cassini et à Nurenberg par Wurzelbaur.

6 mai 1707. — La Hire avait annoncé un passage visible à Paris pour le 5 mai. Ce passage n'eut lieu que dans la nuit suivante, et la fin en fut entrevue à Copenhague par Rœmer, sans que cet astronome pût prendre aucune mesure exacte.

9 novembre 1723. — L'entrée de Mercure sur le Soleil fut observée à Paris par Maraldi et J. Cassini.

11 novembre 1736. — Ce passage fut le premier qu'on observa complétement à Paris. D'après les observations de Maraldi et de F. Cassini, il s'écoula $2^h 40^m$ entre l'entrée et la sortie de la planète.

2 mai 1740. — L'entrée seule a été observée par Wintrop à Cambridge (États-Unis).

5 novembre 1743. — Ce passage a été observé complétement à Paris par Maraldi et les Cassini ; il s'écoula $4^h 30^m$ entre l'entrée et la sortie.

6 mai 1753. — La sortie seule a été observée par Le Gentil, De l'Isle et Bouguer.

6 novembre 1756. — Les pères Gaubil et Amiot ont pu seuls faire une observation complète à Pékin.

10 novembre 1769. — L'entrée seulement a été observée à Philadelphie et Narriton (États-Unis).

12 novembre 1782. — Ce passage a été vu complétement à Paris par Lalande, Messier, Lemonnier, J.-D. Cassini, etc. ; la durée du phénomène a été de $1^h 14^m$.

4 mai 1786. — Les tables de Lalande ayant indiqué la sortie 53^m trop tôt, l'observation fut manquée à Paris où l'entrée était d'ailleurs invisible. Ce passage fut complétement observé à Mittaw, par Beitler ; à Saint-Pétersbourg, par Inochodzow ; à Bagdad, par Beauchamp. La durée du phénomène fut de $5^h 31^m$.

5 novembre 1789. — L'entrée a été observée à Paris par J.-D. Cassini, Delambre, Messier et Méchain ; la sortie a été vue à Montevideo par Galiano, Vernacci et de la Concha ; la durée du passage a été de $4^h 50^m$.

7 mai 1799. — Ce passage a été complétement observé par Delambre à Paris ; sa durée a été de $7^h 18^m$.

9 novembre 1802. — La sortie seule a été observée par Lalande à Paris.

5 mai 1832. — L'entrée et la sortie ont été observées à l'Observatoire de Kœnigsberg, par M. Bessel ; le phénomène a duré $6^h 43^m$.

8 mai 1845. — L'entrée de Mercure sur le disque du Soleil a été observée près d'Altona, par MM. Schumacker et Petersen ; à Marseille, par M. Valz ; à Genève, par M. Plantamour : les circonstances atmosphériques étaient peu favorables. Le phénomène a été vu dans son entier par M. Mitchel, à Cincinnati (États-Unis), et par M. Gaussin à Noukahiva (Iles Marquises) ; sa durée a été de $6^h 23^m$.

8 novembre 1848. — C'est le dernier passage qui ait eu lieu. L'entrée seule a été vue à Paris, à Genève, à Londres, au Caire.

Le passage complet a été observé à Markree par M. Cooper ; sa durée a été de 5^h 24^m.

Les passages attendus jusqu'à la fin de ce siècle sont :

1861	11 novembre.
1868	4 novembre.
1878	6 mai.
1881	7 novembre.
1891	9 mai.
1894	10 novembre.
1901	4 novembre.

Depuis que l'on calcule en divers endroits d'Europe et d'Amérique des éphémérides célestes, qui sont publiées en France dans la *Connaissance des temps* trois ans à l'avance, il est facile de savoir d'un seul coup d'œil s'il doit y avoir un passage de Mercure sur le disque du Soleil ; si la latitude de l'astre excède le demi-diamètre du Soleil, le phénomène ne peut avoir lieu.

On comprend du reste, sans que j'aie besoin d'insister, que si le passage doit s'effectuer lorsque le Soleil est au-dessous de l'horizon du lieu de l'observation, il est invisible, et que l'état de l'atmosphère, que des nuages peuvent empêcher l'observation de se faire, lors même que les autres circonstances sont propices.

CHAPITRE IV

GRANDEUR ET CONSTITUTION PHYSIQUE DE MERCURE

La distance moyenne de Mercure au Soleil étant 0.387, celle de la Terre étant 1, on trouve 14,706,000 lieues pour cette distance, exprimée en lieues de 4 kilomètres.

La valeur de 0.206 pour l'excentricité conduit à une distance périhélie de 0.307 et à une distance aphélie de 0.467, c'est-à-dire que la plus petite distance de Mercure au Soleil est de 11,666,000 lieues et la plus grande de 17,746,000 lieues.

Connaissant la distance de la Terre au Soleil, en un instant donné, et celle du Soleil à la planète, on peut toujours, les positions des orbites étant d'ailleurs parfaitement déterminées, obtenir par le calcul d'un triangle la distance de la Terre à Mercure. On trouve que la plus grande distance et la plus petite sont respectivement de 51,000,000 et de 18,700,000 lieues.

Mercure ayant presque toujours des phases, on ne parvient à déterminer avec certitude sa forme réelle, que lorsqu'on le voit négativement pendant son passage sur le Soleil.

Les astronomes qui ont vu passer Mercure sur le Soleil, ont rarement négligé de mesurer son diamètre en secondes, à l'aide d'observations micrométriques. Ce diamètre, ramené par le calcul à la distance moyenne de la Terre au Soleil, et comparé à celui que notre globe doit présenter à la même distance, a servi à calculer le rapport du volume de Mercure au volume de la Terre.

On se fera une idée des variations que cette appréciation a dû subir, en parcourant des yeux le tableau suivant des diamètres de Mercure ramenés à la distance moyenne de la planète au Soleil, observés pendant le passage de 1832, et en se rappelant que les volumes varient proportionnellement aux cubes des diamètres :

Bessel...................... 6″.70
Mædler et Beer........... 5″.82
Gambart................. 5″.18

Le diamètre apparent de Mercure oscille de 4″.4 à 12″; à une distance de la Terre égale à la distance moyenne de la Terre au Soleil, il a une valeur de 6″.75. Le diamètre réel est par conséquent de 1,243 lieues, ou les 391 millièmes du diamètre de la Terre. Le volume de la planète est donc égal à 0.060, celui de notre globe étant pris pour unité. La figure 219 montre les rapports des

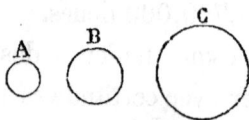

Fig. 219. — Grandeurs apparentes du disque de Mercure aux distances extrêmes et à la distance moyenne de la Terre.

grandeurs du disque de Mercure, dans son plus grand éloignement de la Terre en A, dans sa distance moyenne en B et dans son plus fort rapprochement en C.

En observant le passage de Mercure en 1779, Lalande crut remarquer un aplatissement sensible dans la tache noire qui dessinait Mercure sur le corps du Soleil. Mais les moyens de mesure de l'astronome français étaient-ils suffisamment précis pour qu'il pût répondre d'une très-petite fraction de seconde?

On a cité à ce sujet une observation plus ancienne, faite par Gallet à Avignon, en 1677, avec une lunette de Borelli, de 7ᵐ.5, et dans laquelle Mercure parut ovale, son plus grand axe étant parallèle au plan de l'équateur. Mais n'aurait-on pas dû remarquer que le même observa-

teur décrivant la tache que formait Mercure sur l'image
amplifiée du Soleil à la surface d'un écran, rapporte que
cette tache était toute ronde et non pas ovale?

Messier, Méchain et Schrœter disent avoir aperçu,
autour du disque noir de Mercure, passant sur le Soleil,
un anneau très-mince et faiblement lumineux, ce qu'ils
ont attribué à l'affaiblissement que la lumière solaire
éprouvait en traversant une épaisse atmosphère dont la
planète serait entourée; mais je dois ajouter que ces
observations ont été contredites.

Herschel notamment prétend avoir constaté que le
contour de Mercure reste parfaitement terminé pendant
toute la durée du passage. Or, on sait que la lumière
s'affaiblit et se colore inévitablement en traversant une
atmosphère. Si donc l'attention la plus soutenue ne fait
apercevoir autour de la tache aucun anneau qui soit différent, par l'intensité ou par la teinte, du disque solaire, il
est difficile d'admettre l'existence d'une atmosphère autour de la planète. Il est bon de remarquer, au surplus,
que ces considérations n'ont rien d'absolu et qu'on peut
échapper aux conséquences qui semblent découler des
observations que fit Herschel pendant le passage de 1802,
en atténuant suffisamment par la pensée la densité, la ré-
frangibilité ou la hauteur de l'atmosphère de la planète.

Si Mercure était entouré d'une atmosphère, les rayons
lumineux éprouveraient une déviation en la traversant;
cette déviation semblerait devoir se manifester par une
déformation du limbe du Soleil, au moment où le prolongement de la ligne menée réellement de l'œil de l'observateur au bord de la petite planète, serait à peu près

tangent au contour du grand astre. Aucune déformation de ce genre ne se fit remarquer à l'instant précis où le bord de Mercure allait cesser de se projeter sur le Soleil, dans la matinée du 9 novembre 1802. Les rides du Soleil (*corrugations*) auraient été aussi un moyen très-délicat pour juger de l'existence et même de la valeur des déformations engendrées par l'atmosphère de Mercure. Les rides conduisirent à un résultat négatif, comme le contour du disque.

Pendant toute la durée du passage, Mercure parut considérablement plus noir et d'un noir plus uniforme que les noyaux de deux grandes taches solaires auxquels il fut possible de le comparer.

Mais nous le répétons, les observations contradictoires de divers astronomes sur l'apparence du disque de Mercure passant sur le Soleil, ne sont point suffisantes pour nier ou pour affirmer l'existence d'une atmosphère dans cette planète. L'état particulier des couches atmosphériques correspondantes au bord de la planète peut servir à expliquer le désaccord apparent d'observateurs également exercés.

Une preuve plus évidente de l'existence d'une atmosphère autour de Mercure, résulte de la formation subite de bandes obscures qu'on remarque sur son disque lumineux.

Ces bandes occupent souvent des espaces considérables et occasionnent sur la surface de la planète des variations très-sensibles d'éclat.

Les observations concernant la formation de bandes obscures sur la surface de Mercure et les variations momentanées d'éclat de cette planète, d'où l'on a déduit avec quelque certitude l'existence d'une atmosphère, appartiennent à Schrœter et Harding, et sont de l'année 1801.

On a cru voir une démonstration nouvelle de l'existence d'une atmosphère dans ce fait, au demeurant très-difficile à constater, que le cercle terminateur de la partie éclairée de la planète pendant ses phases serait plus faible que le reste du disque.

Enfin, en calculant pour le 29 septembre 1832 l'étendue de la phase, MM. Beer et Mædler ont trouvé qu'elle était supérieure à la phase visible. De là, en attribuant à un défaut de diaphanéité une plus grande influence qu'à la réfraction, on est arrivé, par une voie totalement différente des déductions que nous avons précédemment examinées, à la conséquence que Mercure est pourvu d'une atmosphère.

La question de savoir si Mercure est doué d'un mouvement de rotation a justement appelé l'attention des astronomes.

Si la planète était sans aspérités sensibles, son croissant serait toujours terminé par deux cornes également aiguës, résultant de l'intersection de la bordure circulaire et de la courbe elliptique qui la dessinent dans l'espace (fig. 220);

Fig. 220. — Croissant à cornes également aiguës.

mais on remarque, en quelques circonstances, que l'une

des cornes, la méridionale, s'émousse sensiblement, qu'elle présente une véritable troncature (fig. 221). Pour rendre

Fig. 221. — Troncature de la corne méridionale de Mercure.

compte de ce fait, on a admis que, près de cette corne méridionale, il existe une montagne très-élevée qui arrête la lumière du Soleil et l'empêche d'aller jusqu'au point que la corne aiguë aurait occupé sans cela.

La réapparition régulière de ce phénomène de troncature pourra donc être regardée comme l'indice du retour de la montagne au bord du disque apparent.

La comparaison des moments où la troncature se manifeste, a conduit à la conséquence que Mercure tourne sur lui-même en $24^h 5^m$ de temps moyen.

L'étendue de cette troncature peut servir à calculer la hauteur de la montagne qui la produit. Cette hauteur a été trouvée égale à environ 5 lieues de 4 kilomètres ; elle est la 125e partie à peu près du rayon de la planète, c'est-à-dire extrêmement grande si on la compare aux hauteurs des montagnes qui existent à la surface de la Terre.

Les observations des cornes à l'aide desquelles on a déterminé le mouvement de rotation de Mercure sur lui-même, et évalué la hauteur de la montagne produisant la troncature de la corne méridionale, remontent à 1800 et 1801, et sont dues à Schrœter de Lilienthal.

D'autres observations, quoique peu propres à déterminer le temps de la rotation de la planète, les observations de bandes (fig. 222), faites par Schrœter et Harding,

Fig. 222. Bandes de Mercure [1].

ont semblé prouver que l'équateur de Mercure fait avec le plan de son orbite un angle d'environ 70°.

Pendant le passage de Mercure de 1799, Schrœter et Harding à Lilienthal, Kœhler à Dresde, virent sur son disque obscur un petit point lumineux d'où l'on a conclu qu'il y a dans cette planète des volcans actuellement en ignition.

Le déplacement de ce point, relativement au bord apparent de Mercure, servit, sinon à mesurer, du moins à constater le mouvement de rotation de la planète sur son centre.

Ceux qui voudront se livrer à des spéculations sur l'état thermométrique de Mercure, pourront partir de ce fait que la lumière et la chaleur solaires arrivent à la surface de la planète avec une intensité moyenne égale à 7 ou plus exactement à 6.67, cette intensité étant supposée être égale à 1 à la surface de la Terre, lorsque notre globe se trouve à sa distance moyenne de l'astre radieux qui nous éclaire et nous échauffe.

On arrive à ce résultat en admettant que l'intensité de la lumière et de la chaleur émises par une source, et qui tombent sur des corps diversement éloignés, varie

1. Les figures 218, 219, 220, 221, 222, 223 et 226, qui donnent les grandeurs relatives de Mercure et de Vénus dans différentes positions, ont été faites à la même échelle, en prenant 1 millimètre pour représenter une seconde.

en raison inverse du carré des distances de ces corps à la source. D'après cette loi et à cause de l'excentricité considérable de l'orbite de Mercure, la lumière et la chaleur que cette planète reçoit du Soleil varient depuis 4.59 à l'aphélie, jusqu'à 10.58 au périhélie.

LIVRE XIX

CHAPITRE PREMIER

ASPECT DE VÉNUS — SON MOUVEMENT AUTOUR AU SOLEIL

Vénus est désignée par le signe ♀ dans lequel on a cru voir un miroir et son manche. Sa lumière offre des indices manifestes de scintillation. Elle présente dans ses mouvements les mêmes circonstances que Mercure, mais sur une plus grande échelle.

Par l'effet des mouvements relatifs de Vénus et du Soleil, les distances de ces deux astres s'élèvent souvent dans les plus fortes digressions orientales ou occidentales de la planète, à environ 48°. La durée d'une oscillation complète, par rapport au Soleil, c'est-à-dire le temps que la planète emploie, vue de la Terre, pour revenir à la même position relativement au Soleil, est de 584 jours, ou 1 an 3 mois et 29 jours.

Le mouvement de Vénus, rapporté aux étoiles, est parfois direct et parfois rétrograde.

Ainsi, le soir, lorsqu'elle se plonge dans les rayons du Soleil, son mouvement, rapporté aux étoiles, est dirigé de l'orient à l'occident; c'est aussi un mouvement rétrograde qu'elle exécute, quand elle se dégage le matin de la lumière crépusculaire.

Sur les 584 jours de la durée de son oscillation totale apparente autour du Soleil, il y a 542 jours environ employés au mouvement direct par rapport aux étoiles, et 42 seulement au mouvement rétrograde. La planète toutefois, en restant tantôt d'un côté, tantôt de l'autre côté de l'écliptique sans s'en éloigner beaucoup, parcourt successivement toutes les constellations zodiacales, fait le tour complet du ciel moyennement en une année à peu près, comme le montrent les figures 166 et 167 (p. 208), et 175 (p. 232).

Lorsque le soir Vénus se dégage des rayons du Soleil, ou lorsqu'elle se plonge dans sa lumière, le matin, son diamètre est très-petit et le disque presque rond. Ce diamètre est beaucoup plus grand et la planète paraît très-échancrée, comme l'est la Lune dans des positions pareilles, quand elle disparaît le soir dans le crépuscule, ou qu'elle s'en dégage le matin.

Le soir, la concavité du croissant est tournée vers l'orient ; le matin, au contraire, cette concavité est tournée vers l'occident. A des époques intermédiaires entre celles que nous venons d'indiquer, Vénus est à moitié pleine.

Tous ces phénomènes s'expliquent très-simplement, en supposant que Vénus circule, suivant une courbe fermée, dans l'intérieur de laquelle le Soleil est placé (fig. 168, p. 212), qu'elle n'est pas lumineuse par elle-même, et qu'elle emprunte pour la plus grande partie au Soleil la lumière dont nous la voyons briller.

Lorsque la planète située au delà du Soleil a la même

longitude que lui, et passe au méridien vers midi, on dit qu'elle est en *conjonction supérieure*. La *conjonction inférieure* se produit à l'époque où, les deux mêmes astres ayant une égale longitude, la planète occupe une position intermédiaire entre le Soleil et la Terre et elle arrive au méridien aussi vers midi.

Vénus est dans ses quadratures quand l'angle des deux rayons vecteurs, menés de la planète à la Terre et au Soleil, est de 90 degrés.

Un grand nombre d'observations de Vénus faites aux grands instruments des observatoires, ont permis de calculer avec une grande exactitude les éléments de l'orbite presque circulaire qu'elle décrit autour du Soleil, selon les lois de Kepler. Les éléments une fois bien calculés et comparés à de nouvelles observations, permettent de tenir compte de toutes les perturbations produites par les autres planètes, de manière à calculer des tables exactes; les meilleures tables de Vénus sont celles de Lindenau, dont nous tirons les éléments suivants :

L'inclinaison du plan de l'orbite de Vénus sur le plan de l'écliptique est de 3° 23′ 29″ ;

La distance moyenne au Soleil, ou le demi grand axe de l'ellipse parcourue par Vénus est de 0.723, la distance moyenne de la Terre au Soleil étant 1 ;

L'ellipse décrite par Vénus est presque circulaire ; l'excentricité ne s'élève qu'à 0.007, de telle sorte que la distance périhélie est de 0.718 et la distance aphélie de 0.728 ;

La longitude du périhélie est de 128° 43′ 6″ et celle du nœud ascendant de 74° 51′ 41″ ;

La planète parcourt son orbite autour du Soleil en
224ʲ.7 ; en d'autres termes, la durée de sa révolution
sidérale est de 7 mois 14 jours 16ʰ 49ᵐ 7ˢ (le mois étant
supposé de 30 jours).

CHAPITRE II

CONNAISSANCES DES ANCIENS SUR VÉNUS

Vénus est la seule planète dont Homère ait parlé ; il la
désigne par l'épithète de Κάλλιστος, qui marque la beauté
(*Iliade, 22, 318* [1]).

Vénus a été aussi nommée Junon et Isis. On n'a pas
reconnu immédiatement l'identité des astres brillants
qu'on voyait tantôt le matin, tantôt le soir ; aussi, lorsqu'elle se couchait quelque temps après le Soleil, les
anciens l'appelaient ἕσπερος, *Vesper ;* quand elle précédait
cet astre à son lever, on lui donnait le nom de ἑωσφόρος,
φωσφόρος, *Lucifer.*

Tout le monde sait qu'on la désigne souvent sous le
nom d'*étoile du Berger.*

Chez les Indiens, Vénus était appelée Sukra, c'est-à-
dire l'éclatante ; elle portait aussi, d'après Bopp, le nom
de Daitya-guru : de guru, *maître,* et de Daityas, *les
Titans.*

Les anciens, qui prétendaient expliquer les mouvements des planètes en les faisant circuler autour de la
Terre, n'étaient parvenus à rendre compte, par cette

---

1. Ἕσπερος, ὃς κάλλιστος ἐν οὐρανῷ ἵσταγαι ἀστήρ.
   Hesperus, quæ pulcherrima in cœlo posita est stella.
   Vesper, la plus belle étoile placée dans le ciel.

hypothèse, ni des mouvements de Mercure, ni des mouvements de Vénus. Telle est la raison du vague dans lequel Ptolémée laissa la théorie de ces deux astres.

En renouvelant une conjecture heureuse des Égyptiens, Copernic fit mouvoir Mercure et Vénus dans des orbites circulaires, à l'intérieur desquelles le Soleil était placé, tandis que la Terre se trouvait fort en dehors des deux orbites. On lui objecta, dit-on, que dans cette hypothèse les deux planètes auraient des phases. La tradition attribue à l'astronome de Thorn cette réponse prophétique : « Les phases existent et elles seraient visibles si l'on parvenait à voir nettement le contour de l'image. » Remarquons, toutefois, que ces paroles ne sont pas consignées dans le *Traité des révolutions célestes*. Là, le célèbre auteur lève la difficulté qu'on lui avait faite, en disant que la matière de Vénus pouvait être lumineuse par elle-même, ou se laissait pénétrer et imbiber, pour ainsi dire, de la lumière solaire, au point que chacune de ses parties constitutives extérieures ou intérieures en renvoyait une portion vers la Terre.

L'objection qu'on avait faite à Copernic reposait sur une observation dont l'inexactitude, en point de fait, fut établie en 1610, par Galilée.

CHAPITRE III

PASSAGES DE VÉNUS SUR LE SOLEIL

Nous avons dit que Vénus vue de la Terre accomplit une oscillation entière autour du Soleil en 584 jours en-

viron, et que par conséquent elle revient en conjonction
inférieure tous les 584 jours. Mais pendant ce temps, la
Terre a fait une révolution entière autour du Soleil, et elle
a parcouru en outre 216° environ. Mais 5 fois 216° font
1080° ou 3 circonférences de 360°. Donc au bout de 5
conjonctions ou de 5 fois 584 jours, ce qui équivaut à
2920 jours ou 8 ans, les conjonctions se reproduisent à
peu près au même jour et au même endroit du ciel.

Si le plan dans lequel l'orbite de Vénus est contenu
coïncidait avec le plan de l'écliptique, dans chacun des
passages de la digression orientale à la digression occidentale, on verrait toujours la planète se projeter sur le
Soleil.

Mais nous avons vu que le plan de l'orbite de Vénus
fait avec le plan de l'écliptique un angle de 3° 24' environ, et il est évident que la projection de la planète sur
le disque solaire ne peut avoir lieu qu'autant que sa latitude pendant les conjonctions inférieures est plus petite
que le demi-diamètre du Soleil. On conçoit donc qu'il n'y
a que certaines conjonctions qui puissent produire des
passages de Vénus. Une fois qu'il y en a eu un, on peut
en attendre un autre 8 ans après, selon les calculs que
nous venons d'indiquer. Cependant les latitudes de Vénus
et du Soleil n'étant pas rigoureusement identiques au
bout de 8 ans, mais présentant une différence de 20 à
24', il y a une différence de 40 à 48' en 16 ans, ce qui
surpasse le demi-diamètre du Soleil. On ne peut donc
jamais avoir trois passages successifs en 16 ans.

Ces passages, dont les astronomes ont tiré le plus
grand parti, comme nous l'expliquerons ailleurs, après

avoir eu lieu dans l'intervalle de huit ans, ne reviennent qu'au bout de plus d'un siècle pour se succéder encore dans le court intervalle de huit ans, et ainsi de suite.

Quoique nous devions traiter en détail des passages de Vénus sur le Soleil, et des conséquences qu'on en a tirées, j'indiquerai ici la première observation de ce genre que les hommes aient faite. Elle remonte au milieu du XVIIe siècle.

Horrockes et Crabtree virent, près de Liverpool, le 4 décembre 1639, Vénus se projeter sur le disque du Soleil. L'enthousiasme d'Horrockes, après cette observation, s'épancha en un dithyrambe mythologique dans lequel il célébrait entre autres l'union de Vénus avec le Soleil.

Voici les dates des passages depuis l'invention des lunettes jusqu'à la fin du XXVe siècle de l'ère chrétienne :

1639	4 décembre.
1761	5 juin.
1769	3 juin.
1874	8 décembre.
1882	6 décembre.
2004	7 juin.
2012	5 juin.
2117	10 décembre.
2125	8 décembre.
2247	11 juin.
2255	8 juin.
2360	12 décembre.
2368	10 décembre.

On ne verra pas de passage avant 1874 et 1882. La rareté du phénomène ajoute ainsi à son importance réelle, comme le fait remarquer Delambre.

A. — II.   33

CHAPITRE IV

GRANDEUR DE VÉNUS

On a trouvé, par un grand nombre d'observations faites sur Vénus, se projetant sur le Soleil, ou par les mesures de la distance des cornes lorsqu'elle est en croissant, que le diamètre apparent de cette planète vue de la Terre est très-variable. Les mesures micrométriques montrent que ce diamètre apparent est compris entre 9″.5 et 62″. Ces différences énormes s'expliquent facilement. En effet, aucune autre planète principale ne vient aussi près de la Terre. Elle s'approche de notre globe à une distance de 9,750,000 lieues et elle s'en éloigne jusqu'à 65,000,000 de lieues.

Nous allons rapporter les mesures du diamètre réel de Vénus, c'est-à-dire celles de ce diamètre tel qu'il serait vu à une distance de la Terre égale à la distance moyenne de la Terre au Soleil.

Des mesures prises à Paris avec un micromètre prismatique, m'ont donné pour le diamètre de Vénus 16″.90. MM. Mædler et Beer ont obtenu, en 1836, 17″.14.

La figure 223 donne les rapports des grandeurs des disques de Vénus à la plus grande distance de la Terre en A, à la plus petite distance en C, et à une distance moyenne égale à celle de la Terre au Soleil en B.

On a beaucoup varié sur les grandeurs comparatives de Vénus et de la Terre, quelques-uns trouvaient le diamètre de Vénus supérieur à celui de la Terre; d'autres, en plus grand nombre, admettaient que le diamètre de la

Terre était légèrement supérieur à celui de Vénus. On croit assez généralement aujourd'hui, avec M. Encke, d'après la discussion à laquelle il s'est livré des observations des passages de Vénus de 1761 et de 1769, qu'à sa distance moyenne au Soleil, le diamètre de notre globe sous-tendrait un angle de 17".16.

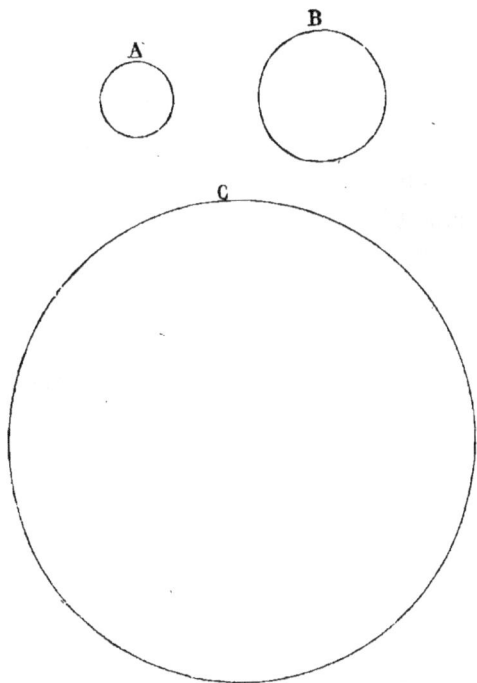

Fig. 223. — Grandeurs apparentes du disque de Vénus aux distances extrêmes et à la distance moyenne à la Terre.

Il est clair qu'il suffirait d'altérer d'une petite fraction de seconde les mesures micrométriques de Vénus, pour qu'elle acquît un diamètre et conséquemment un volume égal à celui de notre globe.

William Herschel avait trouvé, en 1792, pour le dia-

mètre de Vénus rapporté à la moyenne distance de la
Terre au Soleil, 18″.79. De ce dernier résultat découlait,
pour le diamètre réel de la planète, une valeur notablement plus grande que le diamètre de notre globe, mais
le nombre donné par l'astronome de Slough est évidemment exagéré.

Tout considéré, il paraît que Vénus a un diamètre et
conséquemment un volume inférieurs au diamètre et au
volume de la Terre. Mais la différence est trop petite
pour que l'on soit certain que les observations en donnent
la valeur absolument exacte.

En admettant la valeur de 16″.90 qui résulte des mesures micrométriques que j'ai prises, le diamètre de Vénus
est à celui de la Terre comme 0.985 est à 1, en sorte
que son volume est les 957 millièmes de celui de notre
globe. Le diamètre réel de Vénus est de 3,140 lieues.

CHAPITRE V

PHASES DE VÉNUS

Il est remarquable qu'assez longtemps après la découverte de la lunette, Galilée n'avait pas songé à la diriger
sur Vénus, pour rechercher si cette planète avait des
phases ou en était dépourvue. Ce n'est que vers la fin de
septembre 1610, que ce savant immortel ayant exploré
le ciel avec une lunette nouvellement construite, aperçut,
à Florence, que Vénus avait des phases comme la Lune,
qu'elle présentait un croissant dont la concavité était
tournée du côté du Soleil.

Pour se donner le temps de vérifier, de suivre cette découverte, sans courir la chance de se la voir enlever, l'illustre observateur la cacha sous cette anagramme :

Hæc immatura à me jam frustra leguntur, o. y.

Ces choses, non mûries, et cachées encore pour les autres, sont lues par moi.

En plaçant les 34 lettres précédentes dans un autre ordre, Galilée en tira ces mots très-catégoriques :

Cynthiæ figuras emulatur mater amorum.
La mère des Amours suit les phases de Diane.

Les deux lignes contiennent l'une et l'autre : cinq **A**, un **C**, deux **E**, un **F**, un **G**, un **H**, un **I**, un **J**, un **L**, quatre **M**, un **N**, un **O**, quatre **R**, un **S**, trois **T**, quatre **V**, un **Y**, un **Æ**.

On trouve dans la collection de Venturi, une lettre du père Castelli au célèbre philosophe de Florence, datée de Brescia, le 5 novembre 1610, et dans laquelle ce savant demande à Galilée si Vénus et Mars ne présente-raient pas de phases. Galilée répondait « qu'il y avait beaucoup de recherches à faire, mais que vu le très-mauvais état de sa santé, il se trouvait beaucoup mieux dans son lit qu'au serein. » (Venturi, t. I, p. 142.)

Le 30 décembre 1610, Galilée annonçait à Castelli qu'il avait reconnu les phases de Vénus.

Nous avons déjà dit que la découverte des phases de Vénus qui présentent, dans leur ensemble général, exac-tement les mêmes circonstances que Mercure et la Lune, a renversé l'objection qu'on avait élevée contre le sys-tème de Copernic.

L'observation attentive du phénomène montre toutefois que les courbes qui terminent la planète n'ont pas exactement la configuration mathémathique qu'indique la théorie. C'est ce que l'on reconnaîtra en jetant les yeux sur la figure 224 où sont dessinés, d'après MM. Beer et

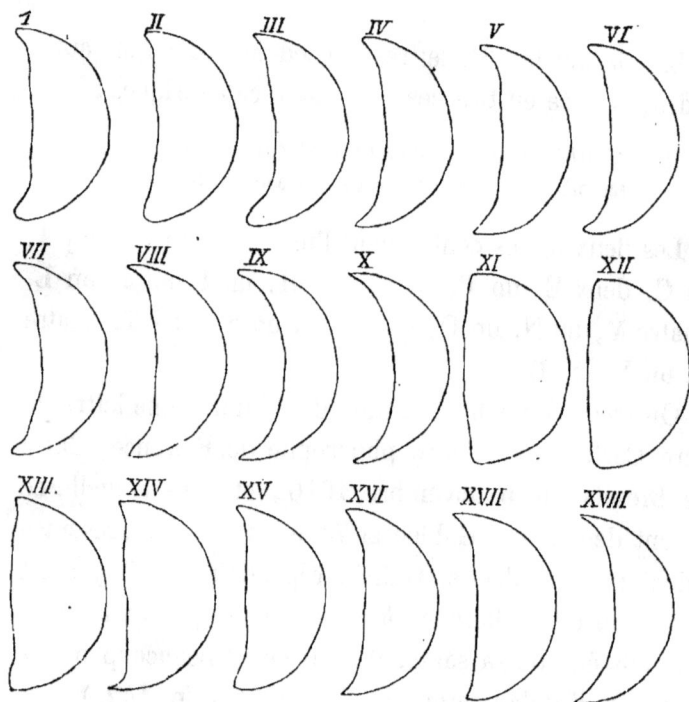

Fig. 224. — Contours des phases de Vénus en 1833 et en 1836, d'après MM. Beer et Mædler.

Mædler dix-huit contours de Vénus tels qu'ils se sont présentés avant les conjonctions inférieures de cette planète en 1833 et 1836.

Ces dessins sont très-propres à montrer, comme on le verra dans les chapitres suivants, l'existence de hautes montagnes dans cette planète, et à déterminer la durée de sa rotation sur elle-même :

			En temps astronomique moyen de Paris.	
I.	Vénus le 21 mars 1833 à		6^h	45^m
II.	—	—	7	55
III.	— le 25 mars	—	4	30
IV.	—	—	4	59
V.	— le 26 mars	—	4	33
VI.	—	—	4	51
VII.	— le 29 mars	—	4	24
VIII.	—	—	4	47
IX.	— le 5 avril	—	4	5
X.	— le 6 avril	—	4	58
XI.	Vénus le 7 avril 1836 à		6^h	36^m
XII.	— le 20 avril	—	5	17
XIII.	— le 4 mai	—	5	33
XIV.	— le 14 mai	—	4	46
XV.	— le 18 mai	—	6	34
XVI.	—	—	23	1
XVII.	— le 20 mai	—	4	0
XVIII.	— le 10 juin	—	6	3

On voit bien nettement que les courbes intérieures dont la concavité est tournée à l'orient et qui s'emboîtent dans la partie circulaire de la phase, au lieu d'être elliptiques, comme l'indiquerait la théorie mathématique du phéno-mène, sont diversement accidentées, et que les cornes du croissant de Vénus sont souvent tronquées et arrondies.

CHAPITRE VI

ROTATION DE VÉNUS

Schrœter, l'habile astronome de Lilienthal, fit de 1788 à 1793 un grand nombre d'observations très-délicates

sur la régularité des déformations des cornes de Vénus,
et il en déduisit, ainsi que nous avons dit que cela avait
été fait lorsqu'il s'agissait de Mercure, que la planète est
douée d'un mouvement de rotation dont la durée s'élève
à 23^h 21^m. L'axe autour duquel cette rotation s'exécute
forme, avec le plan de l'écliptique, un angle d'un très-
petit nombre de degrés, de 15° environ.

Passons à l'observation des taches, d'où l'on a pu déduire également l'existence d'un mouvement de rotation
de la planète.

Les taches obscures qu'on voit dans Vénus sont très-
déliées; elles occupent une grande partie du diamètre
de la planète; leurs extrémités n'ont rien de tranché, dit
Dominique Cassini.

On aperçoit aussi de temps en temps, sur le disque, des
taches brillantes. Dominique Cassini en découvrit une le
14 octobre 1666; il en observa une seconde le 28 avril
1667. Celle-ci éprouva un déplacement sensible pendant
la durée des observations. Le mouvement de rotation de
Vénus, ou du moins un mouvement de libration, se
trouva ainsi constaté; on revit le lendemain, 29, la même
tache brillante à la place, à fort peu près, où elle fut
observée le 28. Si la planète tourne sur son centre, la
durée de sa révolution doit donc être de 24 heures environ. Des observations du 9, du 10 et du 13 mai 1667,
du 5 et du 6 juin, donnèrent le même résultat.

Le temps très-limité durant lequel on peut faire des
observations de ce genre, soit à cause du peu de hauteur
de la planète sur l'horizon, soit à cause de l'affaiblissement que la présence du Soleil occasionne, ne permit pas

à Dominique Cassini de constater le mouvement de rotation de Vénus aussi clairement que les mouvements de
rotation de Mars et de Jupiter. En admettant que le
déplacement des taches, qui paraissait s'opérer du midi
au septentrion, était l'effet, non d'un mouvement de libration, mais bien d'un mouvement de révolution de la
planète, il trouva qu'en 23 heures ces taches revenaient
occuper les mêmes points du disque.

Bianchini paraît avoir été, en 1726, plus favorisé que
Cassini, soit par la pureté accidentelle du ciel ou par la
puissance de sa lunette, soit à raison d'autres circonstances inconnues. Cet observateur aperçut, vers le milieu
de la planète, sept taches qu'il appela des mers commu-
niquant entre elles par des détroits et offrant huit pro-
montoires distincts. Il en dessina les figures et leur assigna
le nom d'un roi de Portugal, son bienfaiteur, et les noms
des navigateurs les plus célèbres par leurs voyages. Les
noms de Galilée et de D. Cassini, de l'Académie des
Sciences et de l'Institut de Bologne, s'y trouvent aussi
exceptionnellement. La figure 225 (p. 522) représente
le planisphère des taches de Vénus tel que l'a dessiné
Bianchini.

De ses observations de 1726 et 1727, Bianchini conclut
une période de 24 jours 8 heures pour le temps de la
révolution de la planète sur son centre.

Jacques Cassini, en discutant les observations de son
père, en tira une période de rotation de $23^h 15^m$ et se
montra quelque peu partial; il essaya de démontrer que
Bianchini, dont les observations étaient séparées par d'assez grands intervalles, avait pu se tromper en prenant

des taches distinctes pour une seule et même tache que le mouvement de rotation de la planète aurait amenée à une position déterminée sur le disque apparent.

L'énorme dissemblance des deux résultats cités a donné lieu récemment à une vive critique de la part d'un auteur anglais, M. Hussey, qui à son tour se montra grand admirateur de Bianchini et adversaire passionné des Cassini beaucoup plus que cela ne paraissait convenable dans une discussion scientifique.

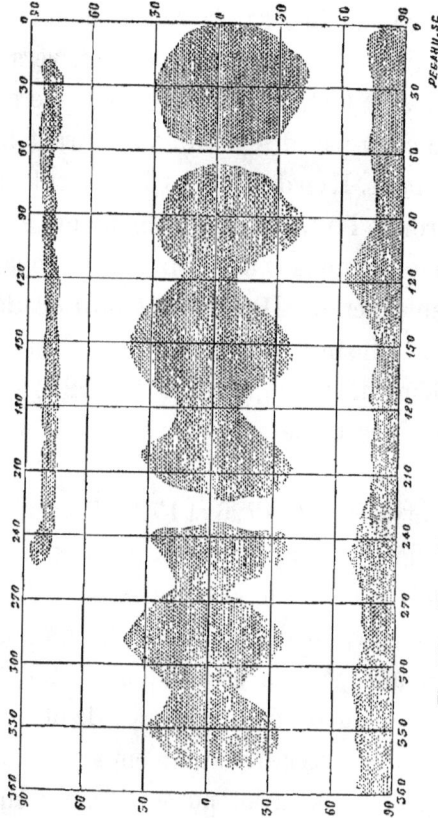

Fig. 225. — Planisphère montrant les taches de Vénus, d'après Bianchini.

Au reste, la période de rotation obtenue par Cassini a été confirmée au collége romain, à l'aide d'observations à l'abri de toutes objections faites de 1840 à 1842, par le père Vico et ses collaborateurs. La moyenne d'un grand nombre de taches leur a donné, pour durée de la rotation de Vénus, $23^h 21^m 23^s.93$.

Il est remarquable que Dominique Cassini n'ait jamais réussi à apercevoir à travers l'atmosphère de Paris aucune trace des taches à l'aide desquelles, en 1666, il constata à Rome l'existence d'un mouvement de rotation ou du moins de libration dans Vénus.

Herschel aperçut quelquefois des taches sur le disque en croissant de Vénus, près de la ligne de séparation d'ombre et de lumière. Ces taches ne lui laissèrent aucun doute sur l'existence d'un mouvement de rotation de la planète, beaucoup plus rapide que Bianchini ne l'avait supposé; mais il les trouva trop faibles, trop confuses, trop changeantes, pour oser entreprendre une détermination exacte de la durée de la rotation et surtout de la position des pôles.

Herschel ne croyait pas que les taches existassent sur un corps solide. Il les plaçait dans l'atmosphère de la planète. Cette opinion ne pourrait guère être soutenue depuis que les astronomes de l'Observatoire du collége romain ont retrouvé, comme nous venons de le dire, les taches de Bianchini, avec toutes les anciennes formes.

Pendant les passages de Vénus sur le Soleil, on n'a aperçu aucune inégalité entre les divers diamètres de la planète, d'où l'on peut conclure qu'elles n'est pas aplatie dans le sens de l'axe de rotation.

CHAPITRE VII

MONTAGNES DE VÉNUS

Je citerai, par ordre de date, les observations d'où l'on a pu déduire que la planète Vénus est couverte de très-hautes montagnes.

Les historiens de l'astronomie ont laissé dans l'oubli deux de ces anciennes observations, sans aucun motif plausible.

En 1700, dans le mois d'août, La Hire observant Vénus de jour près de sa conjonction inférieure, aperçut sur la partie intérieure du croissant des inégalités qui ne pouvaient être produites que par des montagnes plus hautes que celles de la Lune.

La lunette dont La Hire se servait avait 5^m.20 de distance focale et grossissait 90 fois.

Voici un passage extrait de la *Théologie astronomique* de Derham : « En regardant Vénus avec les verres de M. Huygens (télescope de 30^m) j'ai cru voir des sinuosités et des inégalités sur la partie concave de son bord éclairé, telles que nous en apercevons dans la nouvelle Lune. »

Schrœter portant son attention sur la partie du croissant très-voisine des cornes, les vit quelquefois tronquées; il y a plus, le 28 décembre 1789, le 31 janvier 1790 et le 27 février 1793, il aperçut près de la corne méridionale, comme cela serait arrivé en observant la Lune, un point lumineux tout à fait isolé, c'est-à-dire séparé par un espace obscur du reste du croissant.

Schrœter employa divers grossissements, et plusieurs personnes présentes à l'observation la confirmèrent par leur témoignage.

Supposons la planète sans aspérités, parfaitement lisse. Son croissant se terminera toujours par deux pointes exactement pareilles et très-aiguës. Admettons, au contraire, que Vénus soit couverte de montagnes. Leur interposition sur la route des rayons éclairants venant du Soleil, pourra empêcher quelquefois l'une ou l'autre des cornes, ou toutes les deux à la fois, de se former régulièrement ; le croissant n'aura plus alors une entière symétrie ; les cornes ne seront pas constamment pointues, constamment semblables ; on les apercevra tronquées. C'est ainsi que les choses se passent, comme nous l'avons vu précédemment par les dessins (fig. 224, p. 518) donnés par MM. Beer et Mædler; donc Vénus n'est pas un corps poli ; donc il existe à sa surface des montagnes, comme nous verrons que cela a lieu pour la Lune.

Les phénomènes de la troncature ou de l'allongement irrégulier des cornes, ont donc servi à prouver qu'il existe, à la surface de cette planète, des montagnes, dont la hauteur surpasse énormément celle des montagnes terrestres.

Le résultat général des mesures prises a été que les plus hautes montagnes de Vénus sont cinq fois plus élevées que les plus hautes montagnes de la Terre, que leur hauteur atteint 44,000 mètres ou 11 lieues.

William Herschel crut devoir répandre des doutes sur ces résultats.

Schrœter répondit, en faisant remarquer le peu de valeur

qu'ont des faits négatifs; il ajouta que les jours et les
heures où Herschel n'avait pas aperçu d'irrégularités
dans le croissant de la planète, coïncidaient avec les jours
et les heures où l'on n'avait pas non plus vu d'irrégularités à Lilienthal, ainsi que cela découlait du Mémoire
soumis antérieurement à la Société royale de Londres et
inséré dans les *Transactions philosophiques.*

CHAPITRE VIII

ATMOSPHÈRE DE VÉNUS

Le Soleil étant plus grand que Vénus, doit éclairer plus
d'un hémisphère de cette planète. La ligne passant par
les deux cornes ne doit pas être conséquemment, même
en faisant abstraction des montagnes, un diamètre de
l'astre, mais bien une corde située un peu au delà du
centre, relativement au Soleil.

L'éloignement de cette corde du diamètre réel est très-
facile à calculer et ne surpasse pas 1/3 de seconde, mesuré sur la circonférence de Vénus. Cependant, on voit
le disque beaucoup au delà de la limite déterminée par le
calcul, à l'aide d'une lumière très-pâle. Cette lumière a
été assimilée à celle de nos crépuscules. On a supposé
que les rayons solaires tangents au bord matériel de
Vénus, étaient infléchis par une atmosphère et allaient
éclairer des points au-dessus desquels ils auraient passé
sans cela. L'étendue de l'espace éclairé par ces rayons
secondaires, a montré qu'ils devaient avoir éprouvé une
réfraction très-peu supérieure à la réfraction horizontale

que la lumière subit en traversant l'atmosphère terrestre.

Parmi les astronomes qui ont examiné Vénus avec attention, il n'en est point qui n'ait remarqué combien la partie circulaire du croissant, combien la partie extérieure ou tournée du côté du Soleil, est plus brillante que la courbe elliptique située à l'opposite et marquant sur la planète la ligne de séparation d'ombre et de lumière. Herschel a prétendu que cette supériorité d'éclat avait lieu par un changement brusque, qu'il y avait un contour, une sorte de collier lumineux d'une égale largeur dans toute l'étendue des bords du demi-cercle. Schrœter, au contraire, a soutenu que la lumière, très-brillante sur le contour circulaire de ce croissant, s'affaiblit graduellement à mesure que l'on s'avance vers la courbe qui le termine du côté opposé au Soleil. Cet affaiblissement a été cité comme une démonstration nouvelle de l'existence d'une atmosphère de Vénus; il est certain, en effet, que les rayons qui se sont réfléchis sur les parties matérielles de la planète formant le bord circulaire du croissant, ont dû traverser une moindre épaisseur de l'atmosphère, si elle existe, que les rayons solaires qui vont se réfléchir à leur tour sur des parties plus ou moins voisines de la ligne de séparation d'ombre et de lumière.

Les observations postérieures à celles de Schrœter paraissent jusqu'à présent donner raison à sa manière de voir. Les critiques que William Herschel a faites en 1793 du travail de l'astronome de Lilienthal, n'ont pas diminué l'intérêt qui s'attachait à des recherches d'une si haute importance. Du reste, Herschel mit une complète bonne foi dans ses critiques, et je le prouverai en entrant dans

quelques détails sur les observations par lesquelles Schrœter démontra qu'il existe une atmosphère autour de Vénus
et sur la complète adhésion que l'astronome de Slough
finit par lui accorder.

Quand Vénus, voisine de sa conjonction inférieure,
était très-échancrée, l'astronome de Lilienthal apercevait
le contour de la planète un peu au delà des cornes brillantes directement éclairées par le Soleil; un peu au delà
de la portion du disque, qui seule eût été visible à l'aide
d'une lunette ordinaire. Cette lumière problématique
était, par sa faiblesse, relativement à la vive lumière du
croissant de la planète, ce qu'est la lueur cendrée comparée à la lumière éclatante du reste de la Lune.

Le 12 août 1790, le diamètre total de Vénus sous-
tendant un angle de 60″, les cordes des deux arcs qu'une
très-faible lumière éclairait par delà les cornes brillantes
du disque étaient, l'une et l'autre, de 8 secondes. A
l'aide d'un calcul très-simple, Schrœter conclut de ces
nombres que la lumière secondaire s'étendait sur la planète quinze degrés plus loin que la limite où s'arrêtaient
les rayons directs du Soleil. Suivant lui, cette faible lueur
de quinze degrés d'amplitude provenait, par voie de réflexion, de l'atmosphère dont la planète était enveloppée;
c'était, avec un peu moins d'étendue, la lumière crépusculaire que l'atmosphère terrestre répand sur les objets
longtemps avant le lever du Soleil.

Sur le fait de l'existence de la lumière secondaire, à
l'aide de laquelle nous pouvons apercevoir plus de 180
degrés du contour de Vénus, Herschel rend complète
justice à l'astronome de Lilienthal. Ce fait, il le qualifie

franchement, et avec toute raison, de véritable découverte.

L'affaiblissement de la lumière, depuis le bord extérieur et circulaire du croissant de Vénus jusqu'au bord
elliptique intérieur, est un phénomène que tous les observateurs ont dû remarquer. A cet égard Schrœter et Herschel sont parfaitement d'accord. Seulement, l'astronome
de Lilienthal, comme nous l'avons déjà dit, admet que
l'affaiblissement entre les deux bords est graduel, tandis
que le second voit, au contraire, un changement brusque
à partir de points très-voisins du contour circulaire.

On pourrait admettre que le décroissement de lumière
observé entre le contour extérieur du croissant de Vénus,
et le contour elliptique intérieur est un effet de pénombre,
et l'attribuer au diamètre angulaire assez considérable
que sous-tend le Soleil vu de la planète. La géométrie
répond catégoriquement à cette supposition.

Le diamètre du Soleil, vu de Vénus, étant en moyenne
de 44 minutes, nul doute que vers la ligne de séparation
d'ombre et de lumière il n'y ait des parties matérielles
de la planète éclairées seulement par une portion presque
insensible de cet astre, tandis que d'autres parties, au
contraire, reçoivent à la fois des rayons qui émanent de
tous les points de son disque.

Mais tout compte fait, sur le globe de Vénus, lorsqu'il
sous-tend un angle de 60 secondes, les premiers de ces
points, ceux qui sont à peine éclairés, ne doivent paraître
distants des parties où la lumière du Soleil arrive tout
entière que d'un tiers de seconde environ. L'amplitude
angulaire dans laquelle s'opère le décroissement d'inten-

sité observé est bien autrement considérable ; ce décroissement n'est définitivement un effet de pénombre qu'à
l'égard d'une part vraiment insignifiante de la phase.

Pour expliquer ces phénomènes, Herschel fut conduit
à l'idée que la lumière de Vénus nous est principalement
réfléchie par des nuages répandus dans son atmosphère.

Voici comment il s'énonçait touchant la lumière intense
du contour extérieur du croissant : « Je m'aventure, dit-il,
à l'attribuer à l'atmosphère de la planète ; cette atmosphère, comme celle de la Terre, est probablement remplie de matières qui réfractent et réfléchissent la lumière
en abondance et dans toutes les directions. Conséquemment, sur le bord du disque où notre rayon visuel rencontre l'atmosphère obliquement (c'est-à-dire dans sa
plus grande épaisseur), il doit y avoir un accroissement
apparent d'éclat. »

L'explication est ingénieuse, mais elle prête à quelques difficultés : on ne voit pas bien, par exemple, comment une lumière atmosphérique donnerait lieu à un
contour extérieur du croissant de la planète, nettement
tranché, parfaitement défini.

Des mesures du décroissement de l'intensité entre les
deux bords du croissant, fourniraient des moyens de
soumettre l'hypothèse à une discussion motivée ; on doit
donc engager les astronomes à tenter tous les moyens
possibles d'arriver à ces mesures. Je profiterai de l'occasion pour citer une observation d'où il semble découler
que la diminution d'intensité, entre les bords du croissant,
est beaucoup plus rapide qu'on ne le suppose généralement. Lorsque dans la mesure du diamètre d'une planète,

on fait usage d'un micromètre prismatique, le moment où les deux images sont superposées se reconnaît par une grande et subite augmentation d'intensité dans leurs parties communes. Eh bien, il n'en est pas de même lorsqu'on fait notablement empiéter l'un sur l'autre les deux croissants de Vénus : alors la lumière de la portion elliptique de la phase, en s'ajoutant à celle de la portion circulaire, paraît à peine augmenter l'intensité de celle-ci, comme si elle n'en était qu'une partie aliquote insensible, telle que $1/30^e$ par exemple.

Je me contente de déposer ici cette observation qui, suivie avec précaution et à l'aide des moyens que l'optique indiquera aux observateurs, conduira peut-être au but désiré.

CHAPITRE IX

VISIBILITÉ DE VÉNUS EN PLEIN JOUR

Vénus est quelquefois si resplendissante qu'on la voit à l'œil nu, en plein jour. Le public ignorant rattache ces apparitions aux événements contemporains. Leur reproduction tient cependant à des causes physiques évidentes qui peuvent être soumises au calcul. On a trouvé ainsi que le maximum de visibilité de la planète pour un observateur qui n'ajoute par aucun instrument à la puissance de sa vue, ne doit pas avoir lieu à ses plus grandes digressions, quoiqu'à ces deux époques Vénus soit à une distance angulaire considérable du Soleil, et qu'elle ne corresponde pas aux régions de l'atmosphère que la lumière de cet astre radieux éclaire si fortement. Le calcul, d'accord en cela avec l'observation, a montré que la plus grande visibilité de Vénus, à l'œil nu, correspond aux moments où elle est éloignée de 40° du Soleil, à l'orient ou à l'occident, 69 jours avant ou après sa conjonction inférieure. Son diamètre apparent est alors de 40″ et la largeur de sa partie éclairée est à peine de 10″ (fig. 226). Vénus n'a dans ces deux positions que le quart

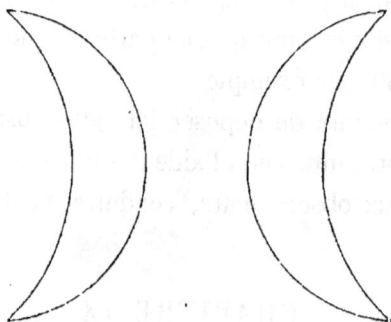

Fig. 226. — Croissants de Vénus dans son plus grand éclat.

de son disque illuminé. Ce quart nous envoie plus de lumière que des phases visibles plus étendues, parce que celles-ci arrivent à de plus grandes distances de la Terre.

Ces phénomènes de visibilité de Vénus doivent se reproduire à l'orient ou à l'occident du Soleil, tous les 29 mois environ; ceux de plus grande visibilité possible reviennent tous les 8 ans. Les anciens avaient déjà remarqué qu'à nuit close, et sans lune, la lumière de Vénus produit parfois des ombres sensibles.

L'observation de Vénus en plein jour et à l'œil nu n'est pas aussi moderne qu'on le suppose généralement. Varron rapporte, en effet, « qu'Énée dans son voyage de

Troie en Italie, apercevait constamment cette planète, malgré la présence du Soleil au-dessus de l'horizon. »

Remarquons, sans donner une importance exagérée à cette citation, que Varron disait, au témoignage de saint Augustin, dans un de ses ouvrages actuellement perdu, qu'à une époque déjà éloignée de son temps, Vénus avait changé d'intensité et de couleur.

En 1716, le peuple de Londres ayant regardé comme un prodige la visibilité de Vénus en plein jour, Halley en prit occasion de calculer dans laquelle de ses positions la planète peut être le plus facilement aperçue. Nous avons donné tout à l'heure les résultats de ces calculs.

Lalande rappelle qu'en 1750, l'apparition de la planète en plein midi avait jeté tout Paris dans l'étonnement.

Bouvard m'a raconté que le général Bonaparte, se rendant au Luxembourg, où le Directoire devait lui donner une fête, fut très-surpris en voyant la foule réunie dans la rue de Tournon prêter plus d'attention à la portion du ciel placée au-dessus du palais, qu'à sa personne et au brillant état-major qui l'accompagnait. Il questionna et apprit que les curieux voyaient avec étonnement, quoique ce fût en plein midi, une étoile qu'ils prenaient pour celle du vainqueur de l'Italie, allusion à laquelle l'illustre général ne sembla pas indifférent lorsque lui-même de ses yeux perçants eut remarqué l'astre radieux. L'étoile en question n'était rien autre chose que Vénus.

Faisons ici une remarque essentielle. Les calculs à l'aide desquels on a déterminé la plus grande visibilité de

Vénus, ne sont relatifs qu'aux observations à l'œil nu et font abstraction de l'affaiblissement d'éclat que l'atmosphère présente à mesure qu'on s'éloigne du Soleil.

Les anciens avaient déjà remarqué que dans une nuit sans Lune, Vénus jette une ombre sensible derrière les corps opaques. Cette observation, faite avec tous les soins convenables, en plein air, dans un lieu d'où l'on apercevrait la totalité de l'hémisphère situé au-dessus de l'horizon, c'est-à-dire la moitié des étoiles du firmament, pourrait conduire à des conséquences photométriques très-curieuses, surtout si l'on se servait des procédés actuellement connus, propres à affaiblir dans des proportions données la lumière de la planète.

J'ajouterai ici que la quantité de lumière et de chaleur envoyée par le Soleil étant 1 à la surface de la Terre, se trouve être de 1.91 à la surface de Vénus.

CHAPITRE X

SUR LA LUMIÈRE SECONDAIRE DE VÉNUS

Il est constaté, par les témoignages de plusieurs observateurs dignes de toute confiance, que quelquefois Vénus a été vue tout entière, même en plein jour, dans des positions où l'on aurait dû n'en apercevoir tout au plus que la moitié, dans des circonstances où seulement une portion de son étendue, visible de la Terre, pouvait être éclairée par la lumière solaire. J'ai été curieux de rechercher qui a fait le premier une semblable observation, et j'ai trouvé, sans indication de date, dans la *Théologie astronomique* de Derham, dont la traduction française faite sur la troisième édition parut en 1729, le passage que je vais transcrire :

« Lorsque la planète (Vénus) paraît décidément sous la forme d'une faux, on peut voir la partie obscure de son globe, à l'aide d'une lumière d'une couleur terne et un peu rougeâtre. »

Le chanoine de Windsor ajoute, en réponse à des doutes qu'un de ses amis, astronome habile, lui avait manifestés :

« Je me souviens distinctement qu'ayant regardé Vénus il y a quelques années, pendant qu'elle était dans son périgée et qu'elle avait ses plus grandes cornes, je vis la partie obscure de son globe, de même que nous apercevons celle de la Lune par la lumière cendrée, peu de temps après sa conjonction. Imaginant que dans la future éclipse totale de Soleil on pourrait remarquer la même chose, je priai un observateur placé près de moi, et qui avait à sa disposition une excellente lunette, de porter son attention sur le phénomène indiqué, et je reçus de lui l'assurance qu'il l'avait vu très-distinctement. »

Dans l'ordre des dates, la seconde observation de la partie obscure de Vénus appartient à André Mayer. Elle est consignée dans l'ouvrage intitulé : *Observationes Veneris Gryphiswaldenses*, publié en 1762. On y lit, page 19 : « 1759, 20 octobre, temps vrai $0^h\ 44^m\ 48^s$, passage au méridien de la corne inférieure, déclinaison australe, 21° 31'. La partie lumineuse de Vénus était très-mince, cependant le disque entier apparut de la même façon que la portion de la Lune vue à l'aide de la lumière réfléchie par la Terre. »

Ainsi Mayer vit le phénomène révoqué en doute par diverses personnes au moment du passage au méridien, et à l'aide d'une lunette de force très-médiocre.

En 1806, dans l'espace de trois semaines, Harding vit trois fois le disque entier de Vénus à des époques où par l'éclairement ordinaire il aurait dû n'en apercevoir qu'une très-petite partie. Le 24 janvier 1806, à nuit close, la lumière exceptionnelle se distinguait de celle du ciel par une teinte gris cendré très-faible, et dont le contour parfaitement terminé paraissait avoir un moindre diamètre que la partie directement éclairée par le Soleil. Le 28 février, la lumière de la région obscure, vue dans une faible lueur crépusculaire, semblait un tant soit peu rougeâtre. Le 14 mars, dans un crépuscule sensiblement plus fort, Harding fit une observation analogue.

Le 11 février, sans avoir eu connaissance des observations du professeur de Gœttingue, Schrœter aperçut aussi à Lilienthal la partie obscure de Vénus que dessinait dans le ciel une lueur terne et mate. Postérieurement, Gruithuysen de Munich fit une observation analogue à celle de son collègue de Lilienthal, le 8 juin 1825, à quatre heures du matin.

Il n'y a pas dans l'ensemble de ces observations les éléments nécessaires pour décider à quoi il faut attribuer les apparitions inusitées de la portion de Vénus non éclairée par le Soleil. Olbers, dans son Mémoire sur la transparence du firmament, adopte l'opinion que la lumière qui nous fait voir la partie obscure de Vénus pro-

vient d'une phosphorescence de l'atmosphère ou de la
partie solide de cette planète.

Cette même opinion avait été antérieurement professée
par William Herschel, qui en disant, dans un Mémoire
de 1795, que la portion de Vénus non éclairée par le
Soleil a été vue par différentes personnes (qu'il ne nomme
pas), croit ne pouvoir rendre compte de l'existence du
phénomène qu'en l'attribuant à quelque qualité phospho-
rique dans l'atmosphère de la planète.

Ce rare et curieux phénomène ne pourrait-il pas être
expliqué à l'aide d'une certaine lumière cendrée, analogue à celle de notre Lune, et qui aurait sa cause dans
la lumière réfléchie par la Terre ou par Mercure vers la
planète? N'en donnerait-on pas une explication plus
plausible en le rapportant à la classe des visibilités négatives ou par voie de contraste? Faut-il l'attribuer à une
sorte de phosphorence qui se développerait parfois dans
la matière dont Vénus est formée? Doit-on supposer,
enfin, que l'atmosphère de la planète est quelquefois le
siége, dans toute son étendue, de lumières analogues à
celles qui, sur la Terre, constituent les aurores boréales?

Les observations n'ont jusqu'ici rien fourni d'assez
précis pour qu'on puisse se décider en faveur d'une de ces
hypothèses, de préférence aux autres.

CHAPITRE XI

QUE DOIT-ON PENSER DU SATELLITE DE VÉNUS?

Vénus est aussi grande ou presque aussi grande que la Terre ; la Terre a un satellite, donc Vénus doit aussi avoir un satellite. Telle est la conséquence à laquelle ont conduit certains systèmes cosmogoniques et des considérations empruntées aux causes finales. Examinons maintenant les faits.

Le 28 août 1686, à $4^h 15^m$ du matin, Dominique Cassini vit près de Vénus, à $3/5^{es}$ de son diamètre vers l'orient, une lumière faible et informe, qui avait une phase semblable à celle de la planète. Le diamètre du phénomène égalait le quart de celui de Vénus. L'observateur le vit pendant un quart d'heure ; il se servait d'une lunette de 10 mètres. La lumière du jour le fit disparaître.

Cassini avait fait une observation analogue, le 25 janvier 1672. Depuis $6^h 52^m$ du matin jusqu'à $7^h 2^m$, le petit astre était en croissant, comme Vénus, et éloigné de la corne australe d'une quantité égale au diamètre de Vénus du côté de l'occident ; le 3 septembre, le petit astre ne se voyait plus.

Short, également connu comme constructeur de télescopes et comme astronome, fit en Angleterre les observations suivantes sur le même sujet :

Le 23 octobre 1740, un télescope ayant 5 mètres de foyer montre une petite étoile près de la planète.

Un autre télescope, d'une semblable distance focale, grossissant de 50 à 60 fois, fit voir le même astre. Un grossissement de 240, appliqué à ce second instrument, montra que la petite étoile avait une phase précisément semblable à celle de Vénus. La phase s'aperçut aussi à l'aide d'un grossissement de 140. Le diamètre du petit astre paraissait être le tiers de celui de Vénus; sa lumière n'était pas aussi vive que celle de la planète, mais l'image paraissait parfaitement tranchée.

La distance du satellite à la planète était de 10′ 2″ au moment de l'observation.

Short rapporte qu'il aperçut Vénus et le satellite pendant une heure. La lumière du Soleil fit disparaître le satellite à 8ʰ 1/4.

Pour prouver que les instruments employés à ces observations étaient en bon état, je dirai que le même jour, Short vit deux taches noirâtres sur le disque de Vénus.

Montaigne, astronome de Limoges, à qui des observations de divers genres, et surtout celles de plusieurs comètes avaient valu une certaine célébrité, vit quatre fois le satellite de Vénus du 3 au 11 mai 1761.

Les observations de Montaigne se composent de la distance du satellite à la planète, et de ce qu'on a appelé, depuis surtout qu'on s'occupe des étoiles doubles, des angles de position. Le tout déterminé par estime.

La lunette avait 2ᵐ.74 de longueur, et grossissait de 40 à 50 fois. Le satellite présentait la même phase que Vénus; sa lumière était faible, et son diamètre paraissait s'élever au quart de celui de la planète.

Rœdkier, à Copenhague, vit la même apparence avec une lunette de 3 mètres de foyer, les 3 et 4 mars 1764. Les 10 et 11 du même mois, Horrebow et plusieurs

curieux firent dans la même ville des observations analogues; ils dirent s'être assurés par divers moyens que
l'image qu'ils prenaient pour un satellite ne pouvait être
une illusion d'optique.

Montbarron, à Auxerre, qui se servait d'un télescope
grégorien de 90 centimètres, aperçut aussi le satellite
les 15, 28 et 29 mars 1764, dans des positions notablement différentes.

Lambert, qui a discuté ces diverses observations avec
toute l'habileté qu'on devait attendre d'un si grand géomètre, mentionne en tête de son Mémoire l'explication
que le père Hell en avait donnée.

L'astronome de Vienne prétendait que ces images
étaient le résultat d'une double réflexion de la lumière
qui se serait opérée d'abord sur la cornée de l'œil, ensuite
sur la surface de la lentille oculaire dont la concavité faisait face à l'observateur; je veux dire sur la surface de
cette lentille convexe, la plus voisine de l'objectif. A l'appui de cette explication, il rendait compte des mouvements que le déplacement de l'œil devait produire et avait
produits, en effet, dans une fausse image observée par
lui.

Sans s'arrêter à cette cause d'illusion, si facile à reconnaître, Lambert entreprit de déduire de quelques-unes
des observations citées, les éléments de l'orbite d'un satellite, et il trouva que le mouvement s'exécutait dans un
plan faisant avec le plan de l'écliptique un angle de 63°;
que l'orbite de l'astre avait 0.2 d'excentricité; que le
temps de la révolution autour de la planète s'élevait à
$11^j.2$; enfin que le grand axe, vu perpendiculairement

de la Terre en 1761, aurait sous-tendu un angle de 51'.

Les diverses observations pouvaient se coordonner avec ces éléments dans les limites que comportait un calcul fondé sur des données obtenues seulement par voie d'estime. Une objection très-puissante au premier abord était produite contre l'existence du satellite. Pourquoi, disait-on, ne l'a-t-on pas vu se détacher en noir sur le corps du Soleil pendant le passage de Vénus? Lambert, d'après les éléments cités, répond à la difficulté de la manière la plus complète; il montre qu'à cause de la grande inclinaison du plan de l'orbite à l'écliptique, le satellite se mouvait en dehors du disque apparent du Soleil, soit au-dessus, soit au-dessous, dans les passages de 1639, de 1761 et de 1769, les seuls qu'on ait observés depuis l'invention des lunettes.

Il découle du travail de Lambert que le satellite de Vénus, s'il existe, a un diamètre représenté par 0.28, celui de la Terre étant 1, tandis que le diamètre de la Lune est 0.27;

Que sa distance à la planète qui le maîtrise est un tant soit peu plus grande que la distance de la Lune à la Terre;

Que Vénus devrait avoir sept fois plus de masse que la Terre, et une densité huit fois plus grande, sur quoi il faut remarquer que de très-petits changements dans les éléments réduiraient considérablement ces nombres.

Si l'on n'a pas vu le satellite sur le Soleil, à l'époque des passages de Vénus, on aurait pu l'apercevoir pendant des conjonctions non écliptiques de la planète, et l'on ne cite aucune observation de ce genre ; mais on sait ce que valent les faits négatifs.

Remarquons, d'ailleurs, que la faiblesse du satellite, dans chacune de ses apparitions, prouve qu'il est d'une constitution peu apte à réfléchir la lumière solaire ; que peut-être il est doué d'une certaine diaphanéité, ce qui permettrait en quelque sorte de l'assimiler à nos nuages.

Mairan, qui croyait fermement à l'existence de ce satellite, expliquait ses rares apparitions par l'interposition habituelle de l'atmosphère solaire ou plutôt de la lumière zodiacale, sur la route parcourue par les rayons qui viennent du satellite à la Terre. D'autres ont supposé que le satellite de Vénus, ainsi que tous les satellites connus, tourne autour de cette planète en lui présentant toujours la même face, et ont trouvé dans la combinaison de cette égalité avec les réflexibilités très-inégales des divers points de sa surface, une cause naturelle des très-rares apparitions de l'astre mystérieux.

Mais c'est assez insister sur cet objet ; j'ai voulu présenter au lecteur toutes les pièces du procès ; chacun pourra ainsi se faire une opinion qui, dans l'état actuel de nos connaissances, ne peut être que du domaine des probabilités.

TABLE DES MATIÈRES

DU TOME DEUXIÈME

LIVRE XII

VOIE LACTÉE

LIVRE XIII

MOUVEMENTS PROPRES DES ÉTOILES ET TRANSLATION DU SYSTÈME SOLAIRE

LIVRE XIV

LE SOLEIL

LIVRE XV

LUMIÈRE ZODIACALE

LIVRE XVI

MOUVEMENTS DES PLANÈTES

LIVRE XVII

LES COMÈTES

LIVRE XVIII

MERCURE

LIVRE XIX

VÉNUS

FIN DE LA TABLE DES MATIÈRES DU TOME DEUXIÈME.

TABLE DES FIGURES

DU TOME DEUXIÈME

FIN DE LA TABLE DES FIGURES DU TOME DEUXIÈME